Müller/Krauß

Handbuch für die Schiffsführung

Fortgeführt von

Martin Berger † · Walter Helmers
Karl Terheyden · Gerhard Zickwolff

Achte, neubearbeitete und erweiterte Auflage
in 3 Bänden

Springer-Verlag Berlin Heidelberg GmbH 1983

Band 1

Navigation

Teil B

Mathematik, Magnet- und Kreiselkompaß,
sonstige Kreiselgeräte, Selbststeuer, Trägheitsnavigation,
astronomische Navigation, Gezeitenkunde

Herausgegeben von

Karl Terheyden · Gerhard Zickwolff

Unter Mitarbeit von

K. Heinz Cepok, Ludwig Hangen, Wolfgang Kohl,
Hans Joachim Kunze, Hans-Rüdiger Uhlig

Mit 124 Bildern

Springer-Verlag Berlin Heidelberg GmbH 1983

Dr.-Ing. Karl Terheyden
Kapitän, Professor, Oberseefahrtschuldirektor a.D.
Walter-Delius-Str. 52, 2850 Bremerhaven 1

Dr. Gerhard Zickwolff
Präsident und Professor des Deutschen Hydrographischen Instituts
Sülldorfer Kirchenweg 35, 2000 Hamburg 55

CIP-Kurztitelaufnahme der Deutschen Bibliothek
Müller, Johannes:
Handbuch für die Schiffsführung : in 3 Bd. / Müller ; Krauss. Fortgef. von Martin Berger . . .

Teilw. mit d. Erscheinungsorten: Springer-Verlag Berlin Heidelberg GmbH.
NE: Krauss, Joseph:; Berger, Martin [Bearb.]
Bd. 1. – Navigation
Navigation / hrsg. von Karl Terheyden ; Gerhard Zickwolff.

(Handbuch für die Schiffsführung / Müller ; Krauss ; Bd. 1)
NE: Terheyden, Karl [Hrsg.]
Teil B. Mathematik, Magnet- und Kreiselkompass, sonstige Kreiselgeräte, Selbststeuer, Trägheitsnavigation,
astronomische Navigation, Gezeitenkunde / unter Mitarb. von K. Heinz Cepok . . . – 8., neubearb. u. erw.
Aufl. – 1983.

ISBN 978-3-662-22142-6   ISBN 978-3-662-22141-9 (eBook)
DOI 10.1007/978-3-662-22141-9

NE: Cepok, K. Heinz [Mitverf.]

Gesamtherstellung: Graphischer Betrieb Konrad Triltsch, Würzburg
2060/3020/543210

Vorwort zum Band 1 B

Im Jahre 1911 gab Johannes Müller das jetzt unter dem Namen MÜLLER/ KRAUSS bekannte Handbuch der Schiffsführung zum ersten Mal heraus. Von der 2. Auflage (1925) an war Joseph Krauß Mitherausgeber. Beiden zu Ehren soll das Werk weiterhin ihre Namen tragen.

Bei der 3. Auflage (1938) trat Martin Berger als Mitherausgeber hinzu und war bis zu seinem Tode am 19. Januar 1978 Motor des Werkes.

Seit der 6. Auflage sind Walter Helmers und Dr.-Ing. Karl Terheyden Mitherausgeber. Bei der nun vorliegenden 8. Auflage ist Dr. Gerhard Zickwolff Mitherausgeber des Bandes 1.

Die Weiterentwicklung und die vielen Innovationen auf allen Gebieten der navigatorischen Schiffsführung machten die Erweiterung und völlige Neubearbeitung des Bandes 1 notwendig; zusätzliche Wissensgebiete mußten aufgenommen werden. Daher erscheint Band 1 der 8. Auflage in drei Teilbänden.

Der Band 1 A enthält die Kapitel Richtlinien für den Schiffsdienst, Gestalt der Erde, Seekarten und nautische Bücher, terrestrische Navigation, Wetterkunde und eine Formelsammlung für die terrestrische Navigation.

Der vorliegende Band 1 B behandelt die Mathematik, den Magnet- und Kreiselkompaß, die sonstigen Kreiselgeräte für die Navigation, das Selbststeuer, die Trägheitsnavigation, die astronomische Navigation, die Gezeitenkunde und enthält eine Formelsammlung für die Kompaßkunde, Gezeitenkunde und astronomische Navigation.

Band 1 C umfaßt die Themen Funkpeilwesen, Hyperbelnavigation, Radar, integrierte Navigation, Physik, Datenverarbeitung und eine Formelsammlung für die Funknavigation.

Dozenten der nautischen Ausbildungsstätten und Mitarbeiter der für die Seefahrt tätigen Institute wirkten bereitwillig an der Neugestaltung mit. Im vorliegenden Band 1 B überarbeiteten

K. Heinz Cepok	Kap. 6
Ludwig Hangen	Kap. 1.7
Wolfgang Kohl	Kap. 3
Hans Joachim Kunze	Kap. 5
Hans-Rüdiger Uhlig	Kap. 2.1

(siehe auch Inhaltsverzeichnis). Ihnen gebührt Dank für die Mühen in ihrer Freizeit. Ebenso gebührt Dank dem Deutschen Hydrographischen Institut, dem Seewetteramt, allen Reedereien und sonstigen Firmen, die die Autoren mit Rat und Material unterstützten.

Das Werk befindet sich auf dem neuesten Stand des Wissens, der Technik sowie der Gesetze, Verordnungen und Verträge. Zum besseren Verständnis wurde gelegentlich die geschichtliche Entwicklung aufgezeigt. Erstmalig wurden die Benennungen, Abkürzungen, Formelzeichen und graphischen Symbole verwendet, die für die Navigation in See- und Luftfahrt nach DIN 13312 vorgesehen sind; bei Drucklegung dieses Buches lag das Druckmanuskript der Norm (Stand Mai 1982) vor, so daß die endgültige Fassung der Norm noch geringfügige Änderungen aufweisen kann.

Im vorliegenden Band 1 B gelten die Beispiele für die astronomische Navigation (Kap. 4), falls Jahrbuchgrößen in ihnen verwendet werden, für den 7. und 8. Mai 1982. Die beiden zugehörigen Tagesseiten des Nautischen Jahrbuches 1982 sind in diesem Band abgedruckt (Kap. 4.8.1). Ebenso ist das zur Berechnung der Gezeiten (Kap. 5) benötigte Tafelwerk beigefügt.

Auf das umfangreiche Sachverzeichnis am Ende des Bandes wird besonders hingewiesen. Darin sind zur Erleichterung des Gebrauchs einige im Text verwendete Begriffe zusätzlich noch durch andere in der Praxis ebenfalls übliche Ausdrücke bezeichnet.

Das Buch soll in erster Linie der Bordpraxis in allen Fahrtbereichen dienen. Es wird aber auch an Land Nutzen bringen, insbesondere den Reederei-Inspektoren, den Mitarbeitern der Schiffahrtsbehörden und sonstigen Schiffahrtsinstitutionen, nicht zuletzt den Dozenten und Studenten an den nautischen Ausbildungsstätten.

Die Verfasser wissen, wie wenig freie Zeit die Nautiker heutzutage haben. Wenn sie trotzdem bitten, ihnen Verbesserungsvorschläge – möglichst formlos – mitzuteilen, so geschieht dies, um das Standardwerk der Schiffsführung immer vollkommener werden zu lassen (Anschriften der Herausgeber siehe Seite IV).

Bremerhaven und Hamburg,   Karl Terheyden   Gerhard Zickwolff
im August 1983

Inhaltsverzeichnis

Inhalt der Bände 1 A, 1 C, 2, 3 A und 3 B

Band 1 Navigation
    Teil A: Richtlinien für den Schiffsdienst, Gestalt der Erde, Seekarten und nautische Bücher, terrestrische Navigation, Wetterkunde
    Teil C: Funkpeilwesen, Hyperbelnavigation, Radar, integrierte Navigation, Physik, Datenverarbeitung
Band 2 Schiffahrtsrecht und Manövrieren
Band 3 Seemannschaft und Schiffstechnik
    Teil A: Schiffssicherheit, Ladungswesen, Tankschiffahrt
    Teil B: Stabilität, Schiffstechnik, Sondergebiete

1 Mathematik

1.1 Arithmetik [1]

Vorbemerkung. Im Fachschrifttum ist es üblich, mathematische Zeichen und physikalische Größen in *Kursivdruck*, Funktionszeichen dagegen durch s e n k - r e c h t e Buchstaben darzustellen. Dementsprechend werden für die Funktionszeichen sin, tan, lg, ln usw., für die Differentialzeichen d, ∂, für die Ludolfsche Zahl π und für die Basis e der natürlichen Logarithmen sowie für die imaginäre Einheit i (in der Elektrotechnik nur j) senkrechte Buchstaben benutzt.

Der mathematisch p o s i t i v e Drehsinn ist gegen den Uhrzeigersinn gerichtet. Die Kurszählung im Uhrzeigersinn, ausgehend von der Nordrichtung, hat in der Nautik dazu geführt, daß im nautischen Schrifttum vielfach bei mathematischen Betrachtungen dieser Drehsinn verwendet wird. Die so entstehenden Figuren sind gegenüber den in der Mathematik üblichen an der Winkelhalbierenden des 1. Quadranten gespiegelt; die aus diesen Figuren abgeleiteten Formeln sind äquivalent.

1.1.1 Ordnungszeichen

Zeichen	Sprechweise	Erläuterungen
1.	erstens	
( )		Benummerung von Formeln
,	Komma	Dezimalzeichen. Zum Trennen von Gruppen bei größeren Zahlen sind weder Komma noch Punkt, sondern Zwischenräume zu verwenden.
…	und so weiter bis	Drei Punkte in gleicher Höhe wie die vorstehenden Zeichen oder auf der Zeile. Die Grenzen gelten als eingeschlossen. Beispiele: $k = 1, 2, \ldots, n$ $p = 1 \cdot 2 \cdots n$
	und so weiter unbegrenzt	wenn auf … kein Zeichen folgt. Beispiele: $n = 1, 2, \ldots$ $\sqrt{2} = 1{,}41421 \ldots$ $\frac{1}{2} + \frac{1}{4} + \frac{1}{8} + \cdots$

---

1 Von arithmos (griech.), Zahl.

1.1.1   **Ordnungszeichen** (Fortsetzung)

Zeichen	Sprechweise	Erläuterungen
$a_1, a_2, \ldots, a_n$	a eins, a zwei, $\ldots$, $a\,n$	Unterscheidung durch Indizes
$a', a'', \ldots, a^{(n)}$	a Strich, a zwei Strich, $\ldots$, $a\,n$ Strich	Unterscheidung durch hochgestellte Striche

1.1.2   **Gleichheit und Ungleichheit**

Zeichen	Sprechweise	Erläuterungen
$=$	gleich	
$\equiv$	identisch gleich	Zum Beispiel bedeutet $f(x) \equiv 0$, daß die Funktion $f(x)$ für jeden Wert von x Null ist.
$\neq$	nicht gleich, ungleich	
$\not\equiv$	nicht identisch gleich	
$\sim$	proportional	Beispiel: $l \sim r$ Der Umfang l eines Kreises ist proportional dem Radius r eines Kreises.
$=:$ $:=$	definiert durch, festgesetzt als (Doppelpunkt weist auf die definierte Größe)	Beispiel: $1 \cdot 2 \cdot 3 \cdots n =: n!$ $\dfrac{1}{a^n} =: a^{-1}$ $a^0 := 1$
$\approx$	angenähert gleich, nahezu gleich (rund, etwa)	Beispiel: $\pi \approx 3{,}14$
$\widehat{=}$	entspricht	Beispiel: $1\ \text{cm} \widehat{=} 5\ \text{m/s}$ bedeutet: $1\ \text{cm}$ (z. B. einer Zeichnung) entspricht $5\ \text{m/s}$.
$<$	kleiner als	
$>$	größer als	
$\leqq$	kleiner oder gleich, höchstens gleich	
$\geqq$	größer oder gleich, mindestens gleich	
$\ll$	klein gegen	von anderer Größenordnung
$\gg$	groß gegen	von anderer Größenordnung

1.1.3 Elementare Rechenoperationen

Zeichen	Sprechweise	Erläuterungen
+	plus	
−	minus	
· oder ×	mal	Der Punkt steht in gleicher Höhe wie die vorstehenden Zeichen. Das Multiplikationszeichen wird beim Rechnen mit Buchstaben oft weggelassen.
—— oder / oder :	durch, geteilt durch, zu	In Formeln ist im allgemeinen für die Division der waagerechte Strich zu benutzen; die Zeichen / und : nur zur Platzersparnis.
%	Prozent, vom Hundert	$1\% = 10^{-2}$
‰	Promille, vom Tausend	$1‰ = 10^{-3}$
( ) [ ] { } ⟨ ⟩	Runde, eckige, geschweifte, spitze Klammer auf und zu	

1.1.4 Elementare Geometrie

Zeichen	Sprechweise	Erläuterungen
∥	parallel	
∦	nicht parallel	
↑↑	gleichsinnig parallel	
↑↓	gegensinnig parallel	
⊥	rechtwinklig zu, senkrecht auf	
△	Dreieck	
≅	kongruent	
∼	ähnlich	
∢	Winkel	$\sphericalangle ABC$ ist der Winkel zwischen $\overline{BA}$ und $\overline{BC}$
$\overline{AB}$	Strecke AB	
$\overset{\frown}{AB}$	Bogen AB	

1.1.5 Benennung der Zahlen (Zahlenarten)

Natürliche Zahlen sind die Zahlen des Abzählens, z. B. 0, 1, 2, 3, … .

Ganze Zahlen sind die natürlichen Zahlen und ihre negativen Werte … $-2, -1, 0, 1, 2, 3, …$.

Rationale Zahlen sind alle aus ganzen Zahlen gebildeten Brüche (Nenner $\neq 0$), z. B. … $-2, … \dfrac{-2}{3}, … 0, … \dfrac{1}{2}, … 6, …$.

Irrationale Zahlen sind nicht als Brüche ganzer Zahlen darstellbar, z. B. $\sqrt{2}, \sqrt{3}, …$. Die vorstehend bezeichneten Zahlen bilden zusammen den „Körper" der *algebraischen* Zahlen.

Transzendente Zahlen können nicht als Lösungen von Polynomen mit algebraischen Koeffizienten ($x^n + a_1 x^{n-1} + \cdots a_n = 0$) auftreten, z. B. π, e.

Alle vorgenannten Zahlen bilden den „Körper" der *reellen* Zahlen. Ihn umfaßt der „Körper" der *komplexen* Zahlen, der aus ihm durch Hinzunahme der mit $i = \sqrt{-1}$ gebildeten Zahlen $a + b \cdot i$ entsteht.

Die reellen Zahlen können auch in *positive* (> 0) und *negative* (< 0) Zahlen unterteilt werden. Soll die Eigenschaft „positiv" oder „negativ" hervorgehoben werden, so nennt man die Zahlen *relativ*. Sieht man vom Vorzeichen ab, so spricht man von *absoluten* Zahlen.

Zur Beachtung	in Deutschland	in Amerika und Frankreich
1 Million	10^6	10^6
1 Milliarde	10^9	–
1 Billion	10^{12}	10^9
1 Trillion	10^{18}	10^{12}

Vorzeichenregeln für das Rechnen mit relativen Zahlen

- Addieren: Zwei relative Zahlen mit *gleichen* Vorzeichen werden addiert, indem man ihre Absolutbeträge addiert und der Summe das gemeinsame vorzeichen gibt.

  Summand plus Summand gleich Summe

  Beispiele: $(+8) + (+9) = +17$; $(-8) + (-9) = -17$

  Zwei relative Zahlen mit *ungleichen* Vorzeichen werden addiert, indem man ihre Absolutbeträge subtrahiert und der Differenz das Vorzeichen der relativen Zahl mit dem größeren Betrag gibt.

  Beispiele: $(+3) + (-9) = -6$; $(-3) + (+9) = +6$

  Man kann in beliebiger Reihenfolge addieren.

- Subtrahieren: Eine relative Zahl wird subtrahiert, indem man die entgegengesetzte relative Zahl addiert.

  Minuend minus Subtrahend gleich Differenz

  Beispiele: $(+17) - (+5) = (+17) + (-5) = +12$;
                   $(-23) - (-4) = (-23) + (+4) = -19$

- Multiplizieren: Das Produkt zweier relativer Zahlen mit gleichen Vorzeichen ist positiv; das Produkt zweier relativer Zahlen mit ungleichen Vorzeichen ist negativ.

$$\text{Multiplikand mal Multiplikator gleich Produkt}$$

Beispiele: $(-3) \cdot (-5) = +15;$ $(+9) \cdot (-3) = -27$

Man kann in beliebiger Reihenfolge multiplizieren.

- Dividieren: Der Quotient zweier relativer Zahlen mit gleichen Vorzeichen ist positiv; der Quotient zweier relativer Zahlen mit ungleichen Vorzeichen ist negativ.

$$\text{Dividend durch Divisor gleich Quotient}$$

Beispiele: $(-15) : (-3) = +5;$ $(-27) : (+3) = -9$

Hierarchie

Zur Vereinfachung der Schreibweise dient die verabredete Stufenteilung der Rechenarten:

4. Stufe: Funktionen,
3. Stufe: Potenzen, Wurzeln,
2. Stufe: Multiplikation, Division,
1. Stufe: Addition, Subtraktion.

Für die Berechnung von Termen gilt: Die Rechenarten der höchsten Stufe müssen zuerst ausgeführt werden. (Oft vereinfacht zu „Punktrechnung vor Strichrechnung"). Abweichungen von der Hierarchie müssen durch Klammern bezeichnet werden. Ebenso sind Klammern zu setzen, wenn Mißverständnisse möglich sind; vgl. 2. Beispiel. (Bei Taschenrechnern und Computern werden oft weitere Stufen eingeführt!)

Beispiele: $3ab + 2ab \cdot 8 - 6ab : 2 = 3ab + 16ab - 3ab = 16ab;$

$$16x \cdot 2y - 2y + 4x : (2x) = 32xy - 2y + 2;$$

$$\lg 2 + 7^2 - 2 \cdot 8 = 0{,}30103 + 7^2 - 2 \cdot 8 = 0{,}30103 + 49 - 2 \cdot 8$$

$$= 0{,}30103 + 49 - 16 = 33{,}30103$$

Allgemeine Zahlen

In der Arithmetik bedient man sich auch *allgemeiner* Zahlen, deren Werte noch *unbekannt* sind oder zunächst noch *unbestimmt* gelassen werden sollen. Allgemeine Zahlen werden durch kleine lateinische Buchstaben ausgedrückt (siehe auch vorstehendes Beispiel).

Mittelbildung

Für zwei Größen a und b ist das:

arithmetische Mittel gleich $\frac{1}{2}(a + b)$,

geometrische Mittel gleich $\sqrt{a \cdot b}$,

harmonische Mittel gleich $2ab : (a + b)$.

Grenzwerte Null und Unendlich [2]

Die positiven Zahlen sind alle größer als Null, andererseits gibt es zu jeder positiven Zahl noch mindestens eine weitere, die sich noch weniger von Null unterscheidet (z. B. ihre Hälfte!). Das drückt man durch die Aussage „Null ist die untere Grenze [3]" aus. In der steigenden Folge sind die reellen Zahlen nicht begrenzt, da es zu jeder reellen Zahl eine andere, noch größere gibt. Die Angabe „Die reellen Zahlen streben gegen Unendlich" ist eine Beschreibung dieses Sachverhaltes, daß es nämlich keine größte Zahl gibt. „Über alle Grenzen groß", „Unendlich", „∞" sind Bezeichnungen dafür. Für „streben nach" wird allgemein das Symbol $\rightarrow$ benutzt.

Wenn der Wert x_n des Nenners eines Bruches a/x_n sich der 0 immer mehr nähert, so wächst der Wert des Bruches über alle Grenzen [3]; für $x_n = 1$, 0,1, 0,01, ... gilt somit $(a/x_n) \rightarrow \infty$. Der Wert desselben Bruches strebt aber nach 0, wenn bei festem Zähler der Nenner über alle Grenzen groß wird [4]; es gilt für $x_n = 1, 2, 3, \ldots$ somit $(a/x_n) \rightarrow 0$.

Die Division durch Null muß ausgeschlossen werden, weil sie zu unlösbaren Widersprüchen führt. (Das gilt auch für $0:0$!)

Regeln für das Auflösen von Klammerausdrücken

- Steht ein Pluszeichen vor der Klammer, so kann diese einfach weggelassen werden.
- Steht ein Minuszeichen vor der Klammer, so sind bei Fortlassung der Klammer alle Vorzeichen (Rechenzeichen sind als Vorzeichen anzusehen!) in ihr Gegenteil zu verwandeln. Nicht geändert werden dürfen Zeichen, die in einer inneren Klammer stehen!
- Steht ein Faktor neben der Klammer, so ist jedes in der Klammer stehende Glied mit dem Faktor zu multiplizieren.
- Steht ein Divisor hinter der Klammer, so ist jedes in der Klammer stehende Glied durch den Divisor zu dividieren.

$$\text{Beispiele:} \quad -(35a - 15b):5 = (-35a + 15b):5 = 3b - 7a;$$

$$5a + (8b - 7c) \cdot 6 = 5a + 48b - 42c;$$

$$(a+b) \cdot (c+d) = (a+b) \cdot c + (a+b) \cdot d = ac + bc + ad + bd;$$

$$-[15 + 3 - (a+b) + (-13)] = -15 - 3 + (a+b) - (-13)$$

$$= -15 - 3 + a + b + 13 = -5 + a + b$$

---

2 Infinitesimalrechnung; siehe Kap. 1.6.
3 Grenze: lat. limes, abgekürzt lim.
4 Die mathematische Schreibweise lautet auch $\lim\limits_{x_n \to \infty} (a/x_n) = 0$.

1.1.6 Potenzen und Wurzeln

Potenzgesetze für $a, b \neq 0$;   Wurzelgesetze für $a, b > 0$; m, n, k positiv ganzzahlig

$$a^n \cdot a^m = a^{n+m}; \quad a^n : a^m = a^{n-m}$$

$$a^{\frac{1}{n}} := \sqrt[n]{a}$$

$$\sqrt[n]{a} \cdot \sqrt[m]{a} = \sqrt[nm]{a^{m+n}}$$

$$\sqrt[n]{a} : \sqrt[m]{a} = \sqrt[nm]{a^{m-n}}$$

$$a^n \cdot b^n = (ab)^n; \quad a^n : b^n = \left(\frac{a}{b}\right)^n$$

$$a^{-\frac{1}{n}} = \frac{1}{\sqrt[n]{a}}$$

$$\sqrt[n]{a} \cdot \sqrt[n]{b} = \sqrt[n]{ab}$$

$$(a^n)^m = a^{nm} = (a^m)^n$$

$$\sqrt[n]{a} : \sqrt[n]{b} = \sqrt[n]{\frac{a}{b}}$$

$$a^{-n} := \frac{1}{a^n}; \quad a^n = \frac{1}{a^{-n}} \quad \text{für} \quad a \neq 0$$

$$a^{\frac{m}{n}} = \sqrt[n]{a^m}$$

$$\sqrt[n]{\sqrt[m]{a}} = \sqrt[nm]{a} = \sqrt[m]{\sqrt[n]{a}}$$

$$\left(\frac{a}{b}\right)^{-n} = \left(\frac{b}{a}\right)^n \quad \text{für} \quad a \neq 0,\ b \neq 0$$

$$\sqrt[n]{a^m} = \left(\sqrt[n]{a}\right)^m$$

$$a^0 := 1 \quad \text{für} \quad a \neq 0$$
$$a^1 := a$$

$$a^{-\frac{m}{n}} = \frac{1}{\sqrt[n]{a^m}}$$

$$\sqrt[n]{a^m} = \sqrt[n \cdot k]{a^{m \cdot k}}$$

$$\sqrt[n]{a^m} = \sqrt[n:k]{a^{m:k}}$$

$$\lim_{n \to \infty} a^n = \begin{cases} 0 & \text{für} \quad 0 < a < 1 \\ 1 & \text{für} \quad a = 1 \\ \infty & \text{für} \quad a > 1 \end{cases} \qquad b^c = a \Leftrightarrow b = \sqrt[c]{a}$$

$$\sqrt{9} = \pm 3$$

$$a^2 - b^2 = (a+b) \cdot (a-b)$$
$$(a+b)^2 = a^2 + 2ab + b^2$$
$$(a-b)^2 = a^2 - 2ab + b^2$$
$$(a+b)^3 = a^3 + 3a^2b + 3ab^2 + b^3$$
$$(a-b)^3 = a^3 - 3a^2b + 3ab^2 - b^3$$

$\sqrt{-1} = i$ (imaginäre Einheit, in der Elektronik nur j)

$$i^2 =: -1$$

$$\sqrt{-9} = 3 \cdot \sqrt{-1} = 3i$$

1.1.7 Logarithmen

Der Logarithmus[5] (log) einer Zahl a ist der Exponent[6] (Hochzahl) x, mit dem man eine Basis[7] (Grundzahl) b potenzieren muß, um a zu erhalten. Wenn $b^x = a$ ist, dann nennt man x den „Logarithmus von a zur Basis b": $\log_b a = x$.

In der Nautik wird häufig für $\log a$ gern $a \log$ geschrieben. Vorsicht ist jedoch angebracht!

Für alle Basen $b > 0$ gilt:

$$\log_b a \begin{cases} > 0 & \text{für} \quad a > 1 \\ = 0 & \text{für} \quad a = 1 \\ < 0 & \text{für} \quad 0 < a < 1 \end{cases}$$

log ist die Abkürzung bei beliebiger Basis b.

Man unterscheidet das System der natürlichen Logarithmen (ln) mit der Basis e, der binären Logarithmen (lb) mit der Basis 2 und der dekadischen Logarithmen (lg) mit der Basis 10.

---

5 Von logos (griech.), Wort, und arithmos (griech.), Zahl.

6 exponere (lat.), heraussetzen, hervorheben.

7 Von bairo (griech.), ich schreite voran; Basis, Grundlage.

Die natürlichen Logarithmen wurden im wesentlichen von Lord Napier (1550 bis 1617) entwickelt. Ihre Basis ist

$$e = 1 + \frac{1}{1} + \frac{1}{1 \cdot 2} + \frac{1}{1 \cdot 2 \cdot 3} + \frac{1}{1 \cdot 2 \cdot 3 \cdot 4} + \cdots = 2,718\,281\,828\,45\ldots .$$

1614 erschien in Edinburgh die erste fertige Tafel der natürlichen Logarithmen.

Die Tafeln der natürlichen Logarithmen sind unbequem zu handhaben, deshalb werden sie wenig benutzt. Bei der Verwendung von elektronischen Rechnern können sie statt der dekadischen Logarithmen verwendet werden. Vorsicht vor Verwechslungen!

Jeder dekadische Logarithmus besteht aus einer Kennziffer, der Zahl *vor* dem Komma, und der Mantisse[8], dem *nachfolgenden* Dezimalbruch. Im dekadischen System ist die Kennziffer des Logarithmus einer Zahl, die größer als 1 ist, um 1 kleiner als die Anzahl der Stellen dieser Zahl vor dem Komma. Die Kennziffer des Logarithmus eines echten Dezimalbruches erhält man im dekadischen System, indem man die Anzahl der vor den geltenden Ziffern stehenden Nullen (die Null vor dem Komma mitgezählt) von 10 abzieht und zum Schluß -10 anhängt. So wird der negative Logarithmus als Differenz eines positiven Dezimalbruches und einer ganzen Zahl geschrieben. Elektronische Rechner liefern den negativen Wert.

Beispiel:

$$\begin{array}{ll} 5236,5 \lg & 3,71904 \\ 0,00052365 \lg & \begin{cases} 0,71904 - 4 \\ 6,71904 - 10 \end{cases} \end{array}$$

Wenn in einer Rechnung eine negative Zahl eingeht (für die es ja keinen Logarithmus gibt), so rechnet man mit dem absoluten Betrag der Zahl weiter, bezeichnet den Logarithmus zur Erinnerung an das vernachlässigte Minuszeichen mit einem angehängten n und berücksichtigt das Vorzeichen beim Ergebniswert; vgl. Beispiel 1 unten.

Im dekadischen System ist der *Kologarithmus* (colg) einer Zahl gleich dem Logarithmus des Kehrwertes der Zahl bzw. gleich dem negativen Logarithmus der Zahl. Man bildet in diesem System den Kologarithmus einer Zahl, indem man den Logarithmus der Zahl von $10,00000 - 10 = 0,00000$ subtrahiert.

Beispiel:

$$\begin{array}{l} \lg 52,365 = \quad 1,71904 \\ \lg (1/52,365) = \operatorname{colg} 52,365 = -1,71904 = 8,28096 - 10 \end{array}$$

Statt den Logarithmus einer Zahl zu subtrahieren, kann man im dekadischen System den Kologarithmus dieser Zahl addieren.

Für das Rechnen mit Logarithmen (für alle Basen!) gelten folgende Regeln, die hier unter Verwendung der dekadischen Logarithmen dargestellt werden:

$$\lg (a \cdot b) = \lg a + \lg b; \qquad \lg \left(\frac{a}{b} \right) = \lg a - \lg b = \lg a + \operatorname{colg} b;$$

$$\lg (a^n) \quad = n \cdot \lg a; \qquad \lg (\sqrt[n]{a}) = (\lg a) : n.$$

---

8 mantissa (lat.), Zugabe.

Beispiel 1: $\sqrt[3]{0,0317} : (-0,0056) = ?$

$\sqrt[3]{0,0317}$ lg (mit 20 erweitert)	$8,50106 - 10 \;(:3$ $28,50106 - 30 \;(:3$
	$9,50035 - 10$
$-0,0056 \Rightarrow 0,0056$ colg	$2,25181$ n
$-56,514 \Leftarrow 56,514$ lg	$1,75216$ n

Beispiel 2: $1,71^x = 125$. Durch Logarithmieren erhält man $x \cdot \lg 1,71 = \lg 125$.

$$x = \frac{\lg 125}{\lg 1,71} = \frac{2,09691}{0,23300}$$

$$x \approx 9$$

lg	0,32158
colg	0,63264
lg	0,95422

1.1.8 Taschenrechner

Die Verwendung eines elektronischen Taschenrechners befreit von der Notwendigkeit der logarithmischen Rechnung. Dennoch sollte man die Grundlagen dieser Rechnung kennen. Auch der Taschenrechner berechnet Potenzen und Wurzeln (außer x^2 und $\sqrt{x}$) logarithmisch und quittiert unzulässige Aufgaben wie $(-8)^3$ und $\sqrt[3]{-8}$ mit einem „Error", weil er $\log(-8)$ als unzulässig erkennt. Nicht übersehen sollte man eine Gefahr: Das vielstellige Rechenergebnis kann eine nicht vorhandene Genauigkeit vortäuschen. Als leicht zu durchschauendes Beispiel möge dienen:

$$\frac{10^7 + 10^{-7} - 10^7}{10^{-7}} = \frac{10^7 - 10^7 + 10^{-7}}{10^{-7}} \, .$$

Die Gleichung ist mathematisch richtig, der Taschenrechner liefert aber links 0 und rechts 1. Ebenso sollte INT $(x \cdot 1/x) = 1$ sein, auch wenn Taschenrechner für verschiedene x etwas anderes angeben!

Die Gefahr der überschätzten Genauigkeit gab es bei dem vom Taschenrechner verdrängten Rechenstab nicht.

1.1.9 Das rechtwinklige Koordinatensystem, graphische Darstellung von Funktionen

Eine Funktion[9] ist eine (Rechen-)Vorschrift, die einem Wert aus dem Definitionsbereich „unabhängige Variable" einen Wert aus dem Wertebereich „abhängige Variable" zuordnet:

z. B. $y = +\sqrt{x}$ $\begin{cases} \text{Definitionsbereich: nicht negative Zahlen,} \\ \text{Wertebereich: algebraische Zahlen.} \end{cases}$

In der Mathematik unterscheidet man Funktionen und Relationen. Eine Relation kann mehrdeutig sein:

$$y = \sqrt{x}, \quad \sqrt{4} = +2 \quad \text{oder} \quad \sqrt{4} = -2.$$

---

9 functio (lat.), Verrichtung.

Eine Funktion muß eindeutig sein; im obigen Beispiel schreibt das Pluszeichen den positiven Wurzelwert vor:

$$x = 4 \;\Rightarrow\; y = +2.$$

Zur graphischen Darstellung einer Funktion bedient man sich meistens zweier senkrecht aufeinander stehender Geraden (Achsen). Die waagerechte Gerade heißt die x- oder Abszissenachse, die senkrechte die y- oder Ordinatenachse; das Ganze nennt man ein rechtwinkliges Koordinatensystem (Kartesisches Koordinatensystem).

Zum Beispiel hängt in der Formel $y = \frac{1}{4} x^3$ der Wert y von der Grundzahl x ab. Man sagt: *y ist eine Funktion von x*. Um für beliebige x-Werte die dazugehörigen y-Werte zu erhalten, nimmt man innerhalb des gewünschten Bereiches für x einige Werte an und berechnet dafür y. Aufgrund der so entstandenen Tabelle fertigt man eine graphische Darstellung an.

Beispiel   wie oben: $y = \frac{1}{4} x^3$ (Bild 1.1)

Wenn x	dann ist y
0	0
± 1	$\pm 0{,}25$
$\pm 1{,}5$	$\pm 0{,}84$
± 2	± 2
$\pm 2{,}5$	$\pm 3{,}91$
± 3	$\pm 6{,}75$

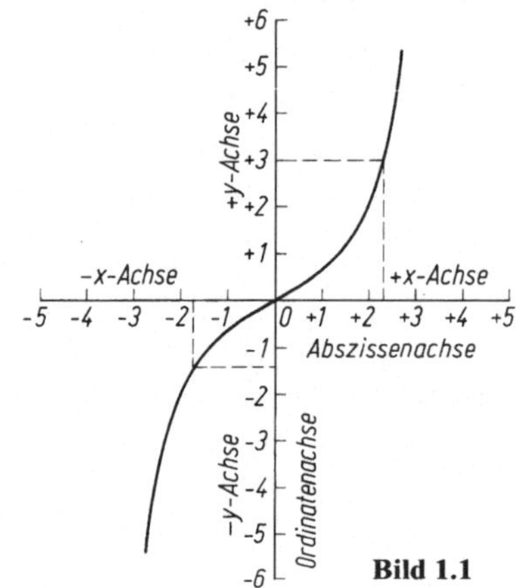

Bild 1.1

Das Ergebnis ist eine kubische Parabel. Aus ihr kann man y für jeden beliebigen Wert von x entnehmen, z. B. für $x = +2{,}3$ findet man $y = +3{,}0$; für $x = -1{,}75$ findet man $y = -1{,}34$ usw.

1.1.10 Auflösen von Gleichungen

Eine Gleichung ist ein in der arithmetischen Zeichensprache niedergeschriebener Satz, der aussagt, daß der Ausdruck auf der linken Seite der Gleichung gleich dem Ausdruck auf der rechten Seite der Gleichung ist.

Ein Glied, das auf der einen Seite einer Gleichung als Summand steht, kann auf die andere Seite als Subtrahend gebracht werden und umgekehrt.

Ein Glied, das auf der einen Seite einer Gleichung als Faktor steht, kann auf die andere Seite als Divisor gebracht werden und umgekehrt.

Gleichungen, aus denen eine oder mehrere unbekannte Größen bestimmt werden sollen, heißen *Bestimmungsgleichungen*.

Bestimmungsgleichungen

Beispiel: $\dfrac{86}{x} - 13 = 30; \qquad \dfrac{86}{x} = +13 + 30; \qquad 86 = 43\,x; \qquad x = 2$

Gemischtquadratische Gleichungen

Bringe die Gleichung erst auf die Form

$$x^2 + p\,x + q = 0,$$

dann ist

$$x_1 = -\frac{p}{2} + \sqrt{\left(\frac{p}{2}\right)^2 - q} \quad \text{und} \quad x_2 = -\frac{p}{2} - \sqrt{\left(\frac{p}{2}\right)^2 - q}.$$

Beispiel: $x^2 + 3x - 10 = 0;\ (p = +3;\ q = -10)$

$$x_1 = -\frac{3}{2} + \sqrt{\frac{9}{4} + 10} = +2; \qquad x_2 = -\frac{3}{2} - \sqrt{\frac{9}{4} + 10} = -5$$

Probe:

$$x_1 + x_2 = -p; \quad +2 + (-5) = -\ 3$$
$$x_1 \cdot x_2 = +q; \quad +2 \cdot (-5) = -10$$

Gleichungen ersten Grades mit zwei Unbekannten

Beispiel:

Lösung nach

a) Additions- und Subtraktionsmethode   b) Einsetzmethode

a)

$$35\,x + 25\,y = 170 \quad \text{(I)}$$
$$15\,x + 20\,y = 110 \quad \text{(II)}$$

$$140\,x + 100\,y = 680 \quad \text{(I} \times 4)$$
$$75\,x + 100\,y = 550 \quad \text{(II} \times 5)$$

$$65\,x \qquad\quad = 130 \quad \text{(I} \times 4 - \text{II} \times 5)$$
$$x \qquad\quad = +2$$
$$70 \ + 25\,y = 170$$
$$25\,y = 170 - 70$$
$$y = +4$$

b)

$$35\,x + 25\,y = 170 \quad \text{(I)}$$
$$15\,x + 20\,y = 110 \quad \text{(II)}$$

$$\left.\begin{array}{l} 20\,y = 110 - 15\,x \\ y = \quad 5,5 - 0,75\,x \end{array}\right\} \text{(II)}$$

$$35\,x + 25\,(5,5 - 0,75\,x) \quad = 170 \quad \text{(II in I)}$$
$$35\,x + 137,5 - 18,75\,x \quad = 170$$
$$16,25\,x = \quad 32,5$$
$$x = +2$$

weiter wie links

c) Gleichsetzungsmethode

$$35\,x + 25\,y = 170 \quad \text{(I)}$$
$$15\,x + 20\,y = 110 \quad \text{(II)}$$

$$\left.\begin{array}{l} 25\,y = 170 - 35\,x \\ y = \quad 6,8 - 1,4\,x \end{array}\right\} \text{(I)}$$

laut b) $$y = \quad 5,5 - 0,75\,x \quad \text{(II)}$$

$$5,5 - 0,75\,x = \quad 6,8 - 1,4\,x \quad \text{(II} = \text{I)}$$
$$0,65\,x = \quad 1,3$$
$$x = +2 \qquad \text{weiter wie oben}$$

Verhältnisgleichungen (Proportionen)

Jede Verhältnisgleichung hat zwei innere und zwei äußere Glieder. Sind ihre inneren Glieder gleich, wie in $a:b = b:c$, so heißt sie stetig; b wird dann die mittlere Proportionale oder das geometrische Mittel zwischen a und b genannt. In einer Verhältnisgleichung ist das Produkt der inneren Glieder gleich dem Produkt der äußeren Glieder.

$$a:b = c:d; \quad b \cdot c = a \cdot d; \quad \text{also} \quad a = \frac{b \cdot c}{d} \quad \text{oder} \quad b = \frac{a \cdot d}{c}$$

Aus der Proportion $a:b = c:d$ lassen sich durch Umformungen Verhältnisgleichungen bilden, in denen Summen bzw. Differenzen der Verhältnisglieder auftreten, und zwar:

$$(a + b):b = (c + d):d; \quad (a - b):b = (c - d):d;$$

$$(a + b):(a - b) = (c + d):(c - d) \quad \text{usw.}$$

1.1.11 Prozentrechnung, Zins- und Zinseszinsrechnung

	p (%)	von a	gleich q	$y = a \pm p$
Gewinn- und Verlustrechnung	Prozentsatz	Einkaufswert	Prozentwert	Verkaufspreis
Rabattrechnung	Rabatt	Warenpreis	Rabatt	Barzahlung
Gewichtsrechnung	Tara	Bruttogewicht	Tara	Nettogewicht
	$p = \dfrac{q \cdot 100}{a}$	$a = \dfrac{q \cdot 100}{p}$	$q = \dfrac{a \cdot p}{100}$	$y = \dfrac{(100 \pm p) \cdot a}{100}$
	$p = \dfrac{y \cdot 100}{a} - 100$	$a = \dfrac{y \cdot 100}{100 \pm p}$	p positiv, wenn Gewinn p negativ, wenn Verlust (Rabatt und Tara)	

Zinsrechnung. k Anfangskapital, Z Zinsen, p Zinsfuß, t Zeit in Tagen. Jeder Monat wird zu 30, das Jahr zu 360 Tagen gerechnet.

$$Z = \frac{k \cdot p \cdot t}{100 \cdot 360}; \quad k = \frac{Z \cdot 100 \cdot 360}{p \cdot t}; \quad p = \frac{Z \cdot 100 \cdot 360}{k \cdot t}$$

Zinseszinsrechnung. Anfangskapital k, Zinsfuß p, Zeit in Jahren n, Endkapital A (Accumulation).

$$A = k \cdot \left(1 + \frac{p}{100}\right)^n. \text{ Setzt man } \left(1 + \frac{p}{100}\right) = z, \text{ so gelten die Formeln:}$$

$$A = k \cdot z^n; \quad k = \frac{A}{z^n}; \quad z = \sqrt[n]{\frac{A}{k}}; \quad n = \frac{\lg A - \lg k}{\lg z}.$$

Beispiel: Man legt 6000 DM zu 5% auf eine Bank. Wie groß ist das Endkapital nach 16 Jahren?

$$A = 6000 \cdot 1{,}05^{16};$$

$$
\begin{array}{l|l}
z = 1{,}05 \ \lg & 0{,}02119 \ (\cdot\, 16) \\[2ex]
k = 6000 \ \lg & \left.\begin{array}{l} 0{,}33904 \\ 3{,}77815 \end{array}\right\} \ + \\[1ex]
\hline
A = 13097 \ \lg & 4{,}11719
\end{array}
$$

$$\text{Zuwachs} \ \Rightarrow \ 7097 \ \text{DM}$$

1.2 Planimetrie

Die Planimetrie[10] beschäftigt sich mit den Gebilden der Ebene. (*U* Umfang in Längenmaß und *A* Inhalt in Flächenmaß.)

Schiefwinkliges Dreieck

$$A = \frac{c \cdot h_c}{2} \qquad \alpha + \beta + \gamma = 180°$$
$$\delta = \alpha + \gamma$$
$$A = 0{,}5 \cdot c \cdot a \cdot \sin \beta \qquad U = a + b + c = s$$
$$A = 0{,}5 \cdot c \cdot b \cdot \sin \alpha$$

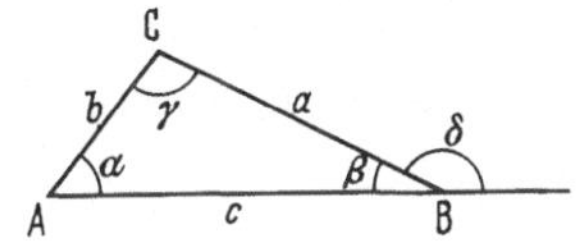

$$A = \sqrt{s/2\,(s/2 - a)\,(s/2 - b)\,(s/2 - c)}$$

Bild 1.2

Rechtwinkliges Dreieck

$$a^2 + b^2 = c^2 \qquad b^2 = c \cdot p$$
$$h^2 = p \cdot q \qquad A = 0{,}5 \cdot a \cdot b$$
$$a^2 = c \cdot q \qquad\quad\, = 0{,}5 \cdot c \cdot h$$

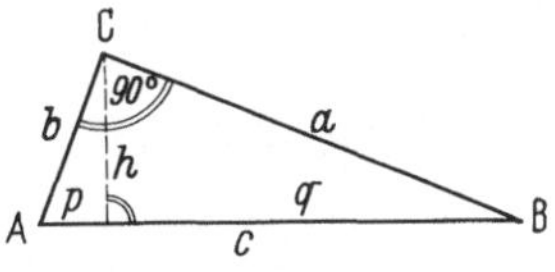

Bild 1.3

Gleichseitiges Dreieck

$$h = \frac{a}{2}\sqrt{3}\,; \qquad A = \frac{a^2}{4}\sqrt{3} = 0{,}433 \cdot a^2; \qquad U = 3a$$

Quadrat

$$A = a^2$$
$$U = 4a$$
$$d = a\sqrt{2}$$

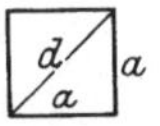

Bild 1.4

Rechteck

$$A = a \cdot b$$
$$U = 2\,(a + b)$$
$$d = \sqrt{a^2 + b^2}$$

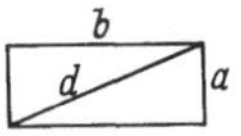

Bild 1.5

Parallelogramm

$$A = a \cdot h = a \cdot b \cdot \sin \gamma$$
$$U = 2\,(a + b)$$

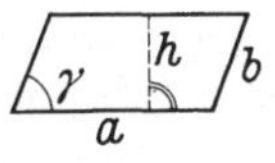

Bild 1.6

Trapez

$$A = h\,(a + b) \cdot 0{,}5$$
$$U = a + b + c + d$$

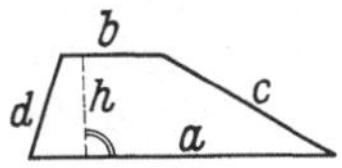

Bild 1.7

Inhalt und Umfang regelmäßiger Vielecke

Wenn *a* gleich Länge und *n* gleich Anzahl der gleichen Seiten, so ist

$$A = 0{,}25 \cdot n \cdot a^2 \cdot \cot\,(180° : n) \quad \text{und} \quad U = n \cdot a; \quad \text{z.B.}$$

---

10 planum (lat.), Ebene, Fläche.

gleichseitiges Viereck $A = a^2 \cdot 1{,}000;$ $U = 4a$
gleichseitiges Fünfeck $A = a^2 \cdot 1{,}720;$ $U = 5a$
gleichseitiges Sechseck $A = a^2 \cdot 2{,}598;$ $U = 6a$
gleichseitiges Achteck $A = a^2 \cdot 4{,}828;$ $U = 8a$
gleichseitiges Zehneck $A = a^2 \cdot 7{,}694;$ $U = 10a$

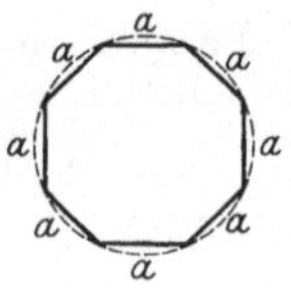

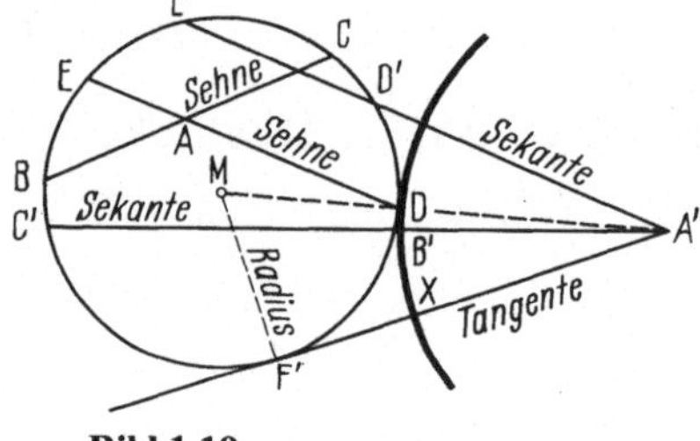
Bild 1.8

Unregelmäßige Vielecke sind durch Diagonalen in Dreiecke zu zerlegen. A ist dann gleich der Summe der Inhalte der einzelnen Dreiecke. U ist stets die Summe aller äußeren Seiten.

Kreis

$$A = r^2 \cdot \pi \approx r^2 \cdot 3{,}14; \qquad 2\beta = \alpha$$
$$U = 2r \cdot \pi \approx 6{,}28 \cdot r; \qquad \gamma = \beta$$

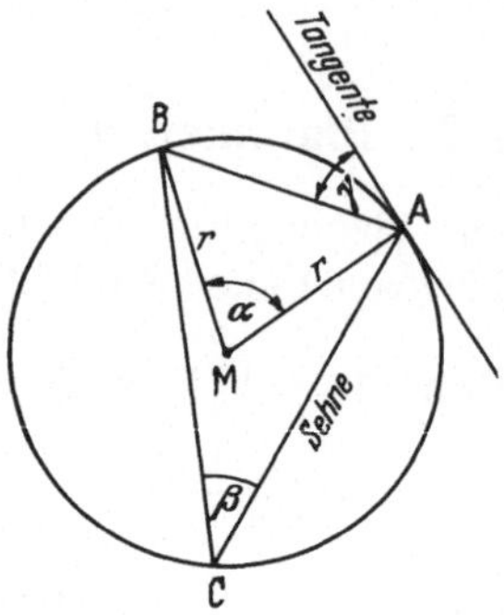

Bild 1.9

Strecken am Kreis

Sehnensatz

$$\overline{AB} \cdot \overline{AC} \;=\; \overline{AD} \cdot \overline{AE}$$

Sekantensatz

$$\overline{A'B'} \cdot \overline{A'C'} = \overline{A'D'} \cdot \overline{A'E'}$$

Tangentensatz

$$\overline{A'B'} \cdot \overline{A'C'} = \overline{A'F'} \cdot \overline{A'F'}$$

Bild 1.10

Goldener Schnitt

$$\overline{A'F'} \cdot \overline{XF'} = \overline{A'X} \cdot \overline{A'X}, \quad \text{falls } \overline{A'F'} \text{ gleich dem Kreisdurchmesser ist.}$$

Ellipse

$$A = \pi \cdot a \cdot b; \qquad U \approx \pi(a + b)$$

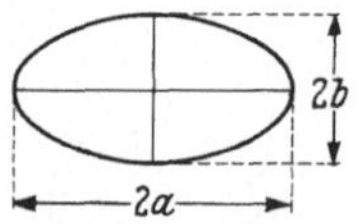

Bild 1.11

Die Berechnung des Bogens einer Ellipse führt zu einem „elliptischen Integral", das direkt nicht auswertbar ist. Für den Sonderfall der Bestimmung des gesamten Umfanges der Ellipse (U) kann der Integrand des elliptischen Integrals in eine unendliche Reihe entwickelt und gliedweise integriert werden. Man erhält so

$$U = 2 \cdot \pi \cdot a \cdot \left[1 - \left(\frac{1}{2} \right)^2 \cdot \frac{e^2}{1} - \left(\frac{1 \cdot 3}{2 \cdot 4} \right)^2 \cdot \frac{e^4}{3} - \left(\frac{1 \cdot 3 \cdot 5}{2 \cdot 4 \cdot 6} \right)^2 \cdot \frac{e^6}{5} - \cdots \right],$$

wobei die numerische Exzentrizität e nach

$$e^2 = \frac{a^2 - b^2}{a^2}$$

zu berechnen ist.

Inhalt einer beliebig begrenzten Figur ABCD (Simpsonsche Regel)

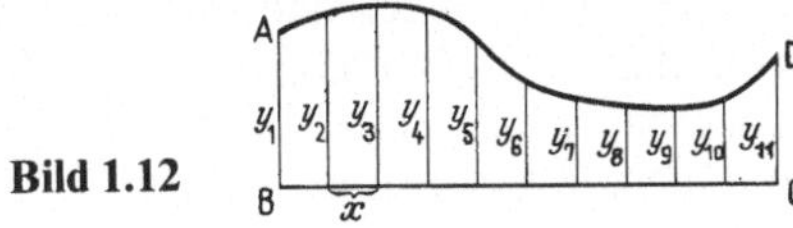

Bild 1.12

$$A = \frac{x}{3}\,(y_1 + 4y_2 + 2y_3 + 4y_4 + 2y_5 + 4y_6 + 2y_7 + 4y_8 + 2y_9 + 4y_{10} + y_{11})$$

Gerade Anzahl gleicher Streifen! Ordinaten mit geradem Index viermal, Ordinaten mit ungeradem Index zweimal, erste und letzte Ordinate einmal nehmen.

1. Beispiel: Um den Inhalt eines Schiffsraumes unter dem Vermessungsdeck zu finden, wurde eine Anzahl senkrechter Querschnitte ausgemessen.

Die Ausmessung eines solchen Querschnittes von nachstehender Form ergab folgende sieben um je 1,29 m voneinander entfernte Schiffsbreiten. Wie groß ist der Flächeninhalt dieses Querschnittes?

$$A = \frac{x}{3}\,(y_1 + 4y_2 + 2y_3 + 4y_4 + 2y_5 + 4y_6 + y_7)$$

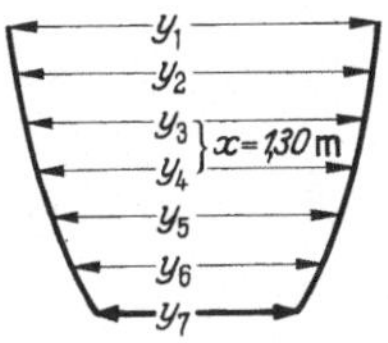

$y_1 = 5{,}47$ m	$y_2 = 4{,}80$ m	$y_3 = 4{,}08$ m	$x = 1{,}29$ m $\approx 1{,}30$ m
$y_7 = 0{,}53$ m	$y_4 = 3{,}26$ m	$y_5 = 2{,}45$ m	
	$y_6 = 1{,}44$ m		$\dfrac{x}{3} = 0{,}43$ m
	$9{,}50 \times 4$	$6{,}53 \times 2$	
a) 6,00 m	b) 38,0 m	c) 13,06 m	

Bild 1.13

a)	6,00
b)	38,00
c)	13,06

$$57{,}06 \cdot 0{,}43 = 24{,}54 \text{ m}^2 \;\Rightarrow\; \text{Flächeninhalt des Querschnittes}$$

2. Beispiel: Zur Bestimmung des Inhaltes eines Schiffsraumes zwischen dem Vermessungsdeck und dem darüber befindlichen Deck wurde der in halber Höhe des Raumes gelegte horizontale Längsschnitt ausgemessen. Die Ausmessung dieser Fläche ergab sieben je 5,85 m voneinander und vom Vor- und Achtersteven entfernte Schiffsbreiten. Flächeninhalt des Längsschnittes?

$y_1 = 0$ m	$y_2 = 5{,}82$ m	$y_3 = 8{,}84$ m	$x = 5{,}85$ m
$y_9 = 0$ m	$y_4 = 9{,}35$ m	$y_5 = 9{,}57$ m	
	$y_6 = 9{,}22$ m	$y_7 = 8{,}68$ m	$\dfrac{x}{3} = 1{,}95$ m
a) 0 m	$y_8 = 5{,}61$ m		
	$30{,}00 \times 4$	$27{,}09 \times 2$	
	b) 120,00	c) 54,18	

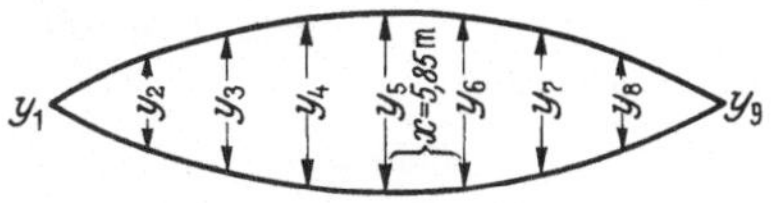

Bild 1.14

a)	0
b)	120,00
c)	54,18

$$174{,}18 \cdot 1{,}95 = 339{,}651 \text{ m}^2 \;\Rightarrow\; \text{Flächeninhalt des Längsschnittes}$$

1.2.1 Bogenmaß

Das SI-Einheitenzeichen des Winkels ist rad, was für Radiant steht. Der Winkel φ wird definiert als das Verhältnis des von den Winkelschenkeln des Zentriwinkels eingeschlossenen Kreisbogens b zum Radius r. Das Verhältnis wird auch Bogenmaß genannt. Somit ist

$$\varphi = \frac{b}{r}\ \text{rad} \quad \text{und} \quad 1^\circ = \frac{\pi}{180}\ \text{rad}.$$

Das Einheitenzeichen rad braucht nicht geschrieben zu werden; in diesem Fall kann man den Winkel in Bogenmaß durch einen über das Formelzeichen gesetzten Bogen kenntlich machen, z. B. $\hat{\varphi}$. Das früher verwendete „arc φ" (arcus, lat. Bogen) sollte nicht mehr benutzt werden.

$$\varphi = \frac{b}{r}\ \text{rad} = \frac{\varphi/1^\circ}{180/\pi} \approx \frac{\varphi/1^\circ}{57,3} \approx \frac{\varphi/1'}{3437,75} \approx \frac{\varphi/1''}{206\,265}$$

$(180{:}\pi \approx 57,3; \quad 180 \cdot 60{:}\pi \approx 3437,75; \quad 180 \cdot 60 \cdot 60{:}\pi \approx 206\,265)$

1.2.2 Segelberechnung

Die Berechnung von Segelflächen erfolgt nach folgenden Formeln:

- Rahsegel: Flächeninhalt gleich $\dfrac{\text{Rahliek plus Fußliek}}{2}$ mal mittlere Höhe.

- Dreieckige Segel: $A = \sqrt{\dfrac{s}{2}\left(\dfrac{s}{2} - a\right)\left(\dfrac{s}{2} - b\right)\left(\dfrac{s}{2} - c\right)}$, wobei $a = $ Vorderliek, $b = $ Achterliek, $c = $ Fußliek und $s = a + b + c$ ist. Oder: Man mißt den senkrechten Abstand des Schothorns vom gegenüberliegenden Liek (z. B. vom Stagliek) und hat dann:

  Flächeninhalt gleich Stagliek mal Lot mal 0,5.

- Gaffelsegel: Man zieht eine Diagonale von der Klau zur Schot und hat dann zwei dreieckige Segel, deren Summe gleich dem Flächeninhalt des ganzen Segels ist.

Zur Berechnung des benötigten Segeltuches werden als Zuschläge für Nähte, Verdopplungen, Reffbänder usw. zum Flächeninhalt 10% desselben addiert. Um aus den so erhaltenen Quadratmetern Segeltuch dann die laufenden Meter Segeltuch zu erhalten, hat man die Quadratmeter durch 0,61 (Breite einer Rolle Segeltuch) zu dividieren. Um die Anzahl Rollen zu erhalten, dividiert man die Anzahl laufende Meter durch 35; es entspricht 1 Rolle Segeltuch meist 35 lfd. m.

Beispiel: 100 m² Segeltuch $\widehat{=}$ 100 : 0,61 $\approx$ 164 lfd. m Segeltuch $\widehat{=}$ 164 : 35 $\approx$ 4 Rollen + 24 lfd. m Segeltuch.

1.2.3 Die Kegelschnitte als geometrische Örter

Jede Punktreihe (Linie), deren Punkte einer bestimmten Bedingung genügen, nennt man einen geometrischen Ort (in der Nautik: *Standlinie*). Die Lage eines Punktes wird durch den Schnitt zweier geometrischer Örter bestimmt.

Kreis

Der Kreis um den Punkt M ist der geometrische Ort aller Punkte, die von M die gleiche Entfernung haben.

$$\overline{MP_1} = \overline{MP_2} = \overline{MP_3}$$

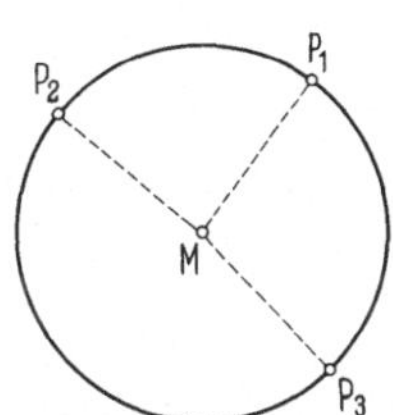

Bild 1.15

Ellipse

Die Ellipse ist der geometrische Ort aller Punkte, für die die Summe ihrer Abstände (Brennstrahlen) von zwei gegebenen Punkten F_1 und F_2 (Brennpunkten) immer gleich ist.

$$\overline{F_1P} + \overline{F_2P} = \overline{F_1P_1} + \overline{F_2P_1} = \overline{F_1P_2} + \overline{F_2P_2} =$$
$$= \overline{F_1P_3} + \overline{F_2P_3} = \overline{F_1B} + \overline{F_2B}$$

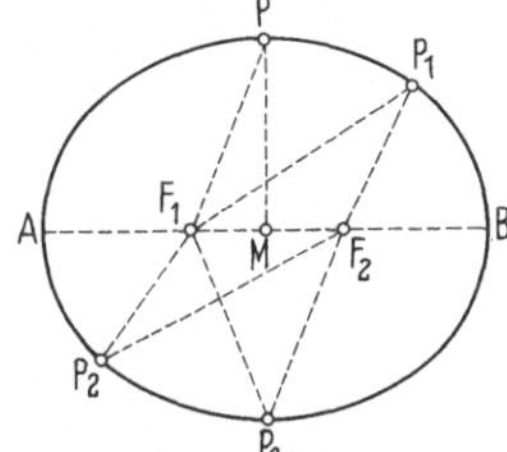

Bild 1.16

Parabel

Die Parabel ist der geometrische Ort aller Punkte, die von einem gegebenen Punkt F (Brennpunkt) und einer gegebenen Geraden g (Leitlinie) denselben Abstand haben.

$$\overline{AP_1} = \overline{P_1F}; \quad \overline{BP_2} = \overline{P_2F}; \quad \overline{CP_3} = \overline{P_3F}$$

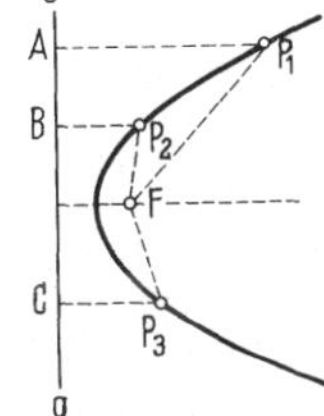

Bild 1.17

Hyperbel

Die Hyperbel ist der geometrische Ort alle Punkte, für die die Differenz ihrer Abstände von zwei gegebenen Punkten F_1 und F_2 immer gleich ist.

$$\overline{F_2P_1} - \overline{F_1P_1} = \overline{F_2P_2} - \overline{F_1P_2} = \overline{F_1P_3} - \overline{F_2P_3}$$

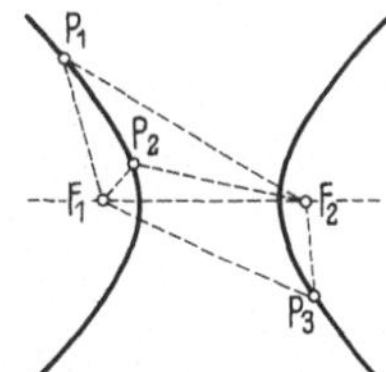

1.3 Stereometrie

Bild 1.18

Die Stereometrie beschäftigt sich mit Gebilden im Raum.
O Oberfläche in Flächenmaß, V Volumen (Inhalt) in Raummaß, M Mantelfläche in Flächenmaß.

Würfel

$$V = a^3; \quad O = 6a^2; \quad \text{Raumdiagonale} = a\sqrt{3}$$

Bild 1.19

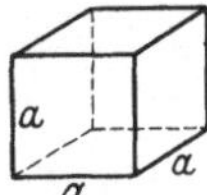

Quader

$$V = a \cdot b \cdot c; \quad O = 2(a \cdot b + b \cdot c + a \cdot c)$$

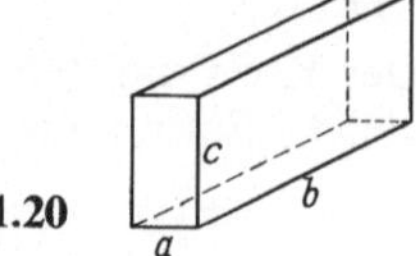

Bild 1.20

Zylinder oder Walze

$$V = \pi \cdot r^2 \cdot h$$
$$O = 2 \cdot \pi \cdot (r \cdot h + r^2)$$
$$M = 2 \cdot \pi \cdot r \cdot h$$

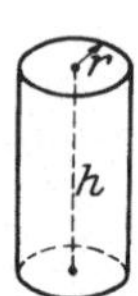

Bild 1.21

Röhre oder Hohlzylinder

$$V = \pi \cdot h \cdot (R + r)(R - r)$$
$$M = 2 \cdot \pi \cdot h \cdot (R + r)$$
$$d = R - r \quad \text{(Wandstärke)}$$

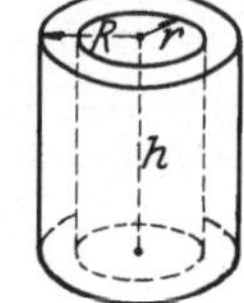

Bild 1.22

Kugel

$$V = 4/3 \cdot \pi \cdot r^3$$
$$O = 4 \cdot \pi \cdot r^2$$

Kugelabschnitt

$$V = 1/6 \cdot \pi \cdot h \cdot (3a^2 + h^2)$$
$$= 1/3 \cdot \pi \cdot h^2(3r - h)$$

Kalotte (Kugelhaube oder -kappe)

$$O = \pi(2a^2 + h^2) = \pi \cdot h(4r - h)$$
$$M = \pi(a^2 + h^2) = 2 \cdot \pi \cdot r \cdot h$$

$$\left(\text{für Kugelabschnitt und Kalotte ist } r = \frac{a^2 + h^2}{2 \cdot h} \right)$$

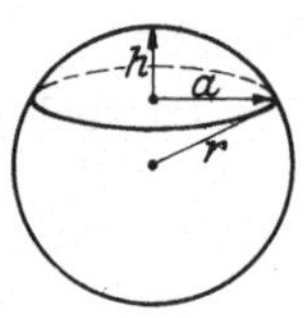

Bild 1.23

Kugelschicht

$$V = 1/6 \cdot \pi \cdot h(3a^2 + 3b^2 + h^2)$$
$$O = \pi(2 \cdot r \cdot h + a^2 + b^2)$$

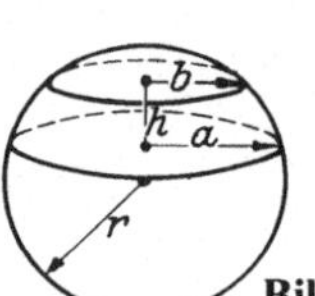

Bild 1.24

Kugelzone

$$M = 2 \cdot \pi \cdot r \cdot h$$

Faß

$$V = (2 \cdot D + d)^2 \cdot 1/36 \cdot \pi \cdot l \quad \text{oder}$$
$$V = (2 \cdot D^2 + d^2) \cdot 1/12 \cdot \pi \cdot l$$

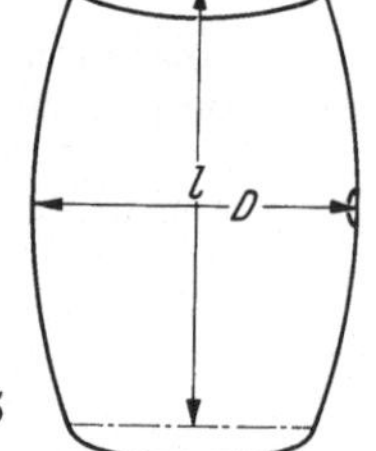

Bild 1.25

Inhalt beliebig begrenzter Schiffsräume (Simpsonsche Regel)[11]

$$A = \frac{x}{3}(y_1 + 4y_2 + 2y_3 + 4y_4 + 2y_5 + 4y_6 + 2y_7 + 4y_8 + y_9)$$

Die Anzahl der Schichten muß stets *gerade* sein.

Bild 1.26

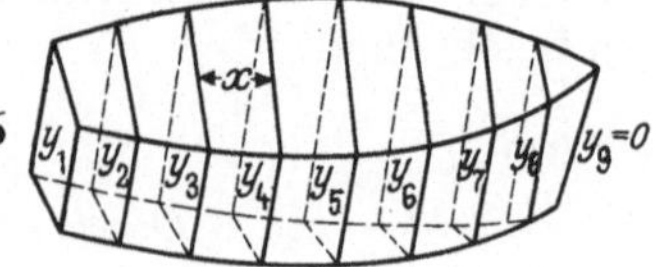

---

11 Simpsonsche Regel für die Flächenberechnung siehe Kap. 1.2.

Beispiel: Um den Inhalt eines Schiffsraumes unter dem Vermessungsdeck zu finden, wurden in einem Schiff sieben je 5,95 m voneinander und von der inneren Fläche der Bekleidung am Vorsteven und am Heck entfernte, senkrechte Querschnitte vermessen und für ihre Flächeninhalte die angegebenen Werte gefunden. Inhalt des Schiffsraumes?

$$y_1 = \quad 0 \qquad\qquad y_2 = 18,87 \ m^2 \qquad y_3 = 42,38 \ m^2 \qquad \frac{x}{3} = 5,95 : 3 = 1,983$$

$$y_9 = \quad 0 \qquad\qquad y_4 = 53,27 \ m^2 \qquad y_5 = 54,88 \ m^2$$

$$\text{a)} \quad\ \ 0 \qquad\qquad y_6 = 51,85 \ m^2 \qquad y_7 = 41,20 \ m^2$$

$$y_8 = 15,71 \ m^2$$

$$139,70 \times 4 \qquad\qquad 138,46 \times 2$$

$$\text{b)} \ \ 558,80 \ m^2 \qquad \text{c)} \ \ 276,92 \ m^2$$

a)   0
b)   558,80
c)   276,92

$$835,72 \times 1,983$$

$$1657,24 \ m^3 \Rightarrow \text{Inhalt des vermessenen Raumes}$$

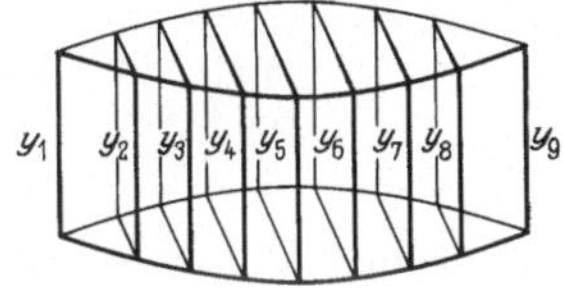

Bild 1.27

1.4 Trigonometrie

1.4.1 Ebene Trigonometrie

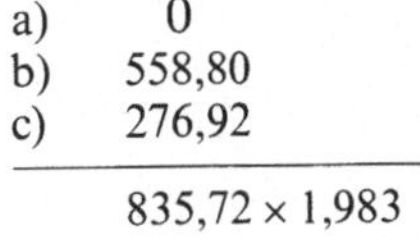

Bild 1.28

Die trigonometrischen Funktionen

$$\sin \alpha = a/c \qquad\qquad \mathrm{cosec}\ \alpha = c/a$$
$$\cos \alpha = b/c \qquad\qquad \sec \ \ \alpha = c/b$$
$$\tan \alpha = a/b \qquad\qquad \cot \ \ \alpha = b/a$$
$$\mathrm{sem}\ \alpha = \sin^2 \alpha/2$$

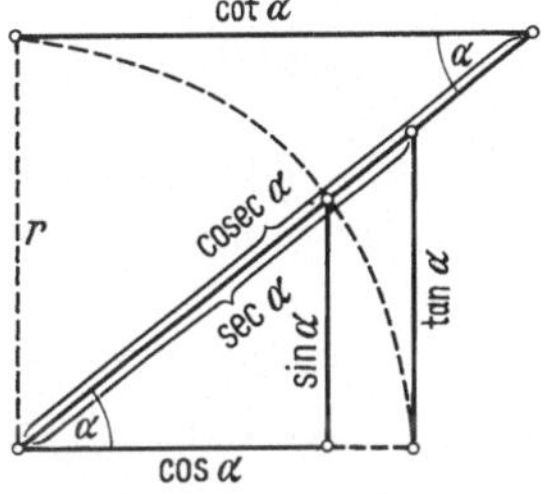

Bild 1.29

Grenzwerte, Vorzeichen und besondere Werte der Funktionen

Winkel bzw. Quadrant	sin	cos	tan	cot	sec	cosec	sem
0°	0	+1	0	$\mp\infty$	+1	$\mp\infty$	0
I	+	+	+	+	+	+	+
90°	+1	0	$\pm\infty$	0	$\pm\infty$	+1	+0,5
II	+	−	−	−	−	+	+
180°	0	−1	0	$\mp\infty$	−1	$\mp\infty$	+1,0
III	−	−	+	+	−	−	+
270°	−1	0	$\pm\infty$	0	$\pm\infty$	−1	+0,5
IV	−	+	−	−	+	−	+
360°	0	+1	0	$\mp\infty$	+1	$\mp\infty$	0
30°	$\frac{1}{2}$	$\frac{1}{2}\sqrt{3}$	$\frac{1}{3}\sqrt{3}$	$\sqrt{3}$	$\frac{2}{3}\sqrt{3}$	2	$\frac{1}{2} - \frac{1}{4}\sqrt{3}$
45°	$\frac{1}{2}\sqrt{2}$	$\frac{1}{2}\sqrt{2}$	1	1	$\sqrt{2}$	$\sqrt{2}$	$\frac{1}{2} - \frac{1}{4}\sqrt{2}$
60°	$\frac{1}{2}\sqrt{3}$	$\frac{1}{2}$	$\sqrt{3}$	$\frac{1}{3}\sqrt{3}$	2	$\frac{2}{3}\sqrt{3}$	$+\frac{1}{4}$

Funktionen negativer, stumpfer und überstumpfer Winkel

Winkel	sin	cos	tan	cot	sec	cosec	sem
$-\alpha$	$-\sin\alpha$	$+\cos\alpha$	$-\tan\alpha$	$-\cot\alpha$	$+\sec\alpha$	$-\operatorname{cosec}\alpha$	
$90°+\alpha$	$+\cos\alpha$	$-\sin\alpha$	$-\cot\alpha$	$-\tan\alpha$	$-\operatorname{cosec}\alpha$	$+\sec\alpha$	$+\operatorname{sem}(90°+\alpha)$
$180°+\alpha$	$-\sin\alpha$	$-\cos\alpha$	$+\tan\alpha$	$+\cot\alpha$	$-\sec\alpha$	$-\operatorname{cosec}\alpha$	$+\operatorname{sem}(180°-\alpha)$
$270°+\alpha$	$-\cos\alpha$	$+\sin\alpha$	$-\cot\alpha$	$-\tan\alpha$	$+\operatorname{cosec}\alpha$	$-\sec\alpha$	$+\operatorname{sem}(90°-\alpha)$

Beispiele:

$$\cos(-68°) = +\cos 68° \qquad \sec 171° = -\operatorname{cosec} 81°$$
$$\tan(-72°) = -\tan 72° \qquad \sin 185° = -\sin 5°$$
$$\cos 115° = -\sin 25° \qquad \lg\cos 115° = 9{,}62595 - 10\,n$$

Funktionen kleiner Winkel (siehe NT 15a und 15b)

In manchen Rechnungen, in denen die trigonometrischen Funktionen kleiner
Winkel $(0 < \alpha < 10°)$ auftreten, kann man eine Vereinfachung dadurch erzielen,
daß man für die Funktionen Näherungswerte einsetzt. So ist z. B.

$$\sin\alpha \approx \sin 1' \cdot \alpha/1' \approx 0{,}00029 \cdot \alpha/1' \;;$$
$$\sin\alpha \approx \sin 1° \cdot \alpha/1° \approx 0{,}01745 \cdot \alpha/1°\;;$$
$$\tan\alpha \approx \tan 1' \cdot \alpha/1' \approx 0{,}00029 \cdot \alpha/1' \;;$$
$$\tan\alpha \approx \tan 1° \cdot \alpha/1° \approx 0{,}01745 \cdot \alpha/1°\,.$$

Bei diesen kleinen Winkeln kann man in genügender Annäherung $\sin\alpha \approx \tan\alpha \approx \alpha$
setzen; Bogenmaß im Kap. 1.2.1. Im gleichen Winkelbereich gelten noch folgende
Annäherungen:

$$\cos 0 \text{ bis } \cos 10° \approx 1, \text{ denn } \cos 10° \text{ ist noch } 0{,}9848 \text{ und}$$
$$\sec 0 \text{ bis } \sec 10° \approx 1, \text{ denn } \sec 10° \text{ ist erst } 1{,}0154.$$

**Multiplikation einer Zahl mit einer trigonometrischen Funktion
mit der Gradtafel NT 3 (Koppeltafel)**

Um eine gegebene Zahl zu multiplizieren mit:	$\sin\alpha$	$\cos\alpha$	$\tan\alpha$	$\cot\alpha$	$\sec\alpha$	$\operatorname{cosec}\alpha$
geht man unter α mit der Zahl ein in die Spalte	d	d	b	a	b	a
und entnimmt das Ergebnis aus der Spalte	a	b	a	b	d	d

Aus der Gradtafel lassen sich zu zwei gegebenen Stücken eines rechtwinkligen
Dreiecks die anderen durch bloße Einsicht entnehmen. Da man jedes schiefwinklige Dreieck durch Ziehen einer geeigneten Höhe in zwei rechtwinklige Dreiecke zerlegen kann, so läßt sich auch jedes schiefwinklige Dreieck mit Hilfe der
Gradtafel berechnen.

Das Dezimalkomma kann man in allen 3 Spalten um dieselbe Anzahl Stellen nach rechts oder links versetzen. Ebenso kann man alle Zahlen einer Zeile mit derselben Zahl multiplizieren oder durch dieselbe Zahl dividieren.

Beispiele:
$27,5 \cdot \cos 23° \quad = 25,31 \quad | \quad (27,5 = 275 : 10)$
$3391 \cdot \cot 55° \quad = 2374 \quad | \quad (3391 = 339,1 \cdot 10)$
$8446 \cdot \operatorname{cosec} 78° = 8635 \quad | \quad (8446 = 422,3 \cdot 20)$

Einige goniometrische [12] Formeln

$$\sin^2 \alpha + \cos^2 \alpha = 1; \quad \tan^2 \alpha + 1 = \sec^2 \alpha; \quad 1 + \cot^2 \alpha = \operatorname{cosec}^2 \alpha$$

$$\sin (\alpha + \beta) = \sin \alpha \cdot \cos \beta + \cos \alpha \cdot \sin \beta$$

$$\cos (\alpha + \beta) = \cos \alpha \cdot \cos \beta - \sin \alpha \cdot \sin \beta$$

$$\sin (\alpha - \beta) = \sin \alpha \cdot \cos \beta - \cos \alpha \cdot \sin \beta$$

$$\cos (\alpha - \beta) = \cos \alpha \cdot \cos \beta + \sin \alpha \cdot \sin \beta$$

$$\sin \alpha = 2 \sin \alpha/2 \cdot \cos \alpha/2; \quad \cos\alpha = \cos^2 \alpha/2 - \sin^2 \alpha/2$$

$$\cos \alpha = 1 - 2 \sin^2 \alpha/2; \quad \cos \alpha = 2 \cos^2 \alpha/2 - 1$$

[13] $\operatorname{vers} \alpha = 1 - \cos \alpha = 2 \sin^2 \alpha/2 = 2 \operatorname{sem} \alpha; \quad \cos \alpha = 1 - 2 \operatorname{sem} \alpha$

$$\sin \alpha + \sin \beta = 2 \sin \tfrac{1}{2} (\alpha + \beta) \cdot \cos \tfrac{1}{2} (\alpha - \beta)$$

$$\sin \alpha - \sin \beta = 2 \cos \tfrac{1}{2} (\alpha + \beta) \cdot \sin \tfrac{1}{2} (\alpha - \beta)$$

$$\cos \alpha + \cos \beta = 2 \cos \tfrac{1}{2} (\alpha + \beta) \cdot \cos \tfrac{1}{2} (\alpha - \beta)$$

$$\cos \alpha - \cos \beta = - 2 \sin \tfrac{1}{2} (\alpha + \beta) \cdot \sin \tfrac{1}{2} (\alpha - \beta)$$

1.4.2   Berechnung schiefwinkliger ebener Dreiecke

Sinussatz

$$a : b = \sin \alpha : \sin \beta$$

Tangentensatz

$$(a + b) : (a - b) = \tan \tfrac{1}{2} (\alpha + \beta) : \tan \tfrac{1}{2} (\alpha - \beta)$$

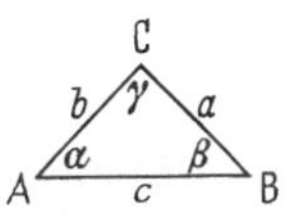

Bild 1.30

Kosinussatz

$$a^2 = b^2 + c^2 - 2bc \cdot \cos \alpha$$

Halbwinkelformel

$$\tan \frac{\alpha}{2} = \sqrt{\frac{\left(\dfrac{s}{2} - b\right) \cdot \left(\dfrac{s}{2} - c\right)}{\dfrac{s}{2} \cdot \left(\dfrac{s}{2} - a\right)}}$$

Semiversussatz

$$a^2 = (b - c)^2 + 4bc \cdot \operatorname{sem} \alpha \quad \text{oder} \quad \operatorname{sem} \alpha = \frac{\left(\dfrac{s}{2} - b\right) \cdot \left(\dfrac{s}{2} - c\right)}{bc},$$

---

12 gonia (griech.), Winkel, Winkelmesser.
13 vers ist die mathematische Schreibweise für die Funktion Sinusversus.

wobei $s = a + b + c$; in anderen Veröffentlichungen ist meist $s = \frac{1}{2} \cdot (a + b + c)$ gesetzt (Achtung!).

1.4.3   Sphärische Trigonometrie

Jede Ebene durch den Kugelmittelpunkt schneidet die Kugelfläche in einem Großkreis (größter Kreis, Hauptkreis, Orthodrome), dessen Radius gleich dem Kugelradius ist. Durch zwei Punkte der Kugelfläche, die nicht Gegenpunkte (Pole) sind, läßt sich nur ein Großkreis legen; der kleinere Bogen des durch diese beiden Punkte führenden Großkreises heißt *Hauptbogen.*

Das *sphärische Dreieck* wird auf der Kugelfläche von drei Hauptbögen begrenzt, von denen jeder kleiner als π (zugehöriger Zentriwinkel kleiner 180° ist. Es wird zum Unterschied vom Kugeldreieck, in dem Seiten größer als π möglich sind, auch *Eulersches Dreieck* genannt. Die drei sphärischen Winkel zwischen je zwei Hauptbögen nennt man die Winkel des sphärischen Dreiecks; keiner ist größer als 180°. Im sphärischen (Eulerschen) Dreieck liegt die Summe der drei Seiten zwischen Null und 2π, die Summe der drei Winkel zwischen 180° und 540°.

Vergleiche Kap. 4.7 (Nautisches Grunddreieck) und im Bd. 1A die Kap. 4.12.1 bis 4.12.4.

Rechtwinklige sphärische Dreiecke

Napiersche Regel. Man schreibt die Stücke eines rechtwinkligen sphärischen Dreiecks unter Fortlassung des rechten Winkels, so wie sie aufeinanderfolgen, an die Peripherie eines Kreises, wobei man die Katheten durch ihre Komplemente ersetzt (nach Bild 1.31 durch a' und b' kenntlich gemacht). Dann gilt der Satz: Der Kosinus eines Stückes ist gleich dem Produkte der Sinus der ihm gegenüberliegenden Stücke und gleich dem Produkte der Kotangenten der ihm anliegenden Stücke.

$$\cos b' = \sin c \cdot \sin \beta; \qquad \cos b' = \cos a' \cdot \cot \alpha$$

$$\sin b = \sin c \cdot \sin \beta; \qquad \sin b = \tan a \cdot \cot \alpha \quad \text{usw.}$$

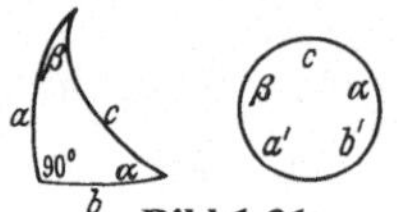

Bild 1.31

Im rechtwinkligen sphärischen Dreieck ist entweder keine Seite stumpf oder es sind 2 Seiten stumpf. Eine Kathete und der ihr gegenüberliegende Winkel sind entweder beide spitz oder beide stumpf.

Schiefwinklige sphärische Dreiecke

In einem schiefwinkligen sphärischen Dreieck liegen gleichen Seiten gleiche Winkel gegenüber und umgekehrt, ferner liegt der größeren Seite auch der größere Winkel gegenüber und umgekehrt. Die Summe zweier Seiten ist immer größer als die dritte. Ist die Summe zweier Seiten größer (oder kleiner) als π (180°), so gilt das auch für die Summe ihrer gegenüberliegenden Winkel.

Sinussatz

$$\sin a : \sin b = \sin \alpha : \sin \beta$$

Kosinussatz

Bild 1.32 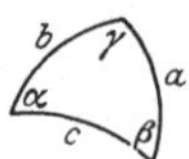

$$\cos a = \cos b \cdot \cos c + \sin b \cdot \sin c \cdot \cos \alpha$$

Napiersche Gleichungen

$$\tan \frac{c}{2} : \tan \frac{a+b}{2} = \cos \frac{\alpha+\beta}{2} : \cos \frac{\alpha-\beta}{2}$$

$$\tan \frac{c}{2} : \tan \frac{a-b}{2} = \sin \frac{\alpha+\beta}{2} : \sin \frac{\alpha-\beta}{2}$$

$$\cot \frac{\gamma}{2} : \tan \frac{\alpha + \beta}{2} = \cos \frac{a + b}{2} : \cos \frac{a - b}{2}$$

$$\cot \frac{\gamma}{2} : \tan \frac{\alpha - \beta}{2} = \sin \frac{a + b}{2} : \sin \frac{a - b}{2}$$

H a l b w i n k e l f o r m e l n. Setzt man $a + b + c = s$, so erhält man:

$$\sin \frac{\alpha}{2} = \sqrt{\frac{\sin \left(\frac{s}{2} - b\right) \cdot \sin \left(\frac{s}{2} - c\right)}{\sin b \cdot \sin c}} \; ,$$

$$\cos \frac{\alpha}{2} = \sqrt{\frac{\sin \frac{s}{2} \cdot \sin \left(\frac{s}{2} - a\right)}{\sin b \cdot \sin c}} \; ,$$

$$\tan \frac{\alpha}{2} = \sqrt{\frac{\sin \left(\frac{s}{2} - b\right) \cdot \sin \left(\frac{s}{2} - c\right)}{\sin \frac{s}{2} \cdot \sin \left(\frac{s}{2} - a\right)}} \; .$$

S e m i v e r s u s s a t z

$$\operatorname{sem} a = \operatorname{sem} (b - c) + \sin b \cdot \sin c \cdot \operatorname{sem} \alpha$$

oder

$$\operatorname{sem} \alpha = \sin (s/2 - b) \cdot \sin (s/2 - c) \cdot \operatorname{cosec} b \cdot \operatorname{cosec} c$$

H a l b s e i t e n f o r m e l n. Setzt man $\alpha + \beta + \gamma = \sigma$, so erhält man:

$$\sin \frac{a}{2} = \sqrt{\frac{- \cos \frac{\sigma}{2} \cdot \cos \left(\frac{\sigma}{2} - \alpha\right)}{\sin \beta \cdot \sin \gamma}} \; ,$$

$$\cos \frac{a}{2} = \sqrt{\frac{\cos \left(\frac{\sigma}{2} - \beta\right) \cdot \cos \left(\frac{\sigma}{2} - \gamma\right)}{\sin \beta \cdot \sin \gamma}} \; ,$$

$$\tan \frac{a}{2} = \sqrt{\frac{- \cos \frac{\sigma}{2} \cdot \cos \left(\frac{\sigma}{2} - \alpha\right)}{\cos \left(\frac{\sigma}{2} - \beta\right) \cdot \cos \left(\frac{\sigma}{2} - \gamma\right)}} \; .$$

Der Überschuß der Winkelsumme über 180° heißt sphärischer Exzeß (ε); $\varepsilon = \alpha + \beta + \gamma - 180°$.

Mit Hilfe von ε kann der Flächeninhalt des sphärischen Dreiecks bestimmt werden; es ist $A = r^2 \cdot \varepsilon$, wo r der Kugelradius und ε der Winkel im Bogenmaß ist.

Siehe auch das terrestrisch-sphärische Grunddreieck im Kap. 4.12.3 des Bandes 1 A und Formeln im nautischen Grunddreieck (sphärischer Kosinuswinkelsatz und sphärischer Kotangentensatz) im Kap. 4.7 dieses Bandes.

1.5 Vektorrechnung

Allgemeines. Mit der Vektorrechnung kann man sich — besonders bei der Untersuchung physikalischer Vorgänge — frei von einer Komponentendarstellung machen, d.h. frei von der zerlegenden Auflösung in eine Anzahl gleichberechtigter, auf die Achsen oder Ebenen irgendeines Koordinatensystems bezogener Einzelvorgänge. Der Übergang zu beliebigen Koordinatensystemen ist möglich.

Man unterscheidet Skalare [14] und Vektoren [15].

Skalare Größen sind z.B.: Masse, Zeit, Arbeit, Leistung, Temperatur.

Vektorielle Größen sind z.B.: Weg, Geschwindigkeit, Beschleunigung, Kraft, Moment einer Kraft (Drehmoment).

Vektoren bedürfen zu ihrer Festlegung neben der Zuordnung einer physikalischen Größe noch zusätzlich einer Richtung. Einen Vektor kann man durch einen Pfeil veranschaulichen.

Vektoren werden fast nur noch kursiv und durch Fettdruck $A, B, \ldots, a, b, \ldots$ oder auch durch übergesetzte Pfeile $\vec{A}, \vec{B}, \ldots, \vec{a}, \vec{b}, \ldots$ besonders gekennzeichnet. (Tensoren zweiter Stufe werden bevorzugt bezeichnet durch große griechische Buchstaben oder durch Fettdruck.)

Der Betrag eines Vektors, der durch die Länge eines Pfeiles in einem vereinbarten Maßstab veranschaulicht wird, ist ein Skalar und wird durch den zugehörigen Buchstaben ausgedrückt, z.B.: $A, B, \ldots, a, b, \ldots$ oder $|A|, |B|, \ldots,$ $|a|, |b|, \ldots$ oder $|\vec{A}|, |\vec{B}|, \ldots, |\vec{a}|, |\vec{b}|, \ldots$.

Vektoren sind gleich, wenn sie in Betrag und Richtung übereinstimmen.

1.5.1 Addition und Subtraktion von Vektoren

In der Pfeildarstellung werden Vektoren addiert, indem man in irgendeiner Reihenfolge jeden Pfeil mit seinem Anfangspunkt an den Endpunkten (Pfeilspitze) des vorhergehenden ansetzt; der Summenvektor (Resultante) wird als Pfeil vom Anfangspunkt des ersten bis zum Endpunkt (Pfeilspitze) des letzten Pfeiles gewonnen.

Die Subtraktion wird wie eine Addition durchgeführt, wenn vorher die Vektoren mit negativen Vorzeichen in entgegengesetzt gerichtete Pfeile verwandelt werden.

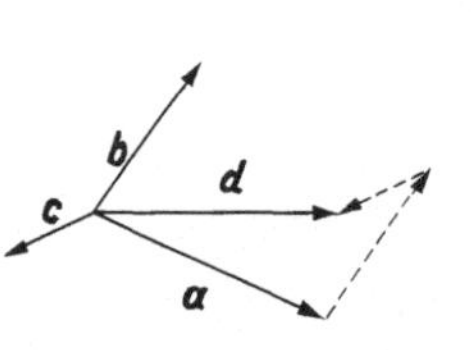

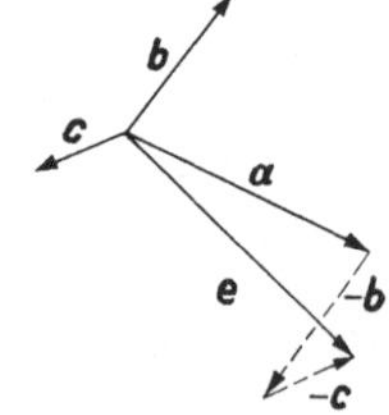

$d = a + b + c$ **Bild 1.33**   **Bild 1.34** $e = a - b - c$

1.5.2 Multiplikation eines Vektors mit einem Skalar

Bei der Multiplikation eines Vektors a mit einem Skalar n ändert sich nur der Betrag des Vektors, nicht aber seine Richtung. $b = n \cdot a$ (Vektor b hat die gleiche Richtung wie Vektor a).

---

14 scalae (lat.),Stufe, Zahlenfolge; scala (ital.), Tonleiter, Stufen- und Zahlenfolge.
15 vector (lat.), Träger, der Fahrende.

Ein Vektor a kann daher auch aufgefaßt werden als Produkt aus seinem Betrag a und einem Vektor zur Richtungsangabe vom Betrage eins, dem Einsvektor a^0; es ist somit

$$a = a \cdot a^0 .$$

1.5.3 Komponentenzerlegung

Häufig wird die Zerlegung von Vektoren in ihre Komponenten notwendig. Die Komponenten sind Vektoren, die in Richtung der Achsen eines Koordinatensystems fallen. Durch einen Index wird die Achse, in welche die Komponente fällt, zugeordnet oder der Betrag der Komponente (ihre Projektion auf eine Achse) wird mit dem entsprechenden Einsvektor zur Richtungsangabe multipliziert.

Beispiel für kartesische Koordinaten:

Einsvektoren:

$$i = e_x; \quad j = e_y; \quad k = e_z$$

Vektorenzerlegung:

$$a = a_x + a_y + a_z = a_x \cdot i + a_y \cdot j + a_z \cdot k$$

1.5.4 Skalares (inneres) Produkt

Das skalare (innere) Produkt der Vektoren a und b, geschrieben ab (sprich: ab) oder $a \cdot b$ (sprich: a Punkt b), ist ein Skalar. Der Betrag c ergibt sich aus dem Produkt des Betrages a des einen Vektors a und des Betrages b_a der Projektion des anderen auf ihn.

$$c = a \cdot b = a \cdot b_a = a \cdot b \cdot \cos(a, b)$$
$$= (a_x \cdot i + a_y \cdot j + a_z \cdot k)(b_x \cdot i + b_y \cdot j + b_z \cdot k)$$
$$= a_x \cdot b_x + a_y \cdot b_y + a_z \cdot b_z$$

Beispiel: Wenn ein Körper unter Einwirkung der Kraft F eine Verschiebung s erfährt, so ergibt sich die skalare Größe Arbeit W; wirksam für die Arbeit W ist aber nur die Projektion der Kraft F in Richtung der Verschiebung s.

$$W = s \cdot F = s \cdot F_s = s \cdot F \cdot \cos(s, F)$$

1.5.5 Vektorprodukt (vektorielles oder äußeres Produkt)

Das Vektorprodukt zweier Vektoren a und b, geschrieben $a \times b$ (sprich: a Kreuz b) oder $[ab]$ (sprich: Vektorprodukt ab), ist ein Vektor

$$c = a \times b$$
$$= (a_x \cdot i + a_y \cdot j + a_z \cdot k) \times (b_x \cdot i + b_y \cdot j + b_z \cdot k)$$
$$= (a_y \cdot b_z - a_z \cdot b_y) \cdot i + (a_z \cdot b_x - a_x \cdot b_z) \cdot j + (a_x \cdot b_y - a_y \cdot b_x) \cdot k .$$

Der Vektor c steht senkrecht auf dem von den Vektoren a und b aufgespannten Parallelogramm und zeigt in die Richtung, in die sich eine Rechtsschraube bewegt, wenn a auf dem kürzesten Weg in die Richtung von b gedreht wird und die Schraube diese Drehung mitmacht.

Das kommutative Gesetz gilt nicht; eine Vertauschung der Reihenfolge der Faktoren bewirkt einen Vorzeichenwechsel des Produktes. Es ist

$$c = a \times b \quad \text{aber} \quad c = - (b \times a).$$

Der Betrag c des Vektors c ergibt sich aus dem Produkt der Beträge der Vektoren a und b und dem Sinus des eingeschlossenen Winkels (a, b)

$$c = a \cdot b \cdot \sin(a, b).$$

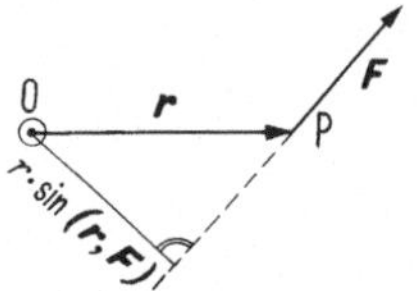

$$M = r \times F \qquad \textbf{Bild 1.35}$$

Beispiel: Ein starrer Körper sei um den festen Punkt 0 drehbar. Im Punkt P greift die Kraft F an, die mit dem Vektor r den Winkel (r, F) bildet. Das Vektorprodukt aus r und F ist die vektorielle Größe Drehmoment M; siehe Bild 1.35.

Der Betrag M des Momentes M ergibt sich als Produkt aus dem Betrag F der Kraft F und dem senkrechten Abstand ihrer Wirkungslinie vom Drehpunkt 0 (Hebelarm gleich $r \cdot \sin(r, F)$

$$M = r \cdot F \cdot \sin(r, F).$$

Der Vektor M steht senkrecht zur Zeichenebene in 0 und zeigt aus der Zeichenebene heraus.

1.6 Infinitesimalrechnung[16]

1.6.1 Differentialrechnung

Allgemeines. Geometrisch gelangt man zur Differentialrechnung durch die Aufgabe, die Tangente an eine Kurve in einem gegebenen Kurvenpunkt als Grenzlage der Sekanten durch diesen Punkt zu definieren, physikalisch z. B. durch die Aufgabe, die Geschwindigkeit eines ungleichförmig bewegten Körpers in einem bestimmten Zeitpunkt (Momentangeschwindigkeit) zu erklären. Geometrisch wird das Steigungsmaß m_s der Sekante (Differenzenquotient: $m_s = \Delta y / \Delta x$) zur Grenzlage Steigungsmaß m_t der Tangente (Differentialquotient: $m_t = dy/dx$) überführt.

Läßt sich eine Größe durch eine stetige Funktion, z. B. $f(x)$, beschreiben, dann kann im allgemeinen mathematisch der Differentialquotient oder die Ableitung der Funktion $f(x)$ gebildet werden. Mehrfache Differentiation (1., 2., 3., ..., n. Ableitung) kann möglich sein. Vereinfachend schreibt man z. B. für die

$$\text{1. Ableitung:} \quad y'(x) = f'(x) = \frac{dy}{dx} \quad \text{und für die}$$

$$\text{2. Ableitung:} \quad y''(x) = f''(x) = \frac{d^2 y}{dx^2} = \frac{d}{dx}\left(\frac{dy}{dx}\right) \quad \text{usw.}$$

---

16 infinitum (lat.), das Unbegrenzte; diese Bezeichnung steht zusammenfassend für die Differential- und Integralrechnung; vgl. Grenzwerte Null und Unendlich im Kap. 1.1.

Für den Sonderfall der Ableitung nach der Zeit schreibt man vereinfachend z. B. für die

1. Ableitung: $\dot{y}(t) = \dfrac{dy}{dt}$ und für die

2. Ableitung: $\ddot{y}(t) = \dfrac{d^2 y}{dt^2} = \dfrac{d}{dt}\left(\dfrac{dy}{dt}\right)$.

Durch die 1. Ableitung nach der Zeit erhält man die Momentangeschwindigkeit $v(t) = \dot{s}(t) = \dfrac{ds}{dt}$ und durch die 2. Ableitung die Beschleunigung $a(t) = \dot{v}(t)$
$= \ddot{s}(t) = \dfrac{d}{dt} v(t) = \dfrac{d^2 s}{dt^2}$.

Rechenregeln

Summenregel	$y = u \pm v;$	$y' = u' \pm v'$
Potenzregel	$y = x^n;$	$y' = n \cdot x^{n-1}$
Produktregel	$y = u \cdot v;$	$y' = u' \cdot v + u \cdot v'$
Quotientenregel	$y = \dfrac{u}{v};$	$y' = \dfrac{u' \cdot v - u \cdot v'}{v^2}$
Kettenregel	$y = f[g(x)] = f(u);$	$y' = \dfrac{df(u)}{du} \cdot \dfrac{du}{dx} = \dfrac{df}{du} \cdot u'$

$$\text{Substitution } g(x) = u$$

Einzelne Funktionen:
$$(\sin x)' = \cos x$$
$$(\cos x)' = -\sin x$$
$$(e^x)' = e^x$$
$$[\ln f(x)]' = \dfrac{f'(x)}{f(x)} \quad \Rightarrow \quad f(x) > 0$$

Auch von vektoriellen Größen kann man die Ableitung (den Differentialquotienten) bilden.

Beispiel: Allgemein ist

$$\boldsymbol{a} = \dfrac{d\boldsymbol{v}}{dt}$$

($\boldsymbol{v}$ = Vektor der Geschwindigkeit und $\boldsymbol{a}$ = Vektor der Beschleunigung). Selbst wenn der Betrag von $\boldsymbol{v}$ konstant bleibt und sich nur seine Richtung ändert, ergibt sich eine Beschleunigung $\boldsymbol{a}$ (Zentripetalbeschleunigung).

Für die Funktionen von mehreren Variablen $f(x, z)$ definiert man als *partielle Ableitung* $\partial f / \partial x$ den Differentialquotienten derjenigen Funktion einer Variablen x, die man erhält, wenn man die andere Variable z konstant hält. Dann ist

$$f'_x \equiv \left(\dfrac{\partial f(x, z)}{\partial x}\right)_{z = \text{const}} \quad \text{und} \quad f'_z \equiv \left(\dfrac{\partial f(x, z)}{\partial z}\right)_{x = \text{const}}.$$

Beispiel: Spezifische Wärmekapazität der Gase bei konstantem Druck c_p und bei konstantem Volumen c_v.

1.6.2 Integralrechnung

Allgemeines. Geometrisch wird die Integralrechnung als Aufgabe verstanden, die von einer beliebigen Kurve begrenzte Fläche zu ermitteln, physikalisch z. B. durch die Aufgabe, den zurückgelegten Weg eines ungleichförmig bewegten Körpers aus seinen Momentangeschwindigkeiten innerhalb einer bestimmten Zeit zu bestimmen; s. a. unter Differentialrechnung.

Rechenregeln

Summenintegration

$$\int (u + v)\, dx = \int u\, dx + \int v\, dx$$

Potenzintegration

$$\int x^n \cdot dx = \frac{x^{n+1}}{n+1} + C \quad \text{für} \quad n \neq -1$$

Partielle Integration

$$\int u \cdot v'\, dx = u \cdot v - \int u' \cdot v\, dx$$

Integration durch Substitution

$$\int f[g(x)] \cdot g'(x)\, dx = \int f(u)\, du$$

$$\text{Substitution} \quad u = g(x)$$

Einzelne Funktionen

$$\int \sin x\, dx = -\cos x + C$$

$$\int \cos x\, dx = \sin x + C$$

$$\int e^x\, dx = e^x + C$$

$$\int \frac{f'(x)}{f(x)}\, dx = \ln |f(x)| + C \quad \Rightarrow \quad f(x) \neq 0$$

1.7 Fehlertheorie

1.7.1 Grundlagen

Jedes Meßergebnis ist fehlerbehaftet. Die Norm Grundbegriffe der Meßtechnik, DIN 1319 Teil 3, behandelt Begriffe für die Fehler beim Messen. Grundsätzlich gilt: der Fehler F ist gleich dem angezeigten oder ausgegebenen Wert x_a vermindert um den richtigen Wert x_r.

$$F = x_a - x_r.$$

Man unterscheidet grobe, systematische und zufällige Fehler. *Grobe* Fehler (engl.: blunder) entstehen durch Fehlfunktionen des Gerätes, Fehler in der Bedienung oder bei der Auswertung. (Beispiele sind die Unterbrechung der Nachdrehung im Peilkompaß, im Funkpeiler oder im Satellitennavigator, die fehlerhafte Bestimmung des Fahrtfehlers beim Kreiselkompaß, Vorzeichenfehler bei der Kompaß- oder der Funkdeviation, ein falsch aufgeschlagenes Datum im Nautischen Jahrbuch usw.) Grobe Fehler sind durch sorgfältiges Arbeiten, Sinnfälligkeitskontrolle des Ergebnisses und unabhängige Kontrollrechnungen verhinderbar oder zu entdecken.

Systematische Fehler sind dem Meßgerät, dem Meßverfahren, dem Meßsystem typisch. Sie sind nach Betrag und Vorzeichen vorhersagbar und, soweit festgestellt, zu berücksichtigen. Beispiele für systematische Fehler oder deren Beschickungen bei den Navigationsgeräten sind Mißweisung und Ablenkung beim Magnetkompaß, Fahrtfehler beim Kreiselkompaß, Funkfehlweisung beim Funkpeiler, Indexberichtigung beim Sextanten, Ausbreitungsabweichungen bei den Hyperbelnavigationsverfahren usw. Systematische Fehler können konstant oder von anderen

Größen abhängig sein. Systematische Fehler sollen nach Möglichkeit durch Kompensation verhindert werden. Der Restfehler wird durch sorgfältige Messungen bestimmt. Er wird mit umgekehrtem Vorzeichen an die jeweilige Messung als Beschickung (Korrektion) angebracht.

Zufällige Fehler ergeben sich aus vielfältigen, nicht im einzelnen vorhersagbaren Einflüssen auf die Messung. Zufällige Fehler sind weder nach Betrag noch nach Vorzeichen vorhersagbar. Man beobachtet vielmehr, wenn die Messung derselben Größe mehrfach wiederholt wird, daß die Meßergebnisse streuen. Als Beispiel sind in Tab. 1.1 die 250 Messungen einer Koordinate des Omega-Navigationsverfahrens wiedergegeben. Die angegebenen Werte sind um die Ausbreitungskorrekturen berichtigt.

Aus einer solchen Meßserie ergibt sich der wahrscheinlichste Wert für die Meßgröße als arithmetisches Mittel aller Werte:

$$\bar{x} = \frac{k_1 x_1 + k_2 x_2 + k_3 x_3 + \cdots}{k_1 + k_2 + k_3 + \cdots} = \frac{\sum_{i=1}^{n} k_i x_i}{\sum_{i=1}^{n} k_i}.$$

Tabelle 1.1. Häufigkeitsverteilung von 250 Omega-Messungen; richtiger Wert für den Meßort 981.23. (Nach Appleyard, S. F.: Marine Electronic Navigation. London 1980)

Index	Omega-Koordinate	Häufigkeit
i	x_i	k_i
1	981.20	1
2	.21	2
3	.22	5
4	.23	11
5	.24	20
6	.25	30
7	.26	37
8	.27	40
9	.28	38
10	.29	29
11	.30	19
12	.31	12
13	.32	4
14	.33	2

Im vorliegenden Fall ergibt sich ein Mittelwert von $\bar{x} = 981{,}27$. Gegenüber dem richtigen Wert von 981,23 enthält die Messung demnach einen nicht kompensierten systematischen Fehler von 0,04. Im Bild 1.36 ist die Messung in einem Histogramm dargestellt.

Zur Charakterisierung der Genauigkeit des Mittelwertes der gemessenen Größe bildet man den mittleren Fehler m nach der Beziehung

$$m = \sqrt{\frac{\sum_{i=1}^{n} k_i (x_i - \bar{x})^2}{\sum_{i=1}^{n} k_i - 1}}.$$

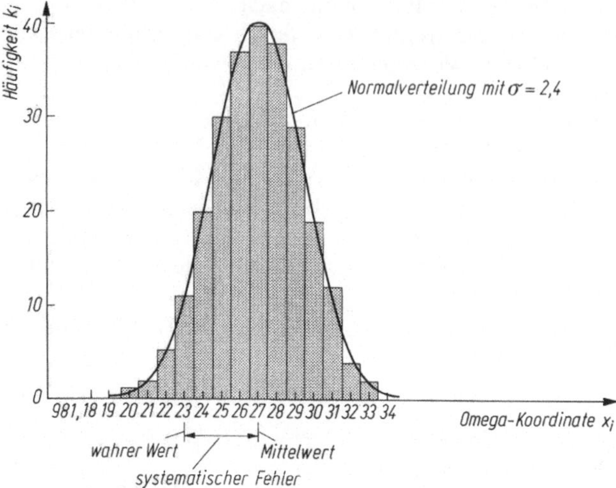

Bild 1.36. Histogramm der Häufigkeitsverteilung einer Omega-Meßreihe. (Nach S. F. Appleyard: Marine Electronic Navigation, London 1980)

Kommen alle Meßwerte nur einfach vor, $k_i = 1$ für alle i, so vereinfachen sich die beiden vorgenannten Beziehungen. Für n Messungen ergibt sich der Mittelwert

$$\bar{x} = \frac{\sum\limits_{i=1}^{n} x_i}{n}$$

und der mittlere Fehler aus

$$m = \sqrt{\frac{\sum\limits_{i=1}^{n} (x_i - \bar{x})^2}{n-1}}.$$

Der Name „mittlerer Fehler" (Formelzeichen m) und seine Definition stammen aus der angewandten Mathematik. So verwendet man diese bisher auch in der nautischen Literatur; siehe z. B. Kap. 4.10.7 im Band 1 A und die Kap. 4.16.1 und 4.17.1 in diesem Band. In letzter Zeit benutzt man dafür immer mehr den Begriff „Standardabweichung" (Formelzeichen σ).

Für ein bestimmtes Meßverfahren läßt sich die Standardabweichung (der mittlere Fehler) aus einer sehr großen Anzahl von Messungen angeben. Die Verteilung der Meßwerte um den Mittelwert hängt einerseits vom verwendeten Meßverfahren, zum anderen vom Verhalten der Meßgröße ab. Alle Meßverfahren lassen die Ablesung nur bis zu einer untersten Schranke der Feinheit zu. Besonders deutlich wird dies bei digital anzeigenden Geräten. So wird z. B. eine digitale Kompaßtochteranzeige mit einer Auflösung von 0,1° jeweils zum angezeigten Wert um maximal 0,05° falsch anzeigen, wobei innerhalb dieser Schranken kein Fehler häufiger als ein benachbarter sein wird. Für die Häufigkeit eines Fehlers in Abhängigkeit von seiner Größe ergibt sich hier ein rechteckiger Verlauf; vgl. Bild 1.37a.

Eine andere Verteilung des Fehlers wird sich bei einer sich periodisch ändernden Anzeige einstellen. Bei gierendem Schiff z. B. schwingt die Kompaßanzeige

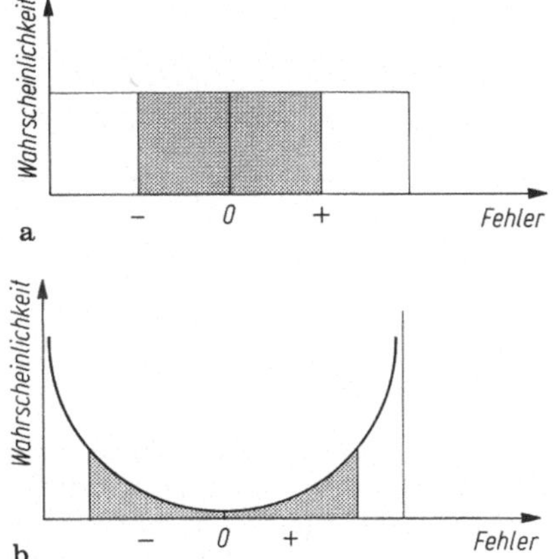

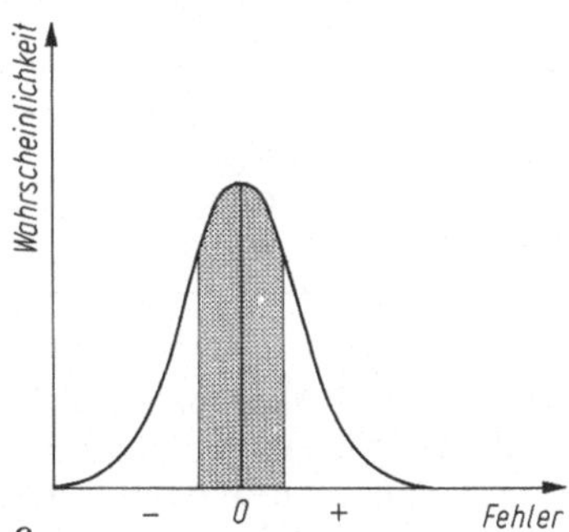

Bild 1.37. Typische Verteilung von Fehlern um den Mittelwert. **a** rechteckige Verteilung; **b** periodische Verteilung; **c** Normalverteilung

um den Mittelwert, hält sich allerdings an den Bereichsgrenzen länger auf als beim schnell durchlaufenden Mittelwert. Wird hier die Anzeige im schnellen Rhythmus — wesentlich schneller als die Gierperiodendauer — abgelesen, so werden große Fehler häufiger sein als kleine; vgl. Bild 1.37 b.

In den meisten Fällen ergeben die vielfältigen Einflüsse auf eine Meßgröße und auf das Meßverfahren eine Häufigkeitsverteilung des Fehlers, die durch die sogenannte Normalverteilung (Glockenkurve) nach Gauß recht gut angenähert wird (siehe Bild 1.37 c). Diese Häufigkeitsverteilung entspricht der Erfahrung, daß

- große Fehler seltener als kleine sind,
- Fehler beiderlei Vorzeichens gleich häufig sind und
- der Verlauf der Funktion und der ihrer Ableitungen keine Sprünge aufweisen.

Die Normalverteilung ist gegeben durch die Gleichung

$$f(x) = \frac{1}{\sigma \sqrt{2\pi}} \cdot e^{-\frac{(x-\bar{x})^2}{2\sigma^2}} \ .$$

Untersucht man die Funktion genauer, dann ergeben sich die in der Tab. 1.2 angegebenen Wahrscheinlichkeiten für die auf den Wert σ bezogenen Streubereiche. Danach werden durch σ (Streubereich $\bar{x} - \sigma \leqq x \leqq \bar{x} + \sigma$) alle Messungen mit einer Wahrscheinlichkeit von 68,27%, durch $2 \cdot \sigma$ ($1,96 \cdot \sigma$) mit einer Wahrscheinlichkeit von 95% und durch $3 \cdot \sigma$ mit einer Wahrscheinlichkeit von 99,73% erfaßt. Die dreifache Standardabweichung wird als *Maximal-* oder *Grenzabweichung* bezeichnet. Vergleiche die Kap. 4.16.1 und 4.17.1 sowie im Bd. 1 A das Kap. 4.10.7.

Während ein Meßverfahren durch die Standardabweichung in seiner Genauigkeit gekennzeichnet wird, lassen sich für eine Meßreihe Vertrauensgrenzen des ermittelten Mittelwertes bestimmen. Bei bekannter Standardabweichung des Meßverfahrens gilt für die Angabe des Meßergebnisses

$$x = \bar{x} \pm \frac{1}{\sqrt{n}} \cdot \sigma$$

Tabelle 1.2. Faktoren zur Umwandlung der Streubereiche für unterschiedliche Wahrscheinlichkeiten. (Nach N. Bowditsch: American Practical Navigator, Washington 1977)

von \ nach	50,00%	68,27%	95,00%	99,73%
50,00%	1,0000	1,4826	2,9059	4,4475
68,27%	0,6745	1,0000	1,9600	3,0000
95,00%	0,3441	0,5102	1,0000	1,5307
99,73%	0,2248	0,3333	0,6533	1,0000

für eine statistische Sicherheit von fast 68,3%. Dabei ist n die Anzahl der durchgeführten Messungen. Durch die Wiederholung der Messung werden die Vertrauensgrenzen mit dem Faktor $1/\sqrt{n}$ enger gegenüber dem oben angegebenen Streubereich. Gehen in die Standardabweichung σ einer Messung mehrere Einflüsse mit den jeweiligen Standardabweichungen σ_1, σ_2, σ_3, ... ein, so ergibt sich die resultierende Standardabweichung als Quadratwurzel aus der Summe der Quadrate über die einzelnen Abweichungen (Fehlerfortpflanzung):

$$\sigma = \sqrt{\sigma_1^2 + \sigma_2^2 + \sigma_3^2 + \dots} \, .$$

Für Meßsysteme oder -geräte werden von der herstellenden Industrie Fehlergrenzen angegeben. Sie liegen innerhalb von Genauigkeitsschranken ggf. zulassender Behörden. Sie geben die maximal zulässige (systematische und zufällige) Abweichung vom wahren Wert an. Solche Fehlerschranken können auch eingeschränkt für bestimmte Bedingungen wie Temperaturbereich, Feuchtigkeit formuliert sein. Um die geforderten Fehlergrenzen einhalten zu können, muß die Meßunsicherheit wesentlich geringer sein als der zulässige Streubereich. Das bedeutet andererseits, daß das einzelne Meßgerät eine geringere Streuung aufweisen wird, als der geforderten Genauigkeit entspricht. Mit einer Meßreihe kann der Benutzer die individuelle Streugröße feststellen.

1.7.2 Zweidimensionale Fehlerverteilung

Zur Festlegung eines Ortes auf der Erdoberfläche sind zwei Angaben nötig, z.B. geographische Breite und Länge. Zu ihrer Bestimmung müssen mindestens zwei unabhängige Messungen vorliegen. Jede Messung ist wie dargestellt fehlerbehaftet. Im folgenden wird davon ausgegangen, daß die Messungen nur mit normalverteilten zufälligen Fehlern behaftet sind, daß also systematische Fehler ggf. vorher berichtigt wurden. Jeder Meßwert ergibt eine Standlinie, die selbst in der Mitte eines Walls liegt, der die Streuung des Meßwertes beschreibt. Schneiden sich zwei solche Standlinien, dann liegt der wahrscheinlichste Ort im Schnittpunkt beider. Von dort aus nimmt die Wahrscheinlichkeit nach allen Richtungen hin ab. Die Verteilung ähnelt jetzt einem Hügel; vgl. Bild 1.38.

Im einfachsten Fall schneiden sich zwei Standlinien mit einander gleicher Standardabweichung rechtwinklig. In diesem Fall ist die Fehlerverteilung nur vom Abstand r vom Schnittpunkt beider Standlinien abhängig. Die Kurve konstanter Fehlerwahrscheinlichkeit ist in diesem Fall ein Kreis um den Schnittpunkt. Der Kreis mit dem Radius r enthält dabei den tatsächlichen Ort mit einer Wahrscheinlichkeit $P(r)$. Es ist:

$$P(r) = 1 - e^{-\frac{r^2}{2\sigma^2}} = 1 - e^{-\left(\frac{r}{\sigma}\right)^2} \, .$$

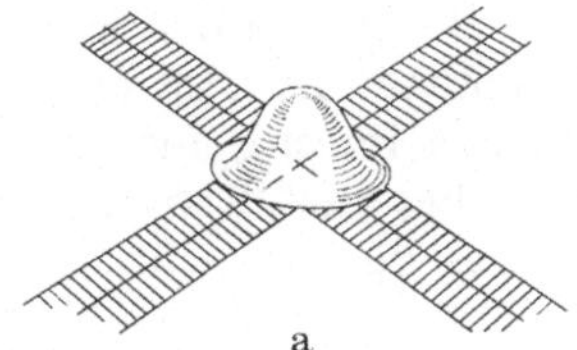
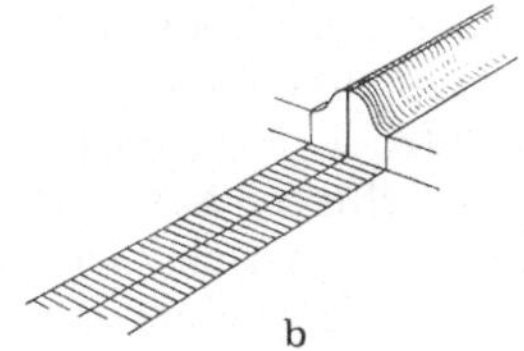

Bild 1.38. Zweidimensionaler Wahrscheinlichkeitshügel (**a**), entstanden aus dem Schnitt zweier Wahrscheinlichkeitswälle (**b**) für jede der beiden Standlinien. (Nach E. W. Anderson: The Principle of Navigation, 3rd. Ed. London 1979)

Tabelle 1.3. Faktoren zur Umwandlung der Radien der kreisförmigen Streubereiche für unterschiedliche Wahrscheinlichkeiten

nach von	39,35%	50,00%	63,21%	95,00%	99,78%
39,35%	1,0000	1,1774	1,4142	2,4477	3,5000
50,00%	0,8493	1,0000	1,2011	2,0789	2,9726
63,21%	0,7071	0,8325	1,0000	1,7308	2,4749
95,00%	0,4085	0,4810	0,5778	1,0000	1,4299
99,78%	0,2857	0,3364	0,4040	0,6993	1,0000

Darin ist σ die Streuung der einzelnen Standlinie und die geometrische Summe beider $\bar{\sigma} = \sqrt{2} \cdot \sigma$. Bezogen auf die Streuung σ der einzelnen Standlinie gibt die Tab. 1.3 die Beziehung zwischen dem Radius des Kreises bezogen auf die Streuung und der Wahrscheinlichkeit, mit der dieser Kreis den tatsächlichen Ort enthält, in der ersten Zeile an.

Die erste Zeile in Tab. 1.3 enthält gleichzeitig die Absolutwerte für r/σ, z. B. $r/\sigma = 1$ für $P = 39{,}35\%$. Normalerweise haben beide zur Ortsbestimmung verwendeten Standlinien nicht dieselbe Streuung. Bei der in der Seefahrt eingesetzten Navigation schneiden sich die Standlinien auch nur bei Verfahren zwingend senkrecht, bei denen Peilung und Abstand zu einem Objekt ausgewertet werden (z. B. Radar). Im allgemeinen Fall ist die Wahrscheinlichkeitsverteilung für den Ort nicht nur vom Abstand vom Schnittpunkt abhängig, sie ändert sich auch mit der vom Schnittpunkt aus eingeschlagenen Richtung. Als Kurve konstanter Wahrscheinlichkeit ergibt sich in diesem Fall eine Ellipse. Zu ihrer Beschreibung werden ihre beiden Halbachsen bestimmt zu:

$$\sigma_x^2 = \frac{1}{2\sin^2\alpha}\left(\sigma_1^2 + \sigma_2^2 + \sqrt{(\sigma_1^2 + \sigma_2^2)^2 - 4\sin^2\alpha \cdot \sigma_1^2\sigma_2^2}\right),$$

$$\sigma_y^2 = \frac{1}{2\sin^2\alpha}\left(\sigma_1^2 + \sigma_2^2 - \sqrt{(\sigma_1^2 + \sigma_2^2)^2 - 4\sin^2\alpha \cdot \sigma_1^2\sigma_2^2}\right).$$

Darin sind σ_1, σ_2 die Streuung der Standlinie 1 bzw. 2 und α der Winkel zwischen beiden. Die Ellipse umschließt eine Fläche, in der mit einer Wahrscheinlichkeit von fast 39,4% der tatsächliche Ort enthalten ist. Statt der Ellipse werden häufig einparametrige Fehlermaße angegeben.

Der *Fehlerkreisradius* R_{95} beschreibt einen Kreis, in dem mit einer Wahrscheinlichkeit von 95% die Meßwerte für den gesuchten Ort liegen. In der englischsprachigen Literatur wird zusätzlich der Radius für den Kreis, der mit einer Wahrscheinlichkeit von 50% alle Ortungen enthält, als CEP (= circular error probable) benutzt. Der Fehlerkreisradius ergibt sich im einzelnen aus den Parametern der Fehlerellipse. Seine Berechnung geht über den Rahmen dieses Buches hinaus, doch lassen sich Grenzwerte für ihn aus der Betrachtung der beiden folgenden Grenzfälle gewinnen:

- zwei Standlinien gleicher Streuung schneiden sich senkrecht und
- zwei Standlinien stark unterschiedlicher Streuung ($\sigma_1 \gg \sigma_2$) schneiden sich senkrecht.

Im ersten Fall gilt, wie aus Tab. 1.3 entnehmbar, $R_{95} = 2,45\,\sigma_1 = 1,732\,\bar{\sigma}$. Im zweiten Fall liegt praktisch ein eindimensionales Problem vor, und damit gilt (siehe Tab. 1.2): $R_{95} = 1,96\,\sigma_1 = 1,96\,\bar{\sigma}$. Insgesamt ergibt sich bei Einschränkung auf senkrechte Schnittwinkel für R_{95} ein Streubereich $1,96\,\sigma_1 \leqq R_{95} \leqq 2,45\,\sigma_1$.

Der *mittlere Punktefehler* d_{rms} (rms steht als Abkürzung für den englischen Ausdruck root mean square) eines Standortes ergibt sich aus den beiden Streuungen σ_x und σ_y zu

$$d_{rms} = \sqrt{\sigma_x^2 + \sigma_y^2}\,.$$

Bei Berücksichtigung der beiden angegebenen Beziehungen zwischen σ_x, σ_y und σ_1 und σ_2 ergibt sich damit die gut handhabbare Beziehung

$$d_{rms} = \frac{1}{\sin\alpha}\,\sqrt{\sigma_1^2 + \sigma_2^2}\,.$$

Die Wahrscheinlichkeit für einen von einem so beschriebenen Kreis umschlossenen Ort ist abhängig vom Verhältnis der beiden Streuungen σ_1/σ_2 und vom Schnittwinkel der beiden Standlinien. Im Bild 1.39 sind Fehlerkreisradius R_{95}, mittlerer Punktefehler d_{rms} und die Ellipsen mit den Wahrscheinlichkeiten 39% und 95% nach Weber[17] zusammengestellt. Tabelle 1.4 enthält eine Zusammenstellung von Wahrscheinlichkeiten für die vom mittleren Punktefehler umschlossenen Orte in Abhängigkeit vom Verhältnis der Halbachsen der Fehlerellipse σ_x zu σ_y, wobei dort bei festem σ_x der Wert für σ_y variiert wird. Angegeben sind auch die Wahrscheinlichkeiten für Kreise mit doppeltem Radius $r = 2d_{rms}$, die sicher über 95% liegen.

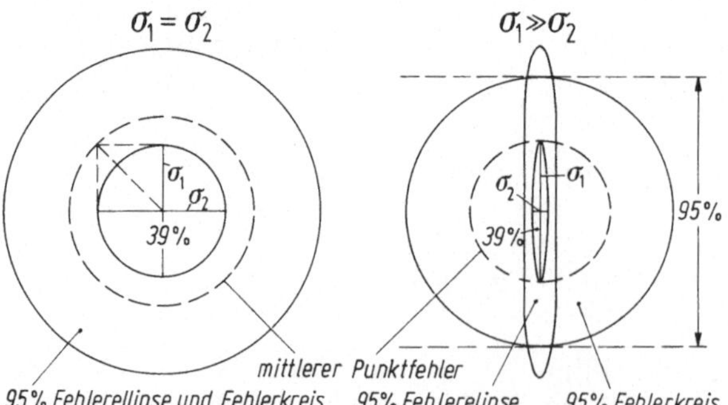

Bild 1.39. Fehlerellipse, mittlere Punktefehler und Fehlerkreisradius – Grenzfälle

---

17 Weber, O.: Standortbestimmung und ihre Genauigkeit; Kramer, E.: Funksysteme für Ortung und Navigation. Stuttgart 1977.

Tabelle 1.4. Mittlerer Punktefehler d_{rms} für verschiedene Werte von σ_y bei festem σ_x mit zugeordneten Wahrscheinlichkeiten. (Nach N. Bowditsch: American Practical Navigator, Washington 1977)

σ_y	σ_x	Länge	Wahrscheinlichkeit	
		$1 \cdot d_{rms}$	$1 \cdot d_{rms}$	$2 \cdot d_{rms}$
0,0	1,0	1,000	0,683	0,954
0,1	1,0	1,005	0,682	0,955
0,2	1,0	1,020	0,682	0,957
0,3	1,0	1,042	0,676	0,961
0,4	1,0	1,077	0,671	0,966
0,5	1,0	1,118	0,662	0,969
0,6	1,0	1,166	0,650	0,973
0,7	1,0	1,220	0,641	0,977
0,8	1,0	1,280	0,635	0,980
0,9	1,0	1,345	0,632	0,981
1,0	1,0	1,414	0,632	0,982

Die Aussagen über die Genauigkeit eines Ortungsverfahrens sind nötig, wenn beispielsweise ein für ein bestimmtes Gebiet vorgesehenes Ortungsverfahren ob seiner Tauglichkeit beurteilt werden soll. Spaan und Kluytemaar[18] haben die Anforderungen für unterschiedliche navigatorische Situationen (Hohe See bis Revier) zusammengestellt.

Für die eigene Ortung läßt sich aus der Kenntnis der Fehlerverteilung des genutzten Verfahrens nur dann Nutzen ziehen, wenn man die Bahn des eigenen Fahrzeugs kontinuierlich verfolgt und so zufällige Abweichungen ausgleichen kann (Regression). So kommt man zu Aussagen über den eigenen Ort als einem wahrscheinlichsten Punkt (engl.: MPP — most probable point of position). Analytisch ergibt sich eine solche Aussage dann, wenn überschüssige Beobachtungen in einem Verfahren (z. B. mehr als zwei astronomische Beobachtungen) vorliegen, über eine Ausgleichsrechnung wie nach der Methode der kleinsten Quadrate. Systematisch läßt sich auch die Fortbewegung des eigenen Fahrzeugs berücksichtigen. Ein so durch jede Ortsbestimmung gestützter Koppelort kann durch geeignete Filterung der Eingangsdaten gewonnen werden (vgl. dazu das Kapitel Integrierte Navigation).

1.8   Verwandlung von Meter in englische Längenmaße und umgekehrt

$1\text{ m} \approx 3'3''$	$1' \approx 0{,}3\text{ m}$
$10\text{ m} \approx 32'10''$	$1'' \approx 0{,}025\text{ m}$
$1\text{ m} \approx 0{,}55\text{ Faden}$	$1\text{ Faden} \approx 1{,}83\text{ m}$

---

18 Spaans, I. A.; Kluytenaar, P. A.: Accuracy Requirements, Washington 1977; in: Ortung und Navigation, 1979/3, S. 417 bis S. 434.

1.9 Das griechische Alphabet

A	α	Alpha	a	I	ι	Jota	i	P	ϱ	Rho	r
B	β	Beta	b	K	$\varkappa$	Kappa	k	Σ	σ, ς	Sigma	s
Γ	γ	Gamma	g	Λ	λ	Lambda	l	T	τ	Tau	t
Δ	δ	Delta	d	M	μ	My	m	Y	υ	Ypsilon	y
E	ε	Epsilon	e	N	ν	Ny	n	Φ	φ	Phi	ph
Z	ζ	Zeta	z	Ξ	ξ	Xi	x	X	χ	Chi	ch
H	η	Eta	e	O	o	Omikron	o	Ψ	ψ	Psi	ps
Θ	ϑ	Theta	th	Π	π	Pi	p	Ω	ω	Omega	o

Man setzt ς als Schluß-s, sonst σ.

1.10 Römische Zahlen

I (1), II (2), III (3), IV (4), V (5), VI (6), VII (7), VIII (8), IX (9), X (10), XI (11), XII (12), XIII (13), XIV (14), XV (15), XVI (16), XVII (17), XVIII (18), XIX (19), XX (20), XXX (30), XL (40), L (50), LX (60), LXX (70), LXXX (80), XC (90), IC (99), C (100), CC (200), CCC (300), CD (400), D (500), M (1000), MCMLXXXIII (1983).

2 Magnetkompaß, Kreiselkompaß und sonstige Kreiselgeräte für die Navigation, Selbststeuer

2.1 Der Magnetkompaß

2.1.1 Vorbemerkungen

In der Lehre vom Magnetkompaß ist der bisher verwendete Begriff *magnetische Feldstärke* durch den allgemeineren Ausdruck *Intensität des magnetischen Feldes* ersetzt worden. Diese wird im allgemeinen beschrieben durch die physikalische Größe *magnetische Flußdichte* und gemessen in der Einheit „Tesla" (T), gegebenenfalls mit Vorsatz. Näheres siehe im Kap. 2.1.5, und im Bd. 1C, Kap. 5 (Physik).

Abkürzungen, Formelzeichen und Benennungen (vgl. auch DIN 13312)

A, B, C, D, E	Koeffizienten[1] der Ablenkungs- oder Deviationsformel; Angabe in Grad
K	Krängungsfaktor[1] (Größenverhältnis)
B_1, C_1, K_1	der vom *festen* Magnetismus herrührende Anteil von B, C und K
B_2, C_2, K_2	der vom *flüchtigen* Magnetismus herrührende Anteil von B, C und K
B_3, C_3, K_3	der vom *halbfesten* Magnetismus herrührende Anteil von B, C und K
MgK	Magnetkompaßkurs; Formelzeichen z
RgK	Regelkompaßkurs
StK	Steuerkompaßkurs
PlK	Peilkompaßkurs
mwK	mißweisender Kurs; Formelzeichen z'
Abl	Magnetkompaßablenkung, Magnetkompaßdeviation; Formelzeichen δ_{Mg}, kurz δ
$\Delta\delta$	Änderung von δ
$\delta_N, \delta_E, \dots$	die Ablenkung auf den Magnetkompaßkursen N, E, …
δ'	die Ablenkung bei gekrängtem Schiff; $\delta' = \delta + \delta_K$
δ_K	durch Krängung des Schiffes hervorgerufene Änderung der Ablenkung
rwK	rechtweisender Kurs; Formelzeichen α_{rw}
Fw	Fehlweisung
MgFw	Magnetkompaßfehlweisung
rwN	rechtweisend Nord
mwN	mißweisend Nord
MgN	Magnetkompaß-Nord
rwP, mwP, MgP	rechtweisende, mißweisende, Magnetkompaßpeilung
Mw	Mißweisung
H	erdmagnetische Horizontalintensität, Horizontalkomponente der Flußdichte des erdmagnetischen Feldes am Kompaßort
Z	erdmagnetische Vertikalintensität, Vertikalkomponente der Flußdichte des erdmagnetischen Feldes am Kompaßort; positiv in Nadirrichtung

---

1 Von efficere (lat.), bewirken. Koeffizient nennt man in der Mathematik den konstanten Faktor einer veränderlichen Größe. In Wortzusammensetzungen (z.B. Krängungsfaktor) bezeichnet Faktor eine Zahl, die das Verhältnis einer Größe zu einer Ausgangsgröße gleicher Art kennzeichnet (vgl. DIN 5485).

T	erdmagnetische Totalintensität, Flußdichte des erdmagnetischen Feldes am Kompaßort
I	Inklination; $\tan I = Z/H$
i	Krängungswinkel des Schiffes; nach Stb. positiv

Bücher über die Kompaßkunde: Meldau/Steppes: Lehrbuch der Navigation, 1963, Kap. 4 und 6, sowie P. Kaltenbach: Kleines Kompaß-ABC, 1941.

2.1.2 Lehre von den Ablenkungen des Magnetkompasses

Erdmagnetismus

Die Erde ist von einem magnetischen Feld umgeben. Die magnetischen Pole der Erde sind keine scharfbegrenzten Punkte auf der Erdoberfläche, sondern kleine Gebiete, in denen eine um eine beliebige horizontale Achse frei drehbare Magnetnadel sich senkrecht zur Erdoberfläche einstellt. Diese Gebiete verändern ihre Lage und ihre Grenzen im Laufe der Zeit. Der arktische Magnetpol der Erde (blau oder −) liegt gegenwärtig (1983) auf 78,4° N, 102,1° W, der antarktische Magnetpol (rot oder +) auf 65,3° S, 139,3° E.

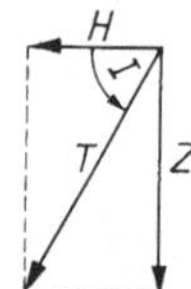

Bild 2.1

Die Vertikalebene, in die sich eine um eine vertikale Achse frei drehbare, von örtlichen magnetischen Einflüssen freie Magnetnadel einstellt, bezeichnet man als *magnetischen Meridian* eines Ortes. Eine deviationsfreie Kompaßnadel zeigt nach mw Nord, d.h. in die jeweilige Richtung des magnetischen Meridians, aber nicht nach den magnetischen Polen der Erde. Der Winkel zwischen dem magnetischen und geographischen Meridian eines Ortes heißt die *Mißweisung* (Mw). Die Totalintensität T des Erdmagnetismus wirkt im magn. Meridian in der Inklinationsrichtung. Man zerlegt sie (vgl. Bild 2.1) in die Horizontalintensität H und die Vertikalintensität Z. Der Neigungswinkel der Totalintensität zur Horizontalebene heißt *Inklination* (I). Die Linien gleicher Inklination heißen *Isoklinen* (siehe NT 40). $Z = H \cdot \tan I$; $H = T \cdot \cos I$. Die Vertikalintensität Z induziert Magnetismus in allen vertikalen Eisenmassen. Auf magn. N-Breite entsteht in einer vertikalen Eisenstange unten immer ein roter Pol, oben ein blauer Pol[2]. Am magn. Äquator ist $Z = 0$. Die Horizontalintensität H induziert Magnetismus in allen horizontalen Eisenmassen. Der in einer horizontalen Eisenstange erzeugte Magnetismus ist proportional dem Kosinus des Winkels, den die Stange mit dem magnetischen Meridian bildet. Außerdem ist von H die Richtkraft des Kompasses abhängig. An den magn. Polen der Erde ist $H = 0$ (siehe NT 39).

Die Isokline von 0° nennt man den „magnetischen Äquator". Hier ist H etwa doppelt so groß wie in unseren Breiten.

An manchen Stellen der Erdoberfläche (z.B. bei Bornholm oder unter Island) ist der Erdmagnetismus gestört. Angaben hierüber findet man in den Shb.

Die Linien gleicher Horizontalintensität heißen *Isodynamen*, die Linien gleicher Mißweisung *Isogonen*.

---

2 „Magnetpole" sind nur eine Hilfsvorstellung. In Wirklichkeit enthalten alle Teile eines Magnets Magnetismus, der annähernd so wirkt, als ob die magnetischen Kräfte von zwei Punkten ausgingen, die man die „Pole des Magneten" nennt.

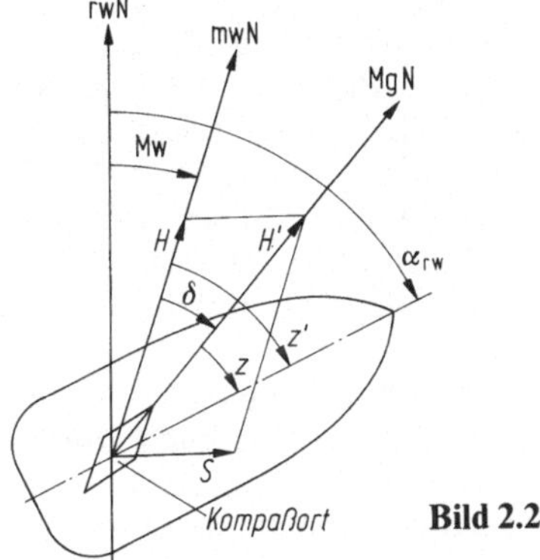

Bild 2.2

Alle erdmagnetischen Elemente unterliegen langperiodischen Änderungen, so daß auch die in den Seekarten angegebene Mw immer nur ein paar Jahre lang Gültigkeit hat. Treten viele Sonnenflecken oder Polarlichter auf, so bringt das, besonders in höheren Breiten, oft starke Schwankungen der Feldintensität und auch der Mw mit sich.

Die täglichen Schwankungen der erdmagnetischen Elemente sind so klein, daß sie für die praktische Navigation ohne Bedeutung sind.

Entstehung der Ablenkung (Deviation)

Auf einem eisernen Schiffe wirken am Kompaßort außer dem erdmagn. Feld noch zahlreiche schiffsmagn. Felder, die vom festen, flüchtigen und halbfesten Magnetismus im Schiffseisen herrühren und die man sich zu einem schiffsmagn. Gesamtfeld mit der Intensität F zusammengesetzt denken kann. Diese wird in eine Horizontalkomponente S und eine Hochschiffskomponente R zerlegt, und S wiederum in eine Längsschiffskomponente P und eine Querschiffskomponente Q; vgl. Bild 2.3. Die Kompaßnadel stellt sich dann in die Richtung der Resultierenden H' der erdmagn. Horizontalintensität H und der schiffsmagn. Horizontalintensität S ein. Der Winkel zwischen H und H' ist die Ablenkung δ_{Mg}, im folgenden kurz δ genannt; siehe auch Bild 2.2. Diese ändert sich mit dem Kurse, mit der magn. Breite und beim Vorhandensein von halbfestem Magnetismus auch mit der Zeit.

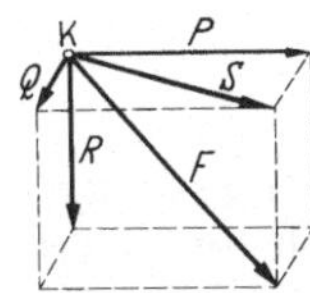

Bild 2.3

Fester Schiffsmagnetismus. Jedes eiserne oder stählerne Schiff ist als ein fester Magnet zu betrachten. Die Lage und Stärke der festen Pole (der magn. Charakter eines Schiffes) sind wesentlich vom Baukurs abhängig. Ein solch fester Pol, der sich irgendwo im Schiffe befinden kann, stellt die Gesamtwirkung aller einzelnen beim Bau im Schiff entstandenen festen Pole auf den Kompaß dar.

Um möglichst wenig festen Magnetismus in ein Schiff zu bekommen, wird empfohlen, das Schiff nach dem Stapellauf zur Ausrüstung auf einen dem Baukurs entgegengesetzten Kurs zu legen.

Die Längsschiffskomponente P_1 des festen Schiffsmagnetismus erzeugt den Koeffizienten B_1, die Querschiffskomponente Q_1 den Koeffizienten C_1 und die Hochschiffskomponente R_1 den Krängungsfaktor K_1 (siehe Bild 2.3). Man merke sich: Ein nach vorne gerichtetes Längsschiffsfeld ist gleichbedeutend mit einem blauen Pol *vor* dem Kompaß und erzeugt ein positives B_1. Ein nach *Stb.* gerichtetes Querschiffsfeld ist gleichbedeutend mit einem blauen Pol an *Stb.* und erzeugt ein positives C_1. Ein nach *unten* gerichtetes Hochschiffsfeld ist gleichbedeutend mit einem blauen Pol *unter* dem Kompaß und erzeugt ein positives K_1.

Flüchtiger Schiffsmagnetismus. So nennt man den Teil des Schiffsmagnetismus, der durch die jeweilige erdmagn. Induktion entsteht. Um sich die Wirkung dieses Magnetismus klar zu machen, denkt man sich die gesamten Eisenmassen eines Schiffes durch vertikale und horizontale Eisenstangen (Induktionsstangen) ersetzt (siehe Bild 2.4).

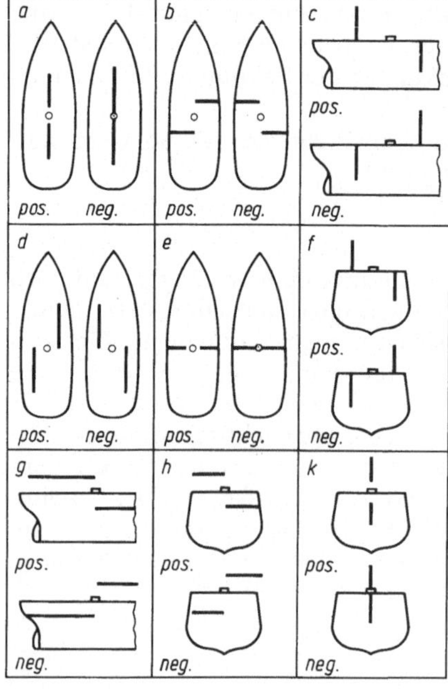

Bild 2.4. Induktionsstangen

Flüchtiger Magnetismus im vertikalen Weicheisen. In vertikalen Induktionsstangen werden durch die Vertikalkomponente Z des Erdfeldes flüchtige Pole induziert. Die Wirkung aller einzelnen Pole im vertikalen Eisen kann man sich in einem Pol (Pol der Vertikalinduktion) vereinigt denken, der bei einer Rundschwojung unverändert bleibt. Er übt daher, solange die geographische Breite nicht verändert wird, eine gleiche Wirkung aus wie ein fester Pol. Sein Gesamtfeld kann man also ebenfalls zerlegen in eine Längs-, eine Quer- und eine Hochschiffskomponente. Die entsprechenden Koeffizienten sind B_2 und C_2, der entsprechende Krängungsfaktor ist ein Teil von K_2.

Flüchtiger Magnetismus im horizontalen Weicheisen. In horizontalen Induktionsstangen werden durch die Horizontalkomponente H des Erdfeldes flüchtige Pole induziert, deren Vorzeichen sich bei einer Rundschwojung zweimal ändern. Ein eiserner Decksbalken ist z. B. auf mw Nord- und Südkurs unmagnetisch, während er seine stärkste Magnetisierung zeigt, wenn er im magnetischen Meridian liegt, also auf mw Ost-Kurs (Stb.: blauer Pol) und Westkurs (Stb.: roter Pol).

Die symmetrisch[3] zum Kompaß liegenden a- und e-Stangen (Bild 2.4) erzeugen den Koeffizienten D, die unsymmetrisch liegenden b- und d-Stangen die Koeffizienten A und E. A kann außerdem mechanische Ursachen haben (falsche Lage des Steuerstrichs, Kollimationsfehler der Rose, Schleppfehler).

Bei Breitenänderung bleiben A, D und E konstant, sofern die Pole im horizontalen Weicheisen nur durch H induziert sind.

Aus Bild 2.4 ist zu ersehen, welche Art von Stangen positive, welche negative Werte der neun Induktionskonstanten a bis k hervorbringen. Eine Induktionskonstante ist positiv, wenn einer positiv induzierenden Komponente des Erdfeldes eine positiv gerichtete Komponente des Schiffsfeldes am Kompaßort entspricht. Als positiv rechnen die Richtungen nach vorn, nach Stb. und nach unten, als negativ die entgegengesetzten.

Bei Krängung des Schiffes werden die Decksbalken (e-Stangen) auch durch Z induziert und erzeugen dann mit den Krängungsfaktor K_2.

Halbfester Magnetismus. Wenn das Schiff im Hafen oder auf der Reise längere Zeit ein und denselben Kurs anliegt, so bilden sich im Schiffseisen halbfeste Pole, welche die Koeffizienten B_3 und C_3 erzeugen. Einige Schiffe nehmen schnell, andere langsam den halbfesten Magnetismus auf und verlieren diesen schnell oder langsam. Die Art des Eisens, die Größe und Bauart des Schiffes und die Dauer des Anliegens des Kurses spielen dabei eine große Rolle. Beträge von $10°$ und mehr, hervorgerufen durch halbfesten Magnetismus, sind keine Seltenheit! Hat ein Schiff längere Zeit denselben Kurs gesteuert und nimmt es nun eine Kursänderung vor, so wird es bei Nichtberücksichtigung der Zusatzablenkung auf dem neuen Kurse in der Richtung nach dem alten Kurse zu versetzt. Eine unmittelbar nach einer Kursänderung beobachtete Ablenkung ist aber nur für die Zeit der Beobachtung richtig. Würde man sie für längere Zeit benutzen, so würde man vom alten Kurse weg versetzt werden. Auf östlichen und westlichen Kursen aufgenommene halbfeste Pole sind in der Regel viel wirksamer als die auf nördlichen und südlichen aufgenommenen. Also: Nach jeder Kursänderung Deviation bestimmen! Diese unmittelbar nach der Kursänderung beobachtete Deviation hat aber nur zeitlich begrenzten Wert! Nie sogleich eine Deviationstafel aufstellen, nachdem das Schiff längere Zeit ein und denselben Kurs anlag!

Bestimmung der Magnetkompaßablenkung

Die Ablenkung oder Deviation ist positiv oder östlich, wenn das Nordende der Nadel östlich vom magnetischen Meridian, negativ oder westlich, wenn es westlich davon liegt. Um die Abl zu finden, vergleicht man die MgP eines Objektes (Gestirn oder Landmarke) mit der bekannten mwP des Objektes. Die MgFw ist die algebraische Summe aus der Mw und Abl. Vergleiche auch die Kap. 2.1.3, 2.1.4, 2.2.5 und 4.14.5 sowie im Bd. 1 A Kap. 4.7.2.

---

3 Horizontalstangen sind symmetrisch zum Kompaß angeordnet, wenn sie als Längsschiffsstangen nur eine Längsschiffsfeldstärke (a-Stangen) und als Querschiffsstangen nur eine Querschiffsfeldstärke (e-Stangen) erzeugen. Von allen anderen Stangen sagt man, daß sie unsymmetrisch zum Kompaß liegen (b-, d-, g- und h-Stangen).

Beispiel: Man peilt die Sonne in der MgP 288,5° und berechnet für die Peilzeit das Az 270° der Sonne. Während der Peilung lag der PlK 118° und der StK 105° an; der Seekarte entnimmt man die Mw 14,5° W, d.h. −14,5°. Wie groß ist die MgFw und Abl beider Magnetkompasse?

Peilkompaß

MgFw = Az − MgP
Abl   = MgFw − Mw
rwK   = PlK + MgFw

Steuerkompaß

MgFw = rwK − StK
Abl   = MgFw − Mw
rwK   = StK + MgFw

Siehe auch die Kap. 6.1, 6.2.1 und 6.2.2 der Formelsammlung.

Az	270°		rwK	099,5°
− MgP	− 288,5°		− StK	− 105°
MgFw	− 18,5°		MgFw	− 5,5°
− Mw	+ 14,5°		− Mw	+ 14,5°
Abl	− 4,0°		Abl	+ 9,0°
PlK	118°		StK	105°
+ MgFw	− 18,5°		+ MgFw	− 5,5°
rwK	099,5°		rwK	099,5°

In der Nähe der Küste kann man, wenn der Schiffsort genau bekannt ist, die rwP oder die mwP einer Landmarke der Seekarte entnehmen. Besonders genaue Resultate ergeben Deckpeilungen. Die Shb. und Seekarten geben Auskunft, wo man solche Deckpeilungen nehmen kann. Im Revier verwendet man Richtfeuerlinien, indem man die Feuer in Deckpeilung recht voraus oder recht achteraus hält.

Allgemeine Ablenkungsformel

Sie lautet

$$\delta = A + B \sin z + C \cos z + D \sin 2z + E \cos 2z$$

(δ Magnetkompaßablenkung; z Magnetkompaßkurs; vgl. auch DIN 13 312).
Die Formel gilt nur, solange $\delta < 20°$ und $D < 6°$ ist.
A heißt die konstante Ablenkung.
$B \sin z + C \cos z$ heißt die halbkreisige Ablenkung. Dies ist der mit der magn. Breite veränderliche Teil der Ablenkung.
$D \sin 2z + E \cos 2z$ heißt die viertelkreisige Ablenkung.
$A + D \sin 2z + E \cos 2z$ ist der mit der magn. Breite unveränderliche Teil der Ablenkung (siehe aber 2.1.3).

Berechnung der Koeffizienten. Um die Ursachen der Ablenkung zum Zwecke ihrer Beseitigung durch Kompensation feststellen zu können, muß eine Ablenkungskurve oder -tafel aufgestellt werden, und aus dieser müssen die Ablenkungskoeffizienten A, B, C, D, E berechnet werden. Die Ablenkungskurve erhält man gewöhnlich in der Weise, daß man das Schiff herumschwojt, die Ablenkung etwa alle 10° durch Land- oder Gestirnspeilungen bestimmt und die erhaltenen Werte in ein Diagramm einträgt. Die schlank ausgezogene Kurve beseitigt dann kleine Beobachtungsfehler.

Beispiel: Nach Aufstellen einer Ablenkungstafel entnimmt man ihr für die Koeffizienten-
berechnung:

MgK	000°	045°	090°	135°	180°	225°	270°	315°
Abl	− 7°	+ 1°	+ 2°	+ 3°	+ 7°	+ 6°	− 4°	− 12°

Berechnung der Koeffizienten (siehe Formeln dazu in der tabellarischen Übersicht „Koeffizienten und Krängungsfaktor" im Kap. 2.1.3):

A

MgK	Abl
000°	− 7°
090°	+ 2°
180°	+ 7°
270°	− 4°
4*A*	− 2°
A	− 0,5°

B

MgK	Abl
090°	+ 2°
270°	− (− 4°)
2*B*	+ 6°
B	+ 3°

C

MgK	Abl
000°	− 7°
180°	− (+ 7°)
2*C*	− 14°
C	− 7°

D

MgK	Abl
045°	+ 1°
135°	− (+ 3°)
225°	+ 6°
315°	− (− 12°)
4*D*	+ 16°
D	+ 4°

E

MgK	Abl
000°	− 7°
090°	− (+ 2°)
180°	+ 7°
270°	− (− 4°)
4*E*	+ 2°
E	+ 0,5°

Schwächung der Feldintensität

Die schiffsmagnetischen Felder bewirken auf allen Kursen eine Veränderung der
den Kompaß richtenden Feldintensität. Sie kann verstärkt oder geschwächt sein.
Bei stark geschwächter Feldintensität fängt die Rose leicht an zu „laufen", bei
stark erhöhter Feldintensität ist der Kompaß „träge", d.h., er folgt den Bewegungen des Schiffes. Beides ist für das Verhalten des Kompasses nachteilig.
Wenn auf zwei entgegengesetzten Kursen große halbkreisige Abl vorhanden sind, so beträgt auf den annähernd dazu senkrechten Kursen die Änderung
der Feldintensität ein Maximum. Auf dem einen Kurs ist sie verstärkt, auf dem
anderen Kurs um denselben Betrag geschwächt. Bei einer halbkreisigen Ablenkung
von 10° Höchstwert beträgt der Maximalwert der Verstärkung und der Schwä-
chung der Feldintensität 17% von *H*, bei 20° etwa 34%. Hieraus ergibt sich die
dringende Notwendigkeit der Kompensierung von *B* und *C*. Der *Mittelwert* der
Feldintensität auf den verschiedenen Kursen wird dadurch nicht beeinflußt.
Die an Bord immer vorhandenen, unter dem Kompaß durchgehenden negativen
a- und *e*-Stangen bewirken dagegen, daß die Feldintensität am Kompaßort an
Bord auch im *Mittel* stets geringer ist als an Land. Das Verhältnis der mittleren an
Bord nach magn. Nord wirkenden Feldintensität ($H' \cdot \cos\delta$) zu der am selben Ort
an Land vorhandenen Horizontalintensität H des Erdmagnetismus bezeichnet man
mit λ; ($\lambda = 1 + (a + e)/2$). An Bord von Handelsschiffen ist λ gewöhnlich 0,9 bis

0,8. Bei Kompensierung des D durch Kugeln beträgt unter gewöhnlichen magn. Verhältnissen der Gewinn an Feldintensität nur 2 bis 3% des λ; bei Kompensierung des D durch Röhren beträgt er etwa 7 bis 8%.

λ kann durch Vergleich der Schwingungsdauer der Kompaßrose an Bord und an Land ermittelt werden. Näheres siehe Bd. I, 6. Aufl., S. 314.

Krängungsablenkung

Bei Krängung des Schiffes nach der einen oder anderen Seite entsteht eine Änderung der bisherigen Ablenkung, die man die Krängungsablenkung δ_K nennt. Der Krängungsfaktor K ist das Verhältnis der Krängungsablenkung δ_K zum Krängungswinkel i auf Südkurs. Für Nordkurs ist dann

$$K = -\frac{\delta_K}{i}.$$

Der Krängungsfaktor K ist positiv, wenn das Nordende der Kompaßrose nach Luv (der erhöhten Seite) gezogen, negativ, wenn es nach Lee (der Seite, nach der das Schiff überliegt) abgestoßen wird. Auf irgendeinem Kompaßkurs z findet man K aus

$$K = -\frac{\delta_K}{i} \cdot \frac{1}{\cos z}.$$

Durch Umsetzen erhält man daraus die Krängungsablenkung

$$\delta_K = -K \cdot i \cdot \cos z.$$

Bei Krängung nach Stb. wird i positiv, nach Bb. negativ gerechnet. Das negative Vorzeichen ist deshalb erforderlich, weil auf Nordkurs bei positivem K und Krängung nach Stb. eine westliche Krängungsablenkung entsteht.

Schlingert das Schiff, so wirken die durch die Krängung erzeugten magn. Kräfte bald nach der einen, bald nach der anderen Seite. Der Kompaß kann dadurch ins Laufen geraten. Eine gute Kompensation der Krängungsablenkung ist deshalb sehr wichtig!

Auf den meisten Schiffen ist K in unseren Breiten positiv, da sich unter dem Kompaß meistens ein blauer Pol befindet. Durch die Vertikalinduktion in den geneigten Decksbalken wird auf Nordbreite gleichfalls ein positives K erzeugt.

Zur Kompensation der durch die negativen e-Stangen (Decksbalken usw.) hervorgerufenen Krängungsablenkung müssen die D-Kugeln an den Kompaß nahe herangerückt werden. Dadurch entsteht aber bei Fluidkompassen ein negatives D durch Nadelinduktion, und zwar können Werte bis $-11°$ auftreten.

Bestimmung von K und δ_K. Man entnimmt der Ablenkungstafel des Schiffes die Ablenkung bei aufrechtem Schiff (δ) und beobachtet die Ablenkung bei gekrängtem Schiff (δ'). Die durch die Krängung verursachte Änderung der Ablenkung ist dann

$$\delta_K = \delta' - \delta$$

und der Krängungsfaktor (siehe oben)

$$K = -\frac{\delta_K}{i} \cdot \frac{1}{\cos z}.$$

Beispiel 1: Man beobachtet auf MgK 150°, als das Schiff 10° nach Bb. gekrängt war, eine Ablenkung von + 15°, während die Ablenkungstafel für denselben Kurs + 9° angibt. Gesucht wird K.

$$\delta_K = \delta' - \delta = +15° - (+9°) = +6° ;$$

$$K = -\frac{\delta_K}{i} \cdot \frac{1}{\cos z} \approx -\frac{+6°}{-10°} \cdot (-1{,}155) \approx -0{,}69 .$$

(Das Nordende der Rose wurde nach Lee gezogen, also ist K negativ.)

Beispiel 2: Ein Schiff, dessen Kompaß einen Krängungsfaktor $K = -0{,}5$ hat, steuert 309° am Kompaß und liegt dabei 9° nach Stb. über. Die Ablenkung bei aufrechtem Schiff ist + 3,5°. Wie groß ist die Ablenkung bei gekrängtem Schiff?

$$\delta_K = -K \cdot i \cdot \cos z \approx -(-0{,}5) \cdot (+9°) \cdot (+0{,}63) \approx +2{,}8° ;$$

$$\delta' = \delta + \delta_K \approx +3{,}5° + 2{,}8° = +6{,}3° .$$

Änderung der Ablenkung durch Blitzschlag, Magnetkräne und Eisenladungen

Durch einen Blitz, der in das Schiff einschlägt, kann die Ablenkung vollständig verändert werden. Es ist nach einem Blitzschlag für Monate hindurch mit einer größeren Unbeständigkeit der Ablenkung zu rechnen. Wiederholte Beobachtungen haben ergeben, daß durch einen eingeschlagenen Blitz hauptsächlich der Koeffizient C verändert wird. Schlug der Blitz *vor* dem Kompaß ein, änderte sich C fast immer im positiven Sinne (pos. C wurde größer, neg. C kleiner); schlug der Blitz hinter dem Kompaß ein, so änderte sich C im negativen Sinne.

Bei Verwendung elektromagnetischer Kräne beim Löschen oder Laden besteht nicht nur die Gefahr einer Magnetisierung der Eisenladung, sondern auch des Schiffseisens selbst, besonders, wenn der Kran in der Nähe des Kompaßortes vorbeigeführt wird. Man muß dann damit rechnen, daß die Ablenkung sich stark verändert hat und sich auch in nächster Zeit stark ändern wird.

Beim Inseegehen ist die Ablenkung laufend zu kontrollieren. Das DHI legt Wert darauf, über solche Störungen Berichte zu erhalten.

2.1.3 Kompaßregulierung

Zweck der Regulierung der Magnetkompasse ist, die Ablenkung auf ein tragbares Maß zurückzuführen, die Feldintensität auf den verschiedenen Kursen möglichst auszugleichen und den mittleren Wert der richtenden Feldintensität nach Möglichkeit zu erhöhen. Ein Schiff mit unzureichend arbeitendem Kompaß ist nicht seetüchtig. Für die Seetüchtigkeit ist aber der Schiffsführer verantwortlich. Jeder Kapitän muß wissen, daß Ungenauigkeiten in der Ablenkung sich verhängnisvoll für das Schiff auswirken können!

Behördliche Vorschriften

Nach der Verordnung über die Sicherheit der Seeschiffe (Schiffssicherheitsverordnung SSV) müssen fest an Bord aufgestellte Magnet-Regel- und Magnet-Steuerkompasse vor Inbetriebnahme und in Abständen von zwei Jahren durch das DHI reguliert werden. Außerdem ist die Deviation regelmäßig zu kontrollieren; das Ergebnis ist in das Deviationstagebuch einzutragen.

Bei der Kompaßregulierung kann sich das DHI nach dem Gesetz über die Aufgaben des Bundes auf dem Gebiete der Seeschiffahrt geeigneter Personen mit

Koeffizienten und Krängungsfaktor (Zusammenstellung)

Koeffizienten	A	B	C
Die Koeffizienten rühren her:	1. von einem Indexfehler der Rose (Kollimationsfehler); 2. von einem falsch angebrachten Steuerstrich; 3. von einem Schleppfehler; 4. vom unsymmetrisch zum Kompaß angeordneten horizontalen Weicheisen.	B_1 vom festen Längsschiffsmagnetismus, B_2 vom vor oder hinter dem Kompaß angeordneten vertikalen Weicheisen. Ein blauer Pol *vor* dem Kompaß erzeugt ein positives B. Ein roter Pol vor dem Kompaß erzeugt ein negatives B.	C_1 vom festen Querschiffsmagnetismus, C_2 vom quer zum Kompaß angeordneten vertikalen Weicheisen. C_2 ist bei mittschiffs aufgestelltem Kompaß meistens nicht vorhanden. Ein blauer Pol an Stb. erzeugt ein positives C. Ein roter Pol an Stb. erzeugt ein negatives C.
Berechnung	$A = \dfrac{\delta_N + \delta_E + \delta_S + \delta_W}{4}$	$B = \dfrac{\delta_E - \delta_W}{2}$	$C = \dfrac{\delta_N - \delta_S}{2}$
Hervorgerufene Ablenkung	$\delta = A$ Auf allen Kursen derselbe Wert und dasselbe Vorzeichen.	$\delta = B \cdot \sin z$ halbkreisige Ablenkung. Größte Werte auf E- und W-Kurs.	$\delta = C \cdot \cos z$ halbkreisige Ablenkung. Größte Werte auf N- und S-Kurs.
Vorzeichenregel	+ bedeutet in nebenstehenden Abbildungen östliche Ablenkung, − bedeutet westliche Ablenkung.	positives B negatives B 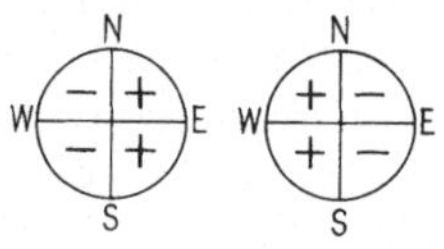	positives C negatives C 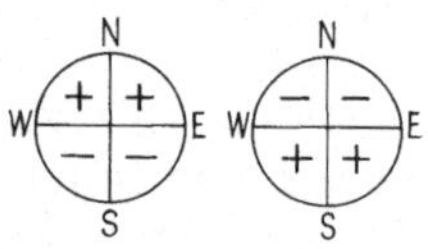
Mathematische Analysis	$A = 57{,}3° \, \dfrac{d - b}{2\lambda}$	$B = B_1 + B_2 + B_3$ $B_1 = 57{,}3° \cdot \dfrac{P_1}{\lambda \cdot H}$ $B_2 = 57{,}3° \cdot \dfrac{c}{\lambda} \tan I$ $B_3 = -57{,}3° \cdot \dfrac{v}{\lambda} \cos z'$	$C = C_1 + C_2 + C_3$ $C_1 = 57{,}3° \cdot \dfrac{Q_1}{\lambda \cdot H}$ $C_2 = 57{,}3° \cdot \dfrac{f}{\lambda} \cdot \tan I$ $C_3 = 57{,}3° \cdot \dfrac{v'}{\lambda} \sin z'$
		z' ist der mwK, auf dem der halbfeste Magnetismus entstand. v und v' sind die Induktionskonstanten des halbfesten Magnetismus in den a- und e-Stangen.	
Veränderung mit der magnetischen Breite	A ist unabhängig von der magnetischen Breite.	B_1 nimmt ab mit der magnetischen Breite und ist umgekehrt proportional der Horizontalintensität H. B_2 nimmt ab mit der magnetischen Breite, ist proportional dem Tangens der Inklination und ändert auf S- magnetischer Breite das Vorzeichen!	C_1 wie B_1. C_2 wie B_2.
Einfluß auf die richtende Intensität am Kompaß		positives B negatives B 	positives C negatives C 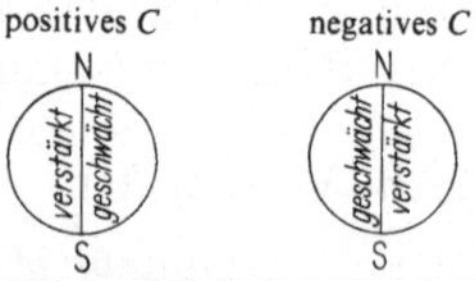
Kompensation	A, soweit magnetischen Ursprungs, wird im allgemeinen nicht kompensiert. Wenn unbedingt nötig, dann durch eine Verschiebung des Steuerstriches: positives A Verschiebung des Steuerstriches um den Betrag von A nach Stb., negatives A nach Bb.	Auf E- oder W-Kurs. B_1 durch feste Längsschiffsmagnete. B_2 durch die Flindersstange vor bzw. hinter dem Kompaß.	Auf N- oder S-Kurs. C_1 durch feste Querschiffsmagnete. C_2 ebenso. Nur, wenn C_2 groß ist und das Schiff seine magnetische Breite stark ändert, durch Verschieben der Flindersstange aus der Mittschiffslinie.

D	E	Krängungsfaktor K
Vom symmetrisch zum Kompaß angeordneten horizontalen Weicheisen. Positive a- und negative e-Stangen erzeugen ein positives D. Negative a- und positive e-Stangen erzeugen ein negatives D.	Vom unsymmetrisch zum Kompaß angeordneten horizontalen Weicheisen. (Dieses ruft meistens auch noch ein A hervor.)	Von Querschiffsfeldern, die dadurch entstehen, daß bei einer Krängung 1. die festen Pole unter oder über dem Kompaß seitlich davon zu liegen kommen (K_1); 2. vertikal induzierte Eisenmassen seitlich vom Kompaß zu liegen kommen (K_2); 3. horizontale Eisenmassen der Induktion durch die Vertikalintensität und vertikale Eisenmassen der Induktion durch die Horizontalintensität ausgesetzt werden (K_2).
$$D = \frac{\delta_{NE} - \delta_{SE} + \delta_{SW} - \delta_{NW}}{4}$$	$$E = \frac{\delta_N - \delta_E + \delta_S - \delta_W}{4}$$	$$K = \frac{\delta_N - \delta'_N}{i} \quad \text{oder} \quad K = \frac{\delta'_S - \delta_S}{i}$$ δ' ist die Ablenkung bei gekrängtem Schiff; i ist der Krängungswinkel, nach Stb. positiv, nach Bb. negativ gerechnet.
$\delta = D \cdot \sin 2z$ viertelkreisige Ablenkung. Größte Werte auf NE-, SE-, SW- und NW-Kurs.	$\delta = E \cdot \cos 2z$ viertelkreisige Ablenkung. Größte Werte auf N-, S-, E- und W-Kurs.	$\delta_K = - K \cdot i \cdot \cos z$ halbkreisige Ablenkung. Größte Werte auf N- und S-Kurs.
positives D negatives D	positives E negatives E	positives K bei Krängung nach Stb. positives K bei Krängung nach Bb. negatives K bei Krängung nach Bb. negatives K bei Krängung nach Stb.
$$D = 57{,}3° \cdot \frac{a - e}{2\lambda}$$	$$E = 57{,}3° \cdot \frac{d + b}{2\lambda}$$	$$K = K_1 + K_2 + K_3$$ $$K_1 = \frac{R_1}{\lambda \cdot H}$$ $$K_2 = \frac{k - e}{\lambda} \cdot \tan I$$ K_3 ist der vom halbfesten Magnetismus herrührende Anteil von K.
Unabhängig von der magnetischen Breite. Siehe aber 2.1.3.	Unabhängig von der magnetischen Breite.	K_1 nimmt ab mit der magnetischen Breite und ist umgekehrt proportional der Horizontalintensität H. K_2 nimmt ab mit der magnetischen Breite und ist proportional der Tangente der Inklination. Ändert auf S- magnetischer Breite das Vorzeichen!
positive a- und e-Stangen verstärken auf allen Kursen negative a- und e-Stangen schwächen auf allen Kursen		
Auf NE-, SE-, SW-, oder NW-Kurs. Durch Weicheisenmassen (Kugeln oder Zylinder). Bei positivem D (meistens!) seitwärts am Kompaß, bei negativem D vor oder hinter dem Kompaß angebracht.	Auf N-, S-, E- oder W-Kurs. Wird im allgemeinen nicht kompensiert. Wenn unbedingt nötig (wenn der Kompaß außerhalb der Mittschiffsebene steht), durch Verschieben der D-Korrektoren aus der Querschiffslinie.	Auf E- oder W-Kurs. K_1 durch Krängungsmagnet senkrecht unter dem Kompaß. Die Kompensation von K_2 geschieht teils durch den Krängungsmagneten, teils durch die D-Kugeln.

deren Zustimmung bedienen. Dies sind die vom DHI beauftragten Kompaß-
regulierer. Listen der beauftragten Regulierer werden in den NfS veröffentlicht.

Nach der SSV ist ein Deviationstagebuch auf Schiffen in der Großen und
Mittleren Fahrt sowie der Großen Hochseefischerei mitzuführen.

Ein Gerätetagebuch ist für den Magnet-Regel- und den Magnet-Steuerkompaß
in allen Fahrtbereichen zu führen.

Außerordentliche Nachregulierungen sind zu veranlassen, wenn sich die Ablenkung der Kompasse erheblich geändert hat, insbesondere

- nach Umbauten und größeren Reparaturen am Schiff,
- nach elektrischen Schweißarbeiten in der Nähe der Magnetkompasse,
- nach Unfällen, die den magnetischen Zustand des Schiffes verändern können,
  z. B. Kollisionen, Strandungen, Blitzschläge,
- nach elektromagnetischer Behandlung des Schiffes,
- nachdem das Schiff mehr als 3 Monate stillgelegen hat,
- sich auf See die Regulierung als verbesserungsbedürftig erweist.

Jede außerordentliche Regulierung bedingt einen neuen zweijährigen Zeitraum
für die regelmäßige Nachregulierung.

Über jede Kompaßregulierung wird auf vorgeschriebenem Formblatt ein
Bericht ausgestellt. Dieser ist vom Schiffsführer gegenzuzeichnen und in das
Gerätetagebuch aufzunehmen. Außerdem wird der Kompaßstand nach erfolg-
reicher Regulierung mit einer Prüfplakette versehen.

Durchführung der Kompaßregulierung

Die Regulierung wird am einfachsten ausgeführt, indem man das Schiff auf
mw Kurse legt und die in Frage kommenden Magnete oder Weicheisenmassen so
verlegt, daß auch am Kompaß der mw Kurs anliegt. Um das Schiff auf bestimmte
mw Kurse zu legen, bedient man sich der Peilscheibe oder des geteilten Randes
des Peilkompasses. Man stellt die Peilvorrichtung auf die Differenz mwP minus
mwK und läßt das Schiff drehen, bis das Peilobjekt in der Diopterrichtung
erscheint. Dann liegt das Schiff auf dem gewünschten mwK.

Beispiel: Die mwP eines Objektes ist 203°.

Schiff soll mw anliegen	Peilvorrichtung ist einzustellen
000°	203° − 000° = 203°
090°	203° − 090° = 113°
180°	203° − 180° = 023°
270°	203° − 270° = 293°
315°	203° − 315° = 248°

Auf See berechnet man vorher das mw Azimut des betreffenden Gestirns für die
voraussichtliche Zeit und Dauer der Arbeit von 30 zu 30 min. Dann zeichnet man
eine Kurve der mw Az, der man den für jede Beobachtungszeit gültigen Wert des
mw Az entnimmt.

Die Enden der zum Kompensieren bestimmten Magnete sind im allgemeinen rot
(Nordende) und blau (Südende) markiert. Das blau markierte Ende des Magneten
zieht die Nordspitze der Kompaßnadel *an*, das rote Ende stößt die Nordspitze *ab*.

Zur Vermeidung von nichtkompensierbaren Kompaßablenkungen muß der Ab-
stand der Kompensiermittel vom Rosenmagnetsystem möglichst groß sein. Die alte
Faustregel, nach der der Abstand der Kompensiermagnete mindestens gleich dem
Doppelten ihrer eigenen Länge sein soll, entspricht nicht den wirklichen Zu-
sammenhängen (vgl. hierzu Uhlig: Fehler bei Magnetkompassen, Magnetkompaß-
Selbststeuer- und Magnet-Fernkompaßanlagen infolge der Inhomogenität des

Feldes der Kompensiermagnete. Schiff & Hafen 31 (1979) 527). Danach hängt der erforderliche Mindestabstand kaum von der Länge der Kompensiermagnete ab. Man lasse die nicht zum Kompensieren gebrauchten Magnete nicht in der Nähe der Kompasse und des Chronometers herumliegen!

Das Schiff wird in seeklaren Zustand gebracht. Alle Eisenteile in der Nähe der Kompasse (Ladebäume, Sonnensegelstützen usw.) müssen sich in der Lage befinden, in der sie auf See gefahren werden. Eiserne Schlepper oder Leichter dürfen nicht in unmittelbarer Nähe sein. Das Schiff soll keine Schlagseite haben!

Man bringe die D-Kugeln und im gegebenen Falle die Flindersstange nach Schätzung an (siehe 2.1.6). Das Gelingen dieser schätzungsweisen Kompensation von D und besonders von B_2 ist ganz von der Geschicklichkeit und der persönlichen Erfahrung des Regulierers abhängig.

Hat man Regel- und Steuerkompaß an Bord, so steuere man, am Kompensierungsplatz angelangt, den gewünschten mw Kurs erst mit dem Regelkompaß ein, kompensiere dann erst den Regelkompaß und halte den mw Kurs solange mit dem Steuerkompaß. Ist ein Kreiselkompaß vorhanden, so kann man regulieren, ohne in Sicht von Peilobjekten zu sein, muß jedoch vorher den Kreiselkompaß kontrolliert haben. Den jeweiligen mw Kompensierkurs steuert man am Kreiselkompaß ein.

Beispiel: Mw $-10°$, KrA $-1°$ (ein KrR stand nicht zur Verfügung) und Ff $0°$ (Fahrtfehlerberichtigung). Welche KrK müssen für die mw Kompensierkurse $000°$ und $045°$ anliegen?

$$\alpha_{Kr} = 360° + (-10°) - (-1°) = 351° \text{ für } \text{mwK } 000°$$

$$\alpha_{Kr} = 045° + (-10°) - (-1°) = 036° \text{ für } \text{mwK } 045°$$

Zunächst legt man das Schiff auf angenähert mw Ost- oder Westkurs und setzt mit Hilfe der Vertikalfeldwaage den Krängungsmagnet ein, indem man den Kompaß herausnimmt und die Waage in Höhe der Rosenmagnete in N–S-Richtung hält. Meistens wird jetzt das N-Ende der Nadel nach unten zeigen, so daß der Krängungsmagnet, mit dem roten Pol nach oben, so weit genähert werden muß, bis die Nadel horizontal liegt. Darauf setzt man den Kompaß wieder ein. Die Vertikalfeldwaage hat man vorher an Land an einem eisenfreien Ort so eingestellt, daß die Nadel horizontal schwebt.

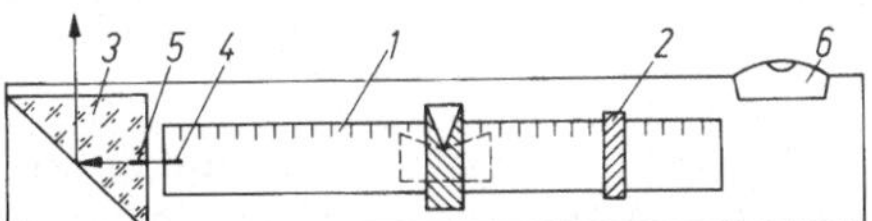

Bild 2.5. Vertikalfeldwaage.
1 Magnet; *2* Verschiebegewicht; *3* Prisma;
4 und *5* Indexstriche auf Magnet und Prisma;
6 Libelle

Nun legt man das Schiff genau auf mw Ost- oder Westkurs und bringt einen oder mehrere Längsschiffmagnete (B-Magnete) derart an, daß auch am Kompaß Ost oder West anliegt; dabei stets daran denken, daß ein Koeffizient A vorhanden sein kann!

Regeln für das Kompensieren von B

Ist auf mw Kurs	$090°$	$090°$	$270°$	$270°$
die vorhandene Abl	positiv	negativ	positiv	negativ
so lege man das rote Ende des Kompensationsmagneten nach	vorn	hinten	hinten	vorn

Nun legt man das Schiff genau auf mw Nord- oder Südkurs und bringt einen oder mehrere Querschiffsmagnete (C-Magnete) derart an, daß auch am Kompaß Nord oder Süd anliegt (an A denken!).

Regeln für das Kompensieren von C

Ist auf mw Kurs	000°	000°	180°	180°
die vorhandene Abl	positiv	negativ	positiv	negativ
so lege man das rote Ende des Kompensationsmagneten nach	Stb.	Bb.	Bb.	Stb.

Nun legt man das Schiff auf die beiden entgegengesetzten Hauptstriche (immer mw Kurse!). Findet man nun, obwohl man auf dem 1. und 2. Hauptkurs $\delta = 0$ gemacht hat, auf dem 3. und 4. Hauptkurs Restablenkungen, so rühren diese von wahren oder scheinbaren A- und E-Werten her. In diesem Falle ist die auf dem jeweiligen Hauptkurs vorhandene Restablenkung durch Verlegen der festen Magnete *nur zur Hälfte zu beseitigen.*

Dann legt man das Schiff auf mw Nordostkurs (oder irgendeinen anderen Hauptzwischenstrich) und verschiebt die D-Kugeln so weit, bis auch hier am Kompaß Nordost anliegt. Sind Restbeträge von B und C vorhanden, so ist es gut zu wissen, daß $\sin 45° = \cos 45° \approx 0{,}7$.

Beispiel: Restablenkung auf Nordkurs (C) $+5°$, auf Ostkurs (B) $+3°$. Man findet auf Nordostkurs $+9°$. Man hat dann $D = 9° - (+5° \cdot 0{,}7 + 3° \cdot 0{,}7) = 9° - 5{,}6° = +3{,}4°$. Man verstellt also die D-Kugeln nur für $+3{,}4°$.

Regeln für das Kompensieren von D

Ist auf mw Kurs	045°	135°	225°	315°	so sind die Kugeln zu
die vorhandene Abl	positiv	negativ	positiv	negativ	nähern oder vergrößern
	negativ	positiv	negativ	positiv	entfernen oder verkleinern

Das Schiff wird nun nochmals auf mw Ost- oder Westkurs gelegt und eine genaue Einstellung des Krängungsmagneten vorgenommen. Um hierbei ein Überkompensieren von K zu vermeiden, empfiehlt es sich, den Krängungsmagnet, nachdem man ihn so eingestellt hat, daß die Nadel der Krängungswaage horizontal liegt, nachträglich um 3 bis 4 cm zu senken. Trotzdem wird auf Schiffen mit eisernem Ruderhaus vielfach das K noch nicht richtig kompensiert sein, weil der Einfluß der Decksbalken bei Krängung sehr groß sein kann.

Jetzt wird das Schiff, um den Schleppfehler auszuschalten, *langsam zweimal* herumgeschwojt (etwa ½ h für eine Drehung), einmal nach Stb. und einmal nach Bb., und von 10 zu 10° die Deviation bestimmt. Die gefundenen Ablenkungen für jeden Kurs werden in ein Ablenkungsdiagramm eingetragen. Die Kurve wird graphisch ausgeglichen. Dann berechnet man die Koeffizienten A, B, C, D und E. Wenn die Kompensation gelungen sein soll, müssen die Werte für B, C und D so klein sein, daß die größte Restablenkung unter 3° bleibt.

Bei Neubauten ist es allerdings zuweilen angebracht, unter Berücksichtigung des noch im Schiffe befindlichen halbfesten Magnetismus größere Restbeträge der

Ablenkung bestehen zu lassen oder sogar durch Überkompensierung hervorzurufen. Die Entscheidung darüber setzt aber große Erfahrung und volle Vertrautheit mit den magnetischen Verhältnissen ähnlicher Schiffe voraus.

Bei nur einmaliger Drehung findet man häufig „scheinbare" A-Werte von 1 bis 2°, die in Wirklichkeit gar nicht vorhanden sind. Es entsteht meistens bei einer Rechtsdrehung ein positives, bei einer Linksdrehung ein negatives A.

Stimmen die gefundenen kleinen Werte in ihren Vorzeichen mit diesen Angaben überein, so sind sie zu vernachlässigen und beim Aufstellen der Steuertafel nicht zu berücksichtigen. Stimmen sie nicht damit überein oder sind sie erheblich größer als 1,5°, so prüfe man zunächst nochmals die Lage des Steuerstriches, die angewandten mw Peilungen (falsche Mw!) und evtl. auch die Peilvorrichtung. Ist man absolut sicher, daß dabei keine Fehler entstanden sind, muß man annehmen, daß A- und E-Werte wirklich vorhanden sind. Diese Werte bleiben immer besser unkompensiert. Müssen sie kompensiert werden (etwa, weil sie sehr groß sind, wie es bei Kompassen, die z. B. bei Flugzeugträgern an der Schiffsseite aufgestellt sind, der Fall sein kann), so kann man wie folgt verfahren:

Um A fortzuschaffen, verlege man den Steuerstrich aus der Mittschiffsebene um den Betrag des A, und zwar bei positivem A nach Steuerbord, bei negativem A nach Backbord. Das Verfahren ist jedoch unzweckmäßig, weil das so fortgeschaffte A nur für Ablesungen beseitigt ist, denen der Steuerstrich zugrunde liegt. Ablesungen (z. B. Peilungen), die unmittelbar an der Rose gemacht werden, sind aber mit dem ursprünglich vorhanden gewesenen A auch weiterhin behaftet. Man darf also einen so kompensierten Kompaß nicht als Peilkompaß benutzen.

Die bei der Rundschwojung gefundenen Werte der Restablenkung trägt man dann in ein Ablenkungs-(Deviations)diagramm ein, gleicht sie durch Ziehen einer schlanken Kurve aus und fertigt dann an Hand des Diagramms eine Steuertafel an.

Jetzt sind alle elektrischen Lampen (Seitenlampen, Topplaternen, Kompaßlampe usw.) einzuschalten, und darauf ist die Ablenkung nachzuprüfen. Eine Änderung der Ablenkung darf dabei nicht gefunden werden. Ist dies doch der Fall, so ist die Leitungsanlage fehlerhaft und muß geändert werden.

B- und C-Kompensierung durch Spreizmagnete. Dabei wird die richtige kompensierende Feldintensität nicht durch Nähern oder Entfernen von Magneten erzeugt, sondern dadurch, daß je zwei Magnete, die in Nullstellung senkrecht und parallel, aber mit entgegengesetzten Polen angeordnet sind und deren Felder sich aufheben, in der in Bild 2.6 dargestellten Weise gedreht werden.

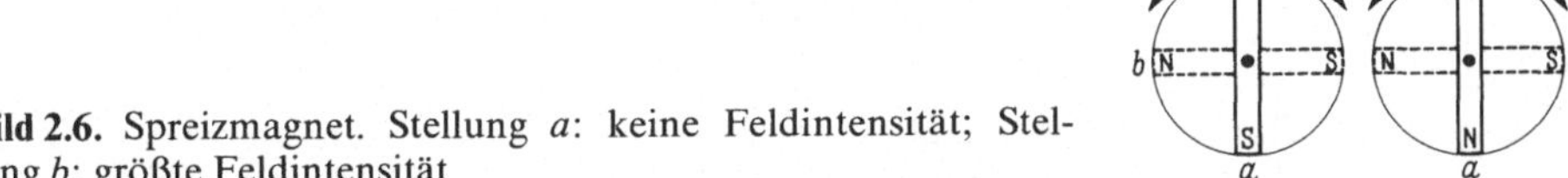

Bild 2.6. Spreizmagnet. Stellung a: keine Feldintensität; Stellung b: größte Feldintensität

Kompensation von D durch Nadelinduktion. Bei Fluidkompassen mit größerem magnetischem Moment induzieren die Rosenmagnete in den D-Kugeln flüchtige Pole, die ein negatives D erzeugen und damit die Kompensation des Schiffs-D unterstützen. Die Kompensation von D durch Nadelinduktion ist aber nicht breitenbeständig.

In den Prüfungs- und Zulassungsbedingungen des DHI für Magnet-Regel- und Magnet-Steuerkompasse werden für Kompasse auf Schiffen mit größeren Fahrtbereichen Mindestanforderungen an die Breitenbeständigkeit des kompensierten Koeffizienten D gestellt. Für Magnet-Steuerkompasse auf Schiffen in der Küstenfahrt, Wattfahrt, Kleinen Hochseefischerei und Küstenfischerei sowie auf Schiffen von 250 BRT und weniger in der Kleinen Fahrt entfallen diese Forderungen. Daher kann D hier auch durch unmittelbar auf den Kompaß aufgebrachte Mumetallstreifen, die ausschließlich durch Nadelinduktion wirken, kompensiert werden.

Getrennte Kompensation von B_1 und B_2

An einem Ort der Erde kann, abgesehen von Beobachtungen auf dem magnetischen Äquator, immer nur B, d.h. die Summe von $B_1 + B_2$ beobachtet werden, wenn halbfester Magnetismus nicht vorhanden ist. Die Trennung dieser Werte und ihre getrennte Kompensation durch feste Magnete und vertikale Weicheisenmassen ist erst möglich, wenn für B an zwei Orten mit sehr verschiedener magnetischer Breite beobachtete Werte vorliegen. Am einfachsten geschieht die Trennung und die Kompensation von B_1 und B_2 am magnetischen Äquator, da dort $B_2 = 0$ ist. Man steuere also in der Nähe des magnetischen Äquators mw Ost- oder Westkurs und kompensiere das ganze vorhandene B mit den Längsschiffsmagneten. Etwaiger halbfester Magnetismus ist dabei zu berücksichtigen. Tritt dann, wenn man sich vom Äquator entfernt, ein neues B auf, so beseitige man dieses durch eine *Flindersstange*[4] nach folgender Regel:

Wenn man die Breite ändert nach	und es tritt auf ein	so hat man die Flindersstange anzubringen	
Norden	positives B	hinter	
Norden	negatives B	vor	dem
Süden	positives B	vor	Kompaß
Süden	negatives B	hinter	

Um einer etwaigen Induktionswirkung der B-Magnete auf die Flindersstange Rechnung zu tragen, berechnet man am besten, schon ehe man den magnetischen Äquator erreicht, aus den bis dahin vorliegenden Beobachtungen B_1 und B_2 und bringt eine diesem B_2 entsprechende Flindersstange an (siehe 2.1.6). Auf dem magnetischen Äquator mache man dann $B_1 = 0$ durch Verlegen der B-Magnete.

Soll auf einem Neubau B_2 gleich durch eine Flindersstange kompensiert werden, so kann das zunächst nur schätzungsweise geschehen. Dabei kann folgende Überlegung wertvoll werden: Man kann, da C_2 meistens sehr klein ist, das ganze auftretende C gleich C_1 setzen. War der mw Baukurs z', dann ist (ungefähr) $B_1 \approx - C \cdot \cot z'$.

Beispiel: Ein Schiff war auf mw Baukurs $z' = 34°$ gebaut. Dann wird an Bb. vorn ein roter Pol, also ein positives C_1 und ein negatives B_1 entstanden sein. Man findet nun vor der Kompensation $B = -28°$, $C = +10°$.
Man rechnet: $B_1 \approx -10° \cdot \cot 34° \approx -15°$.
Man findet $B_2 \approx -28° - (-15°) = -13°$, das mit einer Flindersstange kompensiert wird.

Im allgemeinen ist für Brückenkompasse auf modernen eisernen Schiffen auf nordmagnetischer Breite B_2 fast immer negativ, so daß man die Flindersstange *vor* dem Kompaß anbringen muß. Diese vor dem Kompaß angebrachte Flindersstange

---

4 So benannt nach dem Engländer Matthew Flinders (1774–1814), der solche Stangen um 1800 bei Vermessungsarbeiten an der australischen Küste als erster zum Kompensieren gebrauchte.

ist zu verkürzen, wenn bei südlicher Breitenänderung ein negatives B auftritt, dagegen zu verlängern, wenn ein positives B auftritt.

Wenn die Flindersstange zu nahe an den Kompaß herangebracht wird, so entsteht durch Nadelinduktion ein positives D. Das ohnehin meistens vorhandene positive Schiffs-D wird also dadurch vergrößert. Deshalb muß bei Schwimmkompassen die Flindersstange mindestens 25 cm, besser 35 cm vom Rosenmittelpunkt entfernt sein.

Um die induzierende Wirkung der B-Magnete auf die Flindersstange auszuschalten, nimmt man möglichst lange und dafür etwas dünnere Stangen.

Rechnerische Trennung von B_1 und B_2. Man bestimmt B, wenn das Schiff möglichst frei von halbfestem Magnetismus ist (wenn es nicht zu lange auf *einem* Kurs gelegen hat) an zwei Orten, deren Inklination und Horizontalintensität hinreichend verschieden sind.

Symbolisiert * die Größen am zweiten Ort, so gelten folgende zwei Gleichungen, aus denen sich B_1 und B_2 an beiden Orten berechnen läßt:

$$B_1 + \qquad B_2 = B \quad \text{für den ersten Ort,}$$

$$\frac{H}{H^*} \cdot B_1 + \frac{\tan I^*}{\tan I} \cdot B_2 = B^* \quad \text{für den zweiten Ort.}$$

Die Werte für H entnimmt man der NT 39, die Werte für I der NT 40. Siehe auch Kap. 6.2.6 (Formelsammlung).

Beispiel: Auf 52° N, 005° E beobachtet man für einen Kompaß $B = -6°$. Später fand man bei Kap der Guten Hoffnung $B^* = +10°$. Gesucht B_1 und B_2 an beiden Orten.

Man entnimmt der NT 39 für 52° N, 005° E für H den Wert 17,6 µT, für Kap der Guten Hoffnung für H^* den Wert 13,0 µT.

Man entnimmt der NT 40 für 52° N, 005° E $I = 67°$ (tan $I \approx 2,4$), für Kap der Guten Hoffnung $I^* = -62°$ (tan $I^* \approx -1,9$).

$$\text{I.} \qquad B_1 + \qquad B_2 = -\ 6°$$

$$\text{II.} \qquad \frac{17,6}{13,0}\, B_1 + \frac{-1,9}{2,4}\, B_2 = +10°$$

$$\text{II.} \qquad 1,35 \cdot B_1 - 0,79 \cdot B_2 = +10°$$

$$1,35 \cdot \text{I.} \qquad 1,35 \cdot B_1 + 1,35 \cdot B_2 = -\ 8,1°$$

$$1,35 \cdot \text{I} - \text{II.} \qquad 2,14 \cdot B_2 = -18,1°$$

also für 52° N, 005° E

$$B_2 = -8,5°$$
$$B_1 = -6° + 8,5° = +2,5°$$

Für Kap der Guten Hoffnung

$$B_2^* = (-8,5°) \cdot (-0,79) = +6,7°$$
$$B_1^* = +10° - 6,7° = +3,3°.$$

Hat man auf diese Weise B_2 berechnet, so kann man die ungefähre Länge der anzubringenden Flindersstange der Tafel unter 2.1.6 entnehmen. Die genaue Länge ist durch Ausprobieren festzustellen. Für unseren Fall wird man also einen Hohlzylinder von 60 cm Länge in einem Abstand von 33 bis 35 cm vor dem

Kompaß anbringen. Beim Kompensieren verfährt man am besten so: Man entfernt die Längsschiffsmagnete ganz. Dann bringt man die Flindersstange an oder verändert die angebrachte Flindersstange so, daß die vorhandene Ablenkung sich um den Betrag von B_2^*, in unserem Falle um $+6{,}7°$, ändert. Die übrigbleibende Ablenkung $+3{,}3°$ ist durch feste Längsschiffsmagnete zu kompensieren, so daß die Ablenkung gleich 0 wird.

Die Trennung von C_1 und C_2 kann in derselben Weise erfolgen, doch ist in der Regel $C_2 \approx 0$, so daß man im allgemeinen C_1 immer etwa gleich C annimmt.

Nachregulierung während der Reise

Wenn auch im allgemeinen während der Reise an der von sachverständiger Seite ausgeführten Regulierung nichts geändert zu werden braucht, so ist doch die Mitarbeit der Schiffsführung bei unzuverlässigen Kompaßverhältnissen unentbehrlich. Um eine Nachregulierung erfolgreich ausführen zu können, müssen die Ablenkungen der Kompasse auf den Haupt- und Hauptzwischenstrichen in verschiedenen Breiten sorgfältig und regelmäßig beobachtet werden. Nur dann wird man die Fehler eines Kompasses erkennen und beseitigen können. Ist eine Nachregulierung nötig und ausführbar, so stelle man vorher die alte Lage der Magnete genau fest, damit man allenfalls den alten Zustand wiederherstellen kann. Man reguliere nie unmittelbar, nachdem das Schiff längere Zeit auf ein und demselben Kurse gelegen hat. In der Regel handelt es sich nur um eine Nachregulierung von B und K.

Beim Nachregulieren von B handelt es sich meistens um eine Trennung von B_1 und B_2. Der Krängungsmagnet kompensiert die Hochschiffskomponente des vom festen und flüchtigen Schiffsmagnetismus hervorgerufenen Magnetfeldes. Die letztere ist aber auf dem magnetischen Äquator gleich Null und erscheint nach dem Passieren des Äquators wieder mit umgekehrtem Vorzeichen, während die vom Krängungsmagneten herrührende Feldintensität Vorzeichen und Größe beibehält. Eine breitenbeständige Kompensation des K ist also mittels des Krängungsmagneten nicht möglich. Der Kompaß wird nach größerer Breitenänderung bei Rollbewegungen auf nördlichen oder südlichen Kursen unruhig und manchmal nahezu unbrauchbar. Beim Stampfen kann auch auf östlichen und westlichen Kursen ein falsch eingestellter Krängungsmagnet den Kompaß beunruhigen. Man hilft sich in der Praxis dadurch, daß man den Krängungsmagnet solange verschiebt, bis man die Lage herausgefunden hat, bei der die Rose am ruhigsten liegt. Im allgemeinen wird der Krängungsmagnet bei Annäherung an den magnetischen Äquator und darüber hinaus immer weiter von der Rose entfernt werden müssen (wenn Nordpol nach oben liegt). Auf hoher südmagnetischer Breite kann es notwendig werden, den Magnet ganz herauszunehmen und ihn sogar mit dem Südpol nach oben wieder anzubringen. Wird die Lage des Krängungsmagneten wesentlich geändert, so ist immer auch die Kompensation von B nachzuprüfen.

Regeln für Nachkompensation von K

Ist bei gekrängtem Schiff das *Nord*ende der Rose abgelenkt nach	so muß der Krängungsmagnet gestellt werden, wenn nach oben zeigt	
	sein Nordende	sein Südende
Lee	tiefer	höher
Luv	höher	tiefer

Aufstellen der Ablenkungstafel (Deviationstabelle)

Beim Aufstellen einer Ablenkungstafel dreht man das Schiff langsam herum (mindestens ½ h für eine Schwojung) und bestimmt δ auf einer beliebigen Anzahl von Kursen. Die gefundenen Werte für δ trägt man in ein Ablenkungsdiagramm ein. Durch die eingezeichneten Punkte legt man eine schlanke Kurve und gleicht dadurch etwaige Beobachtungsfehler aus. Der Kurve entnimmt man dann die Ablenkungen für diejenigen Kompaßkurse, die man in der Ablenkungstafel haben will. Die vollständige Bestimmung der Ablenkung erfolgt durch:

- Peilung einer Landmarke. Die Entfernung der Landmarke soll mindestens das Hundertfache vom Durchmesser des Kompaßdrehkreises betragen, wenn bei Anwendung ein und derselben mw Peilung ein parallaktischer Fehler über 0,5° vermieden werden soll. Die mw Peilung der Landmarke entnimmt man einer Seekarte, oder man bestimmt sie durch gleichzeitige Peilung der Marke und eines Gestirns. Ein Fehler in der mw Peilung des Peilobjekts hat einen gleich großen Fehler in allen Ablenkungswerten zur Folge.

  Beispiel: Auf dem MgK 145° werden ein Turm in der MgP 322° und fast gleichzeitig die Sonne in der MgP 255° gepeilt; für diesen Augenblick berechnet man für die Sonne das Az 250° und entnimmt der Seekarte für den Beobachtungsort die Mw − 8°. Wie groß sind die Abl des MgK und die mwP des Turmes?

Az der Sonne	250°	
− MgP der Sonne	−255°	
MgFw	− 5°	auf dem MgK 145°
− Mw	+ 8°	
Abl	+ 3°	auf dem MgK 145°
MgP des Turmes	322°	
mwP des Turmes	325°	

Siehe auch Bestimmung der Ablenkung in den Kap. 2.1.2, 2.1.4, 2.2.5 und 4.14.5 sowie im Bd. 1 A im Kap. 4.7.2.

In vielen Häfen sind besondere Einrichtungen zur Ablenkungsbestimmung vorhanden. In der Regel sind es Bojen oder Pfähle zum Festmachen des Schiffes, von denen aus die mw Richtung einer oder mehrerer Landmarken bekannt ist. Näheres darüber steht in den Shb. und ist wohl stets im Hafen- oder Lotsenamt zu erfragen.

- Deckpeilungen. Ein besonders dafür eingerichtetes Bakensystem befindet sich z. B. in Kiel. Näheres siehe Shb.

- Peilung von Gestirnen. Die rw Peilung des Gestirns wird einer Azimuttafel, die Mw der Seekarte entnommen. Das Gestirn soll nicht höher als 30° stehen. Besonders zweckmäßige Gestirne sind die Sonne und in niedriger Nordbreite der Polarstern (siehe auch Kap. 4.13).

- Ablesen des Kreiselkompaßkurses. Die am Kreiselkompaß abgelesenen Kurse werden durch Anbringen der KrFw und der entgegengesetzten Mw in mw Kurse verwandelt. Die KrFw ist die algebraische Addition von Ff und KrA bzw. KrR, wenn letzteres beobachtet ist. Es ist dann

$$mwK = KrK + KrFw - Mw \quad und \quad Abl = mwK - MgK.$$

Siehe auch die Kap. 6.2.1 und 6.2.2 der Formelsammlung.

Bestimmung der Ablenkung bei unbekannter mw Peilung. Kann man wegen bedeckten Himmels eine Gestirnspeilung nicht vornehmen und steht eine bekannte Deckpeilung oder Fernpeilung nicht zur Verfügung, so drehe man das Schiff herum und peile alle 20° irgendein Objekt, das in genügend weiter Entfernung liegt. Bei nicht allzu großen Ablenkungen wird das Mittel aus den 18 Peilungen angenähert die mw Peilung des Objektes sein. Dieses Verfahren ist schon oft mit gutem Erfolge von Fischdampfern angewendet worden, indem von der eigenen Fischboje aus die in etwa 3 sm Abstand liegende Boje eines anderen Fischdampfers gepeilt wurde.

Verbesserung der Ablenkungstafel nach Breitenänderung

Die Ablenkungstafel gilt immer nur für die magnetische Breite, für die sie aufgestellt wurde. Um eine für die neue Breite gültige Ablenkungstafel aufzustellen, genügt es zuweilen, die Änderung ΔB von B und ΔC von C festzustellen und an die Werte der alten Steuertafel die Berichtigung $\Delta B \cdot \sin z + \Delta C \cdot \cos z$ anzubringen.

Beispiel: Für den Regelkompaß eines Schiffes fand man nach erheblicher Breitenänderung $\Delta B = -7°$ und $\Delta C = +8°$. Eine neue Ablenkungstafel ist aufzustellen.

Alte Ablenkungstafel		$\Delta B \cdot \sin z$	$\Delta C \cdot \cos z$	Neue Ablenkungstafel	
MgK	δ			δ	MgK
000°	$-8°$	0°	$+8{,}0°$	0°	000°
010°	$-5{,}5°$	$-1{,}2°$	$+7{,}9°$	$+1°$	010°
020°	$-1°$	$-2{,}4°$	$+7{,}5°$	$+4°$	020°
030°	$+3{,}5°$	$-3{,}5°$	$+6{,}9°$	$+7°$	030°
040°	$+5°$	$-4{,}5°$	$+6{,}1°$	$+6{,}5°$	040°
·	·	·	·	·	·
·	·	·	·	·	·
·	·	·	·	·	·

Ablenkungsdiagramme (Deviationsdiagramme). Im rechtwinkligen Diagramm, das heute fast ausschließlich benutzt wird, werden die für die Kompaßkurse gefundenen Ablenkungen senkrecht zur Achse in geeignetem Maßstab aufgetragen. Um die zu einem mw Kurse gehörige Ablenkung zu finden, sucht man den mw Kurs an der Achse auf, zieht durch ihn eine Linie parallel zu den vorgedruckten Schräglinien, bei E-Ablenkung nach links oben, bei W-Ablenkung nach rechts unten. Der Schnittpunkt dieser Linie mit der Ablenkungskurve ergibt die Ablenkung auf dem betreffenden mwK, abzulesen auf der Ordinaten-(δ-)achse. Die Abszisse des Schnittpunktes ist der zugehörige Magnetkompaßkurs.

Steuertafel, aufgestellt nach Bild 2.7

mwK (z')	Abl (δ)	mwK (z')	Abl (δ)
000°	$-5°$	·	·
010°	$-2°$	·	·
020°	0°	·	·
030°	$+2{,}5°$	320°	$-13{,}5°$
040°	$+5°$	330°	$-12°$
·	·	340°	$-9°$
·	·	350°	$-7°$
·	·	000°	$-5°$

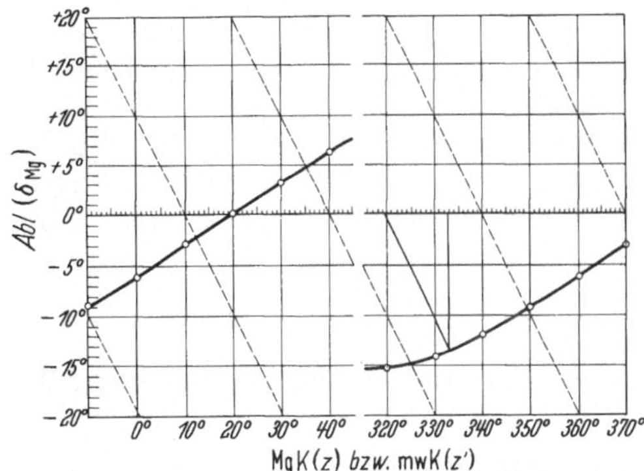

Bild 2.7. Teildarstellung eines Ablenkungsdiagramms mit Schräglinien zur Entnahme der Ablenkung für mw Kurse

Allgemeines über die Steuertafel. Ist die Ablenkung auf allen Kursen nur klein, so kann man die für die Kompaßkurse gefundenen Werte ohne weiteres auch für die entsprechenden mw Kurse anwenden. Ist die Ablenkung aber über 5° und ändert sie sich auf den verschiedenen Kursen schnell, so sind mit Hilfe des Deviationsdiagramms besondere Ablenkungtafeln für Kompaßkurse und Steuertafeln für mw Kurse anzufertigen. Diese Tabellen sind eigentlich nur ein Anhaltspunkt für die ungefähre Größe der Ablenkungen in dem Falle, daß keine Bestimmung der Ablenkung möglich ist. Sie macht auf keinen Fall die beständige und sorgfältige Überwachung der Ablenkung überflüssig. Jede eisenhaltige Ladung — wie Schrott, Maschinen, Autos, Stangeneisen, Magnesit — kann die Ablenkung erheblich verändern. Starke Änderungen der Ablenkung sind auch beobachtet worden nach einer Kollision, nachdem ein Blitz das Schiff getroffen hatte, nach Reparaturen (auch solchen in der Maschine), nach elektrischer Schweißung, nach Übernahme von Ladung mit Elektromagneten und nach Rostklopfen der Außenhaut. Schiffe, die auf kurzen Reisen ihre Ladebäume aufgebracht lassen, tun gut, für diesen Zustand eine besondere Steuertafel aufzustellen. Für jeden Kompaß muß eine besondere, nur für ihn gültige Steuertafel aufgestellt werden. Wird der Kompaß verlagert, so wird die Steuertafel ungültig.

Deviationstagebuch

Jede Ablenkungsbestimmung ist im Deviationstagebuch einzutragen. Damit bei Kommandowechsel jeder Nautiker sich sofort ein Bild über die magnetischen Eigenschaften seines neuen Schiffes sowie über dessen Kompaß machen kann, empfiehlt es sich, im Deviationstagebuch deutlich zu vermerken:

- Wann und wo wurde die letzte vollständige Ablenkungsbestimmung ausgeführt?
- Welche Koeffizienten wurden dabei für jeden Kompaß gefunden?
- Für jeden Kompaß die zuletzt aufgestellte Ablenkungtafel.
- Eine Angabe, ob B_1 und B_2 getrennt bestimmt wurden, und welche Beträge man fand.

Elektrische Entmagnetisierung eiserner Schiffe und MES

Im 2. Weltkrieg und danach bestand eine erhöhte Gefahr durch Magnetminen, die durch das schiffsmagnetische Außenfeld zur Explosion gebracht werden konnten. Deshalb wurde das schiffsmagnetische Außenfeld vielfach auch auf Handelsschiffen durch eine elektromagnetische Behandlung weitgehend aufgehoben (Entmagnetisierung). Eine bessere Wirkung erreichte man durch entsprechende Schaltung stromführender Kabelschleifen, die fest um den Schiffskörper verlegt waren

(*Mineneigenschutz*, MES). Anlagen für die Entmagnetisierung und die Einstellung des MES befinden sich noch in Kiel-Friedrichsort und auch in anderen Schifffahrtsländern.

Nach einer Neueinstellung des MES muß der Magnetkompaß neu reguliert werden. Nach einer Entmagnetisierung ist der magnetische Zustand des Schiffes labil. Vor der Regulierung muß eine Stabilisierung abgewartet werden.

2.1.4 Der Magnetkompaß, seine Aufstellung, Prüfung und Behandlung

Schwimmkompaß

Bei den heute ausschließlich verwendeten Fluid- oder Schwimmkompassen dreht sich die mit einem Schwimmer versehene Rose in einer Flüssigkeit. Dadurch wird das Gewicht der Rose fast ganz aufgehoben und die Rose durch die Erschütterungen des Schiffskörpers weniger beeinflußt, da Kessel, Flüssigkeit und Rose diesen Erschütterungen gegenüber ein Ganzes bilden. Die Gewichtsverteilung im Rosensystem muß so angeordnet sein, daß die Rose trotz Änderung der Inklination möglichst waagerecht bleibt. Die Auflagekraft der Rose (Schwimmer mit Rose) soll auch bei den niedrigsten zu erwartenden Temperaturen genügend groß sein. Da die Rose gezwungen ist, sich in der Flüssigkeit zu drehen, so ist ihre Bewegung sehr ruhig. Die Füllung des Fluid-Kompasses besteht gewöhnlich aus 50% Wasser und 50% Alkohol. Sie soll klar und farblos sein. Um bei Temperaturschwankungen auftretende Druckänderungen in der Kompaßflüssigkeit auszugleichen, ist der Kompaßkessel mit einem elastischen Federboden versehen. Beim Auftreten von Luftblasen ist nach Lösen der Füllschraube Flüssigkeit, im Notfalle reines Regenwasser, nachzufüllen.

An heißen Tagen sind Schwimmkompasse vor unmittelbarer Sonnenbestrahlung zu schützen, um Verfärbungen der Rose usw. zu vermeiden.

Die starke Vibration auf Motorschiffen hat vielfach eine ungewöhnlich schnelle Abnutzung von Pinne und Stein auch bei Schwimmkompassen zur Folge. Das Einstellungsvermögen der Rose wird durch die Erhöhung der Reibung stark vermindert, die Rose wird „faul". Besonders gefährlich ist dies, wenn ein solcher Kompaß zu Funkpeilungen benutzt wird, da der Fehler des anscheinend ruhig liegenden Kompasses mit vollem Wert in die Peilung eingeht und den Schiffsort bei großen Entfernungen des Funkfeuers erheblich fälschen kann. Man hat mit Erfolg die Auswirkung der Vibrationen durch geeignete Aufhängung des Kompaßkessels oder Federung des Pinnenträgers vermindert.

Die Vibration des Schiffskörpers am Kompaßort kann aber auch ein *Laufen der Kompaßrose* verursachen, wenn deren Frequenz mit der durch die Aufhängung, den Federboden und die Füllflüssigkeit bedingten Eigenfrequenz des Kompaßkessels übereinstimmt. Die letztere soll deshalb nicht zwischen 5 und 40 Hz liegen.

Schwimmkompasse haben im allgemeinen zwei starke Magnete mit einem magnetischen Moment von insgesamt 2 bis 4 Am^2. Diese sind beiderseits und parallel zur N−S-Achse der Rose so angebracht, daß ihre Pole ($\frac{1}{12}$ von den Enden der Magnete entfernt) auf Linien liegen, die vom Rosenmittelpunkt im Winkel von 30° zur N−S-Achse verlaufen. Dadurch wird eine sechstel-, achtel- und höherkreisige Ablenkung vermieden. Um aber ein gleiches Trägheitsmoment der Rose in allen horizontalen Achsen zu erreichen (was beim Rollen des Schiffes erwünscht ist), müßten die Enden der Magnete auf den 30°-Linien liegen.

Beide Forderungen werden durch die Ringmagnete erfüllt, nachdem es gelungen ist, einen Ring aus Spezialmetall dauerhaft so zu magnetisieren.

Kugelkompaß

Für Schiffe, auf denen durch schnelle Fahrt- oder Kursänderungen starke Beschleunigungen auftreten, wie auf Seenotrettungskreuzern in der Brandung und auf Schnellbooten, oder für stark überliegende, wie Segeljachten, eignen sich die üblichen Flachkompasse nicht, weil die Rose den Glasdeckel berühren kann und dann unruhig wird. Für solche Zwecke wurde der Kugelkompaß entwickelt, der außerdem den Vorteil bietet, daß die halbkugelförmige Glasglocke das Rosenbild vergrößert.

Der **Projektionskompaß** ist ein Spezialkompaß, der u. a. eine durchsichtige Rose hat, deren Bild mit Hilfe einer in einem Projektionsrohr untergebrachten Optik vom Peildeck in das darunter liegende Steuerhaus auf eine Mattscheibe projiziert wird. Die Mattscheibe, mit einer Schutzkappe gegen Blendung überdeckt, ist kippbar angeordnet und kann je nach Größe des Rudergängers eingestellt werden.

Der **Reflexionskompaß** ist ähnlich gebaut, jedoch wird das von unten beleuchtete Rosenbild statt auf die Mattscheibe auf einen einstellbaren Spiegel geworfen.

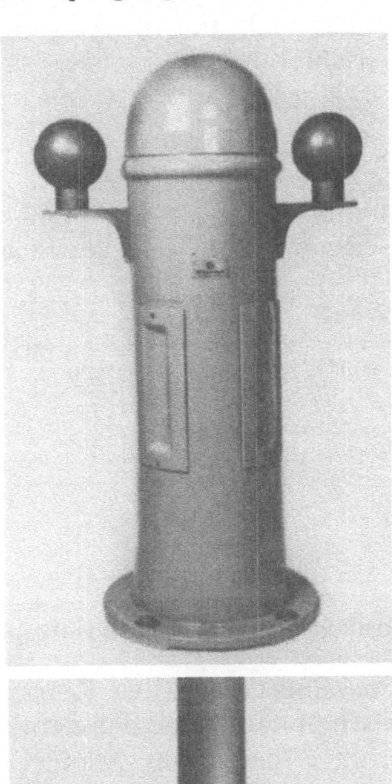

Bild 2.8. Reflexionskompaßstand aus glaserverstärktem Kunststoff (Firma W. Ludolph)

Peilgeräte

Peilgeräte als Kompaßaufsetzgeräte müssen aus unmagnetischem Material hergestellt sein. Ihr Gewicht muß so verteilt sein, daß der Kompaßdeckel beim Aufsetzen und Gebrauch des Gerätes nicht aus seiner waagerechten Lage herausgebracht wird. Der Drehpunkt des Peilgerätes muß genau über der Pinnenspitze des Kompasses liegen. Jede mit Hilfe eines Ableseprismas beobachtete Peilung muß mit der mit Hilfe der Peilfäden abgelesenen Peilung übereinstimmen.

An Bord der Schiffe, auf denen man vom Regelkompaß aus keinen freien Rundblick hat, sind an leicht zugänglichen Stellen der Kommandobrücke, von denen aus man einen freien Ausblick nach vorn, hinten und der Seite hat, Peilscheiben angebracht. Auch diese müssen sich horizontal einstellen, und ihre Nullinien müssen genau parallel zur Kiellinie sein. Von der Peilscheibe werden die Peilungen mit Hilfe des anliegenden Kurses auf den Kompaß übertragen.

Durch gegen die Horizontale geneigte Peilgeräte entstehen Peilfehler, wenn Peil- und Neigungsrichtung (oder Neigungsgegenrichtung) nicht zusammenfallen. Die Peilfehlerbeträge wachsen mit der Objekthöhe rasch an, sie hängen zusätzlich von der Größe der Neigung und von der Neigungsrichtung ab und sind am größten, wenn das Peilgerät quer zur Peilrichtung geneigt ist; siehe untenstehende Tabelle. Man darf das Peilgerät beim Peilen nicht mit den Händen stützen!

Seitlich auf der Brücke stehende Peilscheiben richtet man aus, indem man den Abstand „Peilscheibenmitte-Mittschiffslinie" mißt und ihn auf der Back von der Mittschiffslinie aus nach Stb. und Bb. abträgt.

Ein anderes Verfahren zur Kontrolle der Peilscheiben und der Peiltöchter auf den Brückennocken ist folgendes: Man peilt einen mittschiffs gelegenen Punkt im Vorschiff, etwa den Flaggenknopf der Gösch, von beiden Peilscheiben aus, wobei der Winkel gegen 0° übereinstimmen muß, und außerdem einen möglichst weit entfernten Gegenstand außerhalb des Schiffes (um eine Parallaxe zu vermeiden). Wenn auch hier die Peilungen übereinstimmen, sind die Peilscheiben richtig ausgerichtet.

Größter Peilfehlerbetrag

Neigung des Peilgerätes	Höhe des gepeilten Objektes				
	15°	30°	45°	60°	75°
1°	½°	½°	1°	1½°	4°
2°	½°	1°	2°	3°	8°
3°	1°	2°	3°	5°	11°

Aufstellung des Magnetkompasses an Bord

Die Aufstellung des Kompasses an einem möglichst eisenfreien und von elektrischen Anlagen unbeeinflußten Platz ist für die sichere Schiffsführung von größter Bedeutung. Mängel in der Kompaßaufstellung können durch keinen noch so guten Kompaß ausgeglichen werden!

Fast alle Klagen über den Kompaß sind in Wirklichkeit Klagen über den Kompaßplatz; deshalb ist unbedingt erforderlich, daß schon im Bauplan für ein neues Schiff auf einen guten Kompaßplatz Bedacht genommen wird. Für das Verhalten des Kompasses ist die Beschaffenheit des Aufstellungsortes ausschlaggebend.

Nach der SSV bedarf die Aufstellung der Magnetkompasse an Bord vor dem Einbau und vor Umbauten der Genehmigung des DHI. Dieses hat dafür die „Bedingungen für die Aufstellung von Magnet-Regel- und Magnet-Steuerkompassen" erlassen. Danach gelten für die Aufstellung folgende Gesichtspunkte:

- Die Kompasse müssen in der Mittschiffslinie auf festem, von Erschütterungen möglichst wenig beeinflußtem Unterbau stehen. Der Regelkompaß muß leicht zugänglich und so aufgestellt sein, daß die freie Rundsicht in einem Sektor von recht voraus bis 115° nach jeder Seite nur von Masten, Ladebäumen, Ladepfosten, Kränen und ähnlichen Hindernissen unterbrochen wird.

- Für den Regelkompaß sind folgende Mindestabstände vom Rosenmittelpunkt erforderlich:
  a) von Oberkanten von Wänden, Trennwänden, Schotten, Enden von Spanten, Unterzügen, Stützen, Decksbalken, Pfeilern und ähnlichen Stahlteilen, beweglichen Stahlteilen wie Davits, Ventilatoren, Stahltüren u. ä., größeren Stahlteilen, die einer stärkeren Erhitzung ausgesetzt sind, wie Schornsteinen und Auspuffrohren: auf Schiffen von 120 m Länge und mehr: 4 m;
  b) von nicht unterbrochenem festem magnetisierbarem Material: auf Schiffen von 82 m Länge und mehr: 3 m.
  c) Für Schiffe mit geringeren als den unter a) und b) angegebenen Längen ermäßigen sich die Mindestabstände linear mit der Schiffslänge l so, daß bei $l = 30$ m und weniger die Mindestabstände 2 m für Schiffbauteile nach a), 1,52 m für Material nach b) gelten.
  d) Auf Schiffen von nicht mehr als 60 m Länge in der Kleinen Fahrt, Küstenfahrt, Wattfahrt, der Kleinen Hochseefischerei und der Küstenfischerei muß der Mindestabstand von jeglichem magnetisierbarem Material 2 m betragen. Für Schiffe mit geringeren Längen l ermäßigen sich die Mindestabstände linear mit l so, daß bei $l = 20$ m und weniger ein Abstand von 1 m nicht unterschritten werden darf.
- Für den Steuerkompaß verringern sich die unter a), b) und c) genannten Werte auf 65%, jedoch muß stets ein Mindestabstand von 1 m eingehalten werden.
- Gleichstromführende Kabel in der Nähe des Magnet-Regel- und Magnet-Steuerkompasses müssen doppelpolig verlegt sein. Dies gilt in Abhängigkeit von der Stromstärke innerhalb der nachstehend angegebenen Bereiche um den Kompaßrosenmittelpunkt:

bis	10 A	5 m,
über	10 A bis 50 A	7 m,
über	50 A	9 m.

Befestigungsschellen für Kabel und Durchführungsrohre für Leitungen aus magnetisierbarem Material sowie eisenarmierte Kabel müssen einen Abstand von mindestens 1,5 m vom Magnet-Regel- und Magnet-Steuerkompaß haben.

- Anlagen, Geräte und Instrumente der Schiffsausrüstung können die Anzeige des Magnetkompasses stören. Damit ihr Ein- oder Ausbau keine unzulässig hohe Ablenkung der Kompaßrose verursacht, dürfen sie nicht näher am Magnetkompaß angeordnet werden, als ihrem Mindestabstand entspricht. Die magnetischen Mindestabstände werden vom DHI festgelegt.
- Der Abstand zweier Kompasse voneinander muß so groß sein, daß die Rose und die Kompensierungseinrichtungen des einen Kompasses mindestens 2 m von denen des anderen Kompasses entfernt sind.
- Zur Befehlsübermittlung vom Regelkompaß zum Steuerkompaß soll ein Sprachrohr vorhanden sein.
- Außerdem ist zu beachten: Alle in der Nähe des Magnetkompasses befindlichen Eisenmassen sollten symmetrisch zur Mittschiffsebene verteilt sein. Man verwende also auch keine einseitigen eisernen Ruderleitungen. Eine Ausnahme bildet in der Praxis häufig der an Stb. stehende Radarmast. Horizontale Eisenmassen, die unter dem Kompaß hindurch- (Decksbalken, eiserne Decks) oder an ihm vorbei- (Geländer, eiserne Wände) führen, wirken immer richtkraftschwächend und sind die hauptsächliche Ursache für die Entstehung von halbfestem Magnetismus, der für die Navigation sehr gefährlich ist.

Ausrüstung mit Magnetkompassen

Diese erfolgt nach Anlage 6 der SSV. Schiffe in der Großen und Mittleren Fahrt, der Großen Hochseefischerei sowie Schiffe über 250 BRT in der Kleinen Fahrt müssen einen Magnet-Regelkompaß mit Peilvorrichtung, einen Magnet-Steuerkompaß der Klasse I und einen Magnet-Reservekompaß mitführen, der mit dem Magnetkompaß des Magnet-Regelkompasses austauschbar sein muß. Der Magnet-Steuerkompaß ist nicht erforderlich, wenn der Kurs des Magnet-Regelkompasses am Haupt-Steuerstand deutlich ablesbar ist, z. B. mit Projektions- oder Reflexionskompaß und zugehöriger optischer Übertragungseinrichtung. Der Reservekompaß kann entfallen, wenn ein Kreiselkompaß oder sowohl ein Magnet-Regel- als auch ein Magnet-Steuerkompaß an Bord vorhanden sind.

Schiffe in der Küstenfahrt und der Kleinen Hochseefischerei sowie Schiffe unter 250 BRT in der Kleinen Fahrt benötigen einen Magnet-Steuerkompaß der Klasse II, Schiffe in der Wattfahrt und der Küstenfischerei einen Magnet-Steuerkompaß der Klasse III. Rettungsboote müssen mit einem Magnet-Steuerkompaß der Klasse IV ausgerüstet sein.

Prüfung von Magnetkompassen

Die Magnetkompasse müssen vom DHI baumustergeprüft und zugelassen sein. Das DHI hat hierfür „Prüfungs- und Zulassungsbedingungen für Magnet-Regel-, Magnet-Steuer- und Magnet-Reservekompasse" erlassen. In diesen Bedingungen sind auch die Begriffsbestimmungen für die verschiedenen Klassen der Magnet-Steuerkompasse festgelegt. Danach ist der Kompaßstand und ggf. die optische Übertragungseinrichtung Bestandteil eines Magnet-Regel- oder eines Magnet-Steuerkompasses der Klasse I. Sie werden zusammen mit dem zugehörigen Magnetkompaß der Klasse A baumustergeprüft und im gegebenen Falle zugelassen. Dasselbe gilt für ein Peilgerät für einen Magnet-Regelkompaß.

Magnet-Steuerkompasse der Klassen II und III bestehen aus einem Magnetkompaß der Klasse A bzw. B und einer Haltevorrichtung. Diese wird nicht baumustergeprüft, sie muß aber den „Richtlinien für Haltevorrichtungen von Magnet-Steuerkompassen, Kompensiervorrichtungen und -mittel" des DHI genügen.

Jeder einzelne Magnetkompaß der Klasse A oder B ist vor seiner Verwendung an Bord durch das DHI oder einen vom DHI beauftragten Prüfer zu prüfen. Nach erfolgreicher Prüfung erhält der Kompaß eine Prüfplakette mit einer Gültigkeitsdauer von zwei Jahren. Weiterhin ist jeder Magnetkompaß in Abständen von zwei Jahren durch einen vom DHI anerkannten Betrieb überprüfen zu lassen. Nach erfolgreicher Prüfung wird eine Prüfmarke erteilt, auf der ebenso wie auf der Prüfplakette der Zeitpunkt des Ablaufs ihrer Gültigkeit ersichtlich ist. Peilgeräte werden zusammen mit dem zugehörigen Magnetkompaß der Klasse A geprüft.

Außerordentliche Überprüfungen der Kompasse sind zu veranlassen, wenn durch Instandsetzungsarbeiten, nach Schiffsunfällen oder aus sonstigen Gründen die Voraussetzungen der letzten Prüfung als nicht mehr gültig anzusehen sind.

Namen und Anschriften der beauftragten Prüfer und anerkannten Betriebe werden in den NfS veröffentlicht.

Die Prüfung der Magnetkompasse erstreckt sich u. a. auf folgende Punkte:

- Magnetkompasse der Klasse A oder B: kardanische Aufhängung; Kompaßkessel, Abwesenheit magnetisierbaren Materials; Steuerstriche, Kompaßrose: Genauigkeit von Anbringung und Gradteilung; Horizontallage der Rose[5],

---

5 Nur bei Baumusterprüfungen.

Neigungsfreiheit, magnetisches Moment, Nadelanordnung[5], Schwingungsdauer[5]; Reibungsfehler, Pinne und Stein[5]; Schleppfehler; Füllflüssigkeit, Innenanstrich; Vibrationsverhalten[5].

- Peilvorrichtungen: Abwesenheit von magnetisierbarem Material, Genauigkeit.
- Kompaßstände[5]: Wirksamkeit der Kompensiermittel; Ablenkungsänderungen, z. B. bei Breitenänderungen und bei Schiffsneigungen.

Nachprüfung der Kompasse an Bord

Es ist notwendig, daß auch der Nautiker selbst eine einfache Untersuchung auszuführen imstande ist. Mängel am Kompaß können durch Kompensieren nicht beseitigt werden! Bei der Nachuntersuchung sind zu prüfen:

- Die kardanische[6] Aufhängung. Der Kompaßkessel muß sich leicht und frei in den Achsen der kardanischen Aufhängung bewegen und sich immer wieder so einstellen, daß der Glasdeckel horizontal liegt, was mit einer Libelle nachgeprüft werden kann.
- Die Zentrierung der Pinne in bezug auf die Rosenkarte. Bei einer Drehung des Kompasses um seine vertikale Achse muß der Abstand zwischen Rosenrand und Kesselwand überall gleich sein. Auch müssen die Ablesungen am vorderen und hinteren Steuerstrich immer genau entgegengesetzte Kurse anzeigen.
- Der Steuerstrich. Die Linie „Pinnenspitze–Steuerstrich" muß genau in der Kiellinie liegen oder ihr wenigstens genau parallel laufen. Die Prüfung geschieht am besten mit einem auf den Kompaß gesetzten Peilgerät. Man vergleicht die Peilung eines möglichst weit entfernten, genau mittschiffs stehenden Objektes mit dem Steuerstrich. Man kann auch zwei symmetrisch zur Mittschiffsebene befindliche Objekte peilen. Der Steuerstrich muß sich dann in der Mitte zwischen den beiden Peilungen befinden.
- Die Einstellungsfähigkeit der Rose. Man lenke die Rose durch einen Magnet oder ein Stück Eisen 30° bis 40° ab und beobachte die Schwingungen. Bei Schwimmkompassen werden infolge der Dämpfung durch die Flüssigkeit die Schwingungen immer sehr rasch abnehmen. Um so mehr ist aber darauf zu achten, daß sich der Kompaß wieder genau in die alte Lage einstellt (mindestens auf ½° genau). Dann ist die Rose nur um 3° bis 5° nach Stb. und Bb. aus der Ruhelage abzulenken und jedesmal zu prüfen, ob sie sich auch jetzt wieder genau einstellt. Das Ergebnis jeder solchen Untersuchung sollte im Deviationstagebuch unter Angabe des Datums und des Kurses, auf dem sie erfolgte, vermerkt werden.
- Bei Schwimmkompassen muß die Flüssigkeit stets klar und farblos sein; sie darf weder Unreinheiten noch Luftblasen enthalten und muß den Kompaßkessel vollständig ausfüllen.
- Der Schattenstift darf nicht verbogen sein und muß auf dem Peilzapfen des Kompaßdeckels *fest* aufsitzen. Zur Prüfung seiner senkrechten Stellung vergleicht man gelegentlich eine Schattenstiftpeilung mit einer gleichzeitigen Diopterpeilung.

Behandlung der Kompasse an Bord

Kompaßkuppeln sollen bei frei an Deck stehenden Kompassen immer aufgesetzt bleiben, um die Kompasse vor Witterungseinflüssen, insbesondere vor Sonnenstrahlen, zu schützen. Im Hafen sollen alle Kompasse außerdem immer mit

---

6 So benannt nach Geronimo Cardano aus Padua (1501–1576), der um 1550 das „Cardanische Gelenk" erfand.

Schutzkleidern versehen und ihre Beleuchtung soll ausgeschaltet werden. Ist der Kompaß bei Ladungsarbeiten, Kalfatern usw. im Hafen starken Erschütterungen ausgesetzt, so bringe man ihn an einen erschütterungsfreien Ort. Die Kompasse stelle man dabei auf eine federnde Unterlage (Sofa in der Kajüte oder im Kartenhaus). Auch der Magnet-Reservekompaß muß möglichst erschütterungsarm aufbewahrt werden.

Kompensiermagnete sind stets in größerer Entfernung vom Chronometer und dem etwa vorhandenen Reserve-Magnetron des Radargerätes so aufzubewahren, daß je zwei Magnete von gleicher Länge mit ungleichnamigen Polen zusammengelegt werden. In dieser Lage bleibt das magnetische Moment der Kompensiermagnete erhalten und außerdem wird der Schiffsmagnetismus fast nicht gestört.

Auswechseln von Kompassen. Wird ein Reservekompaß mit Rose gleicher Konstruktion an Stelle eines im Gebrauch befindlichen eingesetzt, so bleibt die Ablenkung unverändert. Die magnetischen Momente dürfen aber nicht mehr als 15% voneinander abweichen, um stark unterschiedliche Nadelinduktion in D-Kugeln und Flindersstange zu vermeiden.

Beim Transport an und von Bord ist sorgfältig darauf zu achten, daß die Kompasse vor Erschütterungen bewahrt werden. Nur zuverlässige Leute damit beauftragen!

Vor jeder Überprüfung sollte der Kompaß, gleichgültig, ob er bis zuletzt einwandfrei gearbeitet hat oder nicht, von einem zuverlässigen Kompaßmechaniker überholt werden!

Ursachen für schlechte Einstellung oder Unruhigwerden der Rose

- Pinne oder Stein sind beschädigt.
- Kompensation der Krängungsablenkung ist falsch, oder der Krängungsmagnet ist zu dicht unter der Rose.
- Magnetisches Moment der Rose genügt nicht.
- Feldintensität am Kompaßort ist zu klein (zu kleines H auf hoher magnetischer Breite oder stark geschwächte Feldintensität durch Schiffspole).
- Schwingungsdauer der Rose weicht nicht genügend von der Schlingerperiode des Schiffes ab.
- Schwingungsperiode des Kompaßkessels weicht nicht genügend von der Vibrationsperiode des Schiffes am Kompaßort ab.

Magnetfernkompaßanlagen

Diese kommen in Frage

- für Schiffe, auf denen Magnetkompasse an den für die Navigation wichtigen Stellen wegen ungünstiger magnetischer Verhältnisse oder aus anderen Gründen nicht aufgestellt werden können;
- für Schiffe ohne Kreiselkompaß, auf denen ein Selbststeuer betrieben und/oder zur Erleichterung der Navigation Tochterkompasse, z. B. auf den Brückennocken, am Radarschirm und am Funkpeiler, verwendet werden sollen (über Anlagen ohne Anschlußmöglichkeit für Tochterkompaß siehe auch 2.2.6);
- für Schiffe mit Kreiselkompaß, um bei Ausfall des Mutterkompasses das Selbststeuer und die Tochterkompasse weiter benutzen zu können.

Nach Anlage 7 der SSV müssen Fernkompaßanlagen, wenn sie freiwillig an Bord mitgeführt werden, vom DHI baumustergeprüft und zugelassen sein.

Magnetfernkompaßanlage System „Anschütz/Ludolph. Unter dem Ludolph-Magnet-kompaß befindet sich, 7 cm von der Ebene der Rosenmagnete entfernt, eine drehbare Magnetfeld-Abtast-Sonde (Bild 2.9). Dieses besteht aus einem ring-förmigen Kern aus hochpermeablem Weicheisen, auf dem sich zwei um 180° ver-setzte Spulen befinden, die mit einem Wechselstrom von einer Frequenz von etwa 3 kHz, der mit 50 Hz moduliert ist, gespeist werden. Ist die Sonde so orientiert, daß die Achsen der Spulen senkrecht zur N−S-Richtung der Kompaßrose liegen — also im Magnetfeld Null —, so ist der Strom durch beide Spulen gleich groß.

Bild 2.9. Magnetkompaß mit Abtastsonde, System Anschütz/Ludolph.
1 Magnetkompaß; *2* Abtastsonde; *3* Nachdrehgetriebe; *4* Nachdrehempfänger (Synchro)

Bei Drehung des Schiffes und damit der Sonde werden die von den Spulen um-schlossenen Abschnitte des Weicheisenkernes durch das Feld der Rosenmagnete unterschiedlich magnetisiert. Dadurch sind die Ströme durch diese beiden Spulen in ihrem zeitlichen Verlauf nicht mehr gleich, so daß auf der Sekundärseite des zwischengeschalteten Transformators eine Spannung entsteht. Durch Demodula-tion wird die 50-Hz-Modulationsspannung wiedergewonnen, deren Phasenlage nunmehr von der Richtung der Sondenverdrehung gegenüber der Rose bestimmt wird. Diese Spannung wird verstärkt und einem Nachdrehmotor zugeführt, der über Synchros (Nachdrehgeber und -empfänger) die Sonde so lange nachdreht, bis die Achsen der Spulen wieder senkrecht zur N−S-Richtung der Kompaßrose orientiert sind und damit durch die Spulen wieder gleiche Ströme fließen. Weitere Nachdrehempfänger, z. B. Tochterkompasse und Selbststeuer können an den Geber angeschlossen werden.

2.1.5 Größen und Einheiten im Magnetkompaßwesen

Wie überall in Physik und Technik gilt das Internationale Einheitensystem (SI) jetzt auch im Magnetkompaßwesen. Weil hier die wichtigen Beziehungen im elektromagnetischen CGS-System meist besonders einfach ausgedrückt werden können, ist die Umstellung vom „alten" CGS-System zum „neuen" Internationalen Einheitensystem erst in den letzten Jahren vorgenommen worden. Siehe auch Kap. 5 im Bd. 1 C dieses Handbuches.

Im folgenden werden die beiden Maßsysteme hinsichtlich der Definition der häufig benutzten Größen und der Festlegung ihrer Einheiten einander gegenübergestellt.

Während die elektromagnetischen CGS-Einheiten aus den *drei* Basiseinheiten Zentimeter, Gramm, Sekunde hergeleitet sind, gründen sich die neuen „SI-Einheiten" in diesem Bereich auf die *vier* Einheiten Meter, Kilogramm, Sekunde, Ampere (vgl. DIN 1301). Gleichzeitig ergibt sich für die meisten Größen eine andere Definition (Übergang vom nichtrationalen elektromagnetischen Dreiersystem auf das rationale Vierersystem). Im folgenden sind die alten Größen und Einheiten mit I und die neuen mit II bezeichnet. Fettgedruckte Formelzeichen bedeuten Vektoren.

Kraft (F, früher P, K), Vektor

I. Kraft ist Masse mal Bechleunigung. Die (äußere) Kraft hat die Richtung der Beschleunigung. $F = m\,a$.

Einheit: dyn (Dyn). 1 dyn ist die Kraft, die einem Körper mit der Masse 1 g die Beschleunigung $1\ \mathrm{cm/s^2}$ erteilt.

II. Kraft ist Masse mal Beschleunigung. Die (äußere) Kraft hat die Richtung der Beschleunigung. $F = m\,a$.

Einheit: N (Newton). 1 N ist die Kraft, die einem Körper mit der Masse 1 kg die Beschleunigung $1\ \mathrm{m/s^2}$ erteilt.

Umrechnung:

$$\boxed{1\ \mathrm{dyn} = 10^{-5}\ \mathrm{N}}$$

Magnetische Polstärke (p, früher m), Skalar

I. Zwei Magnetpole mit den Polstärken p_1 und p_2, die sich in der Entfernung r voneinander befinden, üben eine Kraft aufeinander aus vom Betrag $p_1 \cdot p_2 \cdot r^{-2}$ (Coulombsches Gesetz [7]).

Einheit: $\mathrm{cm}\sqrt{\mathrm{dyn}}$ (Einheitspol).

Ein Magnetpol hat die magnetische Polstärke $1\ \mathrm{cm}\sqrt{\mathrm{dyn}}$, wenn er auf einen ihm gleichen Pol im Abstand 1 cm die Kraft 1 dyn ausübt.

II. Die (elektro-)magnetische Polstärke der beiden fiktiven Pole eines magnetischen Dipols ergibt sich, wenn man den Betrag des (elektro-)magnetischen Moments des Dipols durch den Abstand der Pole teilt. $p = m/l$.

Einheit: Am (Amperemeter).

Ein (fiktiver) Magnetpol hat die magnetische Polstärke 1 Am, wenn der mit einem gleich starken, entgegengesetzten Pol im Abstand 1 m gebildete Dipol ein magnetisches Moment vom Betrag $1\ \mathrm{A\,m^2}$ besitzt (s. u.).

Umrechnung:

$$\boxed{1\ \mathrm{cm}\sqrt{\mathrm{dyn}} \;\widehat{=}\; 0{,}1\ \mathrm{A\,m}}$$

Magnetisches Moment (m, früher M), Vektor

I. Produkt aus Polstärke (einfach) und Abstand der gleich starken entgegengesetzten Pole eines magnetischen Dipols. $m = p \cdot l$. Der Vektor zeigt vom blauen auf den roten Pol.

Einheit: $\mathrm{cm^2}\sqrt{\mathrm{dyn}} = \mathrm{Oe\ cm^3}$ („CGS-Einh.").

---

7 Charles Augustin de Coulomb, 1736–1806, französischer Physiker.

Das magnetische Moment eines Dipols beträgt $1\ cm^2\ \sqrt{dyn}$, wenn er aus zwei entgegengesetzten Polen der Stärke $1\ cm\ \sqrt{dyn}$ im gegenseitigen Abstand 1 cm gebildet wird. Dann bewirkt ein homogenes magnetisches Querfeld der Feldstärke 1 Oe das Drehmoment 1 dyn cm.

II. Man erhält den Betrag des (elektro-)magnetischen Moments, wenn man das von einem Querfeld ausgeübte Drehmoment M durch die magnetische Flußdichte B des Feldes teilt (s. u.). $M = m \times B.$[8]

Einheit: $A\,m^2$ (Amperemeterquadrat).

Das magnetische Moment eines Dipols hat den Betrag $1\ A\,m^2$, wenn ein magnetisches Querfeld der magnetischen Flußdichte 1 T (Tesla, s. u.) das Drehmoment 1 Nm (Newtonmeter) bewirkt.

Dies ist der Fall bei einer Drahtschleife, welche von einem elektrischen Strom der Stärke 1 A durchflossen wird und die ebene Fläche $1\ m^2$ umrandet.

Umrechnung:
$$\boxed{1\ cm^2\ \sqrt{dyn} = 1\ Oe\ cm^3 \cong 10^{-3}\,A\,m^2}$$

Magnetische Feldstärke (H, früher F), Vektor

I. Kraft auf einen Probepol geteilt durch seine magnetische Polstärke. Die Richtung der magnetischen Feldstärke ist gleich der Richtung der Kraft auf einen *roten* Pol. $H = F/p.$

Einheit: Oe (Oersted[9]).

An einer Stelle eines magnetischen Feldes herrscht die Feldstärke 1 Oe, wenn dort ein Pol mit der Polstärke $1\ cm\ \sqrt{dyn}$ eine Kraft von 1 dyn erfährt.

II. Die magnetische Feldstärke auf dem Umfang eines Kreises um einen sehr langen, stromdurchflossenen Leiter erhält man, wenn man die elektrische Stromstärke durch den Kreisumfang teilt. $H = I/2\pi r.$ Die magnetische Feldstärke hat die Richtung der Kreistangente im Sinne einer mit dem elektrischen Strom fortschreitenden Rechtsschraube.

Einheit: A/m (Ampere durch Meter).

Die Feldstärke 1 A/m herrscht im Abstand von 1 m von einem sehr langen Leiter, durch den ein Strom der Stärke 2π A fließt.

Umrechnung:
$$\boxed{1\ Oe \cong 79{,}5775\ A/m \approx 80\ A/m}$$

(siehe Bemerkung zu Feldstärke und Flußdichte).

Magnetische Flußdichte, magnetische Induktion (B), Vektor

I. Magnetische Feldstärke mal Permeabilitätszahl des Materials. $B = \mu_r H.$ Im Vakuum (und praktisch auch in Luft) stimmen magnetische Flußdichte und Feldstärke überein.

Einheit: Gs (Gauß[10]). Bei der magnetischen Feldstärke 1 Oe hat die magnetische Flußdichte im Vakuum den Betrag 1 Gs.

II. In einem homogenen Feld ist die magnetische Flußdichte gleich dem Quotienten aus dem magnetischen Fluß (siehe Kap. 5 (Physik) im Bd. 1 C) und der senkrecht durchsetzten Fläche. $B = d\Phi/dA.$ Der Vektor ist so gerichtet, daß

---

8 Vektorprodukt; vgl. Kap. 1.5.5.
9 Hans Christian Ørsted, 1777–1851, dänischer Naturforscher.
10 Karl Friedrich Gauß, 1777–1855, Direktor der Sternwarte zu Göttingen.

beim Ausschalten des Feldes in einer die Fläche umgebenden Drahtschleife ein Spannungsstoß im Sinne einer Rechtsschraube entsteht.

Einheit: T (Tesla).

In einem homogenen Feld ist die magnetische Flußdichte 1 T, wenn eine Fläche von $1 \, m^2$ senkrecht von dem magnetischen Fluß 1 Wb (Weber) durchsetzt wird. $1 \, T = 1 \, Wb/m^2$. Siehe auch Kap. 5 (Physik) im Bd. 1 C.

Umrechnung:

$$1 \, Gs \cong 10^{-4} \, T = 100 \, \mu T$$

(siehe die folgende Bemerkung).

Bemerkung zu Feldstärke und Flußdichte. In Luft stimmen die bisher benutzten „Dreiergrößen" magnetische Feldstärke und Flußdichte praktisch überein. Es ist deshalb gleichgültig gewesen, ob man die Intensität des erdmagnetischen Feldes als Feldstärke (H) oder als Flußdichte (B) betrachtete. Demgemäß ist sowohl die Einheit Oe (Oersted) als auch die Einheit Gs (Gauß) = $10^5 \, \gamma$ (Gamma) verwendet worden.

Im Vierersystem, dem die hier verwandten SI-Einheiten angepaßt sind, erscheinen H und B schon im Vakuum als Größen verschiedener Art. Nur B ist der Messung direkt zugänglich, H ist eine reine Rechengröße. Künftig ist deshalb die magnetische Flußdichte B als Maß für die Intensität des magnetischen Feldes zu benutzen. Das hat auch den Vorteil, daß die Umrechnung der Zahlenwerte einfach ist.

Beispiel: Die Horizontalintensität an der deutschen Nordseeküste ist $H_I = 0{,}18 \, Oe = 180 \, mOe$. Dem entspricht $H_{II} = 14{,}3 \, A/m$ und $B_{II} = 18 \, \mu T$.

$$10 \, mOe \cong 1 \, \mu T \quad (\text{Mikrotesla})$$
$$1 \, \gamma \quad \cong 1 \, nT \quad (\text{Nanotesla})$$

2.1.6 Tabellen für D-Kugeln und Flindersstangen

Angenäherter Betrag des durch Weicheisenkugeln kompensierten D

Bei einem positiven D müssen die Kugelmittelpunkte ungefähr folgenden Abstand voneinander haben:

Ungefährer Kugel-durchmesser cm	80 cm	75 cm	70 cm	65 cm	60 cm	55 cm	
	und kompensieren dann etwa						
18	2°	3°	5°	7°	—	—	bei Schwimmkompaß-
22	5°	7°	8,5°	11°	—	—	rosen und einem magn. Moment von etwa $4 \, A\,m^2$

Bei Schwimmkompaßrosen von größerem magnetischem Moment muß man die Kugelmittelpunkte weiter auseinanderrücken, und zwar für jedes weitere $1 \, A\,m^2$ etwa um 1,5 cm.

Angenäherter Betrag des durch eine Flindersstange kompensierten B_2

Die Flindersstange ist ein Hohlzylinder von 8 cm Durchmesser und 1 cm Wandstärke

Länge der Flinders-stange cm	Abstand der Rosenmitte von der Mittelachse der Flindersstange			
	25 cm	30 cm	35 cm	40 cm
30	6°	4°	3°	2°
40	12°	8°	5°	3°
50	15°	10°	7°	5°
60	17°	12°	8°	6°
70	19°	13°	9°	7°
80	20°	14°	10°	9°
90	21°	15°	11°	10°

Diese Werte gelten für eine magnetische Breite mit der Inklination $I = 67°$ $(\tan I = 2{,}4)$. Für eine andere magnetische Breite mit der Inklination I^* gelten die Werte: $(\text{Tafelwerte} \cdot \tan I^*) : 2{,}4$.

Tafeln zur Berechnung der Ablenkung aus den Ablenkungskoeffizienten siehe NT 11 a und 11 b.

2.2 Der Kreiselkompaß

2.2.1 Geschichtliches[11] und Grundlagen der Kreiselmechanik

Geschichtliches. Anschütz-Kaempfe[12] stieß um die Jahrhundertwende auf der Suche nach einem richtungshaltenden Gerät auf die Arbeiten des französischen Physikers Foucault[13], der 1850 erstmals nachwies, daß mit einem momentenfreien Kreisel die Erddrehung festgestellt werden kann. Von Foucault stammt auch der Gedanke, mit Hilfe eines Kreisels die geographische Nordrichtung zu finden. Im Jahre 1865 baute der französische Wissenschaftler G. Trouvé einen Kreisel, der elektromotorisch angetrieben wurde und dessen Achse kardanisch gelagert war; somit war sie nicht an die waagerechte Ebene gebunden. Den äußeren Kardanring versah er mit einem Gewicht, so daß die Figurenachse waagerecht stabilisiert wurde. Eine andere Ausführung von M. E. Dubois war ähnlich. Da die Lagerreibung in den Kardanrahmen zu groß war, haben die Geräte sich nicht bewährt. Im Jahre 1881 machte Lord Kelvin[14] den Vorschlag, das Kreiselsystem mit waagerechter Figurenachse auf einer Flüssigkeit schwimmen zu lassen. Nach vielen Versuchen wurde erst 1907 von Anschütz und seinen Mitarbeitern der erste zufriedenstellend funktionierende Kreiselkompaß (Einkreiselkompaß) gebaut.

---

11 Schuler, M.: Die geschichtliche Entwicklung des Kreiselkompasses in Deutschland. Teil 1: Schiffskreiselkompasse. VDI-Z. 104 (1962) Nr. 11.

12 Anschütz-Kaempfe, Dr. Hermann, 1872−1931, widmete sich nach dem Studium der Medizin und Kunstgeschichte und nach der Teilnahme an Polarexpeditionen der Entwicklung des Kreiselkompasses.

13 Foucault, Léon, 1819−1868, französischer Physiker.

14 Lord Kelvin, geb. als William Thomson in Belfast, 1824−1907, britischer Physiker.

Grundlagen der Kreiselmechanik[15]. Bei einem sich drehenden rotationssymmetrischen Körper (Kreisel) nennt man das Produkt aus seinem Trägheitsmoment J_{Kr} und seiner Winkelgeschwindigkeit ω_{Kr} den Drall L. Wie die Winkelgeschwindigkeit so ist auch der Drall ein Vektor; er hat die Richtung der Winkelgeschwindigkeit (siehe Bild 2.10). Die Richtung des Vektors einer Drehbewegung ist dabei festgelegt als die Vorausbewegung einer Rechtsschraube. Es gilt die Vektorgleichung

$$L = J_{Kr} \cdot \omega_{Kr}.$$

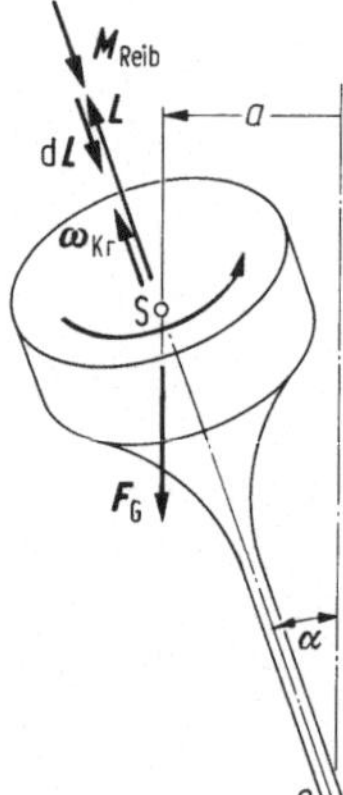

Bild 2.10. Dralländerung infolge eines wirkenden Drehmomentes

Da das Trägheitsmoment um die Drehachse konstant ist, ändert sich der Drall proportional zur Winkelgeschwindigkeit. Nun gilt analog zur linearen Bewegung, bei der eine Kraft F einer Masse m gemäß $F = m \cdot a$ die Beschleunigung a erteilt, für die Rotation, daß ein an einem drehbaren Körper (Kreisel) mit dem Trägheitsmoment J_{Kr} angreifendes Moment M_{Kr} eine Winkelbeschleunigung $d\omega_{Kr}/dt$ bewirkt ($M_{Kr} = J_{Kr} \cdot d\omega_{Kr}/dt$). Ein solches Moment ruft damit die Dralländerung $dL/dt = M_{Kr}$ hervor.

Jedes an einem Kreisel angreifende Moment läßt sich in zwei Komponenten aufspalten, eine Komponente, die parallel zum Drall zeigt, und eine dazu senkrechte. Die parallele Komponente bewirkt lediglich eine Änderung des Betrages des Dralls (sie beschleunigt oder verzögert die Rotation des Kreiselkörpers), die senkrechte Komponente dagegen eine fortwährende Änderung der Richtung des Dralls. Eine solche Komponente des Moments entsteht in dem Beispiel eines auf seiner Spitze stehenden Kreisels nach Bild 2.10, wenn der Schwerpunkt S nicht senkrecht über dem Drehpunkt 0 des Kreisels liegt.

Die am Schwerpunkt angreifende Gewichtskraft F_G des Kreisels erzeugt dann um die Drehachse durch 0 ein Moment M_{Kr}, dessen Betrag sich aus dem Produkt $F_G \cdot a$ mit $a = \overline{OS} \cdot \sin \alpha$ ergibt. Dieses Drehmoment kann auch durch das Vektorprodukt

$$M_{Kr} = r_{OS} \times F_G$$

ausgedrückt werden.

---

15 Grammel, R.: Der Kreisel, seine Theorie und seine Anwendung, 2. Aufl., Bd. 1 u. 2. Berlin, Göttingen, Heidelberg: Springer-Verlag 1950. − von Fabeck, Wolf: Kreiselgeräte, 1. Aufl. Würzburg: Vogel-Verlag 1980.

Wie oben dargestellt, entsteht aus diesem Moment eine fortwährende Änderung der Richtung des Dralls und damit der Kreiselachse. Diese Bewegung wird Präzession genannt. Die zugehörige Winkelgeschwindigkeit ist ω_P. Sie ist um so größer, je größer das angreifende Moment ist, jedoch dem Kreiseldrall umgekehrt proportional. Der Zusammenhang wird durch die Vektorgleichung

$$M_{Kr} = L \times \omega_P$$

beschrieben.

Zusammenfassung:

- Ein rotierender rotationssymmetrischer Körper (Kreisel) ist bestrebt, seine Lage im Raum beizubehalten.
- Wirkt auf einen Kreisel ein Moment, so ändert er seinen Drall in der Art, daß der Vektor der Dralländerung gleichsinnig parallel zum Momentenvektor liegt.
- Die Präzessionsgeschwindigkeit ist der Größe ihres erzeugenden Drehmomentes direkt proportional.

  Diese Gesetze macht man sich beim Kreiselkompaß zunutze.

2.2.2 Richtunghaltendes Kreiselgerät — Kurskreisel

Das Kreiselgerät im Bild 2.11a besteht aus einem Rotor, der in einem horizontalen Rahmen gelagert ist. Dieser wiederum ist in einem zweiten Rahmen gelagert, der sich im Gerätefuß drehen läßt. Die Lagerungen seien reibungsfrei und die Rahmen im indifferenten Gleichgewicht (momentenfrei). Setzt man dieses Gerät in Gedanken auf den Erdäquator und schaut vom Südpol (P_S) her auf das Kreiselgerät (Bild 2.11b), so beobachtet man, daß sich das Gerät mit der Erde dreht, die Drallachse des Rotors jedoch ihre Lage im Raum beibehält. Es wirkt kein Moment auf den Kreisel. Dieses Gerät ist ein richtunghaltendes Kreiselgerät und als Kurskreisel verwendbar. Gesucht wird aber ein die Nordrichtung suchendes Gerät.

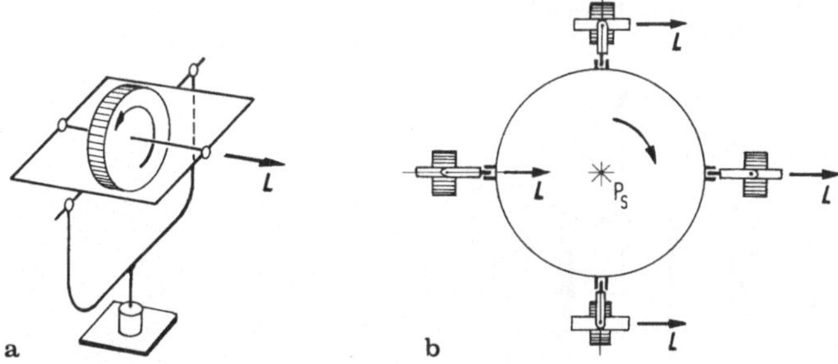

Bild 2.11a, b. Richtunghaltendes Kreiselgerät — Kurskreisel

2.2.3 Der meridiansuchende Kreisel

Lagert man einen Kreisel so, daß er um alle Achsen frei beweglich ist, indem man ihn z.B. in eine schwimmende Hohlkugel einbaut, und verlegt man den Schwerpunkt dieser Kugel unter ihren Auftriebsmittelpunkt, so entsteht ein nordsuchender Kreisel (dabei ist vorausgesetzt, daß der in der Hohlkugel befindliche Kreisel durch einen im Innern des Rotors liegenden Elektromotor ständig angetrieben wird). Da der Kreisel bestrebt ist, seine Lage im Raum beizubehalten, kippt infolge der Erddrehung die Kreiselachse, wenn sie nicht meridianparallel ist, mit der Zeit aus der Horizontalen heraus. Sie hebt dadurch den unterhalb des Kugelmittelpunktes liegenden Schwerpunkt an und erzeugt ein Drehmoment, das die Kreiselachse in Richtung auf die Meridianebene präzedieren läßt. Die Kreiselachse schwingt auf diese Weise unter gleichzeitiger geringfügiger Elevation [16] über die Meridianebene hinaus auf deren andere Seite, wo sich das Spiel mit entgegengesetztem Vorzeichen wiederholt. Elevation heißt die Erhöhung der Drallachsenspitze über der Horizontalebene. Das Achsenende des Kreisels beschreibt daher eine Ellipse, deren kurze Halbachse (Maximum der Elevation) in der Meridianebene und deren lange Halbachse (Maximum des Präzessionsausschlages) parallel zur Erdoberfläche liegt; das Achsenverhältnis dieser Ellipse beträgt etwa 1 : 20.

Für die meridiansuchende (nordsuchende und nach Dämpfung des Schwingvorganges nordhaltende Funktion) eines Kreiselkompasses wird also die kombinierte Einwirkung von Erdschwerkraft (Kopplung an die örtliche Vertikale durch tieferliegenden Schwerpunkt) und Erdrotation (Kippung der Kreiselachse durch die drehende Erde und dadurch verursachte Kreiselpräzession um die örtliche Vertikale) benutzt. Diesen Nutzsignalen überlagerte Störungen in Form von extern auf den Kreiselkompaß wirkenden Beschleunigungen und Winkelgeschwindigkeiten können zu Kursfehlern führen, deren Berichtigung bzw. Vermeidung im folgenden Kapitel behandelt wird.

Ungedämpft würde die Achse eines Kreiselkompasses dauernd von einer Seite der Meridianebene zur anderen und zurück schwingen. Um eine stehende Anzeige zu erhalten, muß die gekoppelte Bewegung aus Elevation und Präzession gedämpft werden. Dabei genügt es, eine der beiden Einzelbewegungen zum Abklingen zu bringen, was wegen der Kopplung auch die andere Bewegung verschwinden läßt. Bei den Kreiselkompassen von Anschütz und Plath wird die Präzession gedämpft, bei den meisten Geräten von Sperry die Elevation; siehe auch Kap. 2.2.6. Zur Dämpfung können am inneren Rahmen des Kreiselgerätes zwei Gefäße angebracht werden, die mit einer Flüssigkeit gefüllt und mit einer dünnen Röhre verbunden sind (Bild 2.12a). Bei geschlossener Röhre macht die Flüssigkeit alle Bewegungen der Kreiselachse mit; sie verhält sich wie ein fester Bestandteil des Rahmens. Eine Dämpfung erfolgt nicht.

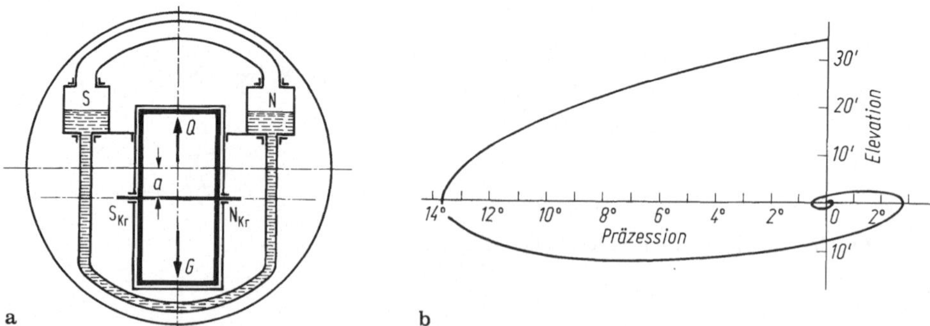

Bild 2.12. Schwingungsdämpfung. **a** Prinzip der Öldämpfung durch Frahmsche Tanks; **b** Einschwingkurve des Kreiselkompasses mit Dämpfung

---

16 Von elevare (lat.), emporheben.

Bei geöffneter Röhre fließt während des Präzedierens des Kreisels über Nord nach West etwas Flüssigkeit aus dem mit dem einen Achsenende angehobenen Gefäß auf die andere Seite. Die Reibungsverluste der Flüssigkeitsströmung und das Heben der Flüssigkeitsbehälter entziehen der Schwingung Energie. Die Präzessionsgeschwindigkeit nimmt ab und die Schwingungsweite wird kleiner. Derselbe Vorgang wiederholt sich bei der Rückschwingung. Die Kreiselachse schwingt nun mit einigen abklingenden Schwingungen in die Ruhelage ein. Diese Ruhelage ist der Meridian; die Drallachse des Kreisels weist nach Norden. Die Flüssigkeit ist meistens ein Öl. Die Dämpfung wandelt die Ellipse in eine spiralförmige Kurve (siehe Bild 2.12b), die nach drei bis vier Halbschwingungen die Ruhelage der Drallachse konstant gen Nord erreicht.

Eine Elevationsdämpfung wird z.B. durch ein außermittig auf der Elevationsachse (d.i. die in der Horizontalebene senkrecht zur Drallachse liegende Kreiselachse) angebrachtes festes Gewicht bewirkt. Durch die Elevation erfährt dieses Gewicht infolge der Erdbeschleunigung eine kleine Kraft nach unten, die wegen der Außermittigkeit ein Drehmoment um die Hochachse des Kreisels erzeugt, was seinerseits wiederum den Kreisel um die Elevationsachse präzedieren läßt. Ähnlich wie bei der oben beschriebenen Öldämpfung entsteht hier eine der ursprünglichen Elevationsbewegung entgegengesetzte und um etwa eine Viertel-Schwingungsperiode verzögerte Bewegung, diesmal allerdings um die Elevationsachse, wodurch auch hier schließlich eine stabile Kursanzeige erreicht wird. Trotz ihrer konstruktiven Einfachheit hat die Elevationsdämpfung den Nachteil, daß der Kreiselkompaß einen von der geographischen Breite, aber nicht von Kurs und Geschwindigkeit abhängigen Fehler besitzt, der zusätzlich zu dem im folgenden Kapitel beschriebenen Fahrtfehler auftritt und durch eine geeignete Vorrichtung berichtigt werden muß.

2.2.4 Fahrt-, Beschleunigungs- und Schlingerfehler

Fahrtfehler und Fahrtfehlerberichtigung

Die Drallachse des Kreiselkompasses weist nur in Ruhelage des Schiffes nach rwN. Sobald das Schiff in Fahrt ist, weicht die Richtung der Drallachse ein wenig von der geographischen Nordrichtung ab. In Bild 2.13 sind die Zusammenhänge aufgezeigt: Die Erde dreht sich von West nach Ost mit der von der geographischen Breite φ abhängigen Bahngeschwindigkeit v_φ, das Schiff dagegen besitzt auf einem nördlichen Kurs die Fahrt über Grund v_G. Beide Bewegungen erfolgen entlang der Erdoberfläche. Der Kompaß kann aber zwischen beiden Geschwindigkeiten nicht unterscheiden. Folglich nimmt die Drallachse des Kompasses die Resultierende aus beiden Bewegungen wahr und schwingt in eine Richtung ein, die um den Fahrtfehler δ von der Meridianrichtung abweicht.

Die Berichtigung dieses breiten-, richtungs- und geschwindigkeitsabhängigen Fahrtfehlers heißt Fahrtfehlerberichtigung oder Kreiseldeviation δ_{Kr} (Abkürzung Ff). Es ist somit $\delta = -\delta_{Kr}$.

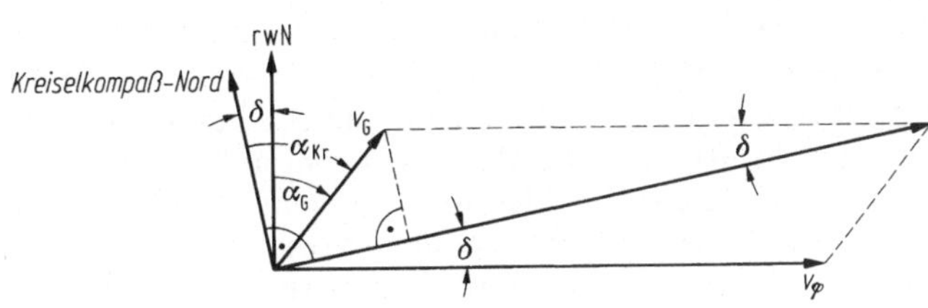

Bild 2.13. Entstehen des Fahrtfehlers

Mit Hilfe des Sinussatzes der ebenen Trigonometrie (siehe Bild 2.13) erhält man die Fahrtfehlerberichtigung nach

$$\sin \delta_{Kr} = -\frac{v_G \cdot \cos \alpha_{Kr}}{v_\varphi}$$

und nach Einsetzen von

$$v_\varphi = r_E \cdot \omega_E \cdot \cos \varphi = \frac{21\,600 \text{ sm}}{23,93\overline{4} \text{ h}} \cdot \cos \varphi = 902,465 \text{ kn} \cdot \cos \varphi$$

(Dauer des Sterntages 23,93$\overline{4}$ h) die Beziehung

$$\sin \delta_{Kr} = -\frac{v_G/\text{kn} \cdot \cos \alpha_{Kr}}{902,465 \cdot \cos \varphi}. \tag{1}$$

Soll die Ff für den KüG (α_G) ermittelt werden, so lautet die Formel

$$\sin \delta_{Kr} = -\frac{v_G/\text{kn} \cdot \cos \alpha_G}{902,465 \cdot \cos \varphi + v_G/\text{kn} \cdot \sin \alpha_G}. \tag{2}$$

Da der Betrag der Ff bei ordnungsgemäßem Betrieb des Kompasses klein ist, genügt es im allgemeinen die Kreiseldeviation nach der Näherungsformel

$$\delta_{Kr}/1° \approx -\frac{v_G/\text{kn} \cdot \cos \alpha}{15,8 \cdot \cos \varphi} \tag{3}$$

zu berechnen; α steht für α_{Kr} oder α_G.

Bei Kursen in genau östliche oder westliche Richtung ist die Fahrtfehlerberichtigung gleich Null, da sich die Schiffsgeschwindigkeit zur Bahngeschwindigkeit der Erde addiert oder subtrahiert (siehe Bild 2.13). Auf nördlichen Kursen ist die Ff negativ, auf südlichen Kursen positiv. Die durch die Drehung der Erde verursachte Bahngeschwindigkeit nimmt zu den Polen in Abhängigkeit von der geographischen Breite ab, der Betrag der Ff ist deshalb am Äquator am kleinsten, mit zunehmender Breite wird er größer. Siehe auch Kap. 2.2.5 (Kreiselkompaß-fehlweisung).

Die Ff kann für den KrK mit Hilfe der Tafel 7 und für den KüG mit Hilfe der Tafel auf Seite VIII der Nautischen Tafeln bestimmt werden. Bei Schiffen, die häufig Kurs- und Fahrtänderungen vornehmen müssen, ist der Kreiselkompaß mit einem Korrekturgerät — einem elektronischen Rechenglied in Verbindung mit dem Deltagetriebe — ausstattbar.

Beschleunigungsfehler

Das schwimmende Kompaßsystem wird durch seinen tief liegenden Schwerpunkt zum Pendel. Bei ruhig liegendem Schiff ist das Pendel zur Erdmitte gerichtet und es wirkt kein Moment auf den Kreisel, hervorgerufen durch die Schwerkraft. Tritt jedoch eine Horizontalbeschleunigung auf (durch Fahrtaufnahme oder Fahrtänderung des Schiffes), so wirkt ein Moment auf den Kreisel, das ihn präzedieren läßt. Ist die Drallachse des Kreisels in den Meridian eingeschwungen, und erfolgt nun eine Beschleunigung in Ost–West-Richtung, so wird das „Kreiselpendel" um die Drallachse ausgelenkt; es wirkt hierbei kein Moment auf die Kreiselachse, das sie präzedieren lassen könnte; Momentvektor und Drallvektor liegen parallel. Wirkt jedoch die Beschleunigung in Nordrichtung, so wird die Drallachse nach Westen präzedieren; bei Beschleunigung in Südrichtung wird die Drallachse nach Osten auswandern. Tritt also eine Beschleunigung auf, so ist nur deren Nord- bzw. Südkomponente für den Kreiselkompaß wirksam. Deswegen ist der Beschleunigungsfehler dem Kosinus des Kurswinkels α_{Kr} proportional; er ist unabhängig von der geographischen Breite. Die Größe des Momentes, das durch die Beschleunigung entsteht und das die Drallachse präzedieren läßt, ist abhängig von der metazentrischen Höhe h_m des Kreiselsystems. Der Beschleunigungsfehler ist der metazentrischen Höhe direkt proportional. Ein Schiff, das Fahrt aufnimmt, wird beschleunigt (in Bild 2.14 mit der Beschleunigung a). Am

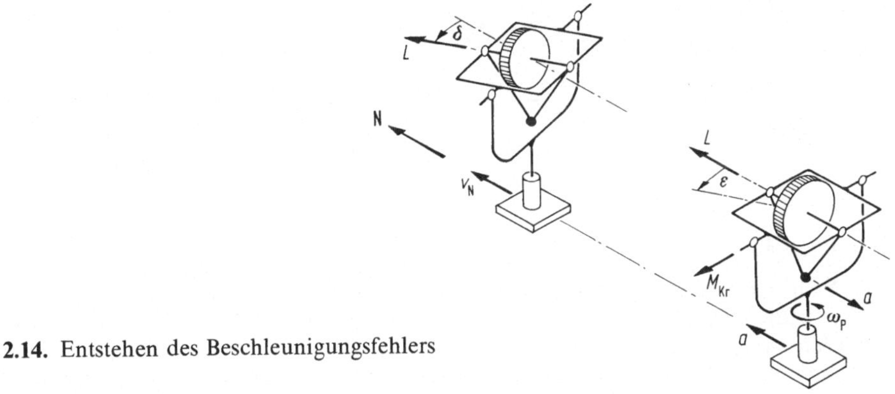

Bild 2.14. Entstehen des Beschleunigungsfehlers

Kompaß entstehen dadurch der Fahrtfehler δ und der Beschleunigungsfehler ε, die überlagert sind; siehe Bild 2.14. Der Kompaß schwingt in eine neue Gleichgewichtslage ein. Aufgrund der großen Einschwingdauer ist unbekannt, welche Stellung die Rose beim Ablesen während des Einschwingens in die neue Lage hat. Eine günstige Auslegung dimensioniert den Kreiselkompaß so, daß der Beschleunigungsausschlag der Kompaßrose gerade so groß wird, daß anstelle eines langsamen Einschwingens auf den Fahrtfehler dieser sofort erreicht wird. Die Kreiselachse besitzt in dieser Auslegung die neue Richtung, also sofort nach Erreichen der neuen Fahrtgeschwindigkeit. Ein Einschwingen entfällt. Dies kann man durch geeignete Auswahl der Schwingungsdauer erreichen.

Somit wird der Beschleunigungsfehler ε gleich dem Fahrtfehler δ sein. Diese wichtige Bedingung wurde von Max Schuler gefunden und wird auch Schuler-Abstimmung genannt; sie besagt: Der Kreiselkompaß stellt sich nach jeder Änderung der Fahrt oder des Kurses ohne merkliche Schwingungen in seine neue Nullage ein, wenn seine Schwingungsdauer $T = 84{,}4$ min beträgt[17] (berechnet nach $T = 2\pi\sqrt{r_E/g}$ für den Erdradius $r_E = 6{,}37 \cdot 10^6$ m und $g = 9{,}81$ m/s^2). Bei dieser Schwingungsdauer ist der Beschleunigungsfehler und Fahrtfehler bei ungedämpfter Kompaßschwingung gleich groß. Durch die Dämpfung vergrößert sich die Schwingungs-

---

17 Siehe Näheres über den Beschleunigungsfehler, die metazentrische Höhe und die Schwingungsdauer des Kreiselsystems eines Kreiselkompasses zur Erreichung der Schuler-Bedingung unter: Meldau-Steppes: Lehrbuch der Navigation. Bremen: Arthur Geist Verlag 1963.

dauer jedoch in ausgeführten Geräten auf $T = 100$ min bis 120 min. Die Fahrtgeschwindigkeit muß jedoch klein gegenüber der Erdumfangsgeschwindigkeit sein; d. h., daß das System in extrem hohen Breiten oder bei extrem hohen Geschwindigkeiten in dieser Form nicht funktioniert. Bei extrem hohen Geschwindigkeiten müssen Geschwindigkeit und Beschleunigung kompensiert werden.

Bild 2.15 zeigt, wie sich solch ein Kreiselkompaß bei der Beschleunigung a verhält, wenn das Schiff bis zum Zeitpunkt t_1 beschleunigt wird. Bis dahin hat es die Geschwindigkeit v erreicht und der Fahrtfehler δ hat sich eingestellt. Der Beschleunigungsfehler ε ist dabei geringfügig größer als δ, schwingt aber mit wenigen Schwingungen bei diesem ein.

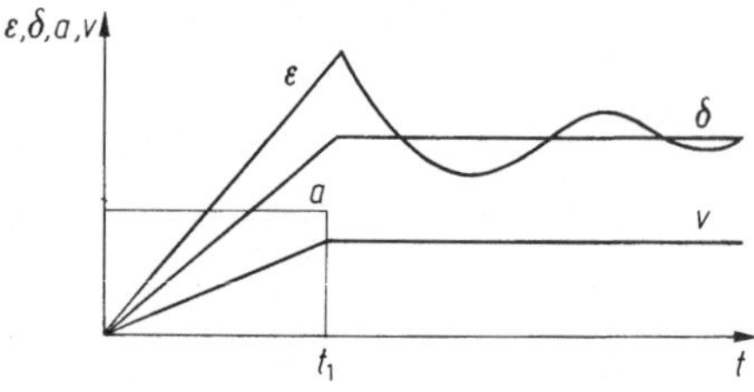

Bild 2.15. Wirkung der Beschleunigung auf einen Kreiselkompaß mit abgestimmter Schwingungsdauer

Schlingerfehler

Die Schlingerbewegungen eines Schiffes sind Überlagerungsbewegungen eines Schiffes um seine Roll- und Stampfachse wobei die Rollbewegung meistens den größeren Anteil stellt. Im Kap. 2.2.3 war erläutert worden, daß der meridiansuchende Kreiselkompaß durch Tieferlegen seines Schwerpunktes an die örtliche Vertikale gefesselt wird. Durch diese Maßnahme wird er zum Pendel, wodurch er empfindlich gegen horizontale Beschleunigungen wird, wie sie beispielsweise beim Schlingern des Schiffes auftreten. Horizontalbeschleunigungen, die senkrecht zur Kreiselachse auftreten, also im eingeschwungenen Zustand in Ost—West-Richtung, beeinflussen die Kursanzeige nicht, da die durch sie verursachten Drehmomente nur um die Drallachse des Kreisels wirken und daher keine Präzession verursachen können. Anders sieht es bei Horizontalbeschleunigungen in Nord—Süd-Richtung aus, die über den tieferliegenden Schwerpunkt Drehmomente um die in der Horizontalebene senkrecht zur Drallachse liegende Kreiselachse (Elevationsachse) erzeugen können, was eine im Rhythmus der Beschleunigung schwankende Kursanzeige zur Folge hätte. Dieser Fehlermöglichkeit wird erfolgreich dadurch begegnet, daß man dem Kreiselkompaß um Elevations- und Präzessionsachse (zur Horizontalebene senkrecht stehende Kreiselachse) eine sehr lange Schwingungszeit gibt (ca. 100 min). Dadurch können die relativ kurzperiodischen Schlingerbeschleunigungen das schwingungsfähige System Kreiselkompaß nicht anregen. Das hat andererseits zur Folge, daß der Kreiselkompaß nach dem Einschalten in unseren Breiten bis zu 4 h braucht, bis er mit genügender Genauigkeit nach Norden eingeschwungen ist.

Bisher wurde der Einfluß von Horizontalbeschleunigungen behandelt, die entweder nur in Ost—West-Richtung oder nur in Nord—Süd-Richtung auftreten. Im allgemeinen hat man es jedoch mit Schlingerbeschleunigungen beliebiger Richtung zu tun. Betrachtet man ein Schiff auf einem Kurs von 045°, so wirkt die von der Rollbewegung verursachte Horizontalbeschleunigung in NW—SO-Richtung. Ihre Ost—West-Komponente lenkt den Schwerpunkt des Kreiselkompasses im Rhythmus der Rollbewegungen nach Ost bzw. West aus seiner vertikalen Ruhelage aus, während die Nord—Süd-Komponente mit Hilfe des so ausgelenkten Schwerpunktes ein Drehmoment um die Hochachse des Kreiselkompasses erzeugt. Der dadurch entstehende Kursfehler (*interkardinaler Schlingerfehler*) wechselt jedoch nicht wie die Rollbeschleunigung dauernd sein Vorzeichen, sondern er weist, da er dem Produkt aus beiden Beschleunigungskomponenten proportional ist und da diese immer gleichzeitig ihre Richtung umkehren, immer nur in eine Richtung.

Da der Grund für den interkardinalen Schlingerfehler in den sehr unterschiedlichen Schwingungszeiten des Einkreiselkompasses um seine Hauptachsen (ca. 100 min um „Hoch"- bzw. „Ost–West-Achse" (Präzessions- bzw. Elevationsachse), wenige Sekunden um die „Nord–Süd-Achse" (Drallachse)) liegt, besteht eine geeignete Gegenmaßnahme darin, dem Kreiselkompaß auch um die Nord–Süd-Achse eine lange Schwingungszeit zu geben. Bei den Geräten von Anschütz und Plath (siehe Kap. 2.2.6) wird das durch die Verwendung zweier Kreisel erreicht, die durch zweckmäßige Anordnung und zusätzliche Präzessionsfreiheitsgrade sowohl die Funktion der Nordsuche erfüllen als auch das Kreiselsystem um die Nord–Süd-Achse stabilisieren (Schwingungszeit ca. 10 bis 20 min).

Sperry (siehe Kap. 2.2.6) benutzt bei seinen Einkreiselkompassen ein anderes Verfahren, das im wesentlichen darin besteht, mit Hilfe der eingebauten Flüssigkeitsballistik die Auswirkung der Nord–Süd-Komponente der Horizontalbeschleunigung auf den Kreisel gegenüber derjenigen der Ost–West-Komponente zeitlich zu verzögern und abzuschwächen. Dadurch werden die schädlichen Drehmomente um die Hochachse annähernd zum Verschwinden gebracht.

2.2.5 Kreiselkompaßfehlweisung

Die Fahrtfehlerberichtigung oder Kreiseldeviation ist, wie im Kap. 2.2.4 bereits erläutert, die Berichtigung des breiten-, kurs- und geschwindigkeitsabhängigen Anteils des Anzeigefehlers des Kreiselkompasses.

Kreisel-R (Abkürzung KrR) ist die Berichtigung des jeweils beobachteten Anzeigefehlers des Kreiselkompasses, die Ff ausgenommen. KrR ist somit die beobachtete Kreiselkompaßfehlweisung (Abkürzung $KrFw_b$) abzüglich die Ff.

Der zu KrR gehörende Fehler enthält die nicht vom System berücksichtigten Fehleranteile der im Kap. 2.2.4 erläuterten Fehler und weitere vom jeweiligen System und von der Umwelt abhängige Fehler der Kreiselkompaßanzeige, auf die hier nicht eingegangen werden kann. Man muß für KrR bei den modernen Schiffskreiselkompassen bei völlig einwandfreiem Betrieb und den heute erreichten Geschwindigkeiten in den von Handelsschiffen befahrenen Seegebieten mit einem Betrag bis zu 2° rechnen, gelegentlich tritt bei schnellen Schiffen oder hohen Breiten im Gefolge von Fahrt- oder Kursänderungen eine noch größere Abweichung auf.

Kreisel-A (Abkürzung KrA) ist die Berichtigung des konstanten Anteils des Anzeigefehlers und wird als Mittelwert des KrR ($\overline{KrR}$) gewonnen. Der zugehörige Fehler kann z. B. dadurch verursacht werden, daß durch Vibrationen oder sonstige Erschütterungen des Schiffes die Stellung des Mutterkreiselkompasses oder Peiltochterkompasses verändert wird, so daß sie mit ihrem Steuerstrich nicht mehr parallel zur Mittschiffslinie ausgerichtet sind. Ist der Betrag von KrA größer als 0,5°, sollte man für die Richtigstellung des Kompaßgehäuses Sorge tragen; siehe auch Kap. 2.2.7.

Nach den vorgenannten Definitionen muß zwischen der aus einer Beobachtung gewonnenen $KrFw_b$ und der mit Hilfe einer Vorausrechnung erhaltenen $KrFw_r$ unterschieden werden. Denn es ist:

$$KrR = KrFw_b - Ff, \qquad\qquad rwK = KrK + KrFw,$$

$$KrA = \overline{KrR} \quad (Mittelwert), \qquad rwP = KrP + KrFw.$$

$$KrFw_r = Ff + KrA,$$

Siehe auch Kap. 6.2 der Formelsammlung.

Beispiel: Auf $\varphi = 56,3°$ N und bei 23,5 kn Fahrt peilt man auf dem KrK 017° ein Gestirn, dessen Azimut zur Zeit der Peilung 087,8° beträgt, in der KrP 089,5°. $KrFw_b$ und KrR sind zu bestimmen.

Az	087,8°	
− KrP	− 089,5°	
$KrFw_b$	− 1,7°	
− Ff	+ 2,6°	($\delta_{Kr} = -2,6°$; siehe Kap. 2.2.4)
KrR	+ 0,9°	

Beispiel: Aus zahlreichen KrR wurde ein KrA + 0,5° gemittelt. Auf $\varphi = 58°$ N steuert man bei 18 kn Fahrt den KrK 160°. Der rwK ist zu berechnen.

KrK	160°	
+ Ff	+ 2°	$\left.\vphantom{\begin{matrix}a\\b\end{matrix}}\right\}$ $KrFw_r = +2° + 0,5° = +2,5°$
+ KrA	+ 0,5°	
rwK	162,5°	

In der Praxis bestimmt man mit der Kreiselkompaßfehlweisung gleichzeitig die Magnetkompaßfehlweisung (Abkürzung MgFw) und die Magnetkompaßablenkung (Abkürzung Abl, Formelzeichen δ_{Mg}); siehe auch MgFw in dem Kap. 4.7.2 des Bandes 1 A und in den Kap. 2.1.2, 2.1.3 und 4.14.5 (astronomische Kompaß-kontrolle) dieses Bandes.

2.2.6 Schiffskreiselkompasse

Die Kompasse STANDARD 4 und STANDARD 12 der ANSCHÜTZ & CO. GmbH, Kiel, enthalten in der in der Hüllkugel schwebenden Kreiselkugel (nord-weisendes System) zwei um 90° gegeneinander versetzte mechanisch miteinander gekoppelte Kreisel, die, elektrisch angetrieben, mit ca. 20000 U/min drehen; siehe auch Kap. 2.2.4 — Schlingerfehler. Oberhalb der Kreiselgehäuse der beiden Kreisel befindet sich das Dämpfungsgefäß; siehe auch Kap. 2.2.3. Die Schmierung der Kreisellauflager erfolgt durch Dochte, die das Öl vom Ölsumpf am Kugelboden zu den Lagern transportieren. Die Zentrierung der Kreiselkugel innerhalb der Hüll-kugel erfolgt beim STANDARD 4 durch die elektromagnetisch wirkende Blas-spule im unteren Teil der Kreiselkugel (Bild 2.16). Sie erzeugt im metallischen Kern der unteren Hüllkugelschale infolge von Wirbelströmen eine Kraft, die das geringe Übergewicht der Kugel aufhebt und gleichzeitig für einen gleichmäßigen Abstand zwischen Kreiselkugel und Hüllkugel sorgt. Das spezifische Gewicht der Tragflüssigkeit wird durch eine konstante Betriebstemperatur auf gleichbleibenden Wert gehalten. Die Außenseite der Kugel ist mit Hartgummi belegt. Zwei Flächen an ihren Polen und ein Band am Äquator sind durch Graphitierung leitend ge-macht. Ihnen stehen entsprechende Flächen in der Hüllkugel gegenüber. Diese

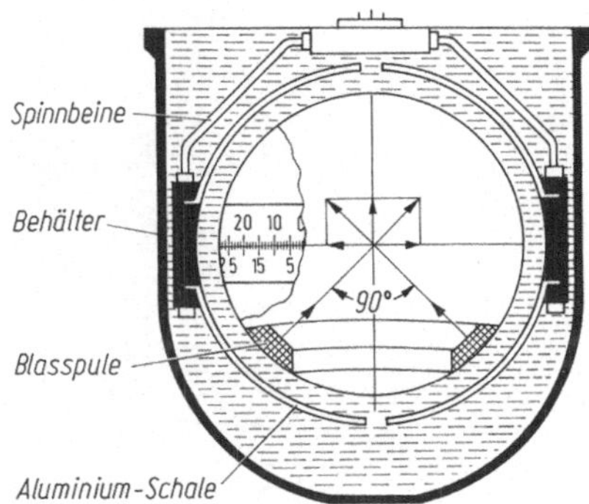

Bild 2.16. Die schwebende Lagerung der Kreiselkugel

Flächen dienen der Stromzuführung in die Kreiselkugel über die durch geeignete Zusätze leitend gemachte Tragflüssigkeit.

Die Kugel ist mit einem Edelgas gefüllt, das die Gasreibung der Kreisel herabsetzt, hiermit die aufgenommene elektrische Leistung vermindert, und die Kühlung verbessert. Die Kreiselkugel ist durch ihren unter dem Mittelpunkt liegenden Schwerpunkt an die Vertikale und über Schwerpunkt und Kreiseldrall an die Nordrichtung gefesselt; siehe auch Kap. 2.2.3.

Bei der Ausführung STANDARD 4 besteht die Hüllkugel aus zwei Halbschalen und einem Zwischenring mit Glasfenstern zum Beobachten des Äquatorbandes auf der Kreiselkugel. Die Spinnbeine (Bild 2.16) stellen die mechanische Verbindung zwischen Hüllkugel und Hüllkugelhals (Bild 2.17) mit der Kompaßrose her und dienen gleichzeitig als Stromleiter. Hüllkugel und Kreiselkugel befinden sich in einem Behälter, der auch die Tragflüssigkeit beinhaltet. Der Behälter ist federnd in seiner kardanischen Lagerung im Kompaßhaus befestigt. Siehe auch Schnitt durch den Anschütz-Mutterkompaß STANDARD 4 im Bild 2.17. Die um ihre vertikale Achse drehbar gelagerte Hüllkugel, innerhalb der die Kreiselkugel schwebt, behält bei Kursänderungen des Schiffes ihre Stellung zur Kreiselkugel mit Hilfe eines elektrischen Nachführungssystems stets bei. Sie übernimmt auf diese Weise die Richtungsanzeige der Kreiselkugel. Zwei Wendekontakte W 1 und W 2 in der Hüllkugel stehen den Enden des 180° umfassenden Leitbandes der Kreiselkugel gegenüber; sie dienen der Nachführung der Hüllkugel (siehe Bild 2.18). Der Tragflüssigkeitsbehälter ist durch die Tragplatte abgedeckt, in deren zylinderförmigem Mittelteil der Hüllkugelhals gelagert ist. Der Hals trägt die Schleifringe für die Stromzuleitungen zur Kreiselkugel über die Hüllkugel. Alle auf der Tragplatte installierten Teile sind durch eine nach oben abnehmbare Haube geschützt, die durch ein Fenster Sicht auf die Rosen gewährt. Durch ein Fenster im Mantel der Haube kann das Thermometer abgelesen und an einer Libelle die horizontale Lage der Tragplatte kontrolliert werden. Eine kleinere im oberen Teil des Kompaßhauses befindliche Tür ermöglicht über Fenster im Tragflüssigkeitsbehälter und der Hüllkugel die Beobachtung der Kreiselkugel. Die Betriebstemperatur beträgt 52 °C. Eine Regeleinrichtung schaltet, je nach dem Erfordernis, die Heizung oder den Lüfter ein, um die Temperatur konstant zu halten.

Bei geringfügiger Verdrehung der Hüllkugel relativ zur Kreiselkugel verändern sich die Flüssigkeitswiderstände bei den Kontakten W 1 und W 2 (siehe Bild 2.18). Während der eine größer wird, nimmt der andere ab. Diese Widerstände bilden zusammen mit dem Symmetriewandler eine Brückschaltung, die von der Kompaßspannung gespeist wird. Die Phase der Ausgangsspannung dieser Brückenschaltung

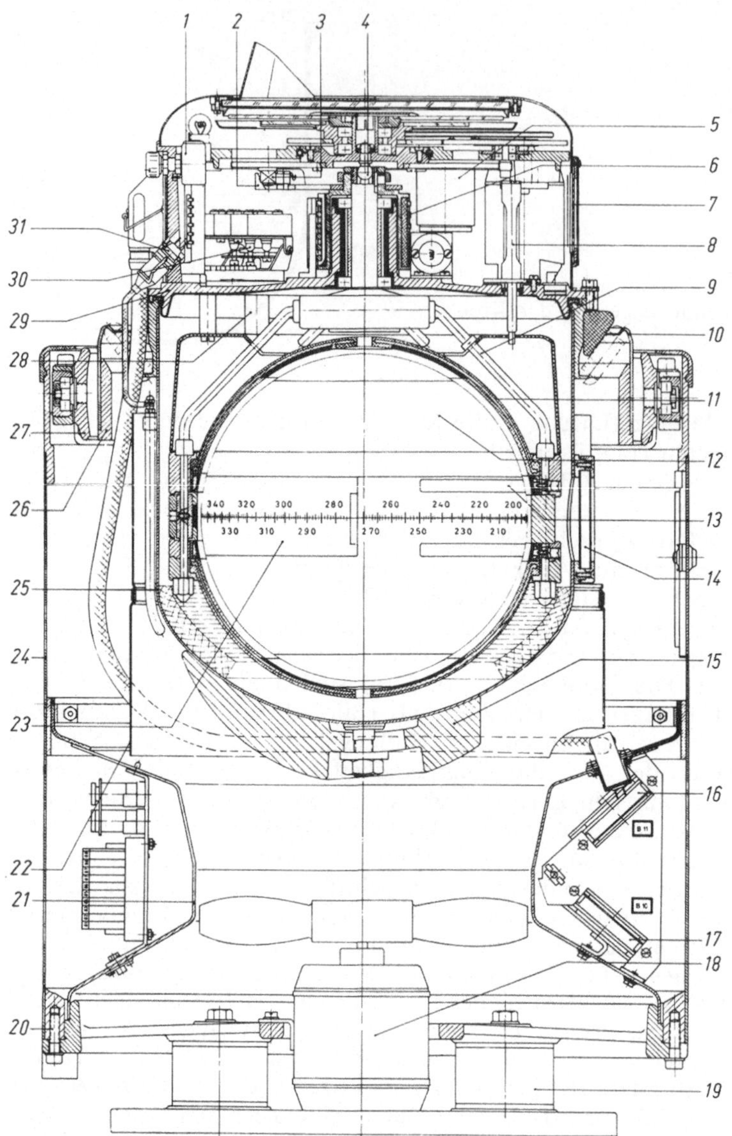

Bild 2.17. Schnitt durch den Anschütz-Mutterkompaß STANDARD 4.
1 Regelwiderstand für Beleuchtung; *2* Klaue am Mitnehmerarm; *3* Mitnehmerstein; *4* Zentrierkugel der Getriebeplatte; *5* Nachführmotor; *6* Schleifringe; *7* Fenster für Temperaturablesung; *8* Thermometer; *9* Spinnbein; *10* Federtragring; *11* Hüllkugel; *12* Kreiselkugel; *13* schmales Stromleitband; *14* Fenster im Tragflüssigkeitsbehälter; *15* Ausgleichsgewicht; *16* Nachführverstärker (Steckkarte); *17* Symmetriewandler (Steckkarte); *18* Motor mit Ventilator; *19* Schwingmetallpuffer; *20* Verbindungsschraube Kompaßhaus-Kompaßfuß; *21* Luftführung; *22* Gummimanschette; *23* breites Stromleitband; *24* Kompaßhaus; *25* Tragflüssigkeitsbehälter; *26* innerer Kardanring; *27* äußerer Kardanring; *28* Thermostat; *29* Tragplatte; *30* Mikroschalter; *31* Kabelsteckanschlüsse

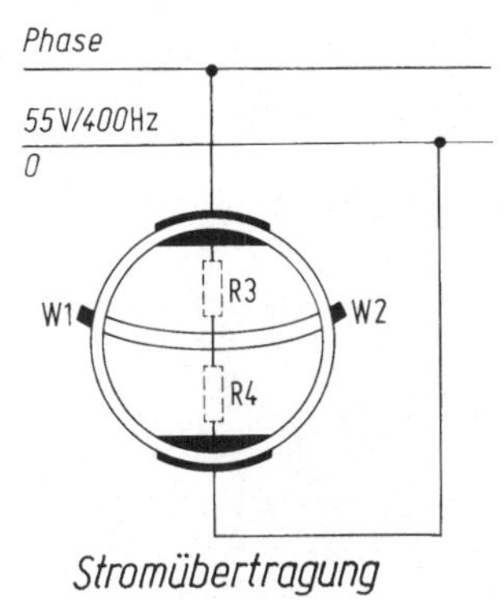

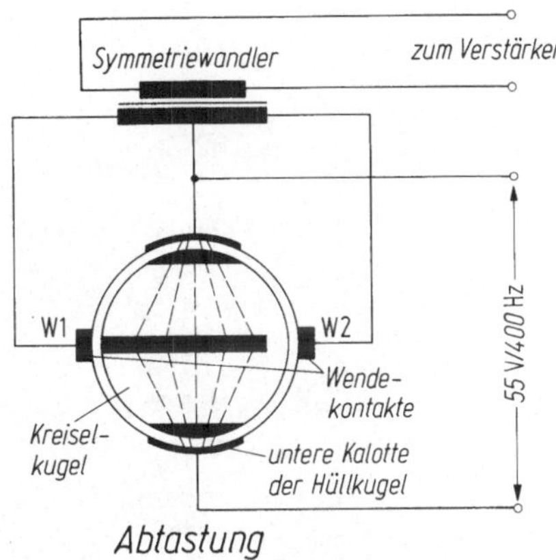

Bild 2.18. Stromübertragung und Abtastung

ist in Abhängigkeit von der Drehrichtung um jeweils 180° versetzt, bestimmt also die Richtung der Kursänderung. Sie wird über einen Verstärker dem Nachführmotor zugeführt, der die Hüllkugel über ein Getriebe solange der Kreiselkugel nachdreht, bis die Widerstände bei W 1 und W 2 wieder gleich groß sind. Die Stellung der Hüllkugel entspricht also, solange die Hüllkugel nicht durch Beschleunigungen ausgelenkt ist, in jedem Moment der Stellung der Kreiselkugel. Mit der Drehung der Hüllkugel zugleich werden (getriebegekoppelt) die Rose des Mutterkompasses und der Geber für die Tochtergeräte nachgeführt. Die 360°-Rose ist über einen Mitnehmerarm, eine Kupplung und das Azimutzahnrad mit der Hüllkugel verbunden. Unter dem gehäusefesten Steuerstrich wird der Kurs abgelesen.

Die Übertragung der Kursanzeige auf Tochtergeräte u.ä. erfolgt mit Hilfe von Servosystemen. Die Synchro-Geber sind mit dem Nachführgetriebe auf der Tragplatte verbunden und speisen entsprechende Synchro-Empfänger in den Tochtergeräten.

Die wesentlich kleinere und leichtere Ausführung STANDARD 12 arbeitet nach dem gleichen Prinzip wie STANDARD 4. Eine Hüllkugel umschließt die in einer Tragflüssigkeit schwebende Kreiselkugel. Das Schweben wird durch eine hydrostatische Lagerung erreicht. Gewicht der Kreiselkugel und Dichte der Tragflüssigkeit sind so aufeinander abgestimmt, daß die Kreiselkugel bei Betriebstemperatur des Kompasses ein geringes Restgewicht besitzt. Dieses Restgewicht wird durch den von einer Pumpe in der Hüllkugel erzeugten Flüssigkeitsstrom aufgehoben, so daß die Kugel frei in der Flüssigkeit schwebt und gleichzeitig zentriert wird.

Die Hüllkugel besteht aus Ober- und Unterschale. Die Oberschale enthält den Aufnahmeflansch für den Schnellverschluß an der Pendelaufhängung. An den Polen der beiden Hüllschalen befinden sich leitfähige Kalotten für die Stromübertragung zur Kreiselkugel. Die Unterschale trägt die der Kursübertragung dienenden Wendekontakte. Den Abschluß der oberen Hüllschale bildet ein aufgeschraubter Einsatz. Er ist für die Überprüfung des Tragflüssigkeitsstandes mit einem Meßkegel versehen. Der Meßkegel ist mit Labyrinthbohrungen als Verdunstungssperre und zum Druckausgleich ausgerüstet. Die untere Hüllschale trägt die Pumpeneinheit, mit dem Heizelement, drei durch Bimetallstreifen betätigte Mikroschalter und die Ablaßschraube. Die Hüllkugel ist vibrationsisoliert als Pendel an der Tragplatte aufgehängt. Die Oberseite der Tragplatte wird von einer

Bild 2.19. Kreiselkompaß STANDARD 12, Haube und Gehäusetür abgenommen.
1 Verstärkerkarte; *2* Symmetriewandlerkarte; *3* Balg (Pendelaufhängung); *4* Nachführmotor;
5 Gebersynchro (1 Umdr. $\hat{=}$ 1°); *6* Ersatz-Beleuchtungslampe; *7* Schraubendreher (3 mm SW Innensechskant) für Hüllkugelverschraubung; *8* Höhenmeßstab; *9* Verschlußschrauben; *10* Gehäusetür (abgenommen); *11* Haltewinkel der Gehäusetür; *12* Hüllkugel-Aufnahmeflansch; *13* Lüftermotor; *14* Pumpe/Heizung mit Temperaturregelung (durch Kappe verdeckt); *15* Hüllkugel; *16* Schnellverschlußschrauben für Hüllkugel

Bild 2.20. Kreiselkompaß NAVIGAT II der Firma C. Plath, Hamburg

Haube abgedeckt, in der sich ein Fenster befindet, unter dem die Kompaßrose und der Steuerstrich sichtbar sind.

Auf der Haube befinden sich der Regler für die Rosenbeleuchtung und der Ein-/Ausschalter für die Nachführung. Der über Symmetriewandler und Verstärker gesteuerte Servomotor zur Nachführung der Hüllkugel befindet sich an der Getriebegruppe, die auf die Tragplatte aufgeschraubt ist. An die Getriebegruppe sind die für die Kursübertragung erforderlichen Synchro-Geber angekoppelt. Der Verstärker übernimmt die Signale des Symmetriewandlers und steuert den Servomotor für die Nachführung der Hüllkugel. Auch seine Bauteile sind auf einer steckbaren Schaltplatine zusammengefaßt. Der Servomotor wandelt das elektrische Signal um in eine Drehbewegung. Damit wird über ein Getriebe die Hüllkugel der Kreiselkugel nachgeführt. Gleichzeitig erzeugt der Servomotor ein Tachosignal, mit dem über den Verstärker die Dämpfung des Regelkreises erfolgt. Die Synchro-Geber wandeln die mechanisch abgegriffenen Kurswerte um in elektrische Signale und steuern damit die Kursanzeige von Tochterkompassen und sonstigen Referenzempfängern.

Die Kreiselkompasse NAVIGAT II und NAVIGAT VII (siehe Bild 2.20 und 2.21) der Firma C. PLATH GmbH & Co., Hamburg, benötigen keine Kühlung. Sie unterscheiden sich von den Anschütz-Kreiselkompassen im wesentlichen in folgender Weise:

- Die Kreiselkugel, hier „Trichterschwimmer" genannt (Bild 2.21), wird in der Tragflüssigkeit nicht mittels Blasspule oder Zentrifugalpumpe freischwebend gehalten, sondern man gibt ihr durch entsprechende Auswiegung über den gesamten Betriebstemperaturbereich einen positiven Auftrieb.
- Die Zentrierung des Trichterschwimmers innerhalb des Kompaßkessels nach oben und nach den Seiten bewirkt ein Zentrierstift, der in eine trichterförmige Aushöhlung der Kreiselkugel von oben hineinragt. Bei NAVIGAT II (Bild 2.20) ist dieser Stift fest mit dem Oberteil des Kessels verbunden; bei NAVIGAT VII (Bild 2.21) ist er im Innern des Kessels kardanisch gelagert, um eine noch größere Winkelfreiheit bei starken Schlingerbewegungen zuzulassen.
- Die Stromzuführung für die beiden einphasigen Asynchronmotoren der Kreisel erfolgt über den Zentrierstift, der in einen Quecksilbertropfen in der Trichterspitze taucht, und elektrolytisch über die leitende Tragflüssigkeit zwischen zwei kalottenförmigen Kontakten jeweils am Boden des Trichterschwimmers und am Unterteil des Kessels (bzw. des Zentrierstift-Kardanringes bei NAVIGAT VII).
- Innerhalb des Trichterschwimmers bilden die Kreiselachsen in der Ruhelage einen Winkel von ca. 70°. Die beiden Kreiselgehäuse sind im Korb an je einem Torsionselement mit kardanisch gelagertem Seitenführungskugellager reibungsarm aufgehängt. Ihre gegenseitige „Fesselung" erfolgt durch eine exzentrisch an ihrer Vertikalachse angreifende Koppelstange.
- Um Erschütterungen des Kreiselsystems durch die an Bord am häufigsten vorkommenden Störfrequenzen von 4 bis 80 Hz möglichst zu vermeiden, ist der Kompaßkessel mitsamt dem Trichterschwimmer am Kompaßstand derart aufgehängt, daß horizontale und vertikale Vibrationen weitgehend abgeschirmt werden. Trotz der relativen Weichheit dieser Aufhängung ist dafür gesorgt worden, daß eine Verdrehung zwischen Kessel und Rose um die Vertikalachse nicht stattfinden kann. Bei NAVIGAT II ist daher der Kompaßkessel an einem Band aufgehängt und durch eine aus miteinander verkoppelten Blechringen bestehende biegsame Hohlwelle mit der Rose drehfest verbunden. Die Dämpfung erfolgt durch 4 flüssigkeitsgefüllte elastische Balge. Zur Abschirmung von vertikalen Vibrationen ist diese Anordnung in Schienen nach oben und unten gleitend, federnd aufgehängt. Bei NAVIGAT VII werden die Funktionen der

vertikalen und horizontalen Vibrationsisolierung samt Dämpfung von einem elastischen Balgen von hoher Torsionssteifigkeit um die Vertikalachse erfüllt.

- Die besondere Konstruktion der Plath-Kompasse mit ihrem mechanisch zentrierten Trichterschwimmer erfordert keine konstante Betriebstemperatur. Wegen der geringen Leistungsaufnahme der Kreisel und der guten Wärmeableitung ist normalerweise keine Kühlluft erforderlich.
- Störungen der Anlage werden durch akustisches und optisches Signal angezeigt.

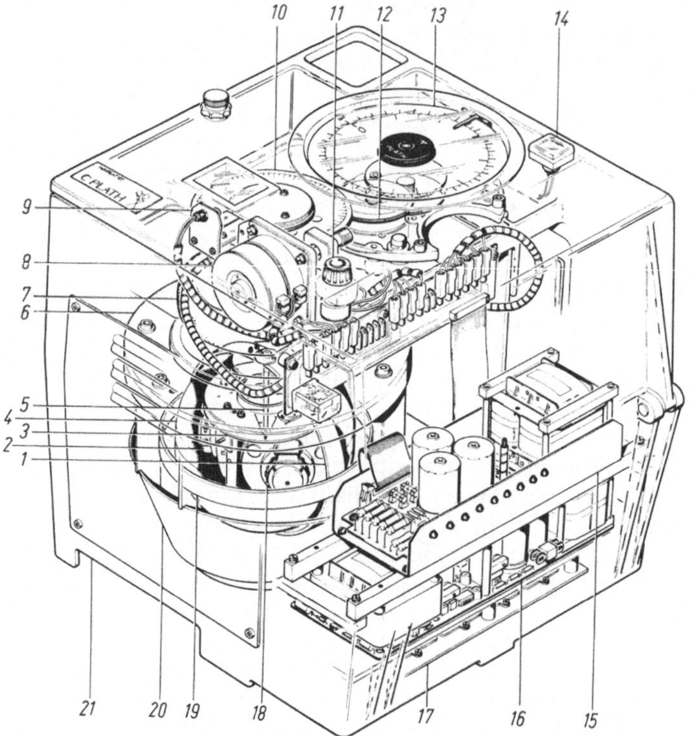

Bild 2.21. Plath-Kreiselkompaß NAVIGAT VII.
1 vertikaler Kardanring; *2* Kreisel 2; *3* Dämpfungsgefäß; *4* Trichterschwimmer; *5* kardanisch gelagerter Zentrierstift; *6* Kompaßkessel mit Tragflüssigkeit; *7* elastische Aufhängung; *8* Schrittmotor mit Schnecke für Kesselnachdrehung; *9* Steuerstrich mit Beleuchtung; *10* Kompaßrose mit Außenverzahnung; *11* Dimmer; *12* Tochterkompaßgetriebe; *13* Tochterkompaßanzeige; *14* Warnleuchte; *15* Motorsteuerung; *16* Basiskarte (Stromversorgung, Nachdrehelektronik und Überwachung); *17* Hochfrequenzfilter; *18* Kreisel 1; *19* horizontaler Kardanring; *20* magnetische Abschirmung; *21* Gehäuse

Einkreiselkompasse

Einkreiselkompasse für den Schiffseinsatz sind von der S. G. BROWN [18] Ltd. in England und SPERRY [19] Co. in den Vereinigten Staaten von Nordamerika entwickelt worden.

Dem Schiffskreiselkompaß ARMA-BROWN Typ Mk 10 (siehe Bild 2.22) liegt das gleiche Konstruktionsprinzip wie das der Vorläufermodelle Typ Mk 1 für den

---

18. Brown, Sir Arthur Whitten, 1886–1948, britischer Flieger, überflog als erster den Atlantik von Amerika (Neufundland) nach Europa.
19 Sperry, Elmer Ambrose, 1880–1930, amerikanischer Ingenieur und Erfinder.

Bild 2.22. Der ARMA-BROWN Mk 10 Kreiselkompaß.
1 Kreisel-Mutterkompaß mit Planscheibe zum Einbau in den Kartentisch; *2* manuelle Vor-Ausrichtung; *3* Breitenkorrektur; *4* Geschwindigkeitskorrektur; *5* Beleuchtungsregler; *6* Betriebsschalter

Schiffseinsatz und der Typen Mk 3 und Mk 5 für den Einsatz auf Landfahrzeugen zugrunde. Bei ihnen ist eine Kreiselkugel kardanisch im Schwerpunkt aufgehängt. Ein solches Kreiselgebilde ist aufgrund der Kreiselmechanik nicht meridiansuchend, sondern nur *lagestabil;* vgl. auch Kap. 2.2.2. Dieses Kreiselgerät hat deshalb einen Beschleunigungsmesser erhalten; er tastet die Abweichung der Kreiselachsen gegenüber der Horizontalebene ab und führt die Abweichung über Verstärker und auf den Kreisel einwirkende Stellglieder zurück. Der Kreisel selbst wird von Sensoren (Tauchspulen) abgetastet und die Lage der Kreiselachsen durch auf die Kardanachsen einwirkende Stellmotoren in die Horizontalebene zurückgeführt, so daß die Kardanachsen stets den Kreiselachsen folgen; vgl. auch Kap. 3.2.3. Von der Kreiselhochachse (Präzessionsachse) wird sodann ein Azimutübertragungssystem betrieben, welches die Azimutinformation (Schiffskurs) auf externe Töchtersysteme überträgt.

Mit Hilfe der Elektronik wird das Signal des Beschleunigungsmessers so verstärkt und gedämpft, daß der Kreiselkompaß ein rasches und präzises Einschwingverhalten (Meridiansuche) erhält. Dieses erfolgt dadurch, daß die Größe des Ausgangssignals in gewissen Grenzen ein Maß für die Größe der Abweichung der Kreiseldrehachse (Drallachse) von der geographischen Nordrichtung liefert. Ist das Ausgangssignal groß, so wird elektronisch ein großes Drehmoment auf die Kreiselachse (Momentenachse) ausgeübt, welches den Kreiselkompaß zu einer erhöhten Präzessionswinkelgeschwindigkeit von mehr als 2°/min zwingt. Nähert sich die Kreiseldrehachse der geographischen Nordrichtung (Einschwingvorgang nahezu abgeschlossen), so verringert sich das Beschleunigungsmessersignal. Zu diesem Zeitpunkt regelt sich die Verstärkung zurück, so daß der Einschwingvorgang stark gedämpft wird und die Kreiselachse nach einem kurzen Überschwingen rasch die geographische Nordrichtung erreicht. Der Beschleunigungsmesser seinerseits ist in einer hochviskosen Flüssigkeit einer starken Dämpfung ausgesetzt, was wiederum übertragene kurzzeitige Schiffsschwingungen stark dämpft; siehe auch „Schlingerfehler" im Kap. 2.2.4.

Mit Hilfe der Elektronik werden zusätzlich zu dem Beschleunigungsmessersignal auf elektronischem Wege weitere Korrektursignale für den breiten- und geschwindigkeitsabhängigen Korrekturwert (Fahrtfehlerberichtigung) mitgeteilt. Dazu sind die geographische Breite und die Fahrt des Schiffes manuell, in Sonderausführungen automatisch einzuspeisen, wodurch die Kreiselachse gestützt und damit in rwN gehalten wird.

Eine zusätzliche Einrichtung ermöglicht eine Ausrichtung der Kreiselachsen im voraus, wodurch kurze Einschwingzeiten erreicht werden. So ist z. B. bei einer Anfangsabweichung von 5° nach 30 min Betriebszeit der Kompaß mit einer Unsicherheit von etwa 2° betriebsfähig. Die restliche Ausrichtung erfolgt während der Fahrt.

Sperry[20] baut seit 1908 Kreiselkompasse. Der Schiffskreiselkompaß SPERRY MK-37 MOD D und der kleinere Kompaß SR 220 sind Einkreiselkompasse und weltweit im Einsatz. Der Kompaß MK-37 MOD D besteht aus einem gegen Stoß abgesicherten Kompaßgehäuse, das die empfindlichen Geräteelemente beherbergt.

Der elektrisch angetriebene Kreisel (Drehstrommotor) dreht um seine mechanisch, horizontal gelagerte Achse in einer mit Silikonflüssigkeit gefüllten Hüllkugel (vgl. Bild 2.23a). Dieses geschlossene System läuft ohne Wartung im Durchschnitt sieben Jahre.

Im Vergleich zu den Kreiselkompassen von Anschütz und Plath schwebt die Kreiselkugel nicht in einer Flüssigkeit, sondern ist in dem mit Flüssigkeit gefüllten Kompaßgehäuse kardanisch aufgehängt; die Azimutachse (Hochachse) der Kreiselkugel ist in dem Vertikalring und dieser wiederum über eine horizontale Kardanachse, die senkrecht zur Hochachse steht, mechanisch im Phantombügel gelagert (vgl. Bild 2.23a).

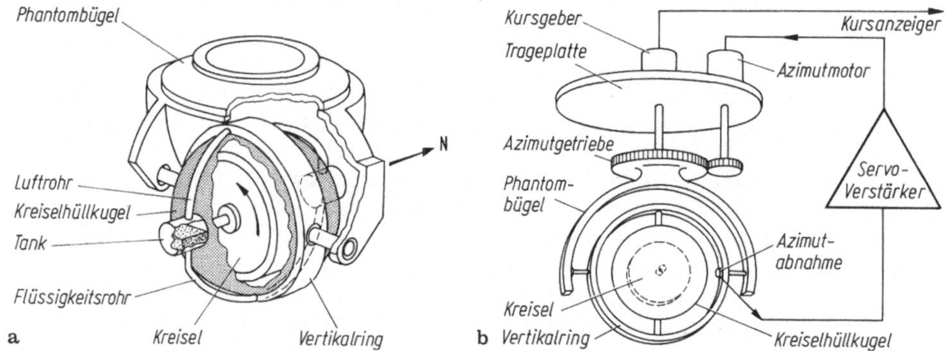

Bild 2.23. Vereinfachte Darstellung des Ballistiksystems (**a**) und der Nachdrehung (**b**) bei dem Einkreiselkompaß SPERRY MK-37 MOD D

Die auf diese Weise kardanisch aufgehängte Kreiselkugel ist durch ihren unter dem Kugelmittelpunkt liegenden Schwerpunkt und über den Kreiseldrall an die Nordrichtung (siehe Kap. 2.2.3) gefesselt, wobei die Einschwingung des nordsuchenden Elementes über eine Elevationsdämpfung (vgl. Schlußabsatz des Kap. 2.2.3) erreicht wird.

Der interkardinale Schlingerfehler (vgl. Kap. 2.2.4 (Schlingerfehler)) wird mit Hilfe der eingebauten Flüssigkeitsballistik (siehe Bild 2.23a) annähernd unwirksam gemacht, weil sie die Auswirkung der Nord–Süd-Komponente der von der Schlingerbewegung des Schiffes verursachten Horizontalbeschleunigung auf die Kreiselachse (Drallachse) gegenüber derjenigen der Ost–West-Komponente der Schlingerbeschleunigung zeitlich verzögert. Dadurch kann diese horizontale Nord–Süd-Beschleunigungskomponente auf den wegen des Schlingerns aus der Nord–Süd-Ebene ausgelenkten Schwerpunkt des Kreiselsystems während der Auslenkung

---

20 Sperry Gyroscope Co. in Brooklyn, gegründet 1910.

nicht einwirken und ein Drehmoment auf die Drallachse ausüben, das zu einem Schlingerfehler führen würde. Die speziell entworfene Stoßfederung und die Aufhängung des Kreisels und der Kreiselkugel in dem Flüssigkeitssystem sichert das nordsuchende Element vor Stoß und Vibrationen des Schiffes.

Die Kursanzeige erfolgt durch die Nachdrehung des Phantombügels, die mit Hilfe der elektrischen Azimutabnahme, der Servoverstärkung und des Azimutmotors betrieben wird, wie die vereinfachte Darstellung im Bild 2.23 b anschaulich macht.

Wegen der Elevationsdämpfung entsteht ein von der geographischen Breite, aber nicht vom Kurs und von der Fahrt des Schiffes abhängiger Fehler, den ein Kompensator zusammen mit dem Fahrtfehler (vgl. Kap. 2.2.4 — Fahrtfehler) automatisch korrigiert. Die geographische Breite und die Schiffsgeschwindigkeit sind in den Kompensator manuell einzugeben. Der Kompensator kann überall, am besten aber auf der Brücke an günstiger Stelle angebracht werden. Über eine Übertragungseinheit können bis zu 12 Töchterkompasse angeschlossen werden.

Die Stromzuführung (115 V, 400 Hz) für die Drehstrommotoren geschieht über Schleifringe. Wegen der kardanischen Aufhängung der Kreiselkugel in dem mit Flüssigkeit gefüllten Kompaßgehäuse bedarf der Kompaß keiner Kühlung. Er ist in dem Temperaturbereich von $+5\,°C$ bis $+45\,°C$ voll einsatzbereit.

2.2.7 Aufstellung, Prüfung und Behandlung des Kreiselkompasses

Ein Kreiselkompaß findet die Nordrichtung aufgrund der Erddrehung und der Lotrichtung. Er unterscheidet dabei die Erddrehung von den bis zu 10000fach stärkeren Drehbewegungen des Schiffes beim Rollen und Stampfen und filtert die Richtung des Erdlotes aus einem Gemisch von Scheinlotschwingungen heraus. Das ist um so schwieriger, je größer die Scheinlotschwingungen sind. Der beste Aufstellungsplatz für den Kreiselkompaß ist daher tief unten im Schiff in der unmittelbaren Nähe der Schiffsrollachse, wo er geringeren horizontalen Beschleunigungen ausgesetzt ist. Dagegen stehen die Vorteile einer Aufstellung auf der Brücke, die gute Zugänglichkeit, gute Ablesung und Justierung, Verwendung als Steuerkompaß, kurze Kabelverbindungen u. a. ermöglichen. Alle höherwertigen Kreiselkompasse werden heute für Regelschiffe als „brückengeeignet" angeboten, was aber nicht darüber hinwegtäuschen darf, daß die Aufstellung in großer Höhe über der Rollachse zusätzliche Fehler, deren Hauptanteil der interkardinale Schlingerfehler (s. a. „Schlingerfehler" im Kap. 2.2.4) ist, bedingen.

Bei der Baumusterprüfung durch das DHI werden Kreiselkompasse u. a.

- auf einer Schaukelbahn mit einer horizontalen Spitzenbeschleunigung von 10% der Fallbeschleunigung bei Perioden von 7 und 10 s sowie einem gleichzeitig auftretenden Rollwinkel von $\pm\,12°$ um eine Achse, die auf der Beschleunigungsrichtung senkrecht steht, und
- auf einem Taumeltisch mit Periodendauern von 4 bis 10 s bei Rollwinkeln von $\pm\,25°$ und gleichzeitigen Stampfwinkeln von $\pm\,15°$ mit etwa 4 bis 7 s Periode bei gleichzeitiger Spitzenbeschleunigung von 5% der Fallbeschleunigung

geprüft. Dabei dürfen keine größeren Übergangs- oder Dauerauswanderungen als $\pm\,1{,}5°$ auftreten.

Der Aufstellungsplatz der Kreiselkompasse an Bord sollte so ausgewählt werden, daß keine wesentlich höheren Langzeitbeanspruchungen auftreten.

Eine geneigte Aufstellung des Kompasses schränkt die Rahmen- oder Gehängefreiheit beim Rollen und Stampfen ein und gerursacht bei manchen Kompaßtypen kinematische Fehler; sie ist daher in der Regel nicht zulässig.

Der Kreiselkompaß wird als sensibles mechanisches Meßgerät in seiner Leistungsfähigkeit und Lebensdauer von den Temperaturverhältnissen und den Vibrationen an seinem Aufstellungsort beeinflußt. Bei einigen Kreiselkompassen ist die beim Betrieb zulässige Umgebungstemperatur begrenzt. Bei gegenseitiger Erwärmung durch benachbarte Geräte (Pulteinbau) und bei Sonneneinstrahlung (Brückenein-bau) müssen durch hinreichende Lüftung die Temperaturgrenzen eingehalten wer-den; das gilt grundsätzlich für alle Kreiselkompasse. Ein kühler und vibrations-armer Aufstellungsort erhöht seine Betriebssicherheit.

Die durch den Steuerstrich vorgegebene Rechtvorausrichtung des Kreiselkompaß-gehäuses muß näherungsweise mit der des Schiffes übereinstimmen. Die Korrek-tur eines A-Fehlers (Kreisel-A; siehe auch unter „Kreiselkompaßfehlweisung" im Kap. 2.2.5) muß durch geringfügiges Verdrehen des Kompaßgehäuses auf seiner Unterlage möglich sein.

Die meisten Kreiselkompasse sind ihrer Natur nach „Dauerläufer". Sie sind des-halb nicht bei jeder kürzeren Fahrtunterbrechung abzuschalten, sondern auch über einige Tage Liegezeit laufen zu lassen, denn das Kreiselsystem wird in der Regel beim Hochlaufen am stärksten beansprucht. Bei Kompassen, die keine Handein-stellung zur Kompensation des Fahrt- und Breitenfehlers erfordern, beschränkt sich die Bedienung auf die seltene Ein- und Ausschaltung und auf die „Synchroni-sierung" der Tochterkompasse, sofern diese erforderlich. Bei Kompassen mit manueller Fahrt- und Breiteneinstellung müssen die Einstellelemente von der Brücke zu betätigen sein, wenn der Mutterkompaß selbst nicht auf der Brücke angeordnet ist. Vor allem muß die Fahrt des Schiffes bei jeder Fahrtänderung innerhalb weniger Minuten angepaßt werden, um größere Übergangsfehler zu ver-meiden, die erst innerhalb von ein bis zwei Stunden wieder abklingen.

2.3   Sonstige Kreiselanlagen für die Navigation

2.3.1   Der Wendekreisel und seine Anwendung

Im Kap. 2.2.1 (Grundlagen der Kreiselmechanik) wurde gezeigt, daß ein schnell rotierender, kardanisch gelagerter Rotor bei Einwirkung eines Momentes mit einer Präzessionsbewegung antwortet. Diese Aussage kann umgekehrt werden und lautet dann: Wird einem Kreisel eine Drehbewegung aufgezwungen, so antwortet er mit einem Moment. Die Größe dieses Momentes ist der aufgezwungenen Drehbewegung proportional. Man macht sich diese Aussage beim Wendekreisel zunutze. Er dient der direkten Messung der Drehgeschwindigkeit um eine definierte Achse (Meß-achse); er liefert eine der Drehgeschwindigkeit proportionale Spannung. Drehun-gen können im Prinzip um jede beliebige Achse des Schiffes gemessen werden, in der Praxis beschränkt man sich jedoch meist auf die Hochachse. Die direkte und verzögerungsfreie Anzeige der Drehgeschwindigkeit ermöglicht, Kursänderungen schon im Ansatz zu erkennen, was insbesondere bei Schiffen mit großer Massen-trägheit, die nur langsam drehen und auf Rudermanöver verzögert reagieren, eine sichere Beurteilung der Fahrtmanöver zuläßt. Das Ausgangssignal des Wende-kreisels kann auch in eine Selbststeueranlage eingespeist werden, um durch eine exaktere Stützruderreaktion die Kursgenauigkeit zu verbessern. Schließlich sei noch die Möglichkeit erwähnt, das Wendekreiselsignal mit dem der Fahrtmeßanlage kombiniert zu verwenden, um damit Fahrten mit konstantem Kurvenradius durch-zuführen. Diese Methode läßt sich vorteilhaft beim Befahren von engen Revieren und Binnenschiffahrtsstraßen (in letzterem Fall meist mit dem Kurvenradius Unendlich, d. h. geradeaus) anwenden.

Bild 2.24 zeigt den prinzipiellen Aufbau eines Wendekreisels mit vertikaler Meß-achse (A 3). Im Kapitel 2.2.1 wurde gesagt, daß ein Drehmoment um eine zur

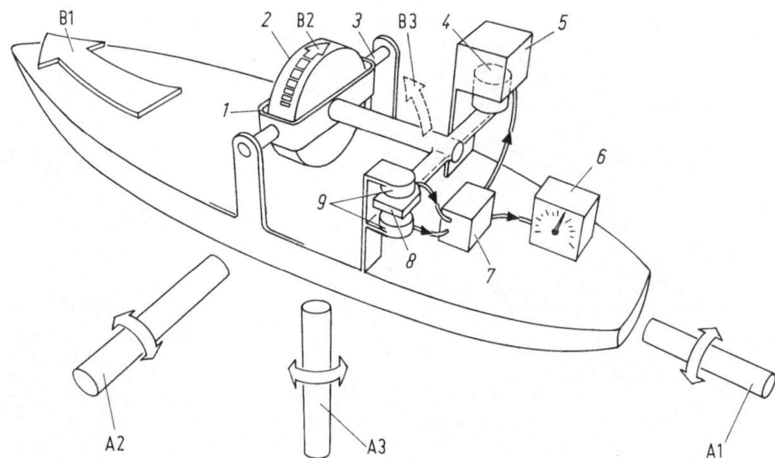

Bild 2.24. Prinzipieller Aufbau des Wendekreisels.
A1 Längsachse, Rollachse; A2 Querachse, Stampfachse; A3 Hochachse, Drehachse; B1 Schiffs-
drehung, Kursänderung; B2 Kreiseldrehung; B3 Präzessionsbewegung.
1 Kreiselgehäuse; *2* Kreisel; *3* Gehäuseachse;

4 Tauchspule	} Momentgeber;	*7* Verstärker;
5 Magnet		*8* Weggeberplatte;
6 Anzeigeinstrument;		*9* Weggeberspule

Kreiseldrallachse senkrechte Achse eine Präzessionswinkelgeschwindigkeit um eine
dritte Achse erzeugt, die auf Drall- und Momentenachse senkrecht steht. Führt das
im Bild 2.24 dargestellte Schiff eine Drehbewegung B1 um die Achse A3 (Schiffs-
drehung, Kursänderung) aus, so greift an dem um die Achse A1 (Drallachse)
schnell rotierenden Kreisel *2* über die Gehäuseachse *3* und das Kreiselgehäuse *1*
ein Drehmoment um die Achse A3 an, was zu einer Präzessionsbewegung B3
um die Achse A2 führt. Die dadurch entstehende Auslenkung des Kreisels aus der
Ruhelage erzeugt durch die Bewegung der Weggeberplatte *8* ein elektrisches
Wechselstromsignal in den Wegspulen *9*. Dieses wird im Verstärker *7* verstärkt und
in einen der Auslenkung proportionalen Gleichstrom umgewandelt. Dieser erzeugt
über die Tauchspule *4* und den Magneten *5* ein Drehmoment um die Achse A2,
das in diesem Fall wegen der Kopplung des Kreisels an das Schiff über Gehäuse *1*
und Achse *3* keine Präzession um A3 bewirken kann, sondern die Auslenkung um
A2 kompensiert. Dadurch ist der Kreisel auf elektromechanische Weise quasiela-
stisch an seine Ruhelage um A2 gefesselt. Der für die Fesselung notwendige Strom
durch die Spule *4* ist direkt proportional der Drehgeschwindigkeit des Schiffes um
die Achse A3. Der durch den Spulenstrom über einem Meßwiderstand hervor-
gerufene Spannungsabfall dient der Anzeige der Drehgeschwindigkeit im Anzeige-
instrument *6*; desgleichen kann er beispielsweise, wie oben erwähnt, zur Verbesserung des Stützruders in einen geeigneten Eingang des Selbststeuers eingespeist werden.

Bild 2.25 zeigt den Wendekreisel NAVITURN von C. Plath; seine Ansprech-
empfindlichkeit liegt unter 0,01 °/s, was etwa der Drehgeschwindigkeit des kleinen
Zeigers einer Uhr entspricht. Wollte man eine solche Drehgeschwindigkeit durch
Beobachtung einer Kompaßrose mit ± 0,1° Ablesegenauigkeit feststellen, so
müßte man mindestens 10 s warten, bis man eine Reaktion erkennt; der Wendekreisel zeigt sie sofort an.

Bild 2.25. Wendekreisel NAVITURN (a) und Anzeigegerät (b) von C. Plath, Hamburg.
1 Weggeberplatte; *2* Weggeberspulen; *3* Kreiselachse; *4* Elektronik; *5* Momentgeber; *5a* Magnet; *5b* Tauchspule; *6* Kabelanschluß

Bild 2.26. „Flußselbsteuer RIVERMAT" von Anschütz, Kiel.
1 Flußselbsteuer-Regeleinheit; *2* Betriebsartenschalter; *3* Bediengerät; *4* Wendekreisel; *5* Sollwertgeber

Eine weitere Verwendung findet die Wendezeigeranlage in der Flußselbststeueranlage RIVERMAT von Anschütz (Bild 2.26).

Diese Selbststeueranlage ist eine Steuerhilfe für die Flußschiffahrt. Mit Hilfe der Reglereinheit wird eine über einen Sollwertgeber eingegebene Schiffsdrehgeschwindigkeit automatisch konstant gehalten. Als Referenz dient dazu die Wendezeigeranlage. Mit dem Betriebsartenschalter kann zwischen Handsteuerung, Wegsteuerung oder Automatik gewählt werden. In der Betriebsart AUTOMATIK regelt die Anlage ein schnelles und genaues Einlaufen auf jede neu eingestellte Schiffsdrehgeschwindigkeit. Die ständige Betätigung des Rudersteuerhebels entfällt, da Störungen wie z. B. Strömungen und Seitenwind automatisch mit möglichst kleinen Ruderschlägen ausgeregelt werden. Die Rudermaschinenarbeit wird minimiert, dies bewirkt eine Erhöhung der Lebensdauer der elektrischen und hydraulischen Stellorgane und führt zu einer höheren Geschwindigkeit bei gleichzeitiger Brennstoffersparnis. Siehe auch Kap. 2.4 (Selbststeuer).

2.3.2 Die Hubmeßanlage

Mit der Hubmeßanlage kann — unabhängig von Landmarken — jederzeit die Schiffseigenbewegung in der Vertikalen mit hoher Genauigkeit erfaßt werden, die

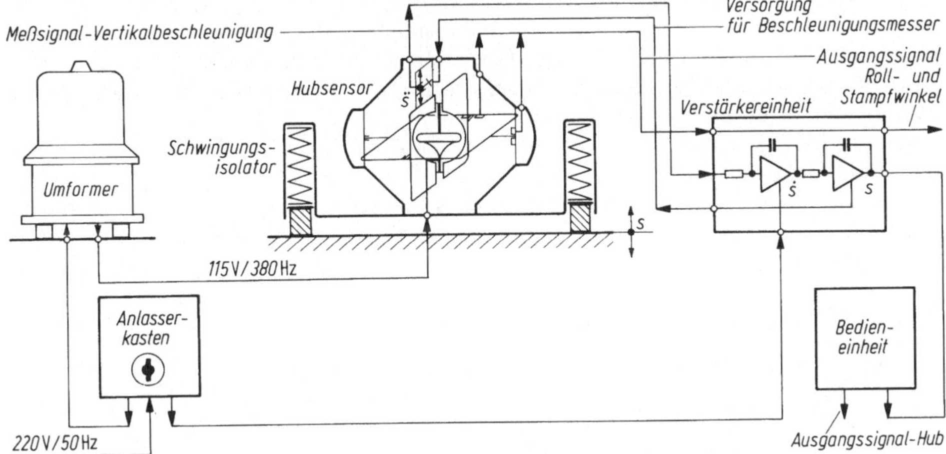

Bild 2.27. Schematischer Aufbau der Hubmeßanlage von Anschütz, Kiel

zur Korrektur des Echolotsignals bei der Tiefenvermessung von Gewässern erforderlich ist. Die sich hierbei ergebende Meßsignalverfälschung infolge der Vertikalbewegung des Meßfahrzeuges kann mit der Anschütz-Hubmeßanlage (Bild 2.27) durch den Einsatz eines inertialen Verfahrens erfaßt werden. Siehe über Trägheitsnavigation (Inertialnavigation) im Kap. 3.

Ein Beschleunigungsmesser, dessen empfindliche Achse durch einen ölgestützten Horizontalkreisel in der Vertikalen stabilisiert ist, mißt die sich infolge des Seeganges ergebenden Vertikalbeschleunigungen (Hubsensor). Das Beschleunigungssignal wird einem Analogverstärker zugeführt, der in dem Bereich der Seegangsperioden 1 s … 20 s das Verhalten eines 2fach-Integrators aufweist. Somit erhält man durch 2fache Integration aus der Hubbeschleunigung den Hub selbst. Durch weitere Linearverstärker wird der Signalpegel so weit aufbereitet, daß am Ausgang der Hubmeßanlage (Verstärkereinheit) ein analoges Signal mit der Empfindlichkeit 4 V/m niederohmig ansteht. Damit können die Kompensationseingänge von Echoloten direkt beschaltet werden. Durch besondere Schaltungsmaßnahmen wird die den Analogintegratoren anhaftende Nullpunktdrift unterhalb der Meßfehlertoleranz gehalten.

Während Kurvenfahrten des Trägerfahrzeuges kann manuell die Zeitkonstante des Doppelintegrators verändert werden. Nach Rückschalten am Ende der Kreisfahrt ist die Anlage innerhalb 30 bis 60 s mit der angegebenen Genauigkeit wieder betriebsbereit. Die Zeit bis zur Betriebsbereitschaft hängt von der Geschwindigkeit des Fahrzeuges und dem Kurvenradius ab. Der Hubsensor kann mit Winkelgebern (Synchros) zur Erfassung der Roll- und Stampfbewegungen des Schiffes ausgerüstet werden. Damit besteht die Möglichkeit, Meßfehler des Echolots infolge der Schrägstellung des Schwingers zu korrigieren. Gleichzeitig steht eine genaue Horizontreferenz zur Verfügung.

2.3.3 Die 3achsig gestützte Plattform

Die 3achsig gestützte Plattform GHS 4 von Anschütz bildet in Verbindung mit dem Kreiselkompaß STANDARD 4 ein Kurs- und Horizontreferenzsystem. Für Systeme innerhalb der Meeresmeßtechnik und der Feuerleitung bietet dieses System unabhängig von Roll- und Stampfbewegungen des Schiffes ein von Kardanfehlern und von kurzperiodischen Störeinflüssen befreites Kurssignal. Gleichzeitig wird eine zweiachsige Lotreferenz über die Lageänderung des Aufstellungsortes gegenüber der Horizontalebene geliefert. Über Umsetzer und Synchrotrennverstärker kann die Kurs-, Roll- und Stampfwinkelinformation an beliebig viele Verbraucher weitergeleitet werden.

Die 3achsig gestützte Plattform besteht aus dem 3achsigen Tisch und der Bedien- und Elektronikeinheit.

Der am inneren Kardanrahmen des Tisches mit seinem Gehäuse fest angebrachte Lagekreisel dient als Lotreferenz (Bild 2.28). Seine Drallachse ist an das Erdlot

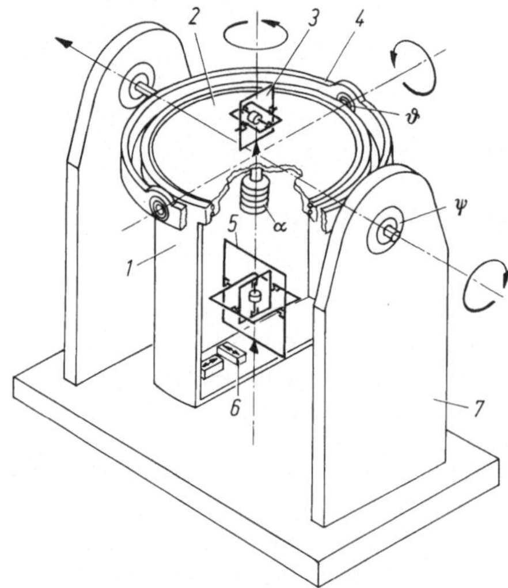

Bild 2.28. Schematischer Aufbau des 3achsigen Tisches.
1 innerer Kardanrahmen; *2* Azimutrahmen; *3* Wendekreisel; *4* äußerer Kardanrahmen; *5* Lagekreisel; *6* Beschleunigungsmesser; *7* Gestell. ϑ Stampfwinkel; α Kurswinkel; ψ Rollwinkel

gefesselt. Seine Stellungsgeber melden die Verdrehung des Kreiselgehäuses gegenüber der lotrechten Drallachse nach außen. Diese Winkelsignale werden den Stabilisierungskreisen „Rollen" und „Stampfen" zugeleitet. Der Stabilisierungskreis „Rollen" steuert den Stellmotor im Gestell und der Stabilisierungskreis „Stampfen" den Stellmotor im äußeren Rahmen so lange, bis die gemeldeten Winkelablagen Null sind. Damit nimmt der äußere Kardanrahmen des Tisches immer die Lage des äußeren Kardanrahmens des Lotkreisels ein. Der innere Kardanrahmen des Tisches steht ständig im rechten Winkel zum inneren Kardanrahmen des Lotkreisels.

Die Fesselung der Drallachse an das Erdlot erfolgt mit Hilfe der Beschleunigungsmesser, die zusammen mit dem Lotkreisel an dem inneren Kardanrahmen des Tisches angebracht sind. Sie messen Lotabweichungen des inneren Kardanrahmens des Tisches und damit über die Stabilisierungskreise die Lotabweichungen der Drallachse des Lotkreisels. Diese Signale gehen auf die Stützkreise „Stampfen" und „Rollen". Die Stützkreise steuern die entsprechenden Stützmotore so lange, bis die Signale der Beschleunigungsmesser Null werden. Damit steht die Drallachse des Lotkreisels im Lot. Die von den Beschleunigungsmessern gemessenen Werte werden durch folgende Komponenten hervorgerufen:

- Auswanderung der Kreiselachse infolge seiner Eigendrift. Ihre Auswirkungen werden von den Lotsensoren registriert und an die Stützkreise weitergegeben, die für das jeweils erforderliche Stützmoment sorgen.
- Auswanderung der Kreiselachse infolge der Erddrehung. Diese Auswanderung ist berechenbar und wird durch ein entsprechendes Stützmoment kompensiert. Hierbei wird eine Spannung aus dem Kompensationsrechner in die Stützkreise eingegeben, die je nach geographischer Breite des Schiffsstandortes variiert wird.
- Fehlanzeige der Lotsensoren durch Beschleunigungskräfte. Fehlanzeigen durch anhaltende Beschleunigungen werden durch Gegenspannungen aus dem Kompensationsrechner kompensiert, der diese aus den ihm zugeführten Werten der Schiffsgeschwindigkeit und des Schiffskurses ermittelt. Diese Spannungswerte werden den Eingängen der entsprechenden Stützkreise zugeführt. Dort kompensieren sie die von den Lotsensoren kommenden Scheinlotsignale. Fehlanzeigen durch Seegang hervorgerufener, periodisch wechselnder Horizontalbeschleunigungen werden durch Filter weitgehend unterdrückt.

Der innere Kardanrahmen des Tisches wird somit unabhängig von den Schiffsbewegungen ständig im wahren Horizont gehalten. An den Roll- und Stampfachsen des Tisches ist jeweils ein Synchro-Grob/Fein-Gebersystem angeordnet. Hier kann die Lage des Horizonts gegenüber dem Schiff als Rollwinkel ψ und Stampfwinkel δ abgegriffen werden. Diese Signale können von Umsetzereinheiten übernommen werden, die sie dann beliebig oft in die von den Bedarfsträgern benötigten Synchrodaten umformen.

Der im inneren, horizontierten Kardanrahmen des Tisches angeordnete drehbare Azimutrahmen wird mit Hilfe des auf ihm angebrachten Wendekreisels richtungsfest stabilisiert. Dieser Wendekreisel mißt über seinen Stellungsgeber kleinste Drehbewegungen des drehbaren Azimutrahmens aus der gehaltenen Richtung. Dieses Fehlersignal wird dem Nachführkreis Azimut zugeführt, der seinerseits einen Stellmotor zur Nachdrehung des Azimutrahmens so ansteuert, daß die Azimutabweichung auf Null gehalten wird. An dem zwischen der Drehachse des Azimutrahmens und dem inneren Rahmen des Tisches angebrachten Synchro-Gebersystem kann dadurch der Winkel zwischen der von der Azimutstabilisierung gehaltenen Richtung (bezogen auf die Horizontebene) und der Schiffslängsachse abgegriffen werden. Diese Winkelinformation zeigt die Abweichung des Schiffskurses von einem einmal eingestellten Kurs an. Da der Wendekreisel und der drehbare Azimutrahmen ständig horizontiert gehalten werden, rufen die Schiffsbewegungen keine scheinbaren Kursänderungen (Kardanfehler) hervor. Der drehbare Azimutrahmen liefert damit eine kardanfehlerfreie Kursreferenz. Diese Information ist richtungsfest, jedoch nicht richtungsuchend.

Um aus dem richtungsfesten ein richtungsuchendes System zu bekommen, wird der Wendekreisel durch ein nordbezogenes Kurssignal gestützt. Dadurch übernimmt der Azimutrahmen die Nordrichtung. Außerdem werden die Drehung der Erde und die Eigendrift des Kreisels über einen in der Elektronik automatisch erzeugten Korrekturwert kompensiert.

Zur Stützung des Kurses wir ein Kreiselkompaß STANDARD 4 verwendet. Das vom Synchro-Geber gelieferte nordbezogene Kurssignal gelangt auf ein Synchro-empfängersystem das wie das oben genannte Gebersystem zwischen der Drehachse des Azimutrahmens und dem inneren Rahmen des 3achsig stabilisierten Tisches angebracht ist. Durch Änderung des Schiffskurses erhält das eben erwähnte Empfängersystem eine mechanische Winkelinformation, da der Plattformkern seine Richtung beibehält. Eine elektrische Winkelinformation erhält das Empfängersystem vom Kreiselkompaß.

Weicht die Richtung des Kerns von der vom Kompaß vorgegebenen Nordrichtung ab, so entsteht ein Differenzwinkelsignal. Dieses Differenzsignal wird dem Stütz-Kreis „Kurs" zugeleitet, der damit den Stützmotor im Wendekreisel ansteuert. Das ruft eine Verstellung der Kreiseldrallachse und über den Stabilisierungskreis „Kurs" eine Drehung der Plattform hervor. Das Verstellen geschieht so lange, bis die Winkeldifferenz zwischen dem Kompaßkurssignal und der Richtung des Plattformkerns Null ist. Damit stimmt die Richtung der Plattform mit der vom Kreiselkompaß vorgegebenen Nordrichtung überein. Dieser eben beschriebene Stützvorgang des Wendekreisels geschieht mit einer Zeitkonstanten, die größer ist als die der Schiffsbewegungen. Dadurch werden die kurzperiodischen Schwankungen des Kompaßsignals infolge seegangsbedingter Schiffsbewegungen und Kardanfehler am Ausgang der Plattform auf ein gewünschtes Maß reduziert. Die Zeitkonstante kann ausreichend groß gewählt werden, da bei einem ausgerichteten System nur noch die geringen Eigenstöranteile des Wendekreisels kompensiert werden müssen. Allerdings verzögert eine große Zeitkonstante das Ausrichten unzulässig lange. Deshalb wird beim Hochfahren des Systems der drehbare Plattformkern auf die Nordrichtung automatisch vorausgerichtet. Durch die oben beschriebenen Maßnahmen liefert das Synchrogebersystem ein nordweisendes, kardanfehlerfreies und von kurzperiodischen Schwankungen befreites Kurssignal. Mit Hilfe von an dieses Gebersystem angeschlossene Umsetzer kann diese Information als Synchrosignal an beliebig viele Verbraucher weiterverteilt werden.

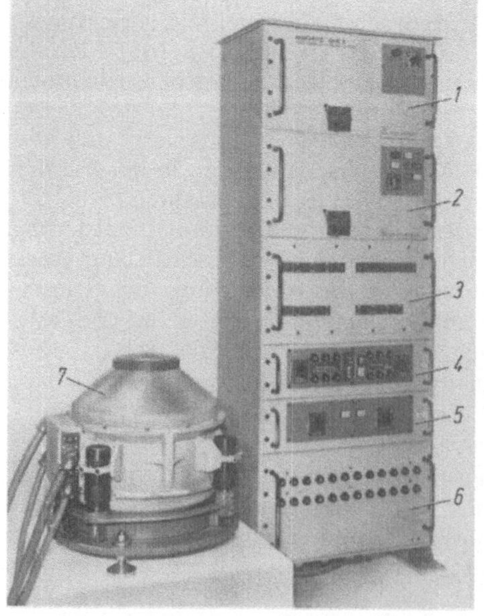

Bild 2.29. Die 3achsig gestützte Plattform von Anschütz, Kiel.
1 Stütz- und Kompensations-Rechner-Einschub; *2* Servoelektronik-Einschub; *3* Synchrotrennverstärker; *4* Anlassereinschub; *5* Umschalteinschub; *6* Verteilerfach; *7* 3achsiger Tisch

Es stehen jetzt an den Systemausgängen die Signale

- Rollwinkel des Schiffes,
- Stampfwinkel des Schiffes und der
- kardanfehlerfreie Kurs des Schiffes

zur Verfügung. Als einzige elektrische Eingangsinformation wird die Schiffsgeschwindigkeit benötigt, die an den Kompensationsrechner und das Deltagerät des Kreiselkompasses STANDARD 4 geht. Die geographische Breite wird *von Hand* eingestellt.

Die 3achsig stabilisierte Plattform wird im Bild 2.29 gezeigt.

2.4   Das Selbststeuer

2.4.1   Allgemeines

Elektronische Kursregler spielen seit vielen Jahren eine große Rolle. Sie bringen einerseits dem Reeder bedeutende Kosten- und Personalersparnis und gestatten andererseits aufgrund ihrer Fähigkeit, dynamisch an die Steuereigenschaften der Schiffe angepaßt zu werden, eine sehr einfache Inbetriebnahme und Bedienung.

In elektronischen Kursreglern werden Rechenvorgänge, die durch Differentialgleichungen beschrieben werden können, analog ausgeführt und mit logischen Entscheidungen verknüpft. Für die Anpassung des Kursreglers an veränderliche Eigenschaften der Regelstrecke „Schiff" verursacht durch Wetter-, Ladungs- oder Fahrtbedingungen, hat jeder Kursregler Parameterknöpfe.

Der Sollkursanzeiger, mit zugeordnetem Sollkurseinsteller, zeigt die gewählte Zielrichtung an.

Besonders wichtig für die Optimierung der Betriebsersparnisse ist die Einstellung der Parameter des Kursreglers. Ein Rudergänger bringt auf Frachtschiffen von 50 000 bis 100 000 tdw Geschwindigkeitsverluste von etwa 3 bis 6%. Verlustzahlen von weniger als 1% werden nur ganz selten von Rudergängern erreicht. Im Vergleich hierzu bringen Kursregler Verluste, die deutlich geringer sind; siehe Bild 2.30.

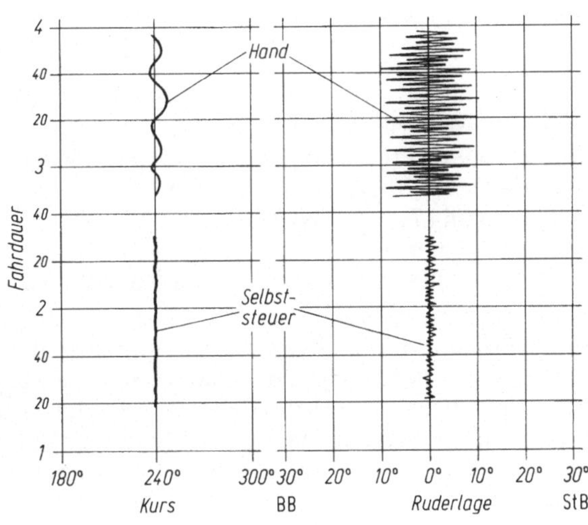

Bild 2.30. Unterschied zwischen Hand- und Selbststeuerung

Die Elektronik eines Kursreglers muß folgende Einzelverluste minimieren:

- Ruderverluste: Aus der Anstellung des Ruders ergeben sich Verluste, die dem Quadrat des Anstellwinkels und der Zeit der Anstellung direkt proportional sind.

- Wegverlängerungsverluste: Bei nicht genauer Einstellung des Kurses „schlängelt" das Schiff sich an der geraden Bahn entlang. Daraus ergibt sich eine Verlängerung des Weges.

- Gierverluste: Werden vom Kursregler periodische Regelbewegungen erzeugt, so entstehen dadurch Gierverluste. Zur periodischen Anstellung und seitlichen Beschleunigung des Schiffskörpers im Wasser wird Energie benötigt, die den Vortrieb vermindert. Es entstehen Verluste, die dem Quadrat der Gierperiode umgekehrt proportional sind.

2.4.2 Das Reglerprinzip

Die bisher präzisierten Anforderungen an den elektronischen Kursregler lassen sich nur erfüllen, wenn das Reglerprinzip eine dynamische Anpassung an das Verhalten der Regelstrecke erlaubt. Dieses Verhalten läßt sich durch die Gleichung

$$T \cdot \ddot{\psi} + \dot{\psi} = K \cdot \delta$$

beschreiben.

Hierin bedeuten:

T Zeitkonstante des Schiffes,
$\ddot{\psi}$ Drehbeschleunigung,
$\dot{\psi}$ Drehgeschwindigkeit,
K ruderabhängige Konstante,
δ Ruderwinkel.

Diese Gleichung stellt zwar für die Beschreibung der Bewegung bei Manövern nur eine grobe Näherung dar, beschreibt jedoch die dynamischen Eigenschaften des Schiffes für die Kurshaltung recht genau. Berücksichtigt man alle vorhergenannten Forderungen, so stellt sich ein PID-Verhalten als bestgeeignete Regler-Grundfunktion heraus. Im PID-Kursregler setzt sich der Ruderwinkel aus drei Komponenten zusammen: Die erste ist zum Kursfehler proportional (P), die zweite ist seinem Zeitintegral (I) verhältnisgleich, und die dritte entspricht dem nach der Zeit differenzierten Kursfehler (D). Es ist

$$\delta = K_{\mathrm{R}} \cdot \psi + \frac{1}{T_{\mathrm{I}}} \int \psi \cdot \mathrm{d}t + K_{\mathrm{R}} \cdot T_{\mathrm{D}} \cdot \dot{\psi} = K_{\mathrm{R}} \cdot (\psi + T_{\mathrm{D}} \cdot \dot{\psi}) + \frac{1}{T_{\mathrm{I}}} \int \psi \cdot \mathrm{d}t.$$

Hierin bestimmen:

K_{R} P-Anteil (Proportionalverstärkung des Reglers),
T_{D} D-Anteil (Vorhaltzeitkonstante),
$1/T_{\mathrm{I}}$ I-Anteil (T_{I} = Zeitkonstante),
ψ Kursfehler,
$\dot{\psi}$ Änderungsgeschwindigkeit des Kursfehlers.

Die Eckfrequenzbereiche des PID-Frequenzganges sind nach den vorkommenden Frequenzgängen der Regelstrecke dimensioniert. Zur genauen Einstellung der Parameter „Ruder" und „Stützruder", die die Faktoren K_{R} bzw. T_{D} repräsentieren, ist es nützlich zu wissen, daß die „Ruder"-Einstellung grundsätzlich mit der Steuerempfindlichkeit und die „Stützruder"-Einstellung mit dem Trägheitsmoment des Schiffes bzw. mit der Reaktionsschnelligkeit in Einklang gebracht werden müssen.

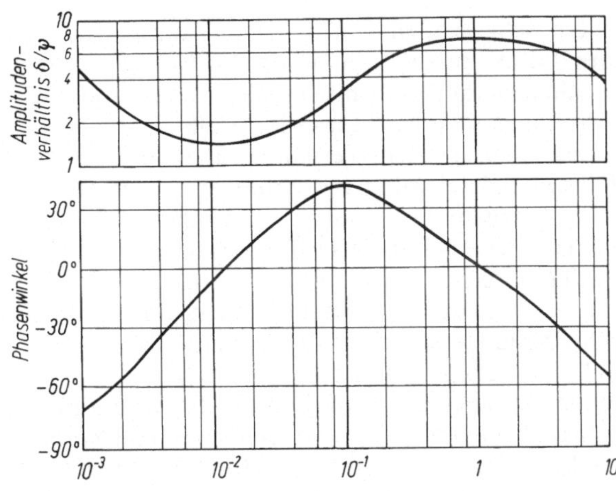

Bild 2.31. Beispiel für den Frequenzgang eines speziell angepaßten elektronischen „Selbststeuers" von Anschütz, Kiel

Als Beispiel zeigt Bild 2.31 den zu der vereinfachten Funktion gehörigen Reglerfrequenzgang für ein Containerschiff mit einer Verdrängung von 16 000 t. Bei niedrigen Frequenzen, die im Bereich der Restbewegungen der Regelung liegen, wirkt praktisch reines PID-Verhalten.

Die Anpassung an seegangsbedingte Gierbewegungen findet in einem besonderen Netzwerk statt, das die Kursfehlersignale durchlaufen, bevor sie zum PID-Netzwerk gelangen. Langsame Bewegungen, die den Gierbewegungen überlagert sind, werden dabei so ausgemittelt, daß sie noch gut differenzierbar sind.

Die Variationsfähigkeit aller Zeitkonstanten und der Verstärkung ist so gewählt, daß sich mit dem Spektrum der dynamischen Kenngrößen, die bei Schiffen vorkommen können, der Regelkreis stets stabilisieren läßt.

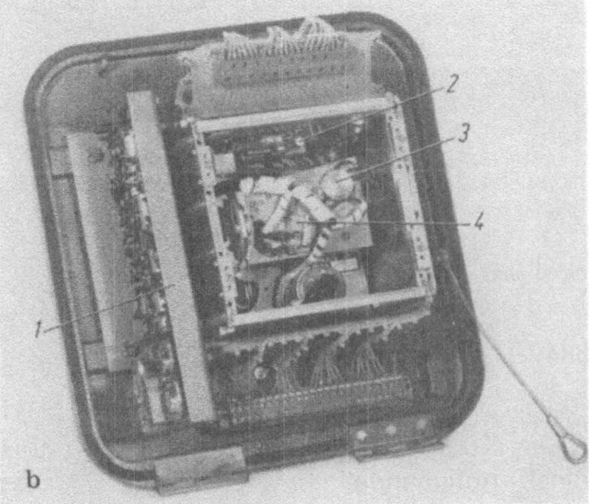

Bild 2.32. Bedienungsplatte (**a**) und Elektronik (**b**) des Kursreglers GEANAUT der Firma AEG-TELEFUNKEN.
a Kursreglerbedienplatte; *1* Sollkurseinsteller; *2* Tochterkompaß-Skala (Grobteilung); *3* Tochterkompaß-Skala (Feinteilung); *4* Schalter für Tochterkompaßmotor; *5* Steuerstrich; *6* Sollkursmarke (grob); *7* Sollkursmarke (fein); *8* Alarm-Anzeige/Löschung Kursabweichung; *9* Verdunkler. **b** Kursreglerelektronik; *1* Elektronikkarte; *2* Verbindungskarte; *3* Kurs-Differenz-Potentiometer; *4* Mikroschalter

Bei sehr großen Fracht- und Tankschiffen tritt gelegentlich das Problem der Instabilität auf, das in seinem Wesen seit langem bekannt ist. Es beruht hauptsächlich darauf, daß mit verhältnismäßig kleinen Ruderflächen eine hohe Manövrierfähigkeit erreicht werden muß. Dabei geht zwangsläufig Kursstabilität verloren. Auch das Kursverhalten eines instabil steuernden Schiffes wird durch eine Differentialgleichung beschrieben, in der als Variable der Ruderwinkel und der vom Kompaß gemessene Kurswinkel enthalten sind. Da im Kursregler jedoch beinahe jede beliebige Differentialgleichung programmiert werden kann, läßt sich auch ein solches Schiff stabil steuern.

Die Anpassung des Selbststeuers an Schiffsparameter wie Beladung und Geschwindigkeit sowie an die Wetterbedingungen mußte bisher von einem Bediener auf dem Schiff durchgeführt werden. Bei richtigem Abgleich ist ein optimales Steuerverhalten gegeben. Dieser ist nicht immer einfach durchzuführen. Deswegen werden zukünftig Selbststeuer eine *mikroprozessorgesteuerte Adaption* besitzen, wodurch jederzeit optimale Einstellungen gewährleistet sind. Siehe den adaptiven Kursregler GEANAUT der Firma AEG-TELEFUNKEN im folgenden Kapitel und im Bild 2.32a und b.

2.4.3 Elektronische Selbststeuer und ihr Aufbau

Wie jeder PID-Regler kann auch die Elektronik eines Selbststeuers auf verschiedene Art aufgebaut werden. Die Blockschaltung des Bildes 2.33 zeigt eine vereinfachte Darstellung der Möglichkeiten.

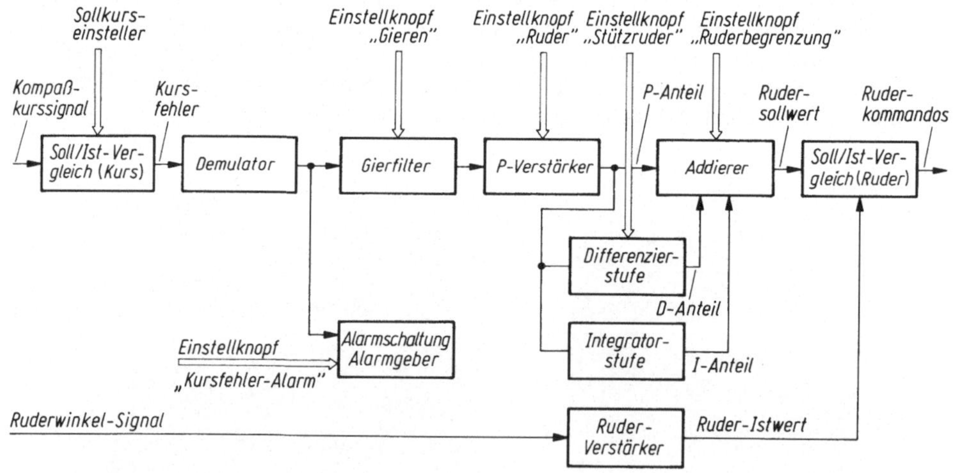

Bild 2.33. Blockschaltbild eines Selbststeuers

Das Kompaßkurssignal und die Einstellung des Sollkurszeigers werden in dem Block miteinander verglichen. In der Praxis besteht diese Stufe aus einer induktiven Brückenschaltung in der Anzeigeneinheit. Das Ausgangssignal stellt den Kursfehler dar (Wechselspannung), der im nachfolgenden Demodulator weiterverarbeitet wird. Das Ausgangssignal (Gleichspannung) verzweigt sich in die Alarmschaltung und das Gierfilter. In der Alarmschaltung wird der Kursfehler mit einer Schwellspannung verglichen, die über den externen Einstellknopf „Kursfehleralarm" eingestellt werden kann. Beim Überschreiten dieser Schwellspannung wird ein Alarm ausgelöst. Das Gierfilter besteht aus einem Widerstandsnetzwerk und einer Diodenschaltung. Durch das Netzwerk werden schnelle Änderungen des Kursfehlersignals gefiltert, so daß sie am Ausgang des Selbststeuers keine unerwünschten Ruderkommandos auslösen. Die Dioden haben die Aufgabe, beim Überschreiten bestimmter Kursfehlerwerte das Netzwerk zu überbrücken und den Regler verzögerungsfrei ansprechen zu lassen. Die Filterzeitkonstanten und Ansprechschwellen werden über den externen Einstellknopf „Gieren" eingestellt. Nach dem Gierfilter wird das Signal im P-Verstärker an die Erfordernisse für das jeweilige Schiff angepaßt. Die Höhe der Verstärkung wird nach interner Grundeinstellung über den externen Einstellknopf „Ruder" verändert. Nach dem P-Verstärker teilt sich das Signal in drei Zweige auf. Der 1. Zweig führt direkt in eine Addiererstufe, der 2. und der 3. in die Differenzier- bzw. Integratorstufe. In diesen Stufen werden der D-Anteil und der I-Anteil des Kursfehlers durch den PID-Regler bewirkt. Beide Signale werden ebenfalls in den Addierer eingespeist. Letzterer faßt P-Anteil, D-Anteil und I-Anteil zusammen und bildet aus der Summe den „Ruder-Sollwert". Die maximale Höhe dieses Signals kann mit dem externen Einstellknopf „Ruderbegrenzung" begrenzt werden. Die folgende Stufe vergleicht den „Rudersollwert" mit einem Signal, das dem tatsächlichen augenblicklichen Ruderwinkel entspricht. Dieses zuletzt genannte Signal stammt von einem Ruderrückmelder, der am Ruderschaft installiert ist und eine dem Ruderwinkel proportionale Spannung abgibt. Diese Spannung wird im Selbststeuer zunächst in einer hier als Ruderverstärker bezeichneten Schaltung aufbereitet und danach, wie oben erwähnt, dem Vergleicher zugeführt. Die Ausgänge der Vergleicherschaltung liefern 3 mögliche Informationen:

- Der Vergleich ergibt, daß das Ruder in Richtung Steuerbord verstellt werden muß (Ruderkommando „Stb.").
- Der Vergleich ergibt, daß das Ruder in Richtung Backbord verstellt werden muß (Ruderkommando „Bb.").
- Der Vergleich ergibt, daß der augenblickliche Ruderwinkel (Istwert) innerhalb einer bestimmten Toleranzbreite dem Rudersollwert entspricht (kein Ruderkommando).

Das auf diese Weise angesteuerte und verstellte Ruder bewirkt, daß das Schiff seinen Kurs in die entsprechende Richtung ändert, und so der Kompaßkurs nach einiger Zeit mit dem Kurs des Sollkurseinstellers in der 1. Vergleichsstufe übereinstimmt. Hierdurch wird das Kursfehlersignal zu Null, bis eine erneute Störung den Regler wieder ansprechen läßt.

Die Abbildungen a und b im Bild 2.34 zeigen das „Selbsteuer" von Anschütz, Kiel.

Die Bedienung des adaptiven Kursreglers GEANAUT der Firma AEG-TELE-FUNKEN (Bild 2.32) beschränkt sich ausschließlich auf die Einstellung des Sollkurses. Eine manuelle Einstellung von Gierung, Ruder, Stützruder etc. zwecks Anpassung des Kursreglers an die augenblicklichen Wind- und Seeverhältnisse und den Beladungszustand des Schiffes ist nicht erforderlich.

Ermöglicht wird dies durch eine besondere elektronische Schaltung mit PID-Regler, selbsteinstellender „Gierlose", elektronischem Schiffsmodell, geregelten Triggern und durch die die Anzahl der Ruderbewegungen registrierenden Zählstufen:

- Der Integrator lädt sich entsprechend einem Kursfehler auf und bewirkt die Verschiebung der Rudermittellage (Dauerruder), unabhängig von der geometrischen Schiffsmitte.
- Die automatische „Gierlose" im Eingang des PID-Reglers besteht aus einer um den Mittelwert der Eingangsspannung (Regelabweichung) verschiebbaren Hyste-

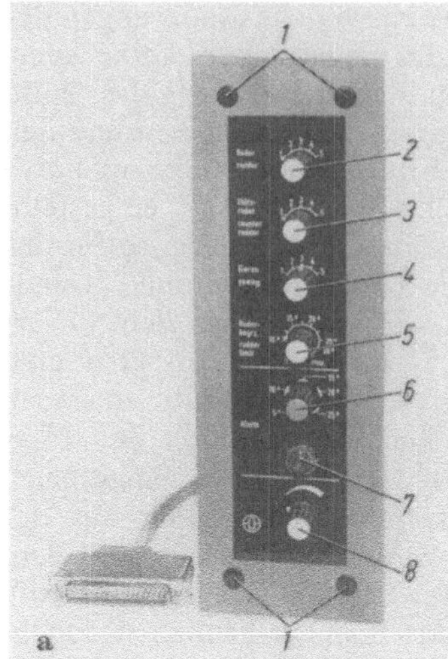
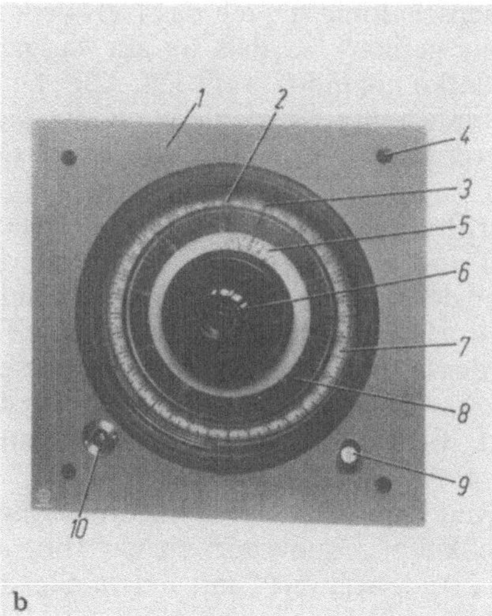

Bild 2.34. Regler- und Anzeigeeinheit des „Selbsteuers" von Anschütz, Kiel.
a Reglereinheit; *1* Lampe mit Abdeckkappe; *2* Drehknopf „Ruder"; *3* Drehknopf „Stützruder"; *4* Drehknopf „Gieren"; *5* Drehknopf „Ruderbegrenzung"; *6* Drehknopf „Kursfehler-Alarm"; *7* Löschtaste „Kursfehler-Alarm"; *8* Verdunkler. **b** Anzeigeeinheit; *1* Frontplatte; *2* Steuerstrich; *3* Sollkursanzeiger; *4* Abdeckkappen (Lampe); *5* Sollkurs-Feinskala; *6* Kurswähler; *7* 360°-Rose; *8* 10°-Rose; *9* Verdunklerknopf; *10* Synchronisiereinrichtung

rese und einem Filter dritter Ordnung. Die Empfindlichkeit der Gierlose wird in Abhängigkeit von der Anzahl der Rudermanöver gesteuert (Zählstufe). Als Kursdifferenzgeber dient ein vom Tochterkompaß angetriebenes Potentiometer.

- Das Schiffsmodell ist eine elektronische Nachbildung von Rudermaschine und zu steuerndem Schiff. Die Winkelgeschwindigkeit des „Modellschiffes" wird mit der wirklichen Winkelgeschwindigkeit verglichen, in einem PID-Regler verstärkt und als Korrekturwert dem Ruderwinkel-Sollwert hinzugerechnet.
- Die Ein- und Ausschaltpunkte der Triggerstufen werden in Abhängigkeit von der Anzahl der Rudermanöver verschoben, um die Zahl der Ruderbewegungen möglichst gering zu halten. Über die Trigger wird ein Leistungsverstärker angesteuert, an dessen Ausgang Ventile, Relais o.ä. angeschlossen werden können.

Als Istwertmelder der Ruderanlage dient ein kontaktloser induktiver Drehmelder mit nachgeschalteter phasenrichtiger Gleichrichtung.

Die Tochterkompaßskalen Pos. *2* (Grobteilung 0° bis 360°) und Pos. *3* (Feinteilung 3 mal von 0° bis 10°) werden von dem Mutterkompaß gesteuert und unter dem „schiffsfesten" Steuerstrich Pos. *5* (Ist-Kurs) abgelesen. Die durch den Sollwerteinsteller Pos. *1* einstellbaren roten Marken Pos. *6* und *7* markieren auf den beiden Tochterkompaßskalen den geforderten Sollkurs. Soll- und Istkurs sind identisch, wenn beide roten Marken unter dem Steuerstrich Pos. *5* liegen; vgl. Bild 2.32.

Eine optisch/akustische Alarmmeldung (Pos. *8*) erfolgt bei einem Kursfehler von mehr als ± 10°.

Das Selbststeuer NAVIPILOT von C. Plath (Bild 2.35) ist ein volltransistorisierter PID-Regler. Vor dem Umschalten von Handruder auf Selbststeuer mit dem Betriebsarten-Wahlschalter (*8*) ist der Sollkurseinsteller (*3*) einzudrücken und solange zu drehen, bis der Sollkursanzeiger (*4*) über dem gewünsch-

Bild 2.35. Bedien- und Anzeigeeinheit des Selbststeuers NAVIPILOT von C. Plath, Hamburg. *1* Kreiselkompaßtochter; *2* Beleuchtungsregler; *3* Sollkurseinsteller; *4* Sollkursanzeiger; *5* Rudergröße; *6* Gieren; *7* Stützruder; *8* Betriebsarten-Wahlschalter (Hand/Automatik)

ten Kurswinkel der Tochterrose (*1*) steht. Wenn man den Knopf (*5*) auf Stellung 2 und die Knöpfe (*6*) und (*7*) auf Stellung 3 fixiert hat (Einstellung auf mittlere Werte), wird nach Legen des Betriebsarten-Wahlschalters (*8*) auf „Auto" das Schiff sich langsam auf den Sollkurs einpendeln. Dieser Vorgang kann bei größeren Kursänderungen beschleunigt werden, wenn man vorher von Hand bis annähernd zum gewünschten Kurs steuert.

Die Anpassung der Selbststeuer-Automatik an die Manövriereigenschaften und den Beladungszustand des Schiffes und an die jeweiligen Wind-, Seegangs- und Dünungsverhältnisse erfordert einige Übung und Erfahrung. Diesen Verhältnissen paßt sich ja ein guter Rudersmann bei Bedienung des Handruders instinktiv an.

So erlaubt beim Abweichen des Schiffes vom Sollkurs der Schalter (*5*) vier Einstellungen der „Rudergröße" (des Ruderwinkels). Mit acht Einstellungen kann man im Seegang mit dem Schalter (*6*) „Gieren" für das an sich natürliche Pendeln des Schiffes um den Sollkurs weniger oder mehr Lose geben. Bei Abweichung vom Sollkurs $> 18°$ ertönt ein Alarmsignal. Mit ebenfalls acht Einstellungen des Schalters (*7*) „Stützruder" wird beim Rückdrehen des Schiffes bei automatischer Berücksichtigung der Drehgeschwindigkeit die notwendige Größe des Stützruders eingestellt und damit das Einpendeln auf den Sollkurs geregelt. Bei schwerem Wetter ist zur Schonung der Rudermaschine und damit zur Verhinderung unnötiger Fahrtverluste die optimale Einstellung der drei Schalter besonders wichtig. Die automatische Rudertrimmung beseitigt selbsttätig die Wirkung von unsymmetrischen Seitenkräften (durch Seegang und Wind), wenn die Kursabweichung weniger als $10°$ vom Sollkurs ist.

3 Trägheitsnavigation (Inertialnavigation)

3.1 Das Grundprinzip

Das der Trägheitsnavigation zugrunde liegende Prinzip besteht darin, die Komponenten der Fahrzeugbeschleunigung a längs genau definierter Achsen zu messen. Bei gegebenen Anfangswerten der Geschwindigkeit (im Anfang gleich Null) und des Fahrzeugortes (Position) lassen sich durch laufende Integration die Komponenten der Geschwindigkeit v und des zurückgelegten Weges s längs der definierten Achsen berechnen, wie Bild 3.1 zeigt. Das bei der Beschleunigungs-

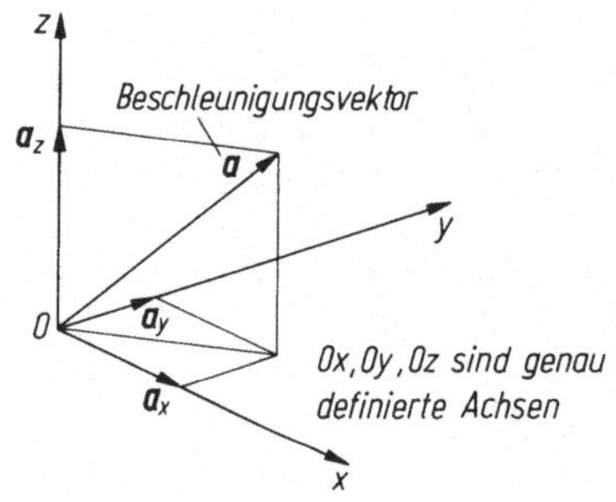

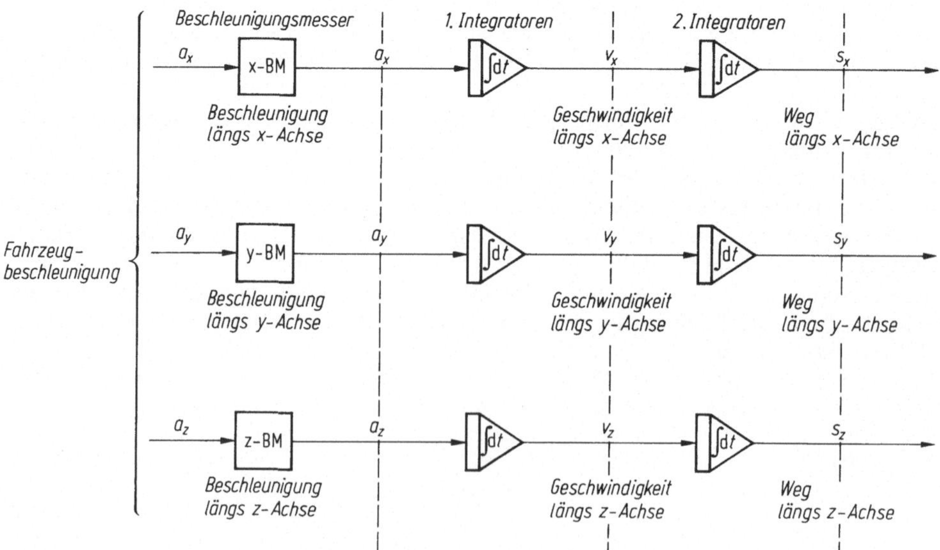

Bild 3.1. Grundprinzip der Trägheitsnavigation

messung benutzte Prinzip beruht auf dem von Newton[1] formulierten Trägheitsgesetz, daher der Name Trägheits- oder Inertialnavigation.

Obwohl des Grundprinzip der Trägheitsnavigation einfach ist, enthalten die praktisch ausgeführten Inertial-Navigations-Systeme (INS) aufwendige Komponenten höchster Präzision. Dies ist notwendig, um die der Trägheitsnavigation prinzipiell anhaftenden Fehler so gering zu halten, daß sie den heutigen Genauigkeitsansprüchen genügen.

Die Trägheitsnavigation ist eine völlig autonome Bordnavigation, die die Luft- und Schiffahrt (besonders militärische und Forschungsschiffahrt) heute betreiben.

3.2 Das Inertial-Navigations-System

3.2.1 Prinzipieller Aufbau

Bild 3.2 zeigt das Signalblockdiagramm eines konventionellen INS, bei dem sich die Beschleunigungsmesser auf einer kreiselstabilisierten Plattform befinden und die Beschleunigung längs genau ausgerichteter Achsen messen. Die Beschleunigungsmesser-Ausgänge werden in den Rechner geführt.

Die Plattform ist über die Plattformrahmen von den Fahrzeugdrehungen isoliert. Die Stellungen der Rahmen werden als Fahrzeuglagewinkel gemessen, deren Ausgangssignale zum Anzeigegerät, Autopilot und gegebenenfalls auch zum Rechner geführt werden. Der Rechner berechnet die Position, die Geschwindigkeit und Kurs über Grund aus den horizontalen Beschleunigungsmesser-Ausgängen. Er berechnet die Kreiselnachführsignale, um die Plattform in der gewünschten Ausrichtung zu halten.

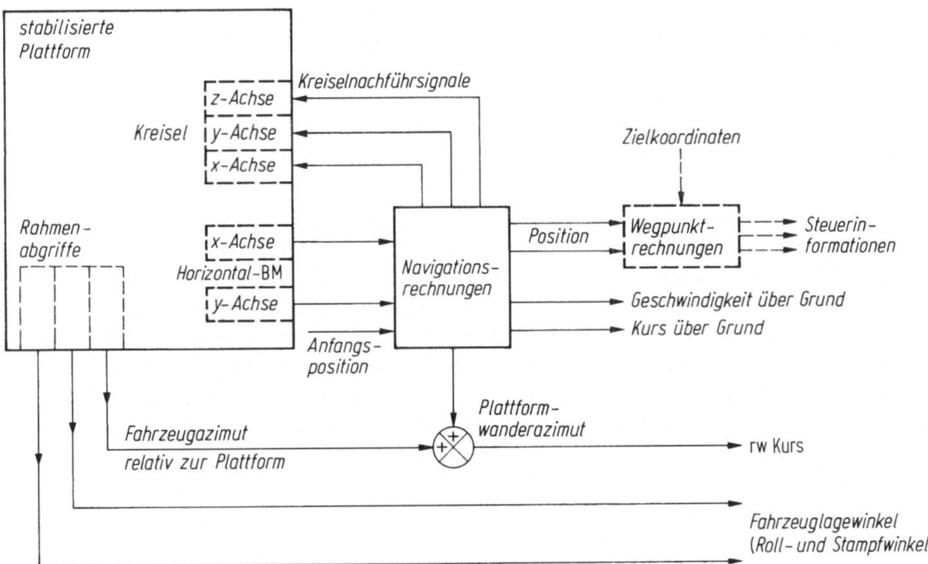

Bild 3.2. Signalblockdiagramm eines INS

---

1 Newton, Sir Isaac, 1643–1727, englischer Physiker und Mathematiker.

Das INS besteht aus folgenden Subsystemen:

- der Plattform mit der Plattformelektronik und den Inertialsensoren,
- dem Navigationsrechner,
- dem Bedien- und Anzeigegerät,
- der Elektronik für die interne Kommunikation des Rechners mit anderen Subsystemen des INS und für die externe Kommunikation mit anderen Fahrzeugsystemen und
- der Stromversorgung.

Das INS kann in einem gemeinsamen oder in mehreren einzelnen Gehäusen untergebracht sein. Die INS für die Schiffahrt liegen zwischen 60 kg und mehreren 100 kg. Die Leistungsaufnahme der kleineren INS beträgt etwa 300 W bis 350 W.

3.2.2 Stabilisierte Plattform (Inertiale Meßeinheit)

Die kreiselstabilisierte Plattform hat folgende Aufgaben:

- Die Beschleunigungsmesser längs eines definierten Koordinatensystems relativ zur Erde auszurichten, unbeschadet von den Drehbewegungen des Fahrzeuges.
- Information über die Fahrzeuglage zu liefern, indem die Stellungen der drei Plattformrahmen als die entsprechenden Winkel für die Roll-, Stampf- und Azimutachse (Gierachse) abgegriffen werden.
- Die Beschleunigungsmesser und Kreisel von den Drehbewegungen des Fahrzeuges zu isolieren, um damit deren genauestmögliche Funktion zu erreichen.
- Die empfindlichen Instrumente vor schädlichen Vibrations-, Temperatur- und Magneteinflüssen zu schützen.

Rahmenanordnung

Bild 3.3 zeigt die schematisierte 3-Rahmen-Plattform eines INS. Das Fahrzeug kann sich frei um die Roll-, Stampf- und Gierachse drehen, ohne dadurch das stabile Element (Plattform) zu stören. (Da in der Schiffahrt der Roll- und Stampfwinkel unter 90° bleibt, ist ein vierter Rahmen zur Vermeidung der sogenannten Rahmensperre nicht notwendig.)

Stabilisierung

Eine Servostabilisierung für jede der drei Achsen ermöglicht die gewünschte Orientierung des stabilen Elementes (siehe hierzu Bild 3.3). Die Sensoren für die Plattformlagefehler sind die Kreisel, ihre Ausgangssignale werden über Verstärker und Korrekturnetzwerke den Stellmotoren an den Plattformachsen zugeführt. Die Ausgänge der Horizontalkreisel werden zusätzlich entsprechend der Plattformazimutstellung in die Koordinaten der Roll- und Stampfachsen transformiert. In modernen Plattformen werden getriebelose direktantreibende Servomotoren für die Rahmen verwendet. Zur Plattformstabilisierung können sowohl zwei- als auch einachsige Kreisel benutzt werden.

Die Fähigkeit des stabilen Elementes, die stabilisierte Soll-Lage genau beizubehalten, hängt von folgenden Faktoren ab:

- Driftrate[2] der Kreisel,
- Genauigkeit der Kreiselnachführung,
- Drehbewegung des Fahrzeuges (Isolierung von der Fahrzeugdrehung) und
- Orthogonalität der Instrumente auf der Plattform.

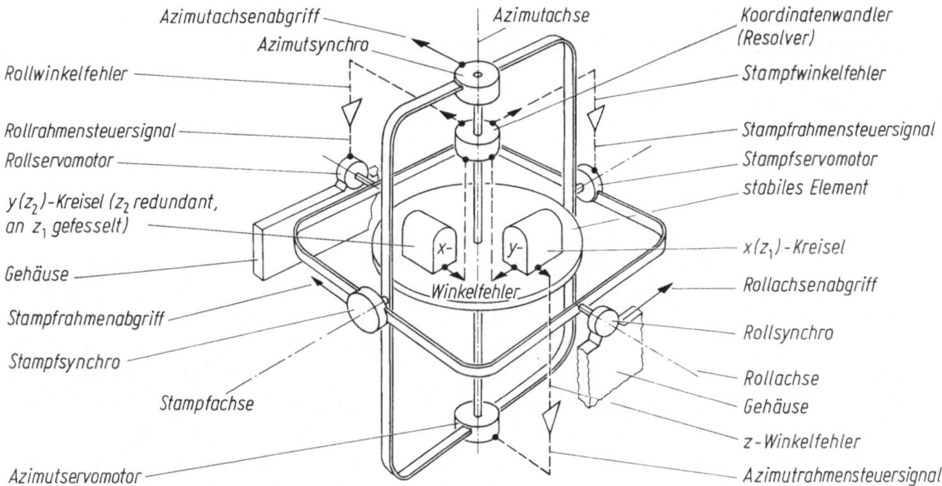

Bild 3.3. Kreiselstabilisierte Plattform mit 2achsigen Kreiseln

3.2.3 Kreisel

Die Aufgabe der Kreisel (siehe Grundlagen der Kreiselmechanik im Kap. 2.2.1) ist es, die Plattform mit den Beschleunigungsmessern in ihrer Winkellage zu stabilisieren und in eine definierte Winkellage zu bringen bzw. zu halten. Zu diesem Zweck genügt es, den Kreisel als „Winkelsensor" zu betrachten, der

- ein Ausgangssignal liefert, wenn sein Gehäuse um seine Eingangsachse eine Drehung bezüglich des Inertialraumes gemacht hat, und der
- durch ein entsprechend bemessenes Präzessionssignal mit einer gewünschten Drehgeschwindigkeit um seine Eingangsachse nachgeführt werden kann.

Je nachdem, ob der Kreisel zwei Eingangsachsen oder nur eine Eingangsachse hat, unterscheidet man zwei- und einachsige Kreisel. Man braucht zur Plattformstabilisierung zwei zweiachsige, jedoch drei einachsige Kreisel.

Die Driftwerte der Kreisel sind von ausschlaggebender Bedeutung für die Plattformleistungen. Die in Serie gefertigten Kreisel für Navigationssysteme haben Driftstreuungen von $10^{-2} \cdot 1\,°/h$ und weniger.

3.2.4 Beschleunigungsmesser

Der Beschleunigungsmesser (BM) mißt die Beschleunigung des Fahrzeuges längs seiner Eingangsachse und liefert ein elektrisches Ausgangssignal als Maß für die Beschleunigung. Die Genauigkeit des BM gehört mit zu den wesentlichen Parametern für die Systemgenauigkeit. Serienmäßig produzierte Beschleunigungsmesser haben Nullpunktsabweichungen von weniger als $10^{-3}\,m/s^2$. Der vom INS gelieferte Beschleunigungsfehler liegt meistens darunter.

3.2.5 Sonstige Plattformkomponenten

Die übrigen, unentbehrlichen Bestandteile der Plattform sind:
- Rahmen,
- Rahmenachsen-Drehmomentgeber (Torquer),

---

2 Fehler der vom Kreisel gemessenen Winkelgeschwindigkeit.

- Rahmenlager,
- Synchros und Resolver (Synchrongeber und Koordinatenwandler),
- Schleifringe,
- Vibrationsisolatoren und
- Plattformelektronik.

3.2.6 Rechner

In den modernen INS werden die Navigationsberechnungen durch Digitalrechner durchgeführt. Ein solcher Rechner kann z. B. alle Koordinatentransformationen und die Korrekturen für die kreiselstabilisierte Plattform (Inertiale Meßeinheit) ausführen. Zusätzlich kann der Rechner die Steuerbefehle für einen optimalen Kurs zu den gewählten Wegpunkten berechnen. Es kann eine große Zahl von Wegpunkten gespeichert und bei Bedarf als Streckenziel ausgewählt werden. Der Digitalrechner kann Navigationsdaten von anderen Quellen, wie z. B. von Funknavigationssystemen, Satellitenempfängern oder Fahrtmeßanlagen (Logs) verarbeiten. Diese externen Navigationsreferenzen lassen sich mit dem INS zu einem optimalen Navigationsystem integrieren; vgl. auch Kap. 4 „Integrierte Navigation" in Bd. 1 C dieses Handbuches.

Mit den dem Rechner aufgegebenen Selbst-Test-Fähigkeiten kann das System kontinuierlich überprüft und bei Auftreten eines Systemfehlers die Fehlerquelle diagnostiziert werden.

3.2.7 Bedien- und Anzeigegerät

Seine Hauptfunktionen sind:

- Bedienen des INS,
- Eingabe von Informationen an das INS,
- Anzeige von Navigationsinformationen vom INS und
- Anzeige des Betriebsstatus des INS.

3.2.8 Schnittstellenelektronik

Sie ermöglicht dem Rechner die Kommunikation mit anderen Subsystemen des INS und Systemen des Fahrzeuges. Hierzu gehören solche Funktionen wie die Signalaufbereitung, Signalumwandlung und Zuordnung (Sequenzierung) der Ein- und Ausgänge.

3.2.9 Stromversorgungseinheit

Die Stromversorgungseinheit transformiert die Spannung des Bordnetzes in die vom INS benötigten Betriebsspannungen. Bei Ausfall oder Überschreitung einer bestimmten Spannungstoleranz des Bordnetzes schaltet die Stromversorgung automatisch auf eine Notstromversorgung um, in vielen Fällen auf die eigene Notstrom-Batterie. Das System schaltet automatisch ab, falls eine der Ausgangsspannungen die festgesetzte Toleranz überschreitet. Eine Notstrom-Batterie kann zusätzlich beigestellt werden, um einen vorübergehenden Stromausfall zu überbrücken.

3.3 Die Plattformorientierung

3.3.1 Horizontale Orientierung

Alle Plattformen für terrestrische Navigationssysteme sind horizontal ausgerichtet. Dies hat folgende Vorteile:

- Roll- und Stampfwinkel werden direkt von den Rahmenachsen abgegriffen.
- Die horizontalen Beschleunigungsmesser benötigen keine Korrektur der Fallbeschleunigung.
- Die horizontale Plattform erleichtert die Benutzung mancher externer Ortungsreferenzen.
- Bei begrenzten Roll- und Stampfbewegungen genügt eine 3-Rahmen-Plattform.

3.3.2 Azimutorientierung

Bei der Plattformausrichtung bezüglich Azimut ist generell zu unterscheiden zwischen den beiden Fällen:

- Ausrichtung der Plattformachsen in geographischer Richtung, d. h. die nordweisende Ausrichtung, und
- Wanderazimutausrichtung.

Das Azimut hier ist nicht zu verwechseln mit dem in der Astronomie verwendeten Winkel am Zenit; vgl. Kap. 4.1 und 4.14. In der Technik wird häufig der Orientierungswinkel einer Richtung mit Azimut bezeichnet. Azimut (α_p) nennt man bei der Trägheitsnavigation den Winkel zwischen der Ausrichtungsachse der kreiselstabilisierten Plattform und der Rechtvorausrichtung des Fahrzeuges. Das Wanderazimut (α_W) ist die Abweichung der Ausrichtungsachse von rechtweisend Nord.

Nordweisende Ausrichtung

Diese Ausrichtung hat den Vorteil, daß die Richtungen der Plattformachsen mit den geographischen Himmelsrichtungen identisch sind, sie mit einfachen Ausricht- und Navigationsgleichungen ohne jede Koordinatentransformation und damit ohne Digitalrechner auskommt und der Fahrzeugkurs direkt an der Rahmenachse für das Azimut abgegriffen werden kann.

Dem stehen aber Nachteile gegenüber. Es muß bei der Anfangsausrichtung die Plattform physikalisch nach Nord eingedreht werden. Wegen der Meridiankonvergenz muß die Plattform bei der Fahrzeuggeschwindigkeit über Grund v_G, dem Kurs über Grund α_G, dem Erdradius R (sonst r_E) und der geographischen Breite φ mit der Winkelgeschwindigkeit

$$\frac{v_G \cdot \sin \alpha_G}{R} \cdot \tan \varphi$$

um die Vertikale nachgedreht werden, wobei $v_G \cdot \sin \alpha_G$ die Ostkomponente v_E der Fahrzeuggeschwindigkeit über Grund ist. Das führt mit zunehmender Breite zu einer wachsenden Drehrate, die am Pol über alle Grenzen groß wird, so daß mit dieser Mechanisierung am Pol nicht navigiert werden kann.

Wanderazimutausrichtung

Hierbei ist die Plattform um den Wanderazimutwinkel α_W von Nord abweichend ausgerichtet. Der Fahrzeugkurs ergibt sich als Summe des Plattformazimuts α_P

und des Wanderazimuts; vgl. den ersten Abschnitt in diesem Kapitel.

$$\alpha_{rw} = \alpha_P + \alpha_W \,.$$

Die einfachste Mechanisierung ist die, bei der die Plattformazimutausrichtung von der Fahrzeugbewegung entkoppelt ist. Hierbei wird die Plattform nur mit der Vertikalkomponente

$$\Omega \cdot \sin \varphi$$

der Erddrehung (Ω Winkelgeschwindigkeit der Erde), nicht aber mit

$$\frac{v_G \cdot \sin \alpha_G}{R} \cdot \tan \varphi = \frac{v_E}{R} \cdot \tan \varphi$$

(siehe vorhergehendes Kapitel) um die Vertikale nachgeführt. Dadurch wird an den Polen die unendlich schnelle Azimutdrehung vermieden. Es kann in allen Breiten navigiert werden. Diese Ausrichtung führt zu keiner nennenswerten Rechnermehrbelastung und zu keinem erhöhten konstruktiven Aufwand.

Bei einer anderen Wanderazimutausrichtung wird der Plattform über den Azimutkreisel eine willkürliche Drehung um die vertikale Achse auferlegt. Dies führt zu einer Modulation der horizontalen Beschleunigungs- und Kreiselfehler, was alleine schon eine Begrenzung der Navigationsfehler mit sich bringt. Die Plattformdrehung macht eine sich ständig ändernde Koordinatentransformation der zu verarbeitenden Signale notwendig. Dies stellt eine Rechnermehrbelastung dar, die jedoch für die heutigen leistungsfähigen Rechner kein Problem ist.

Prinzipiell zu unterscheiden von dieser Art der kreiselkontrollierten Azimutdrehung ist die nicht vom Kreisel kontrollierte Drehung der horizontalen Sensoren, die auf einem eigens dafür konstruierten Plattformkarusell angebracht sind.

3.4 Der Betriebsablauf

3.4.1 Anfangsausrichtung

Die Trägheitsnavigation ohne irgendeine externe Stützung setzt eine genaue Anfangsausrichtung voraus. Hierzu gehören: Horizontierung der Plattform, Ausrichtung der Plattform nach Nord oder Bestimmung des Wanderazimuts, Eingabe der Anfangsposition. Die am Ende der Ausrichtung erreichte Genauigkeit bestimmt die Genauigkeit der Inertialnavigation wesentlich mit.

Die zwei Parameter, nach denen sich ein Inertialsystem ausrichtet, sind der Gravitationsvektor der Erde und der Rotationsvektor der Erde. Die Ausrichtung findet in zwei Stufen statt, und zwar zuerst die Horizontierung und dann die Azimutausrichtung.

Bei der *Horizontierung* wird der Beschleunigungsmesserausgang als Maß für die Schrägstellung der Plattform benutzt, indem die Plattform über einen speziell ausgelegten Horizontierungsregelkreis in die horizontale Lage gebracht wird, bei der der BM keine Komponenten der Fallbeschleunigung mehr mißt. Vor der *Azimutfeinausrichtung* wird die Plattform z. B. mit Hilfe eines Magnetkompasses bis auf einige Grad im Azimut ausgerichtet. Darauf erfolgt im sogenannten Kreiselkompaßverfahren die Azimutfeinausrichtung solange, bis der x-Kreisel (Soll-Ostachse) keine Komponente der Erddrehung mehr mißt. Der darauf senk-

recht stehende y-Kreisel weist dann nach Nord, d. h., der Wanderazimutwinkel ist
Null.

Zur Veranschaulichung zeigt Bild 3.4 in vektorieller Darstellung die Ost-, Nord-
und Vertikalkomponente Ω_E, Ω_N und Ω_V der Winkelgeschwindigkeit Ω der Erddrehung auf der geographischen Breite φ:

$$\Omega_E = 0, \qquad \Omega_N = \Omega \cdot \cos \varphi, \qquad \Omega_V = \Omega \cdot \sin \varphi \,.$$

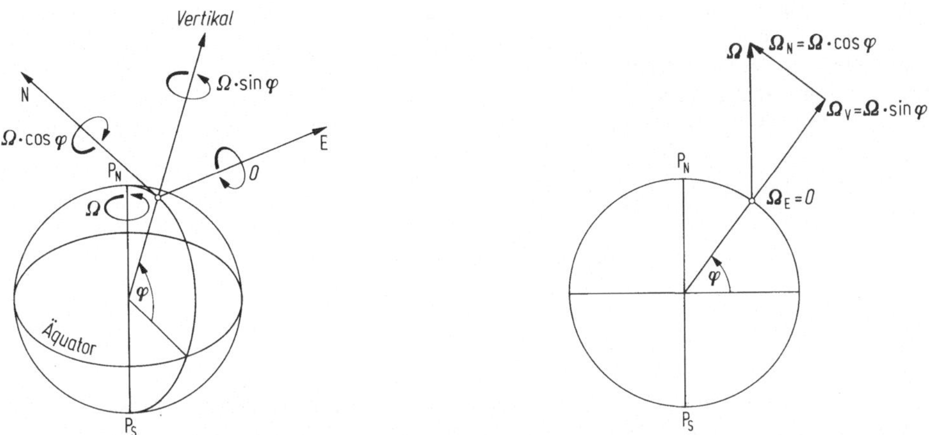

Bild 3.4. Die Ost-, Nord- und Vertikalkomponente der Erddrehung

Das Kreiselkompaßverfahren kann auch im Rechner allein durchgeführt
werden. Hierbei besteht die Azimutausrichtung nicht darin, die Plattform nach
Norden auszurichten, d. h. den Wanderazimutwinkel zu Null zu machen, sondern
darin, den anfangs unbekannten Wanderazimutwinkel zu bestimmen (freier
Azimut-Kreiselkompaß). Dies geschieht durch Vergleich von ω_x und ω_y mit der
bekannten Nordkomponente Ω_N der Erddrehung. ω_x und ω_y sind dabei die berechneten inertialen Drehgeschwindigkeiten um die beiden horizontalen Kreisel-
eingangsachsen x und y; vgl. auch Kap. 3.4.2.

Die Ausrichtgenauigkeit wird im wesentlichen bestimmt durch die

- Meßgenauigkeit der Kreisel und Beschleunigungsmesser,
- verfügbare Ausrichtzeit der Schnellausrichtung und
- Qualität der Ausrichtungsregelkreise (Rechnerprogramm).

Die Ausrichtzeit wird im wesentlichen bestimmt durch die

- Anfangsausrichtfehler der Plattform,
- maximal zulässige Präzessionsgeschwindigkeit der Kreisel,
- Schwankung des Fahrzeuges,
- Aufheizzeit der Plattform,
- in den Ausrichtkreisen verwendeten Filterverfahren und
- durch das Signalrauschen der Beschleunigungsmesser und Kreisel.

Die Ausrichtzeit heutiger INS liegt zwischen 20 min und 4 h. Danach kann auf
die Betriebsart „Navigation" umgeschaltet werden.

Das Kreiselkompaßverfahren setzt eine genügend große Nordkomponente Ω_N
der Erddrehung voraus. Da diese Komponente entsprechend $\Omega_N = \Omega \cdot \cos \varphi$ mit
der Breite abnimmt, nimmt auch die Genauigkeit der Azimutausrichtung beim
Kreiselkompaßverfahren mit der Breite ab. In Polarregionen ist daher Kreiselkom-
paßbetrieb nicht möglich.

3.4.2 Navigation

In der Betriebsart „Navigation" gilt es, die Plattform horizontal und in einer definierten Azimutausrichtung zu halten, so daß ständig die Roll- und Stampfwinkel sowie der rwK des Fahrzeugs zur Verfügung stehen. Zum anderen müssen die Navigationswerte wie Geschwindigkeit über Grund, Kurs über Grund und Standort geliefert werden; siehe Bild 3.5. v_x, v_y, v_E und v_N sind Geschwindigkeitskomponenten über Grund.

Je nach Ausstattung berechnet das INS zusätzlich verschiedene Steuerinformationen zu vorgegebenen Zielen, Abdrift, Querablage von Fahrstrecken zwischen vorgegebenen Wegpunkten usw. Um die Plattform auf einem sich auf der Erde bewegenden Fahrzeug horizontal und ausgerichtet zu halten, muß sie um ihre drei Navigationsachsen mit folgenden Winkelgeschwindigkeiten nachgeführt werden:

- x-Achse mit $\omega_x = \dfrac{-v_y}{R} - \Omega \cdot \cos \varphi \cdot \sin \alpha_W$,

- y-Achse mit $\omega_y = \dfrac{v_x}{R} + \Omega \cdot \cos \varphi \cdot \cos \alpha_W$,

- z-Achse mit $\omega_z = \dfrac{v_E}{R} \cdot \tan \varphi + \Omega \cdot \sin \varphi + \dot{\alpha}_W$.

Auch hier sind v_x, v_y und v_E Komponenten der Fahrzeuggeschwindigkeit über Grund in Richtung der x- und y-Achse sowie in Richtung Ost. $\dot{\alpha}_W$ ist die Änderungsgeschwindigkeit des Wanderazimuts in Winkel (Bogenmaß) durch Zeit.

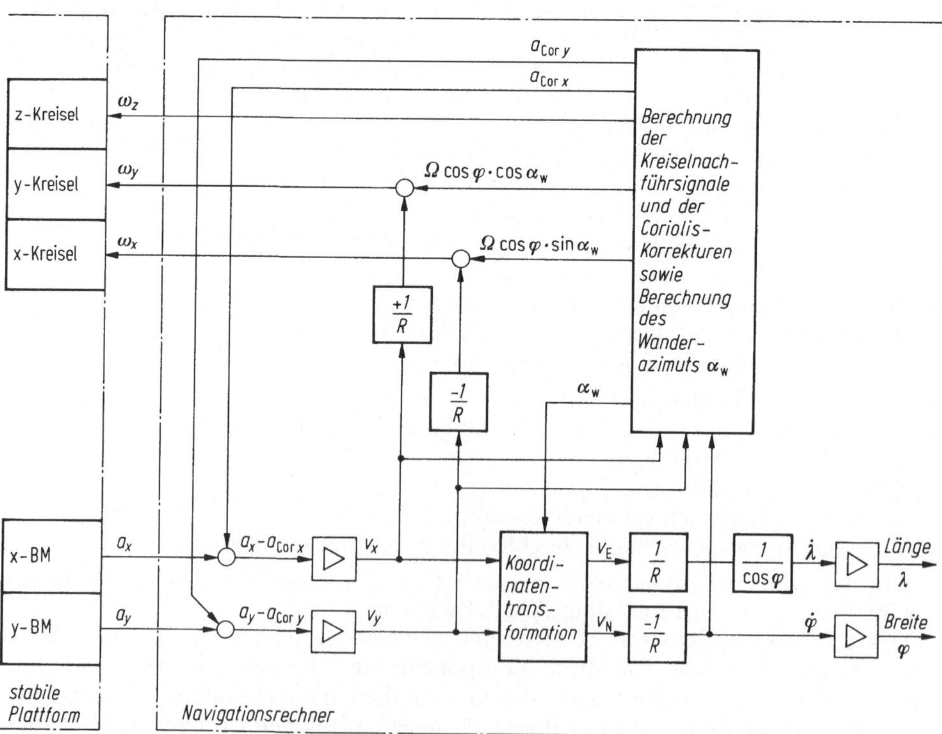

Bild 3.5. Funktionsschema eines INS

Die Geschwindigkeitskomponenten v_x und v_y in Richtung der Plattformachsen ergeben sich beim INS durch Integration der Fahrzeugbeschleunigungen $a_x - a_{\mathrm{Cor}\,x}$ und $a_y - a_{\mathrm{Cor}\,y}$, die durch Subtraktion der Beschleunigungsmesser-Ausgänge a_x und a_y sowie der entsprechenden Coriolis-Beschleunigungen $a_{\mathrm{Cor}\,x}$ und $a_{\mathrm{Cor}\,y}$ erhalten werden. v_x und v_y transformiert der Rechner entsprechend dem Wanderazimut α_{W} in die Ost- und Nordkomponenten v_{E} und v_{N}. Daraus berechnet er die geographische Breite φ und Länge λ entsprechend Bild 3.5.

Durch die notwendige Schulerabstimmung (siehe Kap. 2.2.4 — Beschleunigungsausschlag) kann das INS zu ungedämpften Schwingungen der Horizont- und Geschwindigkeitsfehler mit der Schulerperiode $T_{\mathrm{S}} = 84{,}4$ min angeregt werden, deren Amplituden von der Genauigkeit der Ausrichtung und der Sensoren bestimmt wird.

3.5 Allgemeine Vor- und Nachteile der Trägheitsnavigation

Die Trägheitsnavigation zeichnet sich durch folgende Vorteile aus:

- Sie liefert die über die Beschleunigungsmesser abgeleiteten Größen:
  Position, Geschwindigkeit über Grund, auf Wunsch auch Beschleunigungen längs aller Fahrzeugachsen, Vertikalgeschwindigkeit, -beschleunigung und Höhe.
- Sie liefert die Fahrzeuglageinformationen Rollwinkel, Stampfwinkel, rw Kurs, auf Wunsch auch den Kurs über Grund.
- Nach dem Einschalten und der Eingabe von Anfangsdaten vor dem Start arbeitet sie völlig automatisch.
- Sie arbeitet dank der eigenen Messungen der Fahrzeugbeschleunigung und dank der selbststabilisierten Plattform völlig autonom.
- Sie liefert ihre Informationen augenblicklich und kontinuierlich.
- Sie arbeitet weltweit.
- Sie ist völlig unabhängig von Wetter sowie Tages- oder Jahreszeiten.
- Sie ist weitgehend unabhängig von Fahrzeugbewegungen und -manövern.
- Sie liefert die genauest möglichen Lageinformationen auf einem bewegten Fahrzeug.
- Sie ist nicht störbar.
- Sie ist nicht ortbar.
- Sie prüft und diagnostiziert sich weitgehend selbst.

Die Nachteile sind:

- Die Navigationsfehler nehmen mit der Zeit zu. Als Faustregel gilt, daß $0{,}01\,°/$h nicht kompensierte Kreiseldrift zu einem Anstieg des Positionsfehlers von einer Seemeile je Stunde führt. Fehlergrenzen in der Größenordnung von 1 sm/h und zum Teil darunter werden von hochwertigen militärischen Anlagen erreicht.
- Eine Anfangsausrichtung ist notwendig. Die Ausrichtdauer beträgt zwischen 20 min und 4 h. Die Genauigkeit der Azimut-Ausrichtung ist breitenabhängig. Der Azimutfehler ist proportional $1/\cos\varphi$, so daß in Polarregionen eine autonome Azimut-Ausrichtung nicht möglich ist.
- Die Komplexität und aufwendige Technologie der Inertialnavigation bedingen vergleichsweise hohe Anschaffungskosten und relativ aufwendige Wartung. Doch konnten in den letzten Jahren die Wartungsansprüche stark herabgesetzt werden. Die zukünftigen Systeme mit gemäßigteren Genauigkeitsansprüchen, z. B. rahmenlose (Strapdown) Referenzsysteme, werden wesentlich billiger sein.

3.6 Anwendung in der Schiffahrt

Die Trägheitsnavigation findet in der kommerziellen und militärischen Luftfahrt
weitgehenden Einsatz. Auch in der Forschungsschiffahrt und militärischen Schiff-
fahrt wird sie zunehmend genutzt. Die bisher relativ hohen Anschaffungskosten
stehen einer Anwendung in der Handelsschiffahrt noch im Wege.

Die erhöhten Leistungen der INS erfüllen immer besser die Forderungen nach
einem autonomen und automatisch arbeitenden Navigations- und Lagereferenz-
system, das zu jeder Zeit die aktuellen Daten liefert. Dem steht ein schwerwiegender
Mangel gegenüber, nämlich der mit der Zeit zunehmende Navigationsfehler (Geschwindigkeitsfehler), was bei tage- und wochenlangen Schiffseinsätzen zu unzu-
lässigen Fehlern der Positionsangaben führt. Die Position muß nach gewissen

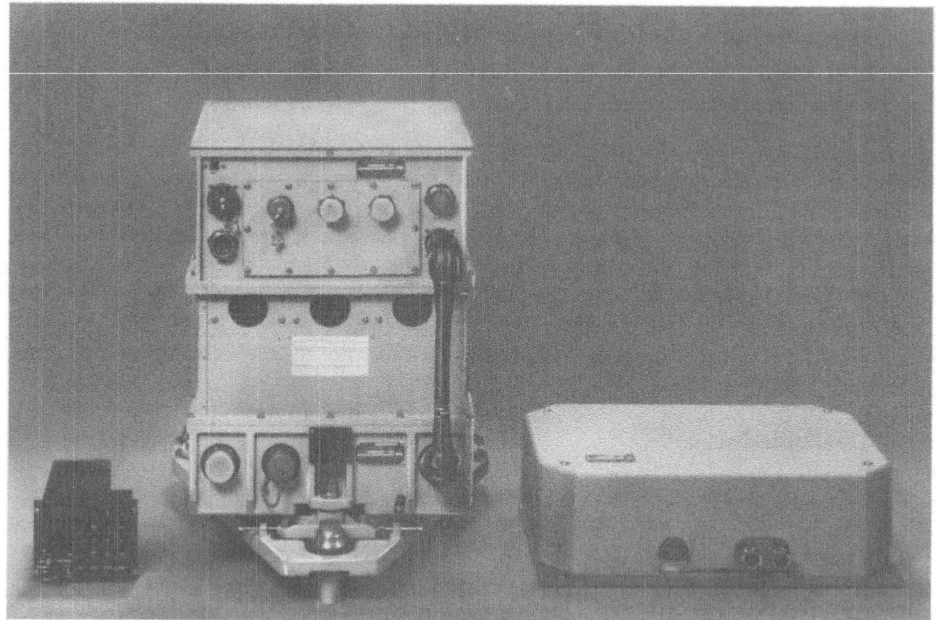

Bild 3.6. Marine-Trägheitsnavigationssystem PL-41 der Firma LITEF, Freiburg

Zeiten aufgedatet werden. Der Fehleranstieg kann zwar durch entsprechende
Sensoren vermindert werden, doch sind dem technische und wirtschaftliche
Grenzen gesetzt. Eine weniger aufwendige Möglichkeit stellt die Kombination mit
anderen Navigationsmitteln dar, wobei die Digitalrechner in Verbindung mit der
modernen Schätzungstheorie (Kalman-Filter [3]) eine optimale Ausnutzung und
Ergänzung der redundanten [4] Informationen ermöglichen.

Als einfachste und gebräuchlichste redundante Information bietet sich die Log-
geschwindigkeit an. Damit läßt sich der zeitabhängige Positionsfehler vermindern,
ohne daß die autonome Betriebsart eingeschränkt wird. Die Intervalle zwischen

---

3 Ein nach R. E. Kalman benanntes und von ihm 1960 veröffentlichtes Filterverfahren.

4 redundare (lat.), Überfluß haben; redundante Informationen werden in der Technik die
  noch nicht ausgenutzten, zur Verfügung stehenden Informationen genannt.

der notwendigen Aktualisierung der Positionsdaten lassen sich dadurch vergrößern. Bei einem INS mit Kalman-Filter werden durch gelegentliche Positionsstützungen nicht nur die Position, sondern auch Kurs, Horizont und Geschwindigkeit korrigiert und die Sensoren kalibriert (kalibrieren heißt, die Meßfehler der Sensoren — z. B. des Nullpunkts und des Skalenfaktors — zu messen, um sie danach im Rechner zu berücksichtigen).

Ein Beispiel für solch ein modernes Marine-Trägheitsnavigations- und Referenzsystem ist das System PL-41 der **Litton Technischen Werke, Freiburg (LITEF)**; siehe Bild 3.6. Auf der 3-Rahmen-Plattform des PL-41 erfassen die Sensoren (Kreisel und Beschleunigungsmesser) Drehdaten und Beschleunigungen des Schiffes. Sie sind auf einer stabilisierten Plattform angeordnet und liefern ihre Daten an den Digitalrechner; siehe Bild 3.7.

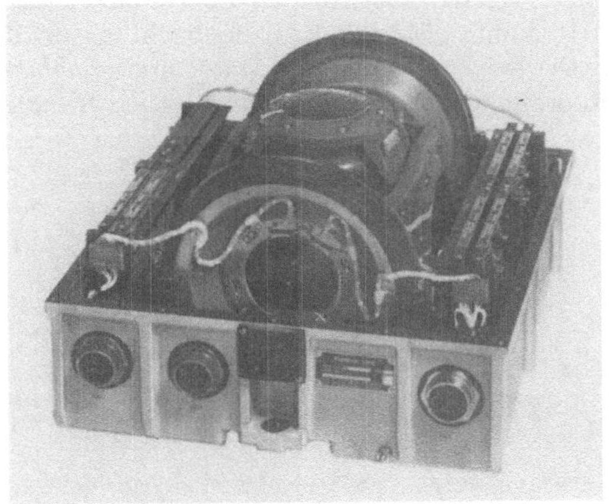

Bild 3.7. Plattform des Systems PL-41 (LITEF, Freiburg)

Ein fortschrittliches Rechnerprogramm schöpft zur Verfügung stehende redundante Informationen wie Log oder externe Positionsreferenzen zur gegenseitigen Korrektur und Sensorkalibration voll aus. Die Ausrichtzeit beträgt nur 30 min.

4 Astronomische Navigation

4.1 Koordinatensystem des wahren Horizonts — Begriffe, Benennungen und Abkürzungen

Die Lage der Gestirne an der Himmelskugel bestimmt man in der nautischen Astronomie *abhängig* vom Beobachtungsort durch zwei Koordinaten im *Koordinatensystem des wahren Horizonts*[1] und *unabhängig* vom Beobachtungsort durch zwei Koordinaten im *Koordinatensystem des Himmelsäquators.*

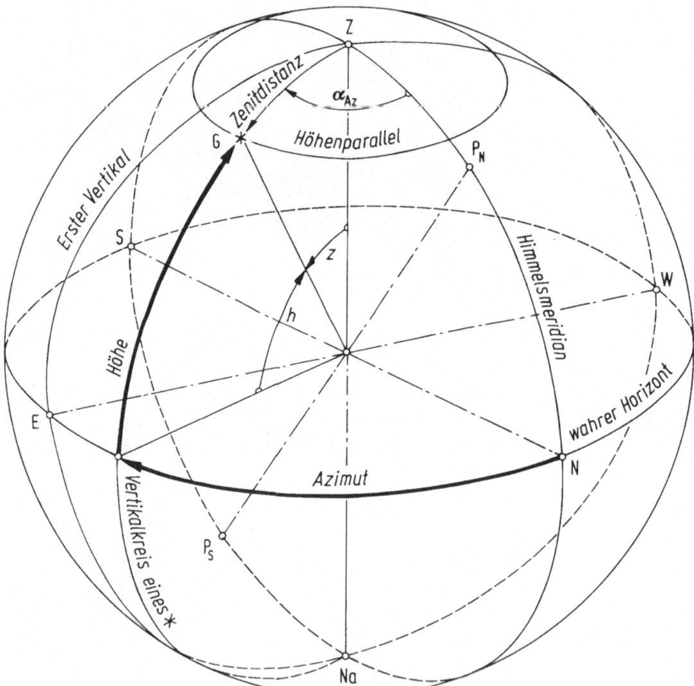

Bild 4.1. Koordinatensystem des wahren Horizonts. Himmelskugel von außen betrachtet

Die Grundkreise des *Koordinatensystems des wahren Horizonts* sind der wahre Horizont und der Himmelsmeridian, die Koordinaten die wahre Höhe und das Azimut.

Lot eines Ortes ist die Richtung eines an dem betreffenden Orte frei aufgehängten Lotes.

---

1 horizein (griech.), begrenzen.

Zenit [2] *und Nadir* [3] sind die Schnittpunkte des Lotes mit der Himmelskugel. (Z und Na sind die Abkürzungen.)

Wahrer Horizont ist der größte Kreis der Himmelskugel, dessen Ebene senkrecht zum Lote steht und durch den Erdmittelpunkt führt.

Hauptpunkte auf dem wahren Horizont sind:

Nordpunkt (Abkürzung N) in rechtweisender Peilung 000°,
Ostpunkt   (Abkürzung E) in rechtweisender Peilung 090°,
Südpunkt   (Abkürzung S) in rechtweisender Peilung 180°,
Westpunkt (Abkürzung W) in rechtweisender Peilung 270°.

Scheinbarer Horizont ist der Kreis der Himmelskugel, dessen Ebene senkrecht zum Lot durch das Auge des Beobachters geht.

Seehorizont, sichtbarer Horizont oder Kimm ist die Grenzlinie zwischen Wasser und Luft, die der Beobachter sieht (Grenze des Gesichtsfeldes auf freier See).

Höhenparallele sind Kreise der Himmelskugel parallel zum wahren Horizont.

Vertikale [4] *oder Vertikalkreise* sind halbe Großkreise senkrecht zum wahren Horizont, die vom Zenit zum Nadir führen.

Erster Vertikal ist der Großkreis senkrecht zum wahren Horizont, der durch den Ost- und Westpunkt führt.

Himmelsmeridian [5] ist der Großkreis der Himmelskugel, der durch Himmelspole, Zenit, Nadir sowie Nord- und Südpunkt führt.

Nordmeridian (Abkürzung NM) ist der Vertikalkreis durch den Nordpunkt.

Südmeridian (Abkürzung SM) ist der Vertikalkreis durch den Südpunkt.

Scheinbare Höhe (Formelzeichen h_s) ist der Winkel am Auge des Beobachters zwischen der Ebene des scheinbaren Horizontes und dem Lichtstrahl vom Gestirn zum Beobachter; $h_s = h' + R$.

Höhe über dem scheinbaren Horizont (Formelzeichen h') ist der Winkel am Auge des Beobachters zwischen der Ebene des scheinbaren Horizontes und dem Höhenparallel des Gestirns.

Wahre Höhe (Formelzeichen h) ist der Winkel am Mittelpunkt eines Vertikalkreises vom wahren Horizont zum Höhenparallel des Gestirns.

Beobachtete Höhe (Formelzeichen h_b) ist die wahre Höhe eines Gestirns aus der Beobachtung.

Berechnete Höhe (Formelzeichen h_r) ist die wahre Höhe eines Gestirns nach Berechnung.

Astronomische Höhendifferenz (Formelzeichen Δh) ist die Differenz aus beobachteter Höhe und berechneter Höhe; $\Delta h = h_b - h_r$.

Zenitdistanz (Formelzeichen z) ist die Ergänzung der wahren Höhe zu 90°; $z = 90° - h$.

Meridianzenitdistanz $z_0 = |\varphi - \delta|$; siehe auch unter Kap. 4.2. Man erhält sie auch aus der Höhe nach $z_0 = 90° - h_0$; siehe vorher.

Polhöhe ist der Winkel am Mittelpunkt des Himmelsmeridians vom wahren Horizont bis zum Höhenparallel des oberen Pols; die Polhöhe entspricht der geographischen Breite des Beobachters.

Astronomische Strahlenbrechung oder *Refraktion* (Formelzeichen R) ist der Winkel am Auge des Beobachters zwischen der geradlinigen Verbindung vom Gestirn zum Beobachter und dem Lichtstrahl vom Gestirn zum Beobachter.

---

2 zenit (arab.), Scheitelpunkt.
3 nazir (arab.), Fußpunkt.
4 vertex (lat.), Scheitel.
5 meridies (lat.), Mittag.

Kimmtiefe (Formelzeichen k) ist der Winkel am Auge des Beobachters zwischen der Ebene des scheinbaren Horizontes und dem Lichtstrahl von der Kimm zum Beobachter.

Kimmabstand (Abkürzung Ka) ist der Winkel am Auge des Beobachters zwischen den Lichtstrahlen vom Gestirn zum Auge und von der Kimm zum Auge. Siehe auch graphische Symbole für Kimmabstände.

Höhenparallaxe (Formelzeichen P) ist der Winkel am Gestirn zwischen den beiden Strahlen vom Gestirn zum Beobachtungsort und vom Gestirn zum Erdmittelpunkt; $P = P_0 \cdot \cos h'$.

Horizontparallaxe (Formelzeichen P_0) ist der Spezialfall der Höhenparallaxe, wenn sich das Gestirn im scheinbaren Horizont befindet; ($h' = 0$).

Scheinbarer Gestirnshalbmesser (Formelzeichen r) ist der Winkel, unter dem der Radius des Gestirns dem Beobachter erscheint.

Gesamtbeschickung (Abkürzung Gb und Formelzeichen Σ) ist die algebraische Summe der Einzelbeschickungen an den Kimmabstand, um die beobachtete Höhe zu erhalten; $\Sigma = -k - R + P \pm r$ (und zwar $+r$, wenn der Gestirnsunterrand, $-r$, wenn der Gestirnsoberrand beobachtet wird).

Sextantablesung ist der mit dem Sextanten gemessene Winkel zwischen dem Gestirn und der Kimm; siehe auch graphische Symbole für Sextantablesung im Kapitel 4.6.1.

Azimut[6] (Abkürzung Az und Formelzeichen α_{Az}) ist der Winkel am Zenit zwischen dem Nordmeridian und einem Vertikalkreis, gezählt vom Nordmeridian über E, S und W nach N von 000° bis 360°. Halb- und viertelkreisige Zählweise des Azimutes gibt es auch; die zugehörigen Formelzeichen sind Z und Z'.

Beispiele:

Vollkreisazimut:	$\alpha_{Az} = 211{,}7°$
Halbkreisazimut:	$Z = $ N 148,3° W = S 031,7° W
Viertelkreisazimut:	$Z' = $ S 31,7° W
Es gilt für das Azimut:	211,7° = N 148,3° W = S 031,7° W = S 31,7° W

(*Amplitude* wird in der nautischen Praxis das Azimut beim wahren Auf- und Untergang eines Gestirns genannt.)

4.2 Koordinatensystem des Himmelsäquators — Begriffe, Benennungen, Abkürzungen

Weltachse ist die „verlängerte" Erdachse, um die sich die Himmelskugel scheinbar dreht.

Himmelspole sind die Schnittpunkte der Weltachse mit der Himmelskugel.

Himmelsnordpol (Abkürzung P_N) liegt im Zenit des Erdnordpols.

Himmelssüdpol (Abkürzung P_S) liegt im Zenit des Erdsüdpols.

Oberer Pol (Abkürzung P) ist der Himmelspol oberhalb des wahren Horizonts.

Unterer Pol (Abkürzung P') ist der Himmelspol unterhalb des wahren Horizonts.

Die Grundkreise des *Koordinatensystems des Himmelsäquators* sind der Himmelsäquator und der Stundenkreis des Frühlingspunktes. Die Koordinaten sind der Sternwinkel (bzw. die Rektaszension) und die Deklination eines Gestirns. Siehe dazu die nachfolgenden Begriffsbestimmungen.

---

6 Azimut (arab.), Richtung; von simut mit Artikel al.

Um die Berechnung des Ortsstundenwinkels zu vereinfachen, werden im Nautischen Jahrbuch anstelle des Sternwinkels der ebenfalls vom Beobachtungsort
unabhängige Greenwicher Stundenwinkel der Sonne, des Mondes, der vier großen
Planeten und des Frühlingspunktes in einstündigen Intervallen der UT1 tabuliert.
Damit der Umfang des Jahrbuches übersichtlich und handlich bleibt, sind für die
80 im Jahrbuch angegebenen Fixsterne ihre Sternwinkel verzeichnet; die Koordinatentransformation auf den Greenwicher Stundenwinkel wird über den tabulierten Greenwicher Stundenwinkel des Frühlingspunktes vollzogen. Siehe dazu die
nachfolgenden Begriffsbestimmungen, die Bilder 4.2 und 4.3 sowie die Erläuterungen zum Nautischen Jahrbuch im Kap. 4.8.

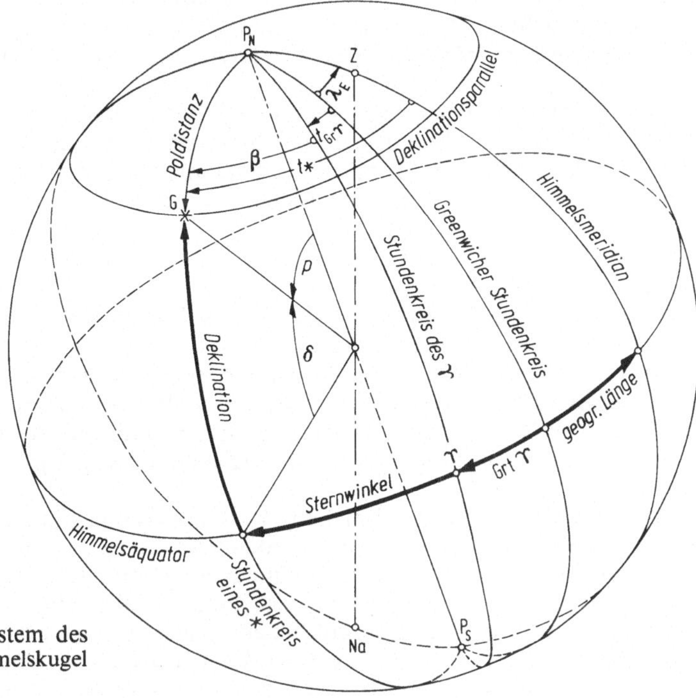

Bild 4.2. Koordinatensystem des Himmelsäquators. Himmelskugel von außen betrachtet

Himmelsäquator ist der Großkreis der Himmelskugel, dessen Ebene senkrecht
zur Erdachse (Weltachse) steht.

Frühlingspunkt (Symbol ♈) ist der Schnittpunkt der nordwärts aufsteigenden
Ekliptik mit dem Himmelsäquator; *Ekliptik*[7] heißt die scheinbare Bahn der
wahren Sonne an der Himmelskugel.

Herbstpunkt (Symbol ♎) ist der Schnittpunkt der südwärts absinkenden
Ekliptik mit dem Himmelsäquator.

Frühlingspunkt und Herbstpunkt werden auch *Tag-* und *Nachtgleichenpunkte
(Äquinoktialpunkte)* genannt.

Sonnenwendepunkte (Solstitialpunkte) heißen die Punkte der Ekliptik, in denen
die Sonne die nördlichste (Wendepunkt des Krebses) und die südlichste Deklination (Wendepunkt des Steinbocks) hat.

---

7 ekleipsis (griech.), Verfinsterung.

Tierkreis oder *Zodiakus* heißt die Gürtelzone beiderseits der Ekliptik. Man hat die Ekliptik in 12 gleiche Teile geteilt und jedes Teilstück durch das Zeichen des Sternbildes kenntlich gemacht (Himmelszeichen), in dem das Teilstück der Ekliptik liegt. Die Teilpunkte erhielten den Namen der Sternbilder, beginnend vom Schnittpunkt der nordwärts aufsteigenden Ekliptik mit dem Himmelsäquator wie folgt:

Widder Υ, Stier Θ , Zwillinge Π , Krebs $\mathfrak{S}$, Löwe Ω , Jungfrau $\mathfrak{m}$, Waage $\triangleq$, Skorpion $\mathfrak{m}$, Schütze $\nearrow$, Steinbock $\eth$, Wassermann $\approx$, Fische $\mathcal{H}$.

Die so bezeichneten Punkte der Ekliptik liegen heute nicht mehr in den Sternbildern, nach denen sie benannt sind, weil sie sich auf der Ekliptik langsam *rückläufig* [8] fortbewegen ($\approx 50,3''$ im Jahr) so daß der Widderpunkt heute im Sternbild der Fische liegt. Diese Bewegung heißt *Präzession der Tag- und Nachtgleichen.*

Deklinationsparallel ist ein Kreis der Himmelskugel parallel zum Himmelsäquator.

Deklination (Formelzeichen δ) ist der Winkel am Mittelpunkt eines Stundenkreises vom Himmelsäquator zum Deklinationsparallel eines Gestirns, gezählt von $00°$ bis $90°$, nördlich des Himmelsäquators mit N oder positivem Vorzeichen, südlich des Äquators mit S oder negativem Vorzeichen. Sie wird auch Abweichung genannt.

Stundenkreise sind halbe Großkreise senkrecht zum Himmelsäquator, die vom oberen zum unteren Pol führen.

Poldistanz (Formelzeichen p) ist der Winkel am Mittelpunkt eines Stundenkreises vom oberen Pol bis zum Gestirn.

Oberer Meridian (Abkürzung oM) ist der Stundenkreis durch den Zenit; er ist der auf die Himmelskugel projizierte Meridian des Beobachters. *Unterer Meridian* (Abkürzung uM) ist der Stundenkreis durch den Nadir des Beobachters.

Greenwicher Stundenkreis ist der auf die Himmelskugel projizierte Nullmeridian der Erde.

Ortsstundenwinkel (Formelzeichen t) ist der Winkel am oberen Pol zwischen dem oberen Meridian und einem Stundenkreis. Er zählt vom oberen Meridian im Sinne der scheinbaren täglichen Drehung der Himmelskugel von $000°$ bis $360°$. Man erhält ihn aus dem Greenwicher Stundenwinkel (Formelzeichen t_{Gr}) durch algebraische Addition der geographischen Länge; $t = t_{Gr} + \lambda$.

Der halbkreisige *östliche Stundenwinkel* (Formelzeichen t_E) zählt vom oberen Meridian von $000°$ bis $180°$ nach Osten, der halbkreisige *westliche Stundenwinkel* (Formelzeichen t_W) vom oberen Meridian von $000°$ bis $180°$ nach Westen; sie werden erhalten nach $t_E = 360° - t$ und $t_W = t \leq 180°$. Die Kennzeichnung des jeweiligen Stundenwinkels für ein bestimmtes Gestirn geschieht durch Hinzufügen des betreffenden graphischen Symbols als Index des Formelzeichens oder Anhängen an die Abkürzung wie z.B. t_* oder Grt $\odot$; siehe auch graphische Symbole und Abkürzungen für die Gestirne im Kap. 4.6.1.

Greenwicher Stundenwinkel (Abkürzung Grt und Formelzeichen t_{Gr}) ist der Winkel am oberen Pol zwischen dem Greenwicher Stundenkreis und einem Stundenkreis. Richtungssinn und Zählweise sind so wie beim vollkreisigen Ortsstundenwinkel.

Greenwicher Stundenwinkel des Frühlingspunktes (Abkürzung Grt Υ und Formelzeichen $t_{Gr\Upsilon}$) ist der Winkel am oberen Pol zwischen dem Greenwicher Stun-

---

8 Die rechtläufige Bewegung erfolgt in einem der täglichen Bewegung der Gestirne entgegengesetzten Sinne relativ zu den Fixsternen an der Himmelskugel. Die rückläufige Bewegung ist der rechtläufigen entgegengesetzt.

denkreis und dem Stundenkreis des Frühlingspunktes. Richtungssinn und Zählweise sind so wie beim vollkreisig zählenden Ortsstundenwinkel. Grt* wird erhalten
nach $t_{Gr*} = t_{Gr\Upsilon} + \beta$.

Sternwinkel (Formelzeichen β) ist der Winkel am oberen Pol zwischen dem
Stundenkreis durch den Frühlingspunkt und dem Stundenkreis durch ein Gestirn.
Richtungssinn und Zählweise sind so wie beim vollkreisig zählenden Ortsstunden-
winkel.

Rektaszension (Formelzeichen α), auch Gerade Aufsteigung genannt, wird erhalten nach $\alpha = 360° - \beta$, der Richtungssinn von α ist entgegengesetzt wie beim
Sternwinkel β.

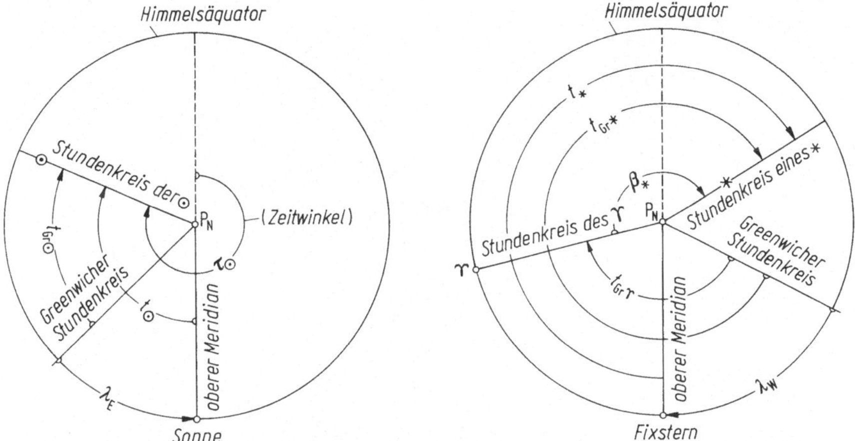

Bild 4.3. Polzeitfigur. Stunden- und Zeitwinkel der Sonne; Stunden- und Sternwinkel eines
Fixsternes

Zeitwinkel (Formelzeichen τ) ist der Winkel am oberen Pol zwischen dem
unteren Meridian und dem Stundenkreis eines Gestirns. Richtungssinn und
Zählweise sind so wie beim vollkreisig zählenden Ortsstundenwinkel.

Oberer Meridiandurchgang heißt der Gestirnsdurchgang durch den oberen, *unterer Meridiandurchgang* heißt der Gestirnsdurchgang durch den unteren Meridian.

Obere Kulmination ist der Durchgang eines Gestirns durch den höchsten über
dem wahren Horizont liegenden Punkt, untere Kulmination ist der Durchgang
eines Gestirns durch den tiefsten Punkt der täglichen Gestirnsbahn.

Der *parallaktische Winkel* (Formelzeichen q) ist der Winkel am Gestirn
zwischen dem Vertikalkreis in Richtung zum Zenit und dem Stundenkreis in
Richtung zum oberen Pol.

Zuwachs (Abkürzung Zw) ist der im Nautischen Jahrbuch verzeichnete Schalt-
wert für die Minuten und Sekunden des Beobachtungszeitpunktes, der zum
Stundenwert des Greenwicher Stundenwinkels zu addieren ist. Vergleiche auch
Nautisches Jahrbuch im Kap. 4.8.

Unterschied (Abkürzung Unt und Formelzeichen d) ist bei den Deklinationen der
im Nautischen Jahrbuch verzeichnete Unterschied zweier Deklinationen bei aufeinanderfolgenden Stunden, bei Stundenwinkeln der im Nautischen Jahrbuch zwischen dem aus den Tagesseiten hervorgehenden Zuwachs für eine Stunde und dem
der (grünen) Schalttafel zugrunde liegenden mittleren Zuwachs für eine Stunde.
Vergleiche auch Nautisches Jahrbuch im Kap. 4.8.

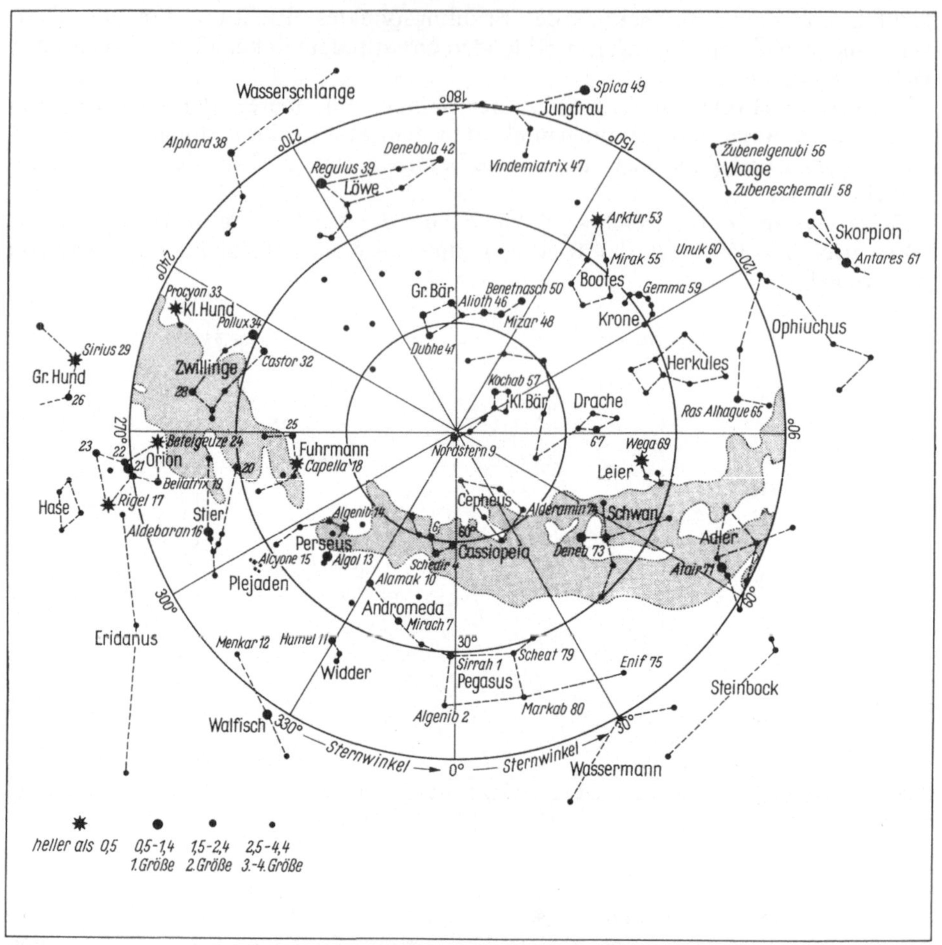

Bild 4.4. Sternkarte. Nördlicher Sternhimmel (00° N bis 90° N)

Verbesserung (Abkürzung Vb) ist der zur Minute des Beobachtungszeitpunktes mit dem Unterschied ermittelte Berichtigungswert für den Stundenwinkel bzw. für die Deklination eines Gestirns. Vergleiche auch Nautisches Jahrbuch im Kap. 4.8.

Die *wahre Sonne* bewegt sich mit ungleichförmiger Winkelgeschwindigkeit rechtläufig (siehe vorher) in der gegen den Himmelsäquator geneigten Ekliptik (siehe vorher).

Die *mittlere Sonne* ist eine fiktive Sonne, die in derselben Zeit und im gleichen Richtungssinn wie die wahre Sonne, aber mit gleichförmiger Winkelgeschwindigkeit im Himmelsäquator ihren Umlauf vollendet. Die mittlere Sonne und der Frühlingspunkt (siehe vorher) führen zu zwei verschiedenen Zeiteinteilungen. Vergleiche auch Kap. 4.3.1.

Der *mittlere Sonnentag* ist die Zeitspanne zwischen zwei aufeinanderfolgenden Durchgängen der mittleren Sonne durch den *unteren* Meridian. Vergleiche auch Kap. 4.3.1, 4.5.2 und 4.5.3.

Der *Sterntag* ist die Zeitspanne zwischen zwei aufeinanderfolgenden Durchgängen des Frühlingspunktes durch den *oberen* Meridian. Wegen der recht-

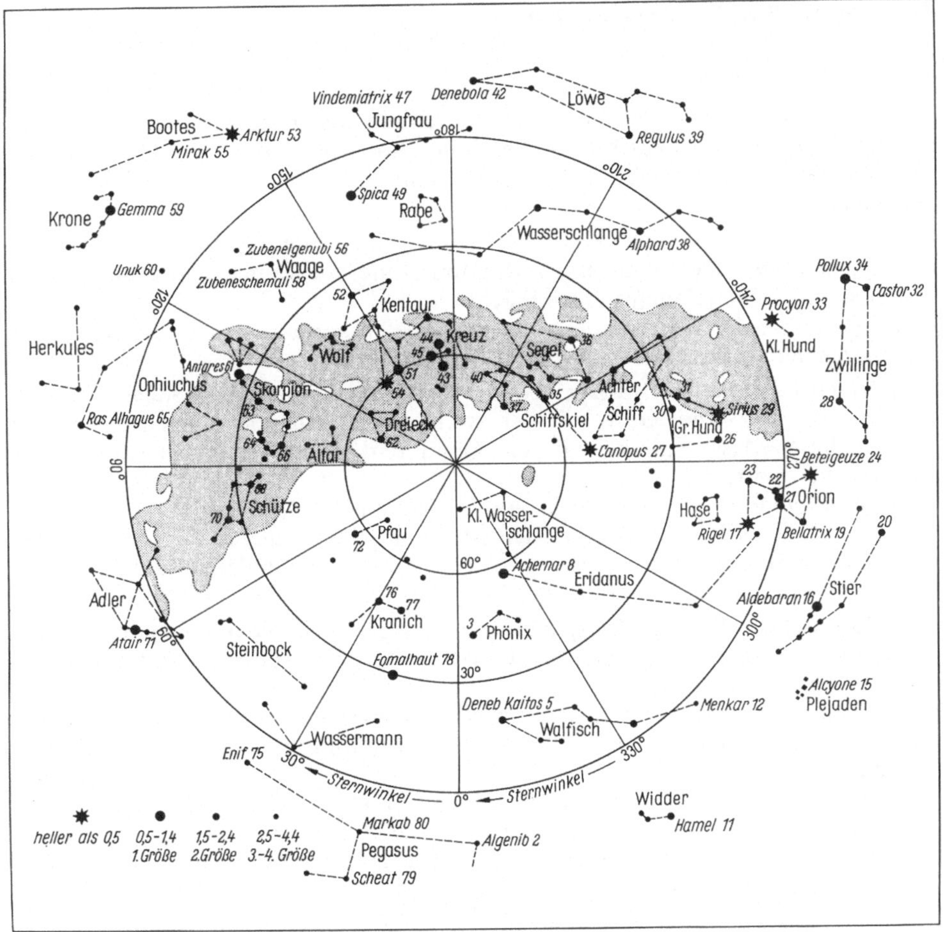

Bild 4.5. Sternkarte. Südlicher Sternhimmel (00° S bis 90° S)

läufigen Bewegung (siehe Fußnote S. 118) der Sonne ist der Sterntag um 3 min 55,9 s kürzer als der mittlere Sonnentag. Vergleiche auch Kap. 4.3.1.

Der *bürgerliche Tag* ist die Zeitspanne zwischen zwei aufeinanderfolgenden Mitternachtsanzeigen nach gesetzlicher Zeit (siehe auch Kap. 4.5.2). Er ist näherungsweise gleich dem mittleren Sonnentag.

Der *Mondtag* oder *Mondestag* ist wegen der ungleichförmigen rechtläufigen Bewegung des Mondes in seiner Bahn verschieden lang. Die Dauer eines Mondtages findet man durch Vergleich zweier aufeinanderfolgender Meridiandurchgangszeiten des Mondes im Nautischen Jahrbuch. Die Dauer eines *Planetentages* findet man auf gleiche Weise.

Meridiandurchgangszeit (Abkürzung T für Transit) ist die Durchgangszeit nach Weltzeit eins[9] (UT1) eines Gestirns durch den Greenwicher Stundenkreis.

Zeiten und *Zeitskalen* siehe Kap. 4.5 dieses Bandes und Kap. 5 in Bd. 1 C.

---

9 In der Bordpraxis wird bei den Zeitrechnungen manchmal die Näherung UT1 ≈ UTC = Chr + Std verwendet; siehe Kap. 4.5.

4.3 Bewegung der Weltkörper

4.3.1 Erdbewegung

Kopernikus (1473−1543) hat die Achsendrehung der Erde von West nach Ost nachgewiesen. Die Bahngeschwindigkeit eines Äquatorpunktes beträgt näherungsweise 463,8 m/s. Kepler stellte 1619 drei nach ihm benannte Gesetze der Bewegung der Planeten auf:

- Die Planeten bewegen sich in Ellipsen, in deren einem Brennpunkt die Sonne steht.
- Der Fahrstrahl eines Planeten (Verbindungslinie von Sonne und Planet) überstreicht in gleichen Zeiten gleiche Flächen.
- Die Quadrate der Umlaufzeiten zweier Planeten verhalten sich wie die dritten Potenzen der großen Halbachsen ihrer Bahnellipsen.

1685 fand Newton das Grundprinzip dieser Bewegung und begründete es in dem Gravitationsgesetz: Die Kraft, mit der zwei Massen einander anziehen, ist dem Produkt dieser Massen direkt und dem Quadrat ihrer Entfernungen voneinander umgekehrt proportional.

Die Geschwindigkeit der Erde in ihrer Bahn um die Sonne ist verschieden, im Mittel ungefähr 29 785 m/s, am größten ist sie in Sonnennähe, also im Nordwinter; am geringsten in Sonnenferne, also im Nordsommer. Erdbahnlänge rd. $940 \cdot 10^9$ m. Die Umlaufzeit der Erde um die Sonne heißt Jahr. Man unterscheidet:

- das siderische[10] Jahr als Zeitspanne zwischen zwei einander folgenden Durchgängen der Sonne durch denselben Punkt der Ekliptik (in bezug auf einen Fixstern (siderisch) gemessen),
- das tropische[11] Jahr als Zeitspanne zwischen zwei einander folgenden Durchgängen der mittleren Sonne durch den Frühlingspunkt (365,2422 mittlere Sonnentage),
- das bürgerliche Jahr, das durch die Gregorianische Kalenderreform im Jahre 1582 durch Aufrundung des tropischen Jahres zu 365 d 5 h 49 min 12 s = 365,2425 mittleren Sonnentagen festgelegt worden ist. Das bürgerliche Jahr wird dadurch eingehalten, daß die gemeinen Jahre 365 d und die durch 4 teilbaren Jahre als Schaltjahre 366 d zählen; die durch 400 *nicht* teilbaren Jahrhunderte fallen jedoch als Schaltjahre aus. Gemeine Jahre sind also: 1700, 1800 und 1900; Schaltjahre: 1600 und 2000. Man rechnet demnach die $(4 \times 0,2425\ d) = 0.97$ d des bürgerlichen Jahres im Schaltjahr zu einem vollen Tag, d. h. alle 4 Jahre 0,03, alle 100 Jahre 0,75 und alle 400 Jahre gerade 3 d zu viel. Man muß daher im Laufe von 400 Jahren 3 Schaltjahre ausfallen lassen.

Die unverändert schräge Lage der Erdachse während des Erdumlaufs um die Sonne begründet die Einteilung der Erde in Zonen, den Wechsel der Jahreszeiten und die Änderung der Tageslänge. Der Breitenparallel von 23½° N heißt Wendekreis des Krebses, der von 23½° S Wendekreis des Steinbocks; die Breitenparallele von 66½° N und 66½° S heißen Polarkreise. Die Zone zwischen den Wendekreisen ist die (heiße oder) tropische Zone, die Zonen zwischen den Wende- und Polarkreisen heißen nördliche und südliche gemäßigte Zone. Jenseits der Polarkreise liegen die nördliche und südliche Polarzone.

Siehe auch Kap. 4.20.

---

10 sidus (lat.), Gestirn.

11 tropicos (griech.), Wendekreis.

4.3.2 Die Planeten und ihre Bewegungen

Zum Sonnensystem gehören 9 große Planeten, geordnet nach ihrer Entfernung von der Sonne: Merkur ☿, Venus ♀, Erde ⊕, Mars ♂, Jupiter ♃, Saturn ♄, Uranus ♅ (entdeckt 1781), Neptun ♆ (1846) und Pluto ♇ (1930), außerdem eine große Zahl Planetoiden (bisher über 1500 bekannt). Die Bahnen aller Planeten sind nur wenig gegen die Ekliptik geneigt. Sie bewegen sich alle von West nach Ost um die Sonne. Sie haben alle auch eine Drehung um ihre Achse. Planeten bewegen sich in ihren scheinbaren Bahnen nicht immer im rechtläufigen Sinne, wie die Darstellung der Planetenbahnen im Nautischen Jahrbuch auf den Seiten 19 bis 22 zeigt.

4.3.3 Die Mondbewegung

Der Mond hat eine dreifache Bewegung, und zwar

- eine Drehung um die eigene Achse (Rotation),
- eine Bewegung um die Erde (Revolution) und
- eine Umlaufbewegung mit der Erde um die Sonne.

Seine Bahn um die Erde ist eine von der Kreisgestalt nur wenig abweichende Ellipse, deren einen Brennpunkt die Erde einnimmt und deren Ebene einen Winkel von fast 5° 08,7′ mit der Ekliptik bildet. Die Schnittpunkte von Ekliptik und Mondbahn nennt man Knoten[12]. Durch die verschiedenen Stellungen, welche die von der Sonne erleuchtete Hälfte des Mondes zur Erde einnimmt, entstehen die Phasen des Mondes. Die Umlaufzeit des Mondes um die Erde heißt Monat. Der Nautiker unterscheidet

- den siderischen Monat, das ist die Zeit, die verfließt, bis der Mond, von der Erde aus gesehen, wieder bei demselben Fixstern steht ($\approx 27\frac{1}{3}$ mittlere Sonnentage),
- den synodischen[13] Monat, das ist die Zeitspanne von Neumond zu Neumond oder die Zeit, die verfließt, bis der Mond wieder in der gleichen Stellung zur Erde und Sonne steht ($\approx 29\frac{1}{2}$ mittlere Sonnentage) und
- den bürgerlichen Monat mit 28 bzw. 29 bürgerlichen Tagen im Februar und 30 bzw. 31 bürgerlichen Tagen im übrigen Jahr.

Siehe auch Kap. 4.20.

Sonnen- und Mondfinsternisse. Tritt der Mond auf seinem Wege um die Erde zwischen Sonne und Erde, so daß sein Schatten auf die Erde fällt, entsteht eine Sonnenfinsternis. Sie kann also nur entstehen, wenn der Mond bei Neumond gerade die Ekliptik passiert (also in einem Knoten steht).

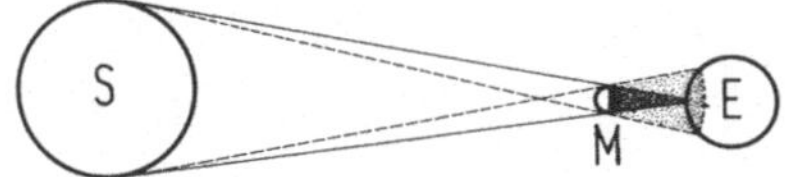
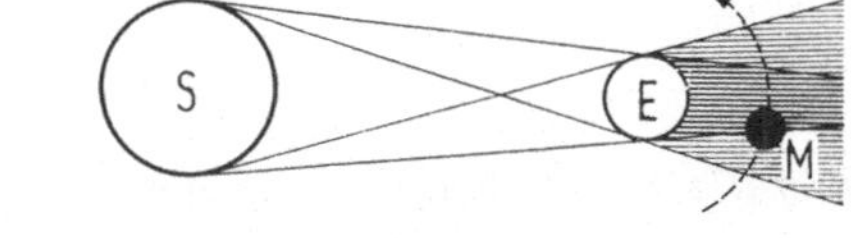

Bild 4.6. Sonnenfinsternis und Mondfinsternis

Vom Kernschatten des Mondes getroffene Orte haben eine totale, vom Halbschatten getroffene eine partielle Sonnenfinsternis. Bei einer ringförmigen Sonnenfinsternis ist der mittlere Teil der Sonnenscheibe verdeckt, während ein schmaler Rand der Sonne unverdeckt bleibt.

---

12 Knoten ist im allgemeinen ein Punkt einer Kurvenschar, der allen Kurven dieser Schar gemeinsam ist.
13 synodos (griech.), Zusammenkunft.

Tritt der Mond auf seinem Wege um die Erde in den Kernschattenkegel der Erde, so entsteht eine Mondfinsternis. Sie kann nur bei Vollmond vorkommen, und zwar nur dann, wenn der Mond zu dieser Zeit gerade die Ekliptik passiert (also in einem Knoten steht). Bei einer totalen Mondfinsternis ist die ganze Mondscheibe verfinstert, bei einer partiellen nur ein Teil. Die Spitze des Kernschattenkegels liegt in der Ekliptik der Sonne gegenüber.

Die Sonnen- und Mondfinsternisse des jeweiligen Jahres sind im Nautischen Jahrbuch erläutert.

4.4 Winkelmeßinstrumente

Sextanten [14] und seltener Oktanten dienen der Winkelmessung auf See. Sie bestehen aus dem Instrumentenkörper in Form eines Kreisausschnittes mit dem Mittelpunktswinkel von mehr als 60° bei dem Sextanten und von mehr als 45° bei dem Oktanten. Ein Zeigerarm, die Alhidade [15], ist am Mittelpunkt drehbar befestigt. Die Winkelstellung der mit einem Zeigerstrich (Index) versehenen Alhidade ist am Gradbogen (Limbus [16]) abzulesen. Auf der Längsachse der Alhidade steht über ihrem Drehpunkt senkrecht zur Instrumentenebene der mit ihr drehbare Indexspiegel, auch großer [17] Spiegel genannt. Ein zweiter Spiegel ist fest auf der Instrumentenebene und senkrecht zur ihr angebracht. Man nennt ihn Horizontspiegel oder kleinen [17] Spiegel. Gegenüber dem Horizontspiegel, dessen Glas ganz oder nur auf der dem Instrumentenkörper zugewandten Hälfte verspiegelt ist, befindet sich das auf ihn gerichtete Fernrohr.

Der Winkel, unter dem die Punkte P_1 und P_2 zweier Objekte vom Beobachter aus erscheinen (siehe Bild 4.7a), mißt man so, daß die Instrumentenebene durch die beiden Punkte und das Auge des Beobachters führt. Durch den durchsichtigen Teil

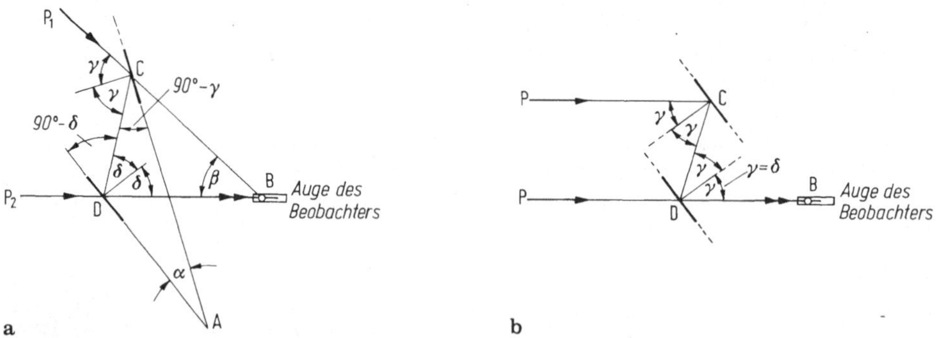

Bild 4.7a, b. Strahlengang beim Spiegelinstrument

---

14 Der Sextant wurde 1731 von John Hadley († 1744) erfunden. Bis dahin wurden die Höhenmessungen auf See mit See-Astrolabien, dem Jakobs-Stab und dem Davis-Quadranten (Davis † 1605) ausgeführt. Fast gleichzeitig mit Hadley baute der Amerikaner Th. Godefrey das hölzerne Modell eines ähnlichen Gerätes. 1773 erfand Ramsden eine Kreisteilmaschine, mit der man Winkel auf eine halbe Bogenminute genau messen konnte.

15 Alhidade (arab. al-hidad), Pfeiler, Säule.

16 limbus (lat.), Saum, Streifen.

17 Bei den neueren Sextanten ist der sogenannte „große Spiegel" meist kleiner als der sogenannte „kleine Spiegel" (siehe Kap. 4.4.4).

des Horizontspiegels visiert man (bei Vertikalwinkelmessungen) den unteren Punkt P_2 an und dreht die Alhidade mit ihrem Spiegel so, daß die von P_1 einfallenden Lichtstrahlen nach Reflexion in C am Indexspiegel und in D am Horizontspiegel in Richtung von D über B ins Auge des Beobachters gelangen. Der Beobachter sieht nun das direkt gesehene Bild von P_2 und das doppelt gespiegelte Bild von P_1 in Deckung.

Nach dem Reflexionsgesetz „Einfallswinkel gleich Ausfallswinkel" und nach dem Satz vom Außenwinkel am ebenen Dreieck „Der Außenwinkel ist gleich der Summe der beiden nicht anliegenden Innenwinkel" geht aus Bild 4.7a hervor, daß an den Dreiecken ACD und BCD die Außenwinkel in D und C

$$90° - \delta = \alpha + 90° - \gamma \quad \text{und} \quad 2\gamma = \beta + 2\delta$$

betragen. Daraus erhält man nach Umsetzen

$$\alpha = \gamma - \delta \quad \text{und} \quad \beta = 2\gamma - 2\delta.$$

Für das Spiegelinstrument gilt somit

$$2\alpha = \beta.$$

Das direkt gesehene und das doppelt gespiegelte Bild der parallelen Lichtstrahlen eines Gestirns oder eines sehr weit entfernten Objektes kommen für das Beobachterauge nur dann zur Deckung, wenn die beiden Spiegel parallel sind; siehe Bild 4.7b. Der Index der Alhidade steht jetzt in der wahren Nullstellung und sollte auf den Nullpunkt der Teilung des Gradbogens zeigen. Andernfalls besitzt das Spiegelinstrument einen Indexfehler, dessen zugeordnete Indexberichtigung (I b) zum gemessenen Winkel algebraisch addiert werden muß.

Der Gradbogen ist so geteilt, daß man nicht den Winkel α am Gradbogen abliest, sondern den doppelt so großen Winkel, der nach vorstehendem Beweis gleich dem gemessenen Winkel β ist.

Moderne Sextanten sind mit Prismengläsern mit stärkerer Vergrößerung als bisher ausgerüstet. Vor jedem Spiegel sind mehrere Schattengläser verschiedener Lichtdurchlässigkeit angebracht, die je nach den Helligkeitsverhältnissen vor die Spiegel gelegt werden können. Durch ein Sternspreizglas kann der Lichtpunkt eines Sternes horizontal auseinandergezogen und damit die Beobachtungsgenauigkeit erhöht werden.

Auf der Rückseite der oberen Kante beider Spiegel befindet sich eine Korrekturschraube zur Justierung der Spiegel senkrecht zum Instrumentenkörper. Der Horizontspiegel hat noch eine zweite in mittlerer Seitenhöhe befindliche Korrekturschraube, mit der er in der wahren Nullstellung (siehe Bild 4.7b) des Spiegelinstrumentes parallel zum Indexspiegel zu stellen ist.

4.4.1 Ausrüstung mit Spiegelinstrumenten, ihre Prüfung und Kontrolle

Die Verordnung über die Sicherheit der Seeschiffe (Schiffssicherheitsverordnung) vom 30. September 1980 schreibt in den §§ 18 bis 21 in Verbindung mit Anlage 6 die Ausrüstung mit und Prüfung von Winkelmeßinstrumenten vor. Hiernach müssen Schiffe auf Großer Fahrt mindestens zwei und Schiffe auf Mittlerer Fahrt sowie Schiffe in der Großen Hochseefischerei mindestens ein Instrument mitführen. Winkelmeßinstrumente sind einer Baumusterprüfung und einer Prüfung vor Verwendung an Bord durch das DHI (Prüfplakette) zu unterziehen.

Es ist an Bord darauf zu achten, daß diese Instrumente sich in gutem Zustand befinden. Sie sind zu diesem Zwecke während des Gebrauchs einer fortlaufenden Prüfung zu unterziehen. Ergeben sich bei dieser Prüfung Mängel, die der Besitzer der Instrumente nicht selbst zu beheben vermag, so hat er für deren sachgemäße Beseitigung zu sorgen.

Die Untersuchung der Instrumente durch das DHI erstreckt sich auf die sogenannten großen Fehler (nur mit einem Sextanten-Prüfgerät möglich):

- Fehler in der Teilung des Gradbogens und der Trommel (und evtl. des Nonius [18]),
- Exzentrizitätsfehler (geometrische Drehachse der Alhidade geht nicht durch den Kreismittelpunkt des Gradbogens),
- Fehler in der Planparallelität der Spiegel und Schattengläser,
- Abweichung der Fernrohrachse aus der zum Instrumentenkörper parallelen Lage

und auf die kleinen Fehler vor der Winkelmessung:

- Kippfehler der beiden Spiegel und
- Indexfehler.

Die Untersuchung und Beseitigung der kleinen Fehler hat in der bestimmten Reihenfolge wie folgt zu geschehen:

- Um den *Kippfehler des Indexspiegels* zu untersuchen, stellt man die Alhidade ungefähr auf die Mitte des Gradbogens ein, hält das Instrument so, daß der Indexspiegel nach oben dem Auge zugekehrt ist und sieht an der inneren Kante des Indexspiegels vorbei nach dem Nullpunkt des Gradbogens. Man wird dann dicht daneben im Spiegel das entgegengesetzte Ende des Gradbogens sehen. Liegen nun der direkt gesehene und der gespiegelte Teil in einer Ebene, dann steht der Indexspiegel senkrecht zur Ebene des Instrumentes. Erscheint das *gespiegelte Bild höher* als das direkt gesehene, dann ist der Indexspiegel nach *vorn* geneigt, und umgekehrt; der Sextant im Bild 4.8 besitzt keinen Kippfehler.

Bild 4.8. Prüfung des Kippfehlers am Indexspiegel

Steht der Indexspiegel nicht senkrecht, so mißt man alle Winkel zu groß. Je größer der gemessene Winkel ist, um so größer wird der Fehler. Die Berichtigung der Stellung geschieht in der Regel mit einer in der Mitte der oberen Kante von hinten auf den Spiegel drückenden Stellschraube (Stellschraube *1* in Bild 4.9).

---

18 Erfunden 1631 von dem französischen Mathematiker P. Vernier, 1558 − 1637, und von ihm benannt nach dem Portugiesen P. Nonius (1492 − 1577).

Bild 4.9. Stellschrauben.
1 Indexspiegel (Kippfehler); *2* Horizontspiegel (Kippfehler); *3* Horizontspiegel (Indexfehler)

- Um den *Kippfehler des Horizontspiegels* zu prüfen, betrachtet man ein mindestens eine Seemeile entferntes vertikales Objekt durch das senkrecht gehaltene Instrument in der Alhidaden- und Trommelstellung Null. Sind direkt gesehenes und doppelt gespiegeltes Bild in Deckung, liegt kein Kippfehler (und kein Indexfehler) vor; siehe Bild 4.10 a. Sieht man das Objekt doppelt nebeneinander, so steht der Horizontspiegel nicht senkrecht; Bild 4.10 b.

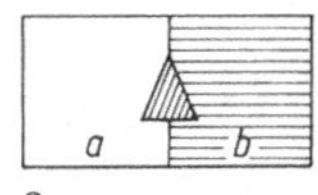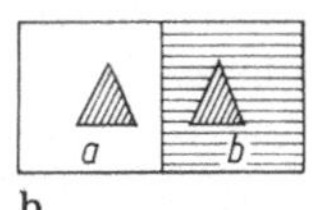

Bild 4.10. Kippfehler des Horizontspiegels. In Spiegelhälfte *a* direkt gesehenes Objekt, in Spiegelhälfte *b* gespiegeltes Objekt

Diese Prüfung kann auch an Gestirnen oder der Kimm durchgeführt werden. Steht der Horizontspiegel nicht senkrecht, so mißt man alle Winkel zu klein. Je größer der gemessene Winkel ist, desto kleiner wird der Fehler.
Die Berichtigung der Stellung des Horizontspiegels erfolgt ebenfalls durch eine Schraube, die in der Mitte der oberen Kante von hinten gegen den Spiegel drückt (Stellschraube *2* in Bild 4.9).

- Um den *Indexfehler* zu bestimmen, stellt man den Index der Alhidade und den Index der Trommel auf den Nullpunkt ihrer Teilungen. Man visiert nun eine mindestens eine Seemeile entfernte, scharf begrenzte horizontale Linie, auf See im allgemeinen die Kimm, an. Das Instrument ist dabei lotrecht zu halten. Sind z. B. direkt gesehene und gespiegelte Kimm mit sich selbst nicht in Deckung, so liegt ein Indexfehler vor (Bild 4.11 a). Indexspiegel und Horizontspiegel sind in diesem Falle nicht parallel. Zur Feststellung des Indexfehlers bringt man

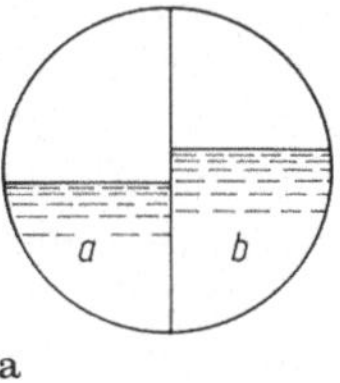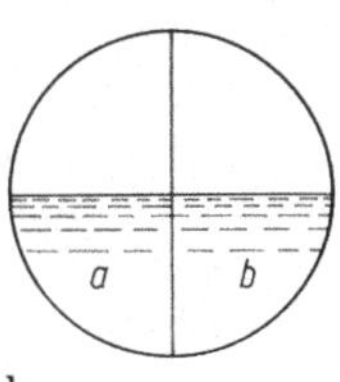

Bild 4.11. Bestimmung des Indexfehlers an der Kimm. In Spiegelhälfte *a* direkt gesehene, in Spiegelhälfte *b* doppelt gespiegelte Kimm

direkt gesehene und doppelt gespiegelte Kimm mit sich selbst in Deckung (Bild 4.11 b). Der Index der Alhidade und der der Trommel zeigen auf den wahren Nullpunkt des Instrumentes, denn beide Spiegel sind zueinander parallel; siehe Bild 4.7 b.

Die Winkeldifferenz zwischen wahrem Nullpunkt und dem Nullpunkt der Teilung des Instrumentes heißt Indexfehler. Liegt der wahre Nullpunkt auf dem Hauptbogen, so werden alle gemessenen Winkel zu groß abgelesen und die dem Indexfehler zugeordnete Indexberichtigung (I b) erhält das negative Vorzeichen; liegt der wahre Nullpunkt auf dem Vorbogen, so werden alle gemessenen Winkel zu klein abgelesen und die Indexberichtigung muß daher das positive Vorzeichen erhalten. In diesem Falle muß die Ablesung an der Trommel zu 60′ ergänzt werden, weil die Einstellung auf den wahren Nullpunkt des Instrumentes durch eine Links-Drehung der Trommel erfolgte.

Benutzt man bei der Indexbestimmung näher gelegene Objekte, so entsteht wegen des Abstandes der beiden Spiegel eine Spiegelparallaxe, die bei einem Abstand von einer Seemeile kleiner als fünf Winkelsekunden bleibt, so daß sie unter der Grenze der Meßgenauigkeit liegt. Bei geringer werdendem Abstand wächst jedoch die Spiegelparallaxe rasch an.

Eine andere Möglichkeit der Bestimmung der Indexberichtigung besteht darin, daß man nach gleichmäßiger Abblendung die beiden Sonnenbilder in eine scharfe Randberührung bringt; siehe Bild 4.12. Liegt das bewegliche Sonnenbild über dem direkt gesehenen, wird auf dem Vorbogen abgelesen. Dann dreht man das bewegliche Sonnenbild unter dem direkt gesehenen in scharfer Randberührung. Zwischen beiden Stellungen hat sich das doppelt gespiegelte Sonnenbild um vier Sonnenradien verschoben. Demnach ist der vierte Teil der Summe der Absolutbeträge beider Ablesungen gleich dem scheinbaren Sonnenradius. Zur Kontrolle der Messungen ist er mit dem im Nautischen Jahrbuch angegebenen scheinbaren Sonnenradius (r) zu vergleichen; ist die Abweichung davon größer als 0,1′, so sind die Messungen zu wiederholen.

Beispiel: Man beobachtet am 8. Mai 1982 wie folgt:

Vorbogenablesung	$+33,9′$
Hauptbogenablesung	$-29,7′$
algebraische Summe	$+\ 4,2′$
Indexberichtigung	$+\ 4,2′ : 2 = +\ 2,1′$
algebraische Differenz der Vorbogen- und Hauptbogenablesung	$63,6′$
scheinbarer Sonnenradius	$63,6′ : 4 = 15,9′$
Angabe lt. Nautischem Jahrbuch, 8. Mai 1982	$r_\odot = 15,9′$

Nachts bringt man einen Stern mit seinem Spiegelbild zur Deckung. Dadurch sind die Spiegel parallel zueinander gestellt. Die Stelle des Limbus, auf die jetzt der Index zeigt, ist der wahre Nullpunkt.

Zur Beseitigung des Indexfehlers ist an der Fassung des Horizontspiegels seitwärts eine Stellschraube (3 in Bild 4.9) angebracht, die erlaubt, den Spiegel um eine senkrecht zur Instrumentenebene stehende Achse etwas zu schwenken. Es ist jedoch nicht anzuraten, diese Schraube oft zu benutzen, weil mit dem Anziehen und Lockern derselben meistens gleichzeitig auch die senkrechte Stellung des

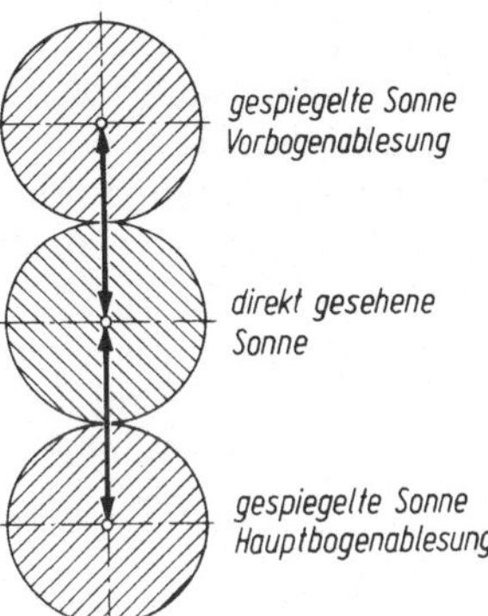

Bild 4.12. Indexbestimmung an der Sonne

Spiegels beeinflußt wird. Man bestimme deshalb die Indexberichtigung, die ohnehin durch Temperatureinflüsse veränderlich ist, öfter von neuem und stelle sie in Rechnung.

4.4.2 Gebrauch und Behandlung des Sextanten

Vor *jeder* Benutzung des Instruments prüfe man die Stellung der Spiegel und bestimme die Indexberichtigung. Die ganze Nachprüfung nimmt für einen geübten Beobachter keine halbe Minute in Anspruch, erhöht aber wesentlich das Zutrauen zu seinem Instrument.

Spiegelinstrumente erfordern eine sorgfältige Behandlung. Sie sind vor Stoß und Fall zu schützen und bei Nichtgebrauch im Sextantkasten zu lagern. Der Sextantkasten schützt nicht nur vor mechanischen Beschädigungen, sondern auch vor Feuchtigkeit. Der Gradbogen darf nie mit den Fingern berührt werden. Das Instrument ist entweder mit der rechten Hand am Griff oder beim Herausnehmen aus dem Kasten oder bei der Übergabe an einen anderen mit der linken Hand in den Sprossen des Instrumentenkörpers fest zu fassen. Spiegel, Blendgläser, Fernrohrlinsen und Gradbogen sind mit einem feinen Haarpinsel zu reinigen. Nur wenn sie feucht geworden sind, reinigt man sie vorsichtig mit einem weichen Leder- oder mit einem staubfreien Leinwandlappen. Der Instrumentenkörper ist mit einem Leder- oder Leinwandlappen abzuwischen, wenn er durch Regen, Spritzwasser oder sonstwie naß geworden ist. Salzrückstände aus der Verzahnung des Limbus nur mit der mitgelieferten Bürste entfernen. Nasse Gläser dürfen nicht den Sonnenstrahlen ausgesetzt werden, da sie sonst bräunliche Flecken erhalten. Salzrückstände entfernt man von den Spiegeln — auch bei frontverspiegelten Indexspiegeln und dielektrikumbedampften Horizontspiegeln — mit einem in Spiritus getränkten Wattebausch.

Generell ist es zu vermeiden, den Sextanten unnötig den direkten Sonnenstrahlen auszusetzen. Durch die Erwärmung kann sich der Kitt zwischen den Linsen des Fernrohrs lösen, wodurch die Linsen fleckig werden (Sonnenflecke). Die Trommelschraube des Sextanten ist von Zeit zu Zeit leicht mit säurefreiem Öl zu ölen. Beim Hineinlegen des Instrumentes in den Kasten ist zu beachten: Abtrocknen, wenn das Instrument feucht geworden ist, Blendgläser einschlagen, Alhidade ungefähr auf Null, Sextant in der Halterung verriegeln, vorsichtiges Schließen des Kastens.

Die Messung wird wie folgt durchgeführt:

- Alhidade (Indexhebel) auf 0° einstellen. Falls erforderlich, Schattengläser des Index- und des Horizontspiegels in den Strahlengang einschwenken.
- Gestirn durch das Teleskop anvisieren.

- Das Herunterholen des Gestirns auf die Kimm; dazu Sperrhebel drücken und Indexhebel nach vorn bewegen, gleichzeitig den Sextanten synchron nach vorn neigen. Das Gestirn bleibt ständig sichtbar, bis es die Kimm erreicht hat.
- Alhidade durch Loslassen des Sperrhebels einrasten lassen. Feineinstellung durch Drehen der Trommelschraube, bis der Gestirnrand die Kimm berührt.

Man findet die richtige Gestirnhöhe, wenn man den Sextant um die Teleskopachse schwenkt. Das Gestirn beschreibt dabei einen Bogen über der Kimm. Wenn das Gestirn dabei am tiefsten Punkt mit seinem Unterrand die Kimm „küßt", hat man den exakten Winkel.

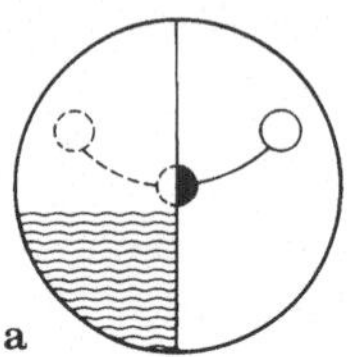
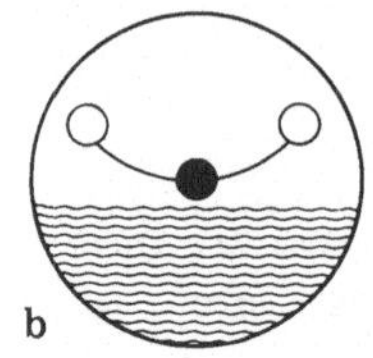

Bild 4.13a, b. Aufsetzen eines Gestirns auf der Kimm

Bild 4.13a zeigt das traditionelle Visieren mit einem zur Hälfte versilberten Spiegel, Bild 4.13b das Visieren mit vollem ungeteiltem Blickfeld eines Vollsichtspiegels (siehe Kap. 4.4.4).

Messungen mit dem Libellenaufsatz nimmt man wie folgt vor:

- Alhidade (Indexhebel) auf 0° einstellen.
- Gestirn durch das Teleskop anvisieren. Falls erforderlich, Schattengläser des Index- und des Horizontspiegels in den Strahlengang einschwenken.
- Das „Herunterholen" des Gestirns auf den künstlichen Horizont; dazu Sperrhebel drücken und Indexspiegel nach vorn neigen. Das Gestirn bleibt ständig sichtbar, bis die Blase und das Gestirn beide zentrisch im Fadenquadrat sich befinden; siehe auch Kap. 4.4.3 und Kap. 4.4.4.

4.4.3 Künstlicher Horizont

Der künstliche Horizont ist eine horizontale, ebene Fläche, in der sich das Gestirn, dessen Höhe man messen will, spiegelt. Der über dem künstlichen Horizont gemessene Winkel ist gleich der doppelten scheinbaren Höhe. Ein Fehler in der waagerechten Stellung des künstlichen Horizonts geht mit seinem vollen Betrage in die gemessene Höhe ein, wenn der Horizont in der Richtung des Gestirns geneigt ist. An Land verwendet man Glas- oder Quecksilberhorizonte. An Bord kann man Quecksilber, geschwärztes Öl oder Teer benutzen, jedoch treten bei Schlingerbewegungen des Schiffes infolge Beschleunigung unkontrollierbare Fehler auf.

Beim Messen von Sonnenhöhen über einem Spiegelhorizont muß man sich vor Verwechslungen des Ober- und Unterrandes hüten. Es ist deshalb zweckmäßig, die im Horizont gespiegelte Sonne durch die Wahl eines besonders gefärbten Blendglases schon äußerlich von der in den Spiegeln doppelt reflektierten Sonne zu unterscheiden. Bei windigem Wetter und unruhigem Horizont mißt man oft besser die Mittelpunktshöhe, indem man die Bilder sich decken läßt. — Sterne und Planeten bringt man immer mit sich selbst zur Deckung.

Sextanten sind auch selbst mit Kreiselhorizonten oder Libellenhorizonten versehen worden. Näheres darüber siehe im nächsten Kapitel.

4.4.4 Ausführungsformen des Sextanten

Alle zugelassenen Ausführungsformen des Sextanten sind Trommel- oder Mikrometersextanten.

- *Traditionelle Sextanten* zeichnen sich durch den zur Hälfte verspiegelten und zur Hälfte transparenten Horizontspiegel aus. Bei dieser Ausführung läßt auch die nicht verspiegelte Hälfte noch genug Reflexion zu, um das zu „schießende" Gestirn nicht beim Herunterholen auf die Kimm zu verlieren; siehe Bild 4.14. Zugelassene Sextanten dieser Bauart sind die Sextanten der Firmen Cassens & Plath, Freiberger Präzisionsmechanik, Ludolph, C. Plath (Hamburg) und Tamaya.

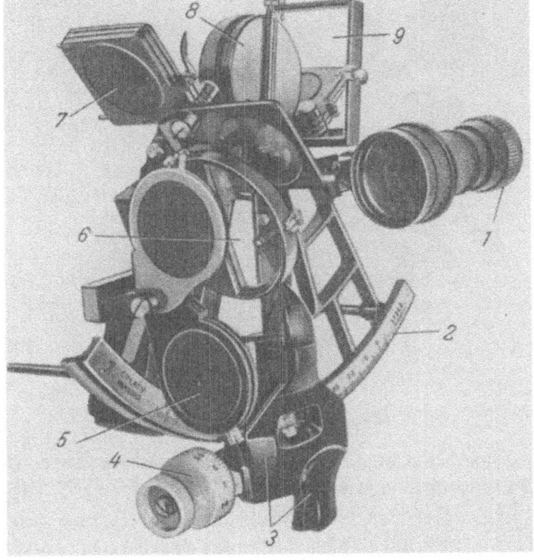

Bild 4.14. Trommelsextant traditioneller Ausführung NAVISTAR CLASSIC von C. Plath, Hamburg.
1 Fernrohr; *2* Gradbogen; *3* Beleuchtungsschwenkplatte mit Klemmhebel; *4* Trommel; *5* Schattengläser für den Horizontspiegel; *6* Horizontspiegel mit Kappe und Justierschraube; *7* Schattengläser für den Indexspiegel; *8* Teller mit Achse und Buchse; *9* Indexspiegel mit Kappe und Justierschraube

- *Sextanten mit identischem Index- und Horizontspiegel* zeichnen sich durch einfachere Ersatzteilbevorratung aus. Bild 4.15 zeigt den Sextanten dieser Bauart Navistar Professionell von C. Plath, der eine Neuentwicklung hinsichtlich der Formgebung (größere Stabilität) und des eloxierten stranggepreßten Aluminiumprofils darstellt.

Bild 4.15. Trommelsextant NAVISTAR PROFESSIONAL von C. Plath, Hamburg

- *Vollsichtsextanten* sind eine Neuentwicklung in der Art und Ausführung des Horizontspiegels. Sie zeichnen sich dadurch aus, daß sie über die ganze Fläche des Horizontspiegels sowohl durchsichtig als auch reflektierend sind. Dieser Effekt wird durch die moderne Quarzbeschichtungstechnologie erreicht. Sie bietet dem Benutzer das nahezu doppelt so große Sichtfeld und mehr Meßsicherheit bei einer relativ einfachen Bedienung. Bild 4.16 zeigt den zugelassenen Sextanten dieser Bauart von Cassens & Plath. Arbeitsvereinfachendes Zubehör sind das Sternspreizglas und der Libellenaufsatz.

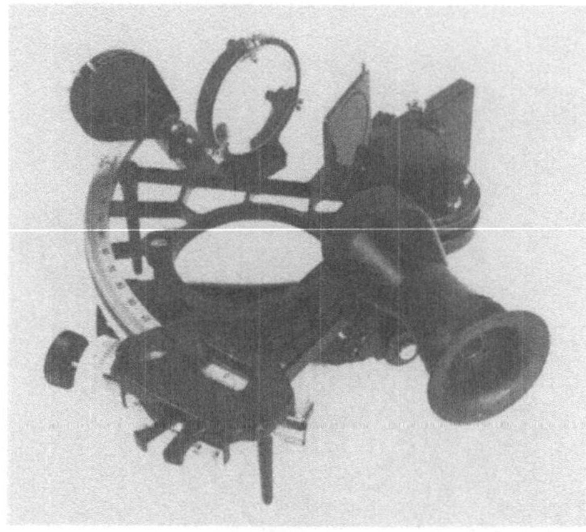

Bild 4.16. Vollsichtsextant von Cassens & Plath, Bremerhaven

Das *Sternspreizglas* ist eine Zylinderlinse, die so montiert ist, daß ein Gestirn waagerecht verzerrt wird. Dadurch wird die Messung von Gestirnshöhen einfacher. Bei der Höhenmessung der Sonne oder des Mondes hat man gleichzeitig eine Kontrolle dafür, daß man den Sextanten senkrecht hält.

Der Nachteil des Sternspreizglases ist, daß man es für Fixsterne selten verwenden kann, weil durch die Spreizung meistens zu wenig Licht überbleibt.

Der *Libellenaufsatz* wird an Stelle des Fernrohres am Sextanten festgeschraubt. Er erübrigt die Korrektur für die Augeshöhe. In der Praxis wird das Gestirn mittig mit der Blase in der Libelle und der Libellenzeichnung (z. B. Fadenkreuz oder Fadenquadrat) zusammengebracht. Die Messung mit dem Libellenaufsatz erfordert viel Übung. Das erste Instrument dieser Art war der *Soldsextant* (Hersteller C. Plath, Hamburg).

Es wurden noch andere Ausführungsformen des Sextanten entwickelt, die vor allem in der Forschung und Vermessung zum Einsatz kamen.

Bei einer Weiterentwicklung des *Libellensextanten* werden alle durch die Schiffsbewegungen bewirkten Schwankungen der Libellenblase und die während der Beobachtungsdauer erfolgenden Höhenänderungen des beobachteten Gestirns über einen einzustellenden Zeitraum durch einen Integrator selbsttätig gemittelt.

Später baute man einen richtunghaltenden Kreisel ein, der einen Spiegel waagerecht hält (*Fleuriais-Sextant*).

Der eigentliche *Kreiselsextant* besitzt einen eingebauten Kreiselhorizont. Der Kreisel ist als Pendel ausgebildet, bei dem der Schwerpunkt unterhalb des Stützpunktes liegt. Auf den Sextanten übertragene Schwankungen der Horizontalebene versucht der Kreisel auszugleichen, und er erreicht nach einer gewissen Zeit wieder die Horizontalebene im Raum. Nachbleibende Restabweichungen werden durch den Integrator ausgeglichen (Meßunsicherheit etwa 0,5′ bis 1′ bei bewegter See); siehe auch Kap. 2.2 und 2.3.

Der für die Vermessung in Großbritannien entwickelte *Double Marine Sextant* ist ein als Vollkreis ausgebildetes Spiegelinstrument und besitzt zwei gegenüberliegende Gradbogen von jeweils 0° bis 150°. Er eignet sich besonders für das Messen von Horizontalwinkeln (Unsicherheit etwa 0,5′).

Der *Radiosextant* wurde in den Vereinigten Staaten von Nordamerika entwickelt. Er besteht aus einer Richtantenne und einem sehr empfindlichen Empfänger. Die von der Sonne und anderen großen Gestirnen ausgestrahlten elektromagnetischen Wellen ($\lambda = 1{,}9$ cm und $\lambda = 0{,}87$ cm) werden zur Richtungsbestimmung und Höhenmessung benutzt. Die Genauigkeit soll die eines optischen Sextanten erreichen.

Bei dem ebenfalls in Nordamerika entwickelten *automatischen Sextanten* bündelt ein für Lichtwellen hochempfindliches Teleskop das Licht heller Sterne und bringt die Richtungs- und Winkelwerte automatisch zur Anzeige. Die Unsicherheit der Messung soll bei etwa 2′ liegen.

4.5 Schiffszeit

4.5.1 Einheiten und Schreibweise von Zeitpunkten und Zeitspannen

Die Einheiten für die Zeit sind Jahr, Tag, Stunde, Minute und Sekunde; ihre Einheitenzeichen sind a, d, h, min und s.

Ist ein *Zeitpunkt* gemeint, so sind Minuten und Sekunden stets zweistellig anzugeben. Man schreibt z. B. vereinfacht für die Bordzeit 5 Uhr 27 Minuten und 24 Sekunden: BZ 5.27.24 Uhr. Das Wort „Uhr" darf man noch weglassen. Beispiel: BZ 5.27.24. Häufig wird der Zeitname nachgesetzt. Beispiel: 5.27.24 Uhr BZ oder für eine Zeitangabe in „Weltzeit eins" 16.54.17 Uhr UT1; man kann dafür noch kürzer 5.27.24 Bz oder 16.54.17 UT1 schreiben (vgl. Kap. 4.5.2).

Ist eine *Zeitspanne* gemeint, so müssen die Einheitszeichen, auf die Linie gesetzt, hinzugefügt werden. Beispiel: ZU 4 h 00 min 00 s (Zeitunterschied von 4 Stunden 00 Minuten und 00 Sekunden). Werden Zeitpunkte und Zeitspannen addiert oder subtrahiert, so darf man bei den Zeitspannen, wie in den Rechenbeispielen des Kapitels 4 dieses Handbuches geschehen, an Stelle der Einheitenzeichen h, min und s einen Abstand lassen.

Beispiel:

UTC	16.51.24 Uhr
+ ZU	−4 00 00 für 60° W
ZZ	12.51.24 Uhr (siehe auch Kap. 4.5.3 und Kap. 4.5.6).

In Schiffstagebüchern, Seekarten, Gezeitentafeln usw. wird bei auf Minuten genauer Angabe eines Zeitpunktes eine vereinfachte Schreibweise, und zwar grundsätzlich vierstellig, angewendet. Beispiel: 0527 für 5 Uhr 27 Minuten.

4.5.2 Begriffe, Benennungen und Abkürzungen

Internationale Atomzeit (Abkürzung TAI) ist die vom Internationalen Büro für die Zeit (BIH) in Paris aus den Anzeigen von Atomuhren in verschiedenen Staaten berechnete Zeitskala.

Koordinierte Weltzeit (Abkürzung UTC) ist die Grundlage der Zeitsignalaussendungen und der gesetzlichen Zeit; siehe auch Kap. 4.5.3, 4.5.6 und 4.5.7. Die Skala der UTC weicht von der Skala der TAI nur in der Sekundenzählung ab. Diese wird bei Bedarf durch das Hinzufügen einer Schaltsekunde derart geändert, daß eine näherungsweise Übereinstimmung mit der Skala der UT1 erhalten wird.

Korrektion an der koordinierten Weltzeit (Abkürzung DUT1) ist die an der UTC vorzunehmende Korrektion zur auf 0,1 s gerundeten Ermittlung der „Weltzeit eins". DUT1 ist abhängig vom Rotationsverhalten der Erde; siehe auch Kap. 4.5.3. $|DUT1| < 0,9$ s.

Weltzeit eins (Abkürzung UT1) ist die mittlere Sonnenzeit des momentanen Nullmeridians, gezählt von Mitternacht. Sie ist abhängig von der ungleichförmigen Winkelgeschwindigkeit der Erde um ihre Achse. Die UT1 ist seit dem 1. Januar 1982 das Zeitargument in dem von dem Deutschen Hydrographischen Institut herausgegebenen Nautischen Jahrbuch. Siehe Kap. 4.5.3 und 4.5.7.

Die *Zonenzeit* (Abkürzung ZZ) wird aus UTC durch Addition oder Subtraktion eines ganzzahligen Vielfachen einer Stunde bestimmt. Die Zonenzeiten entsprechen näherungsweise den mittleren Ortszeiten der Meridiane, deren geographische Länge durch 15 ohne Rest teilbar sind; sie gelten für 7,5° Längenunterschied nach Ost und West. Vergleiche auch Kap. 4.5.6.

Der *Zeitunterschied* (Abkürzung ZU) ist der Unterschied zwischen der Zonenzeit und koordinierten Weltzeit im Sinne Zonenzeit abzüglich koordinierte Weltzeit; $ZU = ZZ - UTC$. Siehe Kap. 4.5.6 und 4.5.7.

Die *gesetzliche Zeit* (Abkürzung GZ) ist die für ein bestimmtes Gebiet geltende einheitliche Zeit; sie ist möglicherweise von der Jahreszeit abhängig. Vergleiche auch Kap. 4.5.6.

Bordzeit (Abkürzung BZ) ist die an Bord eines Schiffes geltende Uhrzeit.

Die *mittlere Greenwicher Zeit* (Abkürzung MGZ) stand in der Vergangenheit in den nautisch-astronomischen Jahrbüchern für die Weltzeit eins, im übrigen meist für die koordinierte Weltzeit. Die Benennung MGZ soll deshalb aufgrund von internationalen Beschlüssen und Empfehlungen künftig vermieden werden.

Die *wahre Ortszeit* (Abkürzung WOZ) ist der Zeitwinkel der wahren Sonne ($1\,h \cong 15°$), gezählt von 0 Uhr bis 24 Uhr, beginnend mit dem Durchgang der Sonne durch den unteren Ortsmeridian. Vergleiche auch Kap. 4.5.7.

Die *mittlere Ortszeit* (Abkürzung MOZ) ist der Zeitwinkel der mittleren Sonne ($1\,h \cong 15°$), gezählt von 0 Uhr bis 24 Uhr, beginnend mit dem Durchgang der mittleren Sonne durch den unteren Ortsmeridian. Vergleiche auch Kap. 4.5.7.

Die *Zeitgleichung* (Formelzeichen e) ist die Differenz zwischen wahrer Ortszeit und mittlerer Ortszeit im Sinne wahre Ortszeit abzüglich mittlere Ortszeit; $e = WOZ - MOZ$. Vergleiche Kap. 4.5.7.

Chronometerablesung (Abkürzung Chr) ist die am Chronometer abgelesene Zeit.

Chronometerstandberichtigung (Abkürzung Std) ist die Zeitspanne, um die die Chronometerablesung berichtigt werden muß, damit die koordinierte Weltzeit (UTC) erhalten wird. Siehe auch Kap. 4.5.5.

Chronometergangberichtigung (Abkürzung Gg) ist die zeitliche Änderung der Chronometerstandberichtigung; positiv, wenn das Chronometer verliert, negativ, wenn es gewinnt. Siehe auch Kap. 4.5.5.

Länge in Zeit (Abkürzung λiZ) ist die Zeitspanne: Geographische Länge, geteilt durch die Winkelgeschwindigkeit 15°/h. Siehe auch Kap. 4.5.7.

Erläuterungen zu den Zeitskalen

Die *Weltzeit* (Abkürzung UT) ist die mittlere Sonnenzeit, bezogen auf den Nullmeridian und gezählt von Mitternacht. Sie wird aus der Umdrehung der Erde

4.5.3 Zeitskalen [19]

Zeitart	Weltzeit	Atomzeit
Zeit-quelle	Umdrehung der Erde um ihre Achse (Rotation).	Übergänge im Caesium-Atom. Das 9 192 631 770fache der Dauer einer Eigenschwingung des Caesium-Atoms ist die Sekunde, Basiseinheit des Internationalen Einheiten-systems (SI).
Definierte Zeitskalen	UT (Weltzeit: Universal Time) ist die allgemeine, nicht spezifizierte Be-zeichnung für die mittlere Sonnenzeit des Nullmeridians. UT0 (Weltzeit null; Universal Time, zero) ist direkt aus Fix-sternbeobachtungen bestimmt. Ungleichmäßig wegen Ände-rungen in der Erdrotation, ferner wegen ortsabhängigen Einflusses der „Polbewegung". UT1 (Weltzeit eins) ist eine für die Polbewegung korri-gierte Zeit. Zeitargument in den nautisch-astronomischen Jahrbüchern. UT2 (Weltzeit zwei) ist eine für die Polbewegung und für die jahreszeitlichen Rota-tionsschwankungen korri-gierte Weltzeit.	TAI (Internationale Atomzeit; Temps Atomique Inter-national) wird aus den An-zeigen von Atomuhren ver-schiedener Zeitdienste durch das Internationale Büro für die Zeit (Bureau International de l'Heure; BIH) berechnet. UTC (koordinierte Weltzeit; Universal Time Coordinated) ist die hin und wieder zur Angleichung an UT1 um 1 s umdatierte TAI. Dadurch wird der absolute Betrag der Korrektion DUT1 an UTC zur Ermittlung von UT1 kleiner gehalten als 0,9 s; DUT1 wird, auf 0,1 s gerun-det, durch Kodierung in den Zeitsignalen des DHI be-kanntgegeben. UTC ist die Grundlage der Zeitsignalaussendungen und der gesetzlichen Zeit.

$$UT1 \approx UTC + DUT1$$

um ihre Achse erhalten. Da die Winkelgeschwindigkeit der Erde um ihre Achse ungleichförmig ist, muß diese Zeit von den Zeitdiensten durch Fixsternbeobach-tungen laufend bestimmt werden. Die örtlich erhaltene, auf den Nullmeridian um-gerechnete Zeitskala heißt *Weltzeit null* (Abkürzung UT0).

Die Zeitskala UT0 weist wegen kleiner Bewegungen der Rotationsachse in bezug auf den Erdkörper (Polbewegungen) auch noch vom Beobachtungsort abhän-

---

19 Vergleiche auch Zeitskalen im Kap. 5 (Physik) des Bandes 1 C dieses Handbuches.

gige, periodische Ungleichförmigkeiten auf, die korrigiert werden müssen, um die *Weltzeit eins* (UT1) zu erhalten. Erst in UT1 sind die an verschiedenen Orten angestellten Beobachtungen vergleichbar. Daher ist UT1 das Zeitargument in den nautisch-astronomischen Jahrbüchern.

Die *Weltzeit zwei* (Abkürzung UT2) wird nach einer zweiten Korrektion, welche die jahreszeitlichen Schwankungen der Erdrotation berücksichtigt, erhalten.

Die beiden oben genannten Korrektionen werden von dem „Bureau International de l'Heure" (BIH) in Paris aus den astronomischen Beobachtungen der nationalen Dienste berechnet. Aus diesen Beobachtungen leitet das BIH auch „endgültige" Werte der Zeitdifferenz UT1−UTC für wissenschaftliche Zwecke ab.

Die *Atomuhrenzeit* wird aus den Schwingungen des Caesium-Atoms abgeleitet. Die Einheit der Atomuhrenzeit ist die Atomsekunde, sie ist das 9192631770-fache der Dauer der Eigenschwingung des Caesium-Atoms. Sie ist die Basiseinheit Sekunde (Einheitenzeichen s) des „Internationalen Einheitensystems" (SI).

Die *internationale Atomzeit* (Abkürzung TAI; Temps Atomique International) wird vom BIH aus den Anzeigen zahlreicher Atomuhren in verschiedenen Ländern erhalten.

Die von den Zeitsignalen gegebene UTC (vgl. auch Kap. 4.5.5) stützt sich auf die Zeitskala TAI. Die Sekundenlänge der UTC ist genau gleich der Sekundenlänge der TAI. Weil diese etwas kürzer ist als die gegenwärtige Sekunde der von der Erdrotation abhängigen Weltzeit, läuft die durch Zeitsignale (siehe Kap. 4.5.5) dargestellte UTC schneller ab als die UT1, so daß die Zeitverschiebung im Laufe eines Jahres mehr als 1 s erreichen kann. Die UTC soll jedoch von UT1 nicht mehr als 0,9 s abweichen. Das erreicht man dadurch, indem man die Zeitsignale am 30. Juni und/oder 31. Dezember um 24 Uhr UTC genau 1 s zurückstellt. Zusätzliche Berichtigungstermine können u. U. der 31. März, der 30. September und evtl. noch ein anderer letzter Monatstag um 24 Uhr UTC sein. Den Zeitpunkt eines Sekundensprungs legt das BIH fest; er wird in den Nachträgen zum NF und SfK und in den NfS rechtzeitig angekündigt.

UTC ist auch die Grundlage der gesetzlichen Zeit (Zeitgesetz vom 25. Juli 1978, BGBl. I S. 1110).

Mit DUT1 wird die Beschickung an UTC zur Ermittlung von UT1 bezeichnet; UT1 ≈ UTC + DUT1. Diese Korrektion wird auf 0,1 s genau, innerhalb der Zeitsignale kodiert, bekanntgegeben. Der Kode besteht bei den Zeitsignalen des DHI aus maximal acht durch Verdoppelung hervorgehobenen aufeinanderfolgenden Sekundenmarken, die während der ersten 16 Sekunden jeder Minute gesendet werden. DUT1 erhält man, indem man die Anzahl der hervorgehobenen Sekunden-Marken mit 0,1 s multipliziert. Positive Werte der Korrektion sind mit Hilfe der Sekundenmarken 1 bis 8, beginnend mit 1, und negative Werte mit Hilfe der Marken 9 bis 16, beginnend mit der Sekundenmarke 9, hervorgehoben. Die von den Küstenfunkstellen Norddeich Radio (DAN, DAM) und Kiel Radio (DAO) um 0 Uhr und 12 Uhr ausgestrahlten Zeitsignale des DHI enthalten den Kode zu Beginn der Minuten 01 bis 05; vgl. Bild 4.17 und 4.19. Über Zeitskalen siehe auch Kap. 5 (Physik) des Bandes 1 C.

4.5.4 Chronometer

Die noch vor wenigen Jahren ausschließlich an Bord verwendeten mechanischen Chronometer [20] sind durch Quarz-Chronometer abgelöst worden.

---

20 Das erste brauchbare Chronometer wurde 1761 von dem Uhrmacher J. Harrison (1693−1776) gebaut. Bis dahin wurde auf See die Zeit eines Meridians nur aus Monddistanzen oder Sternbedeckungen mit Hilfe der sog. „Mondtafeln", später „Monddistanztafeln", gefunden.

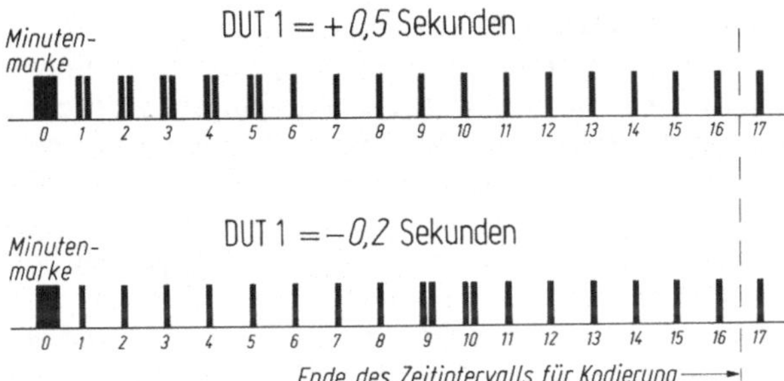

Bild 4.17. Bestimmung der DUT1 durch Kodierung in den Zeitsignalen des DHI. Vgl. auch Bild 4.19

Curie[21] entdeckte im Jahre 1883 bei einigen Kristallen den piezoelektrischen Effekt. Er stellte fest, daß an den Grenzflächen dieser Kristalle elektrische Ladungen entstehen, wenn auf den Kristall ein mechanischer Druck ausgeübt wird. Dieser Effekt ist umkehrbar: beim Anlegen eines elektrischen Feldes an den Grenzflächen eines solchen Kristalles erfolgt eine mechanische Deformation nach bestimmten kristallinen Richtungen. Diese physikalische Erkenntnis ist die Grundlage der Verwendung des Quarzkristalles in der modernen Uhrentechnik. Sie kommt auch zur Anwendung bei der Herstellung der Quarz-Chronometer.

Seit 1969 liefert WEMPE CHRONOMETERWERKE GMBH, Hamburg, das Marine Quarz-Chronometer; siehe Bild 4.18. Bisher hat das DHI Schiffschronometer in dieser Bauart von 12 Firmen zugelassen.

Bild 4.18. Marine Quarz-Chronometer, Wempe Chronometerwerke, Hamburg

Die hohe Genauigkeit dieses Quarzchronometers wird durch den mit 4194304 Hz schwingenden Quarz bestimmt. Dieser Quarz ist ein Dickenscherungsschwinger, der aus dem Rohquarz im sogenannten AT-Schnitt herausgetrennt wurde. Durch geeignete Formgebung wird erreicht, daß dieser Kristallschwinger durch Anlegen eines elektrischen Wechselfeldes auf einer eindeutigen mechanischen Eigenresonanz erregt wird. Der Quarz wird in den Rückkopplungsweg eines Oszillators geschaltet, so daß über die Kristallelektroden ein Ladungsaustausch stattfindet.

---

21 P. Curie, 1859−1906, französischer Physiker.

Ein solcher Oszillator schwingt mit der präzisen mechanischen Eigenfrequenz des Quarzes. Über eine integrierte Teilerschaltung wird die Schwingung auf 2 Hz geteilt. Der nachgeschaltete Ausgangsverstärker polarisiert und verstärkt die Impulse so, daß über zwei Magnetspulen ein Anker im mechanischen Laufwerk wechselseitig angezogen werden kann. Über ein Schaltrad werden die Hebebewegungen des Ankers in Drehbewegungen umgewandelt und über ein Räderwerk untersetzt. Eine ausgeklügelte Temperaturkompensation in der Elektronik, die über die Spule und einen Widerstand wirkt, sorgt dafür, daß der Temperaturfehler in den Bereichen zwischen $+4\,°C$ und $+36\,°C$ in niedrigsten Grenzen gehalten wird. Zwischen den Batteriehaltern, geschützt durch eine Schraube, befindet sich ein Trimmer, mit dem die Quarzfrequenz im engen Bereich geändert werden kann. Das Chronometer wird mit acht Monozellen der internationalen Typenreihe IEC R 20 betrieben. Je vier Batterien sind hintereinander geschaltet und ergeben somit die Versorgungsspannung von 6 V.

Die vorstehend im Detail beschriebene Technik und die damit verbundene höhere Genauigkeit hat dazu geführt, daß vom DHI neue Prüfgrenzen für Schiffschronometer festgelegt wurden. Die geforderte Genauigkeit muß dem DHI im Rahmen einer Baumusterprüfung nachgewiesen werden. Mechanische Chronometer erfüllen die geforderten Bedingungen nicht mehr und sind aus diesem Grunde zur Baumusterprüfung nicht zugelassen. Noch an Bord befindliche mechanische Chronometer dürfen weiterhin benutzt werden.

Das früher übliche Attest bei neuen Instrumenten ist ersetzt worden durch eine Prüfplakette, die sichtbar auf dem Chronometer anzubringen ist und dort auch verbleibt. Jeweils nach Ablauf von 4 Jahren sollte das Chronometer einer Überprüfung unterzogen werden, wie bisher auch. Als Nachweis dient eine Prüfmarke, die 4 Jahre gültig ist.

Die bisher bei den mechanischen Chronometern unbedingt sorgfältige und sehr vorsichtige Unterbringung und Behandlung des Chronometers ist durch den Einsatz der Quarz-Chronometer problemloser geworden.

4.5.5 Bestimmung der Chronometerstandberichtigung und der Chronometergangberichtigung

Das Chronometer des Schiffes soll die Zeit nach UTC anzeigen. Die Chronometerstandberichtigung (Std) ist die Zeitspanne, um die die Chronometerablesung (Chr) berichtigt werden muß. Wenn man von den Unsicherheiten der Chronometerablesung und der Feststellung der Chronometerstandberichtigung absieht (siehe auch Kap. 4.5.3 und Bild 4.17), werden UTC und UT1 bestimmt nach

$$UTC = Chr + Std \quad und \quad UT1 = Chr + Std + DUT1\,.$$

Die Chronometerstandberichtigung erhält das positive Vorzeichen, wenn die Chronometerablesung gegen UTC zurück, und das negative Vorzeichen, wenn die Chronometerablesung gegen UTC voraus ist. Da UT1 weniger als 0,9 s von UTC abweicht, wird in der Bordpraxis manchmal die Berichtigung DUT1 nicht angebracht. Vergleiche auch Fußnote auf S. 121.

Heute bestimmt man die Chronometerstandberichtigung durch

- Funkzeitsignal oder
- Vergleich mit einer Normaluhr.

Früher wurde oft die Std mit Hilfe einer

- astronomischen Beobachtung

gewonnen.

Bestimmung der Chronometerstandberichtigung mit Funkzeitsignalen. Fast überall auf der Erde kann man mit einem Funkempfänger mehrmals täglich Zeitsignale erhalten. Funkzeitsignale werden heute ausschließlich von durch Atomuhren gesteuerten Gebern gesendet. Manche Funkstellen senden die Funksignale gleichzeitig auf verschiedenen Frequenzen, so z. B. auch Norddeich Radio. Die Aussendung von Funkzeichen ist häufigen Änderungen in bezug auf die Sender, Rufzeichen, Sendezeiten und Frequenzen unterworfen. Daher informiere man sich stets im Nautischen Funkdienst (NF), Bd. I, D (Zeitfunk).

Vom DHI werden über die Küstenfunkstellen Norddeich Radio (DAN, DAM) und Kiel Radio (DAO) zwei Signalarten, nämlich Neues Internationales Zeitsignal und Sekundensignal gesendet. Das Sendeschema beider Signale wird im Bild 4.19 und die Kodierung zur Bestimmung der Korrektion DUT1 im Bild 4.17 gezeigt.

Das über den Norddeutschen Rundfunk ausgestrahlte Kurzzeitzeichen besteht aus Markierungen der Sekunden 55 bis 59 (kurz) und 60 (lang).

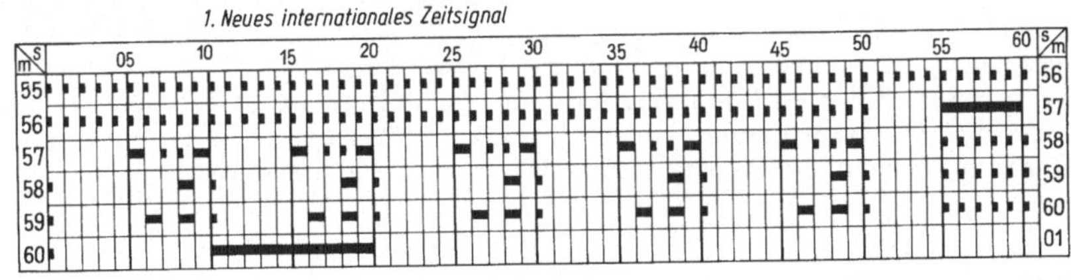

Bild 4.19. Neues internationales Zeitsignal und Sekundensignal. Vergleiche auch Bild 4.17

Die Ausgangsimpulse der von Atomuhren gesteuerten Zeitsignalgeber weichen weniger als 10 µs von UTC ab. Die Zeitsignale können im Empfangsbereich der Bodenwelle mit einer Unsicherheit von 10^{-4} s gemessen werden, sofern entsprechende Registriereinrichtungen (Oszillograph oder elektrischer Zähler) zur Verfügung stehen. Auf großen Distanzen beträgt beim Empfang der in der Ionosphäre reflektierten Raumwelle die Unsicherheit der Messung ungefähr $5 \cdot 10^{-4}$ s.

Bestimmung der Chronometerstandberichtigung nach Normaluhren. Normaluhren finden sich auf fast allen Sternwarten und Telegraphenämtern, wo ihre Std und die Chronometergangberichtigung (Gg) dauernd überwacht werden. Der Vergleich erfolgt persönlich oder telefonisch unter Benutzung einer guten Uhr mit Sekundenanzeige oder Stoppuhr.

Die Normaluhren habe die Zeitskala UTC zur Grundlage. Daher werden die Chronometerablesungen mit der nach Normaluhren ermittelten Chronometerstandberichtigung auf UTC beschickt.

Zeitballzeichen, Zeitlichtzeichen oder *Zeitschallzeichen,* nach denen früher an vielen Orten eine Standbestimmung vorgenommen werden konnten, werden heute nicht mehr gegeben. Nur an den Sternwarten in Greenwich und Tokio werden aus musealen Gründen noch Zeitballzeichen gezeigt.

Bestimmung der Chronometerstandberichtigung nach astronomischen Beobachtungen. Die Bestimmung der Std aus den geographischen Koordinaten des Beobachtungsortes und einer Gestirnshöhe ist auf See nur möglich, wenn der Schiffsort durch Funkortung oder durch terrestrische Ortsbestimmung sehr genau bekannt ist. Man berechnet zuerst den Ortsstundenwinkel des beobachteten Gestirns nach

$$\cos t_{E,W} = \frac{\sin h - \sin \varphi \cdot \sin \delta}{\cos \varphi \cdot \cos \delta} \, ;$$

siehe Formel (19) im Kap. 4.7.1. UT1 entnimmt man nach der Berechnung des Greenwicher Stundenwinkels mit diesem dem Nautischen Jahrbuch. Man erhält schließlich die Chronometerstandberichtigung nach.

$$\text{Std} = \text{UT1} - (\text{Chr} + \text{DUT1}).$$

Beispiel: Im Ostchinesischen Meer in Sicht der chinesischen Küste beobachtet man am 8. Mai 1982 etwa 15.20 BZ den Schiffsort $\varphi_b = 26°\,13{,}2'$ N, $\lambda_b = 120°\,00{,}3'$ E und nach Reihenmessungen der Sonne die gemittelten Werte: Chr $= 7.25.27$, $\odot = 41°\,20{,}9'$, lt. Peilung $\alpha_{Az} \approx 269{,}5°$. Std ≈ -01 min 30 s, Ah 12 m, leichte Brise aus Süd, ruhige See, keine Dünung, Luft- und Wassertemperatur unterscheiden sich kaum. Wie groß ist die tatsächliche Chronometerstandberichtigung, wenn DUT1 $= 0$ angenommen wird?

Chr	7.25.27	$\delta_\odot$	17° 01,0′ N für 7.00.00 UT1	Ka	41° 20,9′
$\approx$ Std	– 01 30	Vb	0,3′ N für 23 57	Gb	+ 8,7′
$\approx$ UT1	7.23.57	$\delta_\odot$	17° 01,3′ N für 7.23.57 UT1	$h_\odot$	41° 29,6′

8. Mai 1982   (Unt 0,7′ N)

Nach obiger Formel berechnet man mit dem Taschenrechner den Stundenwinkel der Sonne zu $t_W = 051°\,34{,}1'$. Die Chronometerstandberichtigung wird wie folgt bestimmt:

$t_\odot$	051° 34,1′	($\alpha_{Az} = 270,0°$)				
	411° 34,1′					
$- \lambda$	– 120° 00,3′					
Grt$_\odot$	291° 33,8′					
– Grt$_\odot$	– 285° 52,9′	$\Leftarrow$ UT1	7.00.00	$\Rightarrow$ $\delta_\odot$	17° 01,0′ N	
Zw	5° 40,9′	$\Rightarrow$	22 44	$\Rightarrow$ Vb	0,3′ N	
		UT1	7.22.44	$\Rightarrow$ $\delta_\odot$	17° 01,3′ N	
		– (Chr + DUT1)	– 7.25.27	(Unt 0,7′ N)		
		Std	–02 43			

Am 8. Mai 1982 um 7.22.44 UT1 (15.23 BZ) beträgt die Chronometerstandberichtigung – 02 min 43 s. Die Rechnung braucht nicht wiederholt zu werden, da die Deklination der Sonne für die berechnete Std unverändert bleibt.

Um den Fehler in der Chronometerstandberichtigung wegen etwaiger Ungenauigkeiten in den geographischen Koordinaten des Schiffsortes, in dem beobachteten Kimmabstand und in der mit der ungefähren Zeit dem Nautischen Jahrbuch entnommenen Deklination klein zu halten, sollten die Gestirnshöhen nur im Ersten Vertikal oder in dessen Nähe beobachtet werden. Ein Fehler in der Länge des Beobachtungsortes geht mit seinem vollen Betrag in die Chronometerstandberichtigung ein, und zwar entspricht ein Längenfehler von $\pm 1'$ einem Fehler in der Chronometerstandberichtigung von $\pm 4\,s$; siehe auch Fehlergleichungen im Kap. 4.18. Nennenswerte Abweichungen in der Deklination und dem Greenwicher Stundenwinkel lassen sich nötigenfalls durch die Wiederholung der Rechnung vermeiden. Die Rechnung selbst ist auf $0,1'$ gerundet durchzuführen.

Bestimmung der Chronometergangberichtigung. Die Chronometergangberichtigung (Gg) ist die zeitliche Änderung der Chronometerstandberichtigung. Sie erhält das positive Vorzeichen, wenn das Chronometer verliert, das negative Vorzeichen, wenn es gewinnt; siehe auch unten.

Zur Bestimmung der Chronometergangberichtigung ist die Kenntnis der Chronometerstandberichtigung für zwei verschiedene Zeitpunkte erforderlich. Je größer die Zwischenzeit ist, um so genauer läßt sich die Chronometergangberichtigung bestimmen. Man erhält sie durch algebraische Subtraktion der ersten Chronometerstandberichtigung (Std_1) von der zweiten (Std_2). Die Differenz wird durch die Anzahl der zwischen den beiden Bestimmungen verflossenen Tage dividiert.

Beispiel: Durch Funkzeitsignale fand man am 13.01.1982 um 00.00.00 UTC die Std_1 $+ 04\,min\,45,3\,s$ und am 24.01.1982 um 12.00.00 UTC die Std_2 $+ 04\,min\,20,0\,s$. Eine mittlere Temperaturverbesserung war zwischen beiden Beobachtungen an das mechanische Chronometer nicht anzubringen.

Welche mittlere Chronometergangberichtigung ergibt sich aus den beiden Beobachtungen?

Std_2	$+ 04\,min\,20,0\,s$	Tag_2	24 d 12 h 00 min (24.01.82)
Std_1	$+ 04\,min\,45,3\,s$	Tag_1	13 d 00 h 00 min (13.01.82)
$Std_2 - Std_1$	$- 00\,min\,25,3\,s$	$Tag_2 - Tag_1$	11 d 12 h 00 min = 11,5 d

$$Gg = \frac{Std_2 - Std_1}{Tag_2 - Tag_1} = \frac{- 25,3\,s}{11,5\,d} = - 2,2\,\frac{s}{d}$$

Die Chronometergangberichtigung trägt man für gewöhnlich mit der beobachteten Chronometerstandberichtigung in das Schiffstagebuch ein.

Tabelle 4.1. Vorzeichen der Chronometergangberichtigung

Vorzeichen der Std	Änderung der Std	Vorzeichen der Gg	Chronometer
+	größer	+	verliert
+	kleiner	−	gewinnt
−	größer	−	gewinnt
−	kleiner	+	verliert

4.5.6 Gesetzliche Zeiten und Überschreiten der Datumsgrenze

Schiffe, die zwischen Hafenplätzen mit der gleichen *gesetzlichen Zeit* (GZ) fahren, stellen am besten ihre Uhren auf diese Zeit. Schiffe der Küstenfahrt stellen ihre Uhren mit Vorteil auf die betreffende gesetzliche Zeit der Küste, an der das Schiff gerade fährt. Fährt das Schiff z.B. von Hamburg nach Finnland, so empfiehlt es sich, mit MEZ abzufahren und bei Annäherung an die finnische Küste die Uhr eine Stunde voraus auf OEZ zu stellen (siehe auch im folgenden unter Standardzeit). In der Großen Fahrt gehen die Schiffsuhren heute fast ausschließlich nach Zonenzeit. Das Stellen der Uhren nach WOZ des wahren Mittagsortes ist für den inneren und äußeren Schiffsbetrieb unpraktisch und sollte deshalb unterbleiben.

Die *Zonenzeit* (ZZ) gilt in Zeitzonen mit Einheitsgrenzen sowohl für Schiffe auf See als auch für Länder und Staatsgebiete. Die östliche und westliche Hemisphäre ist in jeweils 12 Zeitzonen zu je einem Längenunterschied von 15° eingeteilt. Jeder Zeitzone ist ein positives oder negatives ganzzahliges Vielfache (*Zonenzahl*) einer Stunde von 0 bis +12 und von 0 bis −12 zugeordnet. In der Mitte der Zeitzone von 007,5° E bis 007,5° W (Nullzone) liegt der Nullmeridian, in der Mitte der Zone von 172,5° E bis 172,5° W liegt der Meridian von 180°. Die östlich vom Nullmeridian gelegenen Zeitzonen haben eine Zonenzahl mit dem negativen Vorzeichen und die westlich vom Nullmeridian gelegenen Zeitzonen eine Zonenzahl mit dem positiven Vorzeichen. Die Zonenzahl gibt an, wieviel Stunden an die ZZ anzubringen sind, um UTC zu erhalten.

Der *Zeitunterschied* (ZU) hat das entgegengesetzte Vorzeichen wie die Zonenzahl gemäß der Beziehung

$$ZU = ZZ - UTC,$$

und zwar auf Ostlänge das positive und auf Westlänge das negative Vorzeichen; siehe auch Kap. 4.5.7.

Die Zeitzonen werden hin und wieder mit einem Buchstaben kenntlich gemacht, und zwar die Nullzone mit dem Buchstaben Z (zero), die 12 östlich davon gelegenen Zonen mit den Buchstaben A bis M (ohne J), die westlich von der Nullzone gelegenen 12 Zonen mit den Buchstaben N bis Y.

Standardzeit (ST) ist eine von der Zonenzeit abgeleitete gesetzliche Zeit für ein größeres Gebiet, dessen Grenzen mehr oder weniger von den Zonenbegrenzungsmeridianen abweichen. Sie werden meist mit einem besonderen Namen bezeichnet, z. B.:

Name der Standardzeit	ST (Abkürzung)	− ZU	= UTC
Alaska Standard Time	AST	+ 10 h	= UTC
Atlantik Standard Time	IST	+ 4 h	= UTC
Central Standard Time	CST	+ 6 h	= UTC
Eastern Standard Time	EST	+ 5 h	= UTC
Indian Standard Time	IST	− 5½ h	= UTC
Japanese Standard Time	JST	− 9 h	= UTC
Mittlere Greenwich Zeit	MGZ (UTC)	0 h	= UTC
Mitteleuropäische Zeit	MEZ	− 1 h	= UTC
Mountain Standard Time	MST	+ 7 h	= UTC
New Zealand Mean Time	NZMT	− 12 h	= UTC
Northern Standard Time	NST	+ 3½ h	= UTC
Osteuropäische Zeit	OEZ	− 2 h	= UTC
Pacific Standard Time	PST	+ 8 h	= UTC

Sommer- und *Winterzeit* — eine von der Zonenzeit abgeleitete gesetzliche Zeit — haben fast alle Staaten eingeführt. Im allgemeinen entspricht die Zonenzeit der Winterzeit (WZ). In vielen Ländern, so auch in fast allen europäischen Ländern, wird im Sommer die Uhr um eine Stunde vorgestellt; diese gesetzliche Zeit heißt Sommerzeit (SZ).

Das Vorstellen der Uhr geschieht auf der nördlichen Hemisphäre etwa von April bis Oktober, auf der südlichen etwa von Oktober bis März. Die Termine der Umstellung sind unterschiedlich; siehe auch NF, Bd. I, D (Zeitfunk).

Überschreiten der Datumsgrenze. Bei den Schiffsreisen im Pazifischen Ozean wird öfter der 180°-Meridian passiert. Man hat hier den Datumswechsel vorzunehmen. Die Datumsgrenze verläuft durch die Punkte

90° N	und	180°		05° S	und	180°	
75° N	und	180°		15° S	und	172° 30′ W	
68° N	und	168° 58′ 22″ W	(Diomede Island)	45° S	und	172° 30′ W	
65° 30′ N	und	168° 58′ 22″ W	(Bering-Straße)	51° S	und	180°	
53° N	und	170° E		90° S	und	180°	
48° N	und	180°					

Östlich von dieser Grenze gilt das Datum der amerikanischen Küste, westlich davon das Datum der asiatischen Küste.

Beim Überschreiten der Grenze haben daher Schiffe mit östlichem Kurse dasselbe Datum zweimal zu zählen (von Ost auf West, halt Datum fest!). Schiffe mit westlichem Kurse müssen ein Tagesdatum ausfallen lassen (von West auf Ost, laß Datum los!).

Beispiel:

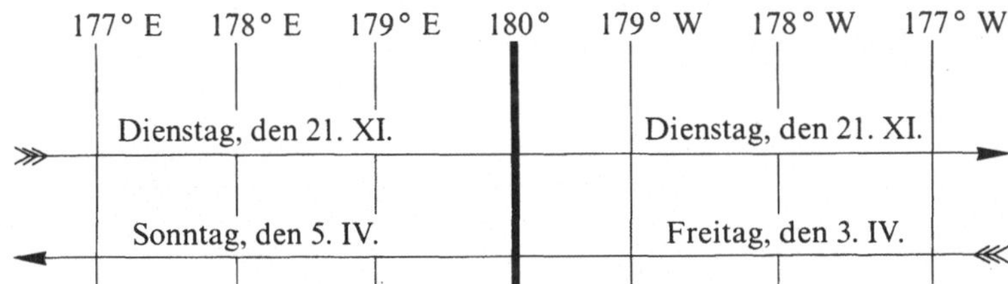

In der Praxis nimmt man den Datumswechsel nicht beim Überschreiten der Datumsgrenze, sondern erst in der darauffolgenden Mitternacht vor.

4.5.7 Umwandeln der Zeiten

Umwandeln von koordinierter Weltzeit (UTC) *in Zonenzeit* (ZZ) *und umgekehrt.* Durch algebraische Addition bzw. Subtraktion wird erhalten:

$$ZZ = UTC + ZU$$
$$UTC = ZZ - ZU$$

Auf der östlichen Hemisphäre besitzt ZU das positive Vorzeichen, auf der westlichen das negative Vorzeichen; siehe auch Kap. 4.5.6 und 4.5.3.

Umwandeln von mittlerer Ortszeit (MOZ) *in wahre Ortszeit* (WOZ) *und umgekehrt.* Durch algebraische Addition bzw. Subtraktion wird erhalten:

$$WOZ = MOZ + e$$
$$MOZ = WOZ - e$$

Im Nautischen Jahrbuch wird auf S. 13 die Zeitgleichung e mit dem Vorzeichen im Sinne wahre Ortszeit abzüglich mittlere Ortszeit angegeben.

Umwandeln von „Weltzeit eins" (UT1) *in mittlere Ortszeit* (MOZ) *und umgekehrt.* Durch algebraische Addition bzw. Subtraktion wird erhalten:

$$MOZ = UT1 + \lambda iZ$$
$$UT1 = MOZ - \lambda iZ$$

λiZ (Länge in Zeit) hat das gleiche Vorzeichen wie die geographische Länge λ; siehe auch Kap. 2.4 des Bandes 1 A dieses Handbuches.

$$\lambda iZ/h = \frac{1}{15} \cdot \lambda/1°$$

4.6 Verbesserung der beobachteten Kimmabstände

4.6.1 Graphische Symbole und Abkürzungen für Gestirne, Sextantablesungen und Kimmabstände

Graphisches Symbol	Benennung und Abkürzung des Gestirns
Gestirne	
☉	Sonne (SO)
☽	Mond (MO)
✳	Fixstern, mit Angabe seines Namens oder seiner Nummer im Nautischen Jahrbuch (FI)
♀	Venus (VE)
⊕	Erde (ER)
♂	Mars (MA)
♃	Jupiter (JU)
♄	Saturn (SA)
	Planet, allgemein (Pl)

Sextantablesungen über der Kimm	Bedeutung
☰☉	Winkelmessung zwischen Sonnenoberrand und der Kimm
☽	Winkelmessung zwischen Mondunterrand und der Kimm
=♄= =✳=	Winkelmessung zwischen Gestirnsmittelpunkt und der Kimm (Beispiele: Saturn, Fixstern)

Sextantablesungen über dem künstlichen Horizont	
☉	Winkelmessung zwischen Sonnenoberrand und dessen Spiegelbild
☽	Winkelmessung zwischen Mondunterrand und dessen Spiegelbild
⊢♂⊣ ⊢✳⊣	Winkelmessung zwischen Gestirnsmittelpunkt und dessen Spiegelbild (Beispiele: Mars, Fixstern)

Kimmabstände	
☉	Kimmabstand des Sonnenoberrandes
☽	Kimmabstand des Mondunterrandes
—♂— —✳—	Kimmabstand des Gestirnsmittelpunktes (Beispiele: Mars, Fixstern)

4.6.2 Die Einzelbeschickungen vom Kimmabstand auf die wahre Höhe

Sie erfolgen nach

$$\Sigma = -k - R + P \pm r \,,$$

und zwar ist der scheinbare Gestirnsradius r zu addieren, wenn der Gestirnsunterrand, zu subtrahieren, wenn der Gestirnsoberrand beobachtet wird; siehe Bild 4.20 und Kap. 4.1. Die Einzelbeschickungen erhält man nach

$$k/1' \approx 1{,}779 \cdot \sqrt{h_A/\mathrm{m}} \,; \qquad h_A \ \text{Augeshöhe (Ah)} \,,$$

$$R/1' \approx 0{,}955 \cdot \frac{1}{\tan\left(h_s + \dfrac{2{,}5°}{h_s/1°}\right)} \,; \qquad h_s > 3° \,,$$

$$P = P_0 \cdot \cos h' \,.$$

Die Horizontalparallaxe (HP bzw. P_0) der Sonne ist etwa 0,144′. Für den Mond und die Planeten sind die Horizontalparallaxe und zusätzlich der scheinbare Gestirnsradius $r_\odot$ für die Sonne auf den Tagesseiten des Nautischen Jahrbuches angegeben. Den scheinbaren Durchmesser des Mondes, aus dem der scheinbare Mondradius $r_{\mathbb{C}}$ gebildet wird, entnimmt man mit dem Argument „Horizontparallaxe" des Mondes in den Beschickungstafeln für den Kimmabstand des Mondes auf S. 44 und S. 45 des Nautischen Jahrbuches; siehe auch Bild 4.20.

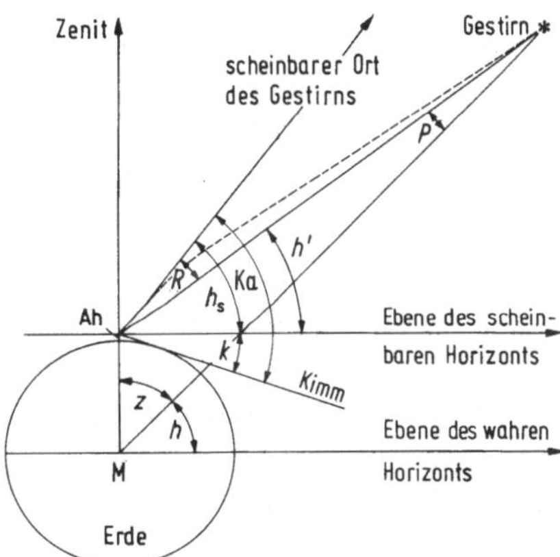

Bild 4.20. Höhenbeschickung

Die Kimmtiefe k (Kt) ist nach vorstehender Näherungsformel ein mittlerer Wert. Ist das Wasser viel kälter als die Luft, wird die Kimmtiefe kleiner, ist die Luft viel kälter als das Wasser, wird die Kimmtiefe größer als die mittlere Kimmtiefe; siehe Beispiel im Kap. 4.6.3. Die mittlere Kimmtiefe kann man auch der Tafel 26 der Nautischen Tafeln entnehmen.

Die Näherungsformel für die astronomische Strahlenbrechung R gilt für 10 °C und 1013 mbar. Abweichungen in der Temperatur und im Luftdruck sind zusätzlich zu berücksichtigen. R und ihre Berichtigung in Abhängigkeit der Temperatur und des Luftdruckes sind in den Tafeln 24 und 25 der Nautischen Tafeln zu entnehmen. In „Der Seewart" sind für den Gebrauch des Taschenrechners die Formeln[22] zur Beschickung des Kimmabstandes auf die wahre Höhe für Sonnenunterrand-, Sonnenoberrand- und Fixsternbeobachtungen zur Programmierung des Taschenrechners entwickelt worden.

In der Praxis entnimmt man die Gesamtbeschickung (Gb bzw. Σ) den Tafeln 20 bis 23 der Nautischen Tafeln oder den Gesamtbeschickungstafeln für die Kimmabstände der Gestirne auf S. 42 bis S. 45 des Nautischen Jahrbuches.

Ist die mittlere astronomische Strahlenbrechung R wegen Abweichungen von der mittleren Temperatur 10 °C und von dem mittleren Luftdruck 1013 mbar zu berichtigen, so geschieht das nach Tafel 25 der Nautischen Tafeln. Die beiden Berichtigungen sind jeweils mit ihrem in dieser Tafel angegebenen Vorzeichen an den aus Tafel 24 der Nautischen Tafeln entnommenen absoluten Betrag der mittleren Strahlenbrechung anzubringen, an die Gesamtbeschickung jedoch mit dem umgekehrten Vorzeichen.

Bei Beobachtungen über dem künstlichen Horizont ist die Indexberichtigung (Ib) an die Sextantablesung anzubringen; dann erst wird der so berichtigte Ablesewert halbiert. Er ist der Wert der scheinbaren Höhe h_s des beobachteten Gestirns, weil bei Beobachtungen über dem künstlichen Horizont eine Kimmtiefe nicht auftritt. Die Gesamtbeschickung muß in einem solchen Falle für die Ah 0 m den Tafeln entnommen werden.

Beispiel: Am 8. Mai 1982 werden auf geographischer Südbreite zu verschiedenen Tageszeiten $\overline{\overline{\odot}} = 37° 40,4'$, $\mathbb{C} = 22° 57,6'$ ($\approx$ 20.00 UTC), $=\delta= = 27° 21,5'$ und $=*= = 63° 27,8'$ (Spica) beobachtet. Ah 12 m; Ib $-$ 2,3'. Es sind die wahren Höhen der beobachteten Gestirne nach den Einzelbeschickungen und nach der Gb zu ermitteln. Luftdruck und Temperatur entsprechen etwa denen der mittleren astronomischen Strahlenbrechung. Die Gb ist den Nautischen Tafeln entnommen worden.

$\overline{\overline{\odot}}$	37° 40,4'		$\mathbb{C}$	22° 57,6'
Ib	$-$ 2,3'		Ib	$-$ 2,3'
$\overline{\odot}$	37° 38,1'		$\mathbb{C}$	22° 55,3'
$- k$	$-$ 6,2'		$- k$	$-$ 6,2'
$h_{s\odot}$	37° 31,9'		$h_{s\mathbb{C}}$	22° 49,1'
$- R$	$-$ 1,2'		$- R$	$-$ 2,3'
$h'_\odot$	37° 30,7'	$(P_0 \approx 0{,}144')$	$h'_\mathbb{C}$	22° 46,8'	$(P_0 \approx 54{,}7')$
$+ P$	$+$ 0,1'		$+ P$	$+$ 50,4'
$- r_\odot$	$-$ 15,9'		$+ r_\mathbb{C}$	$+$ 14,9'
$h_\odot$	37° 14,9'		$h_\mathbb{C}$	23° 52,1'

$\overline{\odot}$	37° 38,1'	$\begin{cases} + 08{,}7' \\ - 31{,}8' \\ \hline - 23{,}1' \end{cases}$	$\mathbb{C}$	22° 55,3'	$\begin{cases} + 56{,}8' \\ + 0{,}6' \\ - 0{,}6' \\ \hline 56{,}8' \end{cases}$
Gb	$-$ 23,1'		Gb	$+$ 56,8'
$h_\odot$	37° 15,0'		$h_\mathbb{C}$	23° 52,1'

22 Gaida, K.-H.: Vom Kimmabstand zur wahren Höhe mit Taschenrechnern. Der Seewart 37 (1976) H. 4.

Nr. 49

$=\delta=$	$27°\,21{,}5'$		$=*=$	$63°\,27{,}8'$
Ib	$-\ \ 2{,}3'$		Ib	$-\ \ 2{,}3'$
$-\delta-$	$27°\,19{,}2'$		$-*-$	$63°\,25{,}5'$
$-\,k$	$-\ \ 6{,}2'$		$-\,k$	$-\ \ 6{,}2'$
$h_{\mathrm{s}\delta}$	$27°\,13{,}0'$		$h_{\mathrm{s}*}$	$63°\,19{,}3'$
$-\,R$	$-\ \ 1{,}8'$		$-\,R$	$-\ \ 0{,}5'$
h'_{δ}	$27°\,11{,}2'$		h'_{*}	$63°\,18{,}8'$
P	$0{,}0$ $(P_0 = 0{,}0')$		P	entfällt
r	entfällt		r	entfällt
h_{δ}	$27°\,11{,}2'$		h_{*}	$63°\,18{,}8'$

$-\delta-$	$27°\,19{,}2'$		$-*-$	$63°\,25{,}5'$
Gb	$-\ \ 8{,}1'$		Gb	$-\ \ 6{,}7'$
h_{δ}	$27°\,11{,}1'$		h_{*}	$63°\,18{,}8'$

4.6.3 Kimmtiefenmessung und Kimmtiefenmesser

Jahrelange Untersuchungen bestätigen, daß die Kimmtiefe von den Lufttemperaturen in Augeshöhe und unmittelbar an der Wasseroberfläche sowie von der Durchmischung der unteren Luftschichten abhängig ist. Geringe Temperaturunterschiede bewirken in einem solchen Falle Abweichungen von der mittleren Kimmtiefe. Nur Messungen geben Aufschluß über den tatsächlichen Wert der Kimmtiefe. Das ist besonders in tropischen und arktischen Seegebieten zu beachten.

Die Kimmtiefe läßt sich ohne Spezialgerät mit einem fehlerfreien Sextanten ziemlich genau bestimmen, wenn man von einem Fixstern oder Planeten sowohl den spitzen Kimmabstand Ka_1 als auch über den Zenit hinaus den stumpfen Kimmabstand Ka_2 mißt. Der so beobachtete Kimmabstand k_b ergibt sich nach

$$2 \cdot k_\mathrm{b} = \mathrm{Ka}_1 + \mathrm{Ka}_2 - 180°\,.$$

Bei der Sonne mißt man für den spitzen Kimmabstand Ka_1 den Unterrand und für den stumpfen Kimmabstand Ka_2 über den Zenit hinaus den Oberrand der Sonne (d.h., man mißt stets denselben Rand). Aus den beiden Sonnenbeobachtungen erhält man die gemessene Kimmtiefe nach

$$2 \cdot k_\mathrm{b} = \odot_1 + \overline{\odot}_2 - 180°\,.$$

Natürlich muß einer der gemessenen Kimmabstände auf die Beobachtungszeit des anderen beschickt und zusätzlich die Versegelung während der beiden Beobachtungen berücksichtigt werden.

Beispiel: Am 23. Januar 1982 beobachtet man in den Mallungen auf $\varphi_\mathrm{b} = 02°\,24'$ N und $\lambda_\mathrm{b} = 018°\,36'$ W gegen 11.00 BZ $\odot_1 = 61°\,03{,}8'$ und nach einer Stoppuhr 2 min 18 s später

$\overline{\odot}_2 = 118°43{,}2'$. Das Sonnenazimut beträgt lt. Rechnung $\alpha_{Az} = 140{,}2°$, KüG 349°, Ah 12 m, FüG 20 kn, Windstille, leichte Dünung aus NO, Wassertemperatur +23 °C, klare Kimm. Nach $\Delta t = BZ_2 - BZ_1 = +2{,}3$ min (siehe Aufgabe) ist das Vorzeichen im Sinne der Zeitberichtigung auf die zweite Beobachtungszeit definiert, so daß man die Berichtigung aufgrund der Versegelung (V), des KüG (α_G) und des Azimutes (α_{Az}) für Zeit und Versegelung (Δh_Z und Δh_V) an den ersten Kimmabstand Ka$_1$ mit dem richtigen Vorzeichen erhält nach

$$\Delta h_Z/1' = 15 \cdot \Delta t/\text{min} \cdot \sin \alpha_{Az} \cdot \cos \varphi;$$

$$\Delta h_V/1' = \frac{1}{60} \cdot \Delta t/\text{min} \cdot v/\text{kn} \cdot \cos(\alpha_{Az} - \alpha_G).$$

Siehe auch Kap. 4.17.5 und dortiges Rechenbeispiel.

Ka$_1$	61°03,8'	
Δh_Z	+22,1'	
Δh_V	−0,7'	
Ka$_1$	61°25,2'	(z. Z. der 2. Beobachtung)
Ka$_2$	118°43,2	
Ka$_1$ + Ka$_2$	180°08,4'	
	−180°	
2 · k_b	8,4'	
k_b	4,2'	

Die mittlere Kt ergibt für die Ah 12 m eine Kimmtiefe $k = 6{,}2'$, so daß die mittlere Kimmtiefe k nach diesem Beispiel um $-2'$ auf $k_b = 4{,}2'$ zu berichtigen ist.

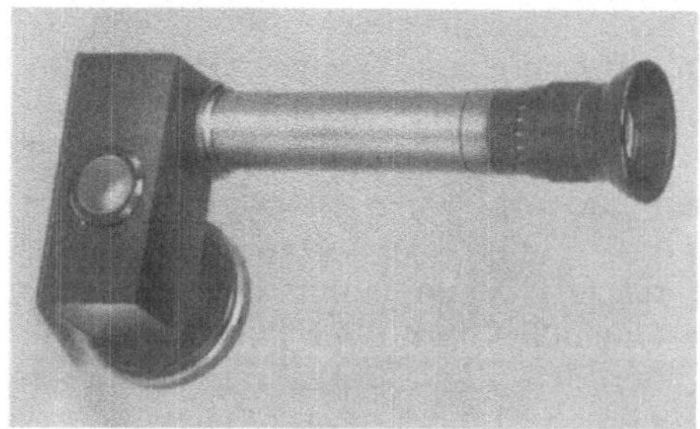

Bild 4.21. Kimmtiefenmesser von Pulfrich[23]

Mit einem Kimmtiefenmesser (Bild 4.21) kann die Kimmtiefe unmittelbar gemessen werden. Das Prinzip des Kimmtiefenmessers besteht darin, daß ein rechtwinkliger Winkelspiegel oder eine rechtwinklige Prismenanordnung unabhängig von der Stellung, in der man das Meßgerät hält, den Winkelunterschied gegen 180° zweier in entgegengesetzter Richtung liegender Punkte anzeigt. Man erblickt also in einem solchen Gerät die um den Betrag der doppelten Kimmtiefe gegeneinander parallel verschobenen (rechts und links vom Beobachter gelegenen) Horizontlinien. Mit Hilfe einer eingeblendeten Skala kann die Kimmtiefe etwa auf 0,1' genau abgelesen werden.

---

23 Pulfrich war bis zu seinem Tode Mitarbeiter der Firma C. Zeiss, Jena.

4.6.4 Anmerkungen zu Höhenmessungen

Die gemessenen Kimmabstände können Unsicherheiten aufweisen, die als Fehler in die wahre Höhe eingehen. Unbekannte Fehler des Spiegelinstrumentes können bei sorgfältiger Behandlung des Instrumentes und ständiger Überprüfung der Spiegelstellungen nur unbedeutend sein. Meß- und Ablesefehler lassen sich bei ausreichender Übung des Beobachters in Grenzen halten.

Im allgemeinen liefern Kimmabstandsmessungen der Sonne und des Mondes genauere Ergebnisse als die der Fixsterne und Planeten. Bei Fixsternen und Planeten müssen die Morgenbeobachtungen so spät wie möglich und die Abendbeobachtungen so früh wie möglich erfolgen. Bei klarem, sichtigem Wetter oder bei hohem Seegang wähle man zum Messen der Kimmabstände den Standort (Ah) so hoch wie möglich, bei trübem, unsichtigem Wetter (verwaschene oder dunkle Kimm) so niedrig wie möglich.

In hohen geographischen Breiten sind während des Hochsommers bei schönem, ruhigem Wetter die frühen Morgenbeobachtungen sehr unzuverlässig. Nachmittagsbeobachtungen sind im allgemeinen Vormittagsbeobachtungen vorzuziehen.

Bei der Beschickung von Kimmabständen treten Fehler nur bei der astronomischen Strahlenbrechung und der Kimmtiefe auf, wobei sie bei großen Unterschieden zwischen der Luft- und Wassertemperatur und bei kleinen Kimmabständen beträchtlich werden können. Kimmabstände unter $10°$ sollte man vermeiden. Fehler in der Kimmtiefe sind vor allem bei schlechter Luftdurchmischung und großen Temperaturunterschieden in den Luftschichten zwischen dem Meeresspiegel und dem Beobachterauge zu erwarten.

Bei geübten Beobachtern beträgt unter günstigen Beobachtungsverhältnissen die Unsicherheit der wahren Höhe aus Kimmabstandsmessungen etwa $1'$; häufig wird sie auch kleiner sein; vgl. auch Kap. 4.16.1, 4.17.1 und Kap. 1.7 (Fehlertheorie).

4.7 Das nautische Grunddreieck

Legt man durch den Gestirnsort G den Vertikalkreis ZGNa und den Stundenkreis PGP' (im Bild 4.22 sind P und P' zusätzlich als P_N und P_S bezeichnet), so entsteht das sphärische Dreieck mit den Ecken Pol, Zenit und Gestirn. Dieses Dreieck heißt nautisches oder auch sphärisch-astronomisches Grunddreieck. Es dient den Berechnungen in der astronomischen Navigation. Vergleiche auch Kap. 1.4.3.

Während der Ortsstundenwinkel t und das Azimut α_{Az} vollkreisig definiert sind (siehe Kap. 4.1 und 4.2), sind beide Winkel im nautischen Grunddreieck kleiner als $180°$ (im Grenzfall gleich $180°$) und daher in den Formeln zur Berechnung der Stücke des nautischen Grunddreiecks in halbkreisiger Zählweise einzusetzen. Es zählen t_E oder t_W vom oberen Meridian, das halbkreisige Azimut Z von dem mit dem oberen Pol gleichnamigen Meridian von $000°$ bis $180°$ nach Osten oder Westen; siehe auch Kap. 4.1 und Kap. 4.2.

Mit den sphärischen Seiten und den gegenüberliegenden Winkeln des nautischen Grunddreiecks (siehe Bild 4.22)

$$90° - \varphi \qquad \text{und} \quad q,$$

$$z = 90° - h \quad \text{und} \quad 0° \leqq t_{E,W} \leqq 180°,$$

$$p = 90° - \delta \quad \text{und} \quad 0° \leqq Z \leqq 180°$$

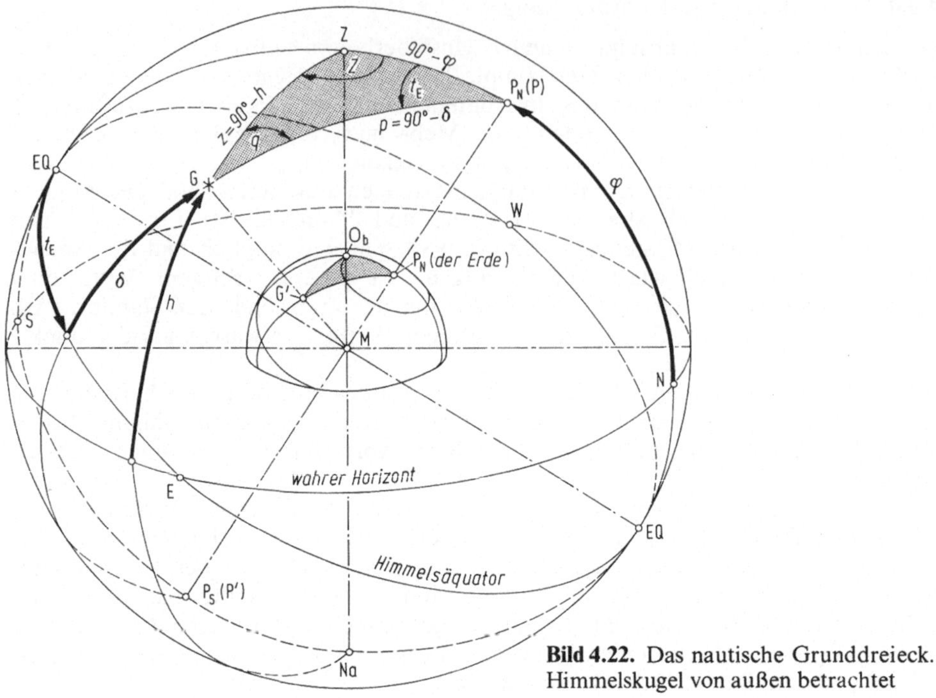

Bild 4.22. Das nautische Grunddreieck.
Himmelskugel von außen betrachtet

lassen sich mit Hilfe des sphärischen Sinussatzes folgende Beziehungen zwischen
zwei Seiten und den beiden gegenüberliegenden Winkeln aufstellen

$$\cos h : \cos \delta = \sin t_{E,W} : \sin Z, \tag{1}$$

$$\cos \delta : \cos \varphi = \sin Z : \sin q, \tag{2}$$

$$\cos \varphi : \cos h = \sin q : \sin t_{E,W}. \tag{3}$$

Zwischen den drei Seiten und einem Winkel gelten nach dem sphärischen
Kosinusseitensatz die Beziehungen

$$\sin h = \sin \varphi \cdot \sin \delta + \cos \varphi \cdot \cos \delta \cdot \cos t_{E,W}, \tag{4}$$

$$\sin \delta = \sin h \cdot \sin \varphi + \cos h \cdot \cos \varphi \cdot \cos Z, \tag{5}$$

$$\sin \varphi = \sin \delta \cdot \sin h + \cos \delta \cdot \cos h \cdot \cos q. \tag{6}$$

Nach dem sphärischen Kosinuswinkelsatz lauten die Beziehungen zwischen den
drei Winkeln und einer Seite

$$\cos t_{E,W} = -\cos q \cdot \cos Z + \sin q \cdot \sin Z \cdot \sin h, \tag{7}$$

$$\cos \alpha_Z \;\; = -\cos q \cdot \cos t_{E,W} + \sin q \cdot \sin t_{E,W} \cdot \sin \delta, \tag{8}$$

$$\cos q \;\;\; = -\cos Z \cdot \cos t_{E,W} + \sin Z \cdot \sin t_{E,W} \cdot \sin \varphi. \tag{9}$$

Mit Hilfe des sphärischen Kotangentensatzes sind folgende Beziehungen zwischen vier benachbarten Stücken herzustellen

$$\tan h \cdot \cos \varphi = \cot t_{E,W} \cdot \sin Z + \sin \varphi \cdot \cos Z \,, \tag{10}$$

$$\tan h \cdot \cos \delta = \cot t_{E,W} \cdot \sin q + \sin \delta \cdot \cos q \,, \tag{11}$$

$$\tan \delta \cdot \cos \varphi = \cot Z \cdot \sin t_{E,W} + \sin \varphi \cdot \cos t_{E,W} \,, \tag{12}$$

$$\tan \delta \cdot \cos h = \cot Z \cdot \sin q + \sin h \cdot \cos q \,, \tag{13}$$

$$\tan \varphi \cdot \cos \delta = \cot q \cdot \sin t_{E,W} + \sin \delta \cdot \cos t_{E,W} \,, \tag{14}$$

$$\tan \varphi \cdot \cos h = \cot q \cdot \sin Z + \sin h \cdot \cos Z \,. \tag{15}$$

Legt man dem nautischen Grunddreieck den oberen Pol zugrunde, so erhält zweckmäßigerweise bei den Rechnungen nach den o. a. Formeln die Polhöhe (gleich geogr. Breite des Beobachters) stets das positive Vorzeichen und die Deklination das positive Vorzeichen, wenn sie gleichnamig mit der Breite, das negative Vorzeichen, wenn sie ungleichnamig mit der Breite ist; siehe auch Kap. 4.7.1.

Höhe und Azimut eines Gestirns werden in der nautischen Astronomie am häufigsten berechnet. Man hat daher mit Hilfe der Beziehungen (1) bis (15) für das nautische Grunddreieck weitere Formeln abgeleitet, um mit ihnen einfacher logarithmisch rechnen zu können oder mit ihnen möglichst wenig Vorzeichenüberlegungen anstellen zu müssen oder mit ihnen Tafelwerke zu berechnen und zusammenzustellen. Von ihnen werden hier nur die beiden Semiversusformeln für die Berechnung der Zenitdistanz bzw. Höhe und die Formel für das Zeitazimut, die der ABC-Tafel (Tafel 19) in den Nautischen Tafeln zugrunde liegt, genannt.

Aus der Beziehung (4) wurde die Semiversusformel in der Form

$$\text{sem } z = \text{sem } t_{E,W} \cdot \cos \varphi \cdot \cos \delta + \text{sem } (\varphi - \delta) \tag{16}$$

entwickelt. Für die Rechnung setzt man sem $y = \cos \varphi \cdot \cos \delta \cdot \text{sem } t_{E,W}$.

Die Formel (16) hat man noch weiter umgewandelt in

$$\sin h = \cos z_0 \cdot \cos x \,, \tag{17}$$

wobei der Hilfswinkel x nach

$$\text{sem } x = \sec z_0 \cdot \cos \varphi \cdot \cos \delta \cdot \text{sem } t_{E,W}$$

zu berechnen ist.

Für die Höhenberechnung nach der Semiversusformel (16) hat man in die Nautischen Tafeln die „Tafel zur Berechnung der Höhe" (Tafel 17) aufgenommen, um die logarithmische Rechnung zu erleichtern. Bei den Rechnungen nach den beiden letzten Formeln (16) und (17) sind außer bei der Bildung von $z_0 = |\varphi - \delta|$ keine Vorzeichenregeln zu beachten.

Das Azimut wird in der Regel mit den Argumenten φ, δ und $t_{E,W}$ nach der Beziehung (12) bestimmt. Sie liegt auch der ABC-Tafel (Tafel 19) der Nautischen Tafeln zugrunde und kann nach Multiplikation mit $1/\cos \varphi$ und Umstellung

$$-\tan \varphi \cdot \cot t_{E,W} + \tan \delta \cdot \operatorname{cosec} t_{E,W} = \cot Z \cdot \sec \varphi \tag{18}$$

geschrieben werden; siehe auch Zeitazimut im Kap. 4.14.1.

Die ABC-Tafel besteht aus den drei Teiltafeln

- $A = - \tan \varphi \cdot \cot t_{E,W}$,
- $B = \tan \delta \cdot \operatorname{cosec} t_{E,W}$,
- $C = \cot Z \cdot \sec \varphi$,

mit denen man nach der algebraischen Addition $A + B = C$ das Azimut der C-Tafel in viertelkreisiger Zählweise entnimmt; die ABC-Tafel ist dafür mit den Vorzeichenregeln versehen.

Außer den vorgenannten Rechentafeln und Formeln (1) bis (18) sind noch viele andere Tafelwerke, Formeln und sonstige Hilfsmittel, wie spezielle mechanische und elektronische Rechengeräte, Nomogrammsammlungen und andere zur Bestimmung der Höhe und des Azimuts entwickelt worden. Nicht alle haben sich durchgesetzt. Daher werden nur die Hilfsmittel in den folgenden Kapiteln genannt, die in der Vergangenheit häufiger angewendet wurden oder heute noch benutzt werden. Aber auch die meisten dieser Hilfsmittel haben durch die Verwendung leistungsfähiger Taschenrechner an Bedeutung verloren.

4.7.1 Formeln für die Höhen- und Azimutberechnung mittels elektronischer Taschenrechner

Die im vorhergehenden Kapitel genannten, für das nautische Grunddreieck geltenden Vorzeichenregeln sind bei den Rechnungen nach den Formeln (1) bis (15) mittels unprogrammierbarer oder programmierbarer Taschenrechner umständlich. Einfacher und rascher wird die Rechnung mit dem Taschenrechner vollzogen, wenn man φ und δ bei Nord das positive Vorzeichen, bei Süd das negative Vorzeichen gibt. Bei den Höhen- und Azimutberechnungen nach den Formeln (4) und (12) kann man auch den vom oberen Meridian vollkreisig zählenden Ortsstundenwinkel t einsetzen. Man legt nunmehr φ, δ und t in bestimmte Register des Rechners in dezimalem Gradmaß ab und bestimmt dann die Höhe nach

$$\sin h = \sin \varphi \cdot \sin \delta + \cos \varphi \cdot \cos \delta \cdot \cos t; \tag{19}$$

siehe Formel (4). Im Ergebnis ist die Höhe immer eindeutig, nämlich über dem wahren Horizont, wenn sie positiv, und unter dem wahren Horizont, wenn sie negativ ausgewiesen wird.

Löst man die Beziehung (12) nach $\tan Z$ auf, so ist

$$\tan Z = \sin t_{E,W} : (\cos \varphi \cdot \tan \delta - \sin \varphi \cdot \cos t_{E,W}) . \tag{20}$$

Nach (20) liefert der Taschenrechner einen Winkel zwischen $+ 90°$ und $- 90°$, das halbkreisig zählende Azimut muß dann erst berechnet werden. Das läßt sich mit Hilfe der Taschenrechnereigenschaft, bei der Koordinatentransformation den Winkel vollkreisig auszuweisen, umgehen. Setzt man in

$$\tan \alpha_{Az} = y : x$$

unter Beachtung der gegenseitigen Lage beider vollkreisig definierten Winkel α_{Az} und t die beiden Koordinaten

$$y = \sin(-t) = -\sin t \quad \text{und} \quad x = \cos \varphi \cdot \tan \delta - \sin \varphi \cdot \cos t$$

(vgl. Formel (20)) ein, so wirft der Taschenrechner nach der Koordinatentransformation

$$\mathrm{REC}(x; y) \Rightarrow \mathrm{POL}(r; \alpha_{Az}) \tag{21}$$

sofort das vollkreisig zählende Azimut α_{Az} aus, wenn für ein negativ ausgewiesenes Azimut ($\alpha_{Az} < 0°$) gesetzt wird $360° + \alpha_{Az}$.

Eine andere Schreibweise für den Übergang von kartesischen Koordinaten zu Polarkoordinaten und umgekehrt ist

$$[x; y] \iff (r; \alpha_{Az}).$$

Siehe auch Kap. 6.4.12 (Formelsammlung). r in (21) ist für die Rechnung ohne Bedeutung.

4.8 Das Nautische Jahrbuch

Das Nautische Jahrbuch (NJ) wird vom DHI herausgegeben und erscheint jährlich im Sommer für das folgende Jahr. Es enthält auf den Tagesseiten 1. Januar bis 31. Dezember des jeweiligen Jahres alle für die Rechnungen der astronomischen Navigation notwendigen Daten (Ephemeriden [24]) der Sonne, des Mondes, der vier Planeten Venus, Mars, Jupiter und Saturn, von 50 ausgewählten Fixsternen und des Frühlingspunktes. Die im Nautischen Jahrbuch angegebenen Koordinaten sind der Greenwicher Stundenwinkel und die Deklination (Abweichung) der vorgenannten Gestirne; siehe Auszug aus dem Nautischen Jahrbuch 1982 im Kap. 4.8.1. Greenwicher Stundenwinkel und Deklination eines Gestirns sind gleich den geographischen Koordinaten seines Bildpunktes (Punkt G′ in Bild 4.22 und Bild 4.24) auf der Erde zur Beobachtungszeit; es entspricht die Deklination der geographischen Breite und der Greenwicher Stundenwinkel der geographischen Länge des Bildpunktes, wenn die Länge vom Nullmeridian aus über West von 000° bis 360° gezählt wird; siehe geographische Koordinaten und ihre Zählweisen in Kap. 2.4 des Bandes 1 A dieses Handbuches.

Weil die Fixsterne ihre Örter am Himmel nur ganz wenig ändern, gibt das Nautische Jahrbuch für die Fixsterne auf zwei gegenüberliegenden Tagesseiten, d.h. nur einmal für je zwei Tage, den Sternwinkel und die Deklination an. Den Greenwicher Stundenwinkel eines Fixsternes (Formelzeichen t_{Gr*}) erhält man durch Addition seines Sternwinkels (β_*) zum Greenwicher Stundenwinkel des Frühlingspunktes ($t_{Gr\Upsilon}$); $t_{Gr*} = t_{Gr\Upsilon} + \beta_*$. Den Ortsstundenwinkel eines Gestirns (t) erhält man durch algebraische Addition der geographischen Länge (positiv für Ostlänge, negativ für Westlänge) zu seinem Greenwicher Stundenwinkel (t_{Gr}); $t = t_{Gr} + \lambda$. Siehe dazu die Bilder 4.2 und 4.3 sowie die Rechenbeispiele im Kap. 4.10.1.

Sonne, Mond, Planeten und Frühlingspunkt ändern ihren Ort mehr oder weniger rasch und ungleichförmig. Daher sind für sie im Nautischen Jahrbuch Greenwicher Stundenwinkel und Deklination (für den Frühlingspunkt nur Greenwicher Stundenwinkel) für jede volle Stunde in UT1 tabuliert. Seit dem 1. Januar 1982 ist im Nautischen Jahrbuch statt MGZ das Zeitargument UT1 eingeführt; siehe Zeitskalen im Kap. 4.5.

Man entnimmt für das beobachtete Gestirn auf der zutreffenden Seite des Nautischen Jahrbuches zur vollen Stunde der mit der Chronometerablesung ermittelten UT1 den Greenwicher Stundenwinkel und die Deklination. Aus der Schalttafel auf grünem Papier am Ende des Nautischen Jahrbuches erhält man den

---

24 Sammelname (aus dem Griechischen) für im voraus angegebene, zeitlich geordnete Folge von Koordinaten der Himmelskörper.

für die Zeitminute und -sekunde der Beobachtungszeit geltenden Zuwachs des Greenwicher Stundenwinkels (Zuwachs Grw.Stw.) des beobachteten Gestirns. Beim Mond und bei den Planeten muß dieser Schaltwert noch berichtigt werden, weil er für einen Mittelwert berechnet ist, der zum tatsächlichen Wert des Stundenwinkels zur Zeit der vollen Beobachtungsstunde noch einen Unterschied (Unt.) aufweist. Mit ihm entnimmt man der grünen Schalttafel in der gleichen Minutenkolonne wie für den Zuwachs die Verbesserung (Verb.). Die Verbesserung wird zusammen mit dem Zuwachs des Greenwicher Stundenwinkels zum Greenwicher Stundenwinkel der vollen Stunde des beobachteten Gestirns addiert; der Unterschied und somit die Verbesserung kann bei der Venus negativ sein. Siehe auch die Hinweise über Abkürzungen am Schluß dieses Kapitels.

Für die Deklination der Gestirne ist im Nautischen Jahrbuch ein Einschalten zwischen den Deklinationswerten zweier aufeinanderfolgender voller Stunden auf den Deklinationswert der zwischenliegenden Beobachtungszeit notwendig. Im Nautischen Jahrbuch ist daher für die Deklination der Unterschied zwischen zwei aufeinanderfolgenden vollen Stunden ebenfalls verzeichnet, so daß damit in gleicher Weise wie beim Stundenwinkel die Verbesserung gebildet wird. Das Vorzeichen für die Deklinationsverbesserung ergibt sich aus dem Änderungssinn der Deklination. Der Unterschied steht hinter beiden im Nautischen Jahrbuch verzeichneten Ephemeriden des Mondes. Für die vier Planeten und die Sonne gilt der im Jahrbuch angegebene Unterschied mit hinreichender Genauigkeit für den ganzen Tag. Er ist daher bei den Planeten am Fuße der Ephemeridenkolonne des Greenwicher Stundenwinkels und der Deklination (Abweichung), bei der Sonne nur am Fuße der Deklinationskolonne verzeichnet.

Auf allen Tagesseiten des Nautischen Jahrbuches sind außerdem die Meridiandurchgangszeiten (T) durch den oberen Meridian von Greenwich in UT1 für die Sonne, den Mond, die Planeten und den Frühlingspunkt sowie die Werte der Horizontparallaxe (HP) des Mondes und der vier verzeichneten Planeten angegeben. Es sind noch bei der Sonne ihr scheinbarer Halbmesser (r), beim Mond sein Alter — das ist die seit dem letzten Neumond verstrichene Anzahl der Tage — und bei den vier Planeten ihre Helligkeit (Gr.) aufgeführt; sie ist ein Maß für die Intensität des zur Erde gelangenden Lichts eines Himmelskörpers (scheinbare Helligkeit). Die Helligkeit wird in Größenklassen oder Größen (Gr.) ausgedrückt, wobei die hellsten Sterne und Planeten negative Größen haben (z. B. hat der Sirius die Größe $-1{,}6$, die Venus kann heller als -4 sein, die Sonne ist heller als -26) und die mit bloßem Auge gerade noch sichtbaren Gestirne etwa von der Größe 6 sind.

Auf den Seiten 12 bis 45 vorne im Nautischen Jahrbuch findet man außer den vier Sternkarten und der Darstellung der Planetenbahnen der fünf hellen Planeten, noch viele Tabellen und Tafeln, die bei der Lösung der Aufgaben der astronomischen Navigation sehr hilfreich sind. Sie gelten für das Erscheinungsjahr des Nautischen Jahrbuches. Es sind das

- die Angabe, in welchen Gebieten und zu welchen Zeiten Sonnen- und Mondfinsternisse sichtbar sind,
- die Angabe des Beginns der Jahreszeiten,
- die tabulierten Werte der Zeitgleichung für 12 UT1 eines jeden Jahrestages,
- die Angabe der Phasen des Mondes in UT1,
- die tabulierten Örter (Sternwinkel und Abweichung) mit Größenangabe (Helligkeit) von 80 Fixsternen als Jahresmittelwerte (sie sind identisch mit den Örtern auf dem eingelegten Karton),
- Tafeln zur Berechnung der geographischen Breite aus der wahren Höhe des Nordsternes (Nordsternbreite) und zur Berechnung seines Azimutes,

- eine Übersicht über die Sichtbarkeit der fünf hellen Planeten in den einzelnen Monaten und den verschiedenen Nachtzeiten,
- die Auf- und Untergangszeiten der Sonne sowie die Dauer der bürgerlichen Dämmerung von 5 zu 5 Tagen für den Nullmeridian und ausgewählte Breiten zwischen 50° S und 70° N,
- die täglichen Auf- und Untergangszeiten des Mondes für den Nullmeridian mit Änderungen für das 10°-Intervall der geographischen Länge.

Am Schluß dieses Tafelwerkes sind

- die Gesamtbeschickungstafeln für den Kimmabstand des Unter- und Oberrandes der Sonne und des Mondes sowie für den Kimmabstand eines Fixsternes oder Planeten aufgenommen.

Alle Rechenbeispiele in dem Kap. 5 (Astronomische Navigation) gelten, falls Jahrbuchgrößen in ihnen verwendet werden, für den 7. oder 8. Mai 1982. Die beiden entsprechenden Seiten des Nautischen Jahrbuches 1982 sind im Kap. 4.8.1 abgedruckt. Der Zuwachs für den Greenwicher Stundenwinkel und die Verbesserungen können der Schalttafel im Nautischen Jahrbuch eines anderen Jahres entnommen werden. Auf den Tagesseiten und in der Schalttafel am Ende des NJ werden ab 1984 entsprechend der Norm DIN 13 312 folgende neue Abkürzungen und Formelzeichen anstelle der bisher verwendeten gebraucht:

Grt	statt Grw.Stw.	für Greenwicher Stundenwinkel,
δ	statt Abw.	für Deklination,
β	statt Sternwinkel	für Sternwinkel,
Unt	statt Unt.	für Unterschied,
Zuwachs Grt	statt Zuwachs Grw.Stw.	für Zuwachs Greenwicher Stundenwinkel,
Vb	statt Verb.	für Verbesserung.

Das Gleichheitszeichen hinter r (scheinbarer Sonnenradius) wird wegfallen.

Das Zusatzzeichen (N oder S) bei den Angaben der Deklination wird hinter dem Zahlenwert statt bisher vor dem Zahlenwert stehen.

Außerdem wird Nr statt Nr. gesetzt.

Vergleiche auch den Auszug aus dem Nautischen Jahrbuch 1982 auf den nachfolgenden beiden Seiten.

4.8.1   Auszug aus dem Nautischen Jahrbuch 1982

1982 MAI 7   Freitag

127	SONNE r = 15,9'		MOND Alter 13,1 d				FRÜHLP.	FIXSTERNE			
UT1	Grw.Stw.	Abw.	Grw.Stw.	Unt.	Abw.	Unt.	Grw.Stw.	Nr.	Sternwinkel	Abw.	
0	180 51,6	N 16 39,7	10 42,0	14,3	S 8 29,7	11,0	224 30,5	1	358 08,4	N 28 59,3	
1	195 51,7	16 40,4	25 15,3	14,4	8 40,7	11,0	239 33,0	3	353 39,4	S 42 24,1	
2	210 51,7	16 41,1	39 48,7	14,3	8 51,7	11,0	254 35,5	7	342 49,5	N 35 31,3	
3	225 51,7	16 41,8	54 22,0	14,3	9 02,7	10,9	269 37,9	8	335 44,9	S 57 19,6	
4	240 51,8	16 42,5	68 55,3	14,3	9 13,6	10,9	284 40,4	13	313 15,5	N 40 53,1	
5	255 51,8	N 16 43,2	83 28,6	14,3	S 9 24,5	10,9	299 42,8	16	291 17,0	N 16 28,3	
6	270 51,9	16 43,9	98 01,9	14,3	9 35,4	10,8	314 45,3	17	281 35,2	S 8 13,5	
7	285 51,9	16 44,5	112 35,2	14,2	9 46,2	10,7	329 47,8	18	281 10,1	N 45 58,9	
8	300 52,0	16 45,2	127 08,4	14,3	9 56,9	10,7	344 50,2	19	278 57,8	N 6 19,9	
9	315 52,0	16 45,9	141 41,7	14,2	10 07,6	10,6	359 52,7	24	271 27,3	N 7 24,2	
10	330 52,1	N 16 46,6	156 14,9	14,2	S 10 18,2	10,6	14 55,2	25	270 27,3	N 44 56,9	
11	345 52,1	16 47,3	170 48,1	14,2	10 28,8	10,6	29 57,6	27	264 07,1	S 52 41,4	
12	0 52,1	16 48,0	185 21,3	14,2	10 39,4	10,5	45 00,1	28	260 50,2	N 16 24,9	
13	15 52,2	16 48,7	199 54,5	14,1	10 49,9	10,4	60 02,6	29	258 54,9	S 16 41,7	
14	30 52,2	16 49,4	214 27,6	14,1	11 00,3	10,4	75 05,0	30	255 31,4	S 28 57,1	
15	45 52,3	N 16 50,1	229 00,7	14,1	S 11 10,7	10,4	90 07,5	32	246 38,4	N 31 55,8	
16	60 52,3	16 50,8	243 33,8	14,1	11 21,1	10,3	105 10,0	33	245 24,8	N 5 16,2	
17	75 52,4	16 51,4	258 06,9	14,1	11 31,4	10,2	120 12,4	34	243 56,9	N 28 04,3	
18	90 52,4	16 52,1	272 40,0	14,1	11 41,6	10,2	135 14,9	35	234 27,9	S 59 27,4	
19	105 52,4	16 52,8	287 13,1	14,0	11 51,8	10,1	150 17,3	37	221 44,8	S 69 38,9	
20	120 52,5	N 16 53,5	301 46,1	14,0	S 12 01,9	10,1	165 19,8	38	218 19,5	S 8 35,0	
21	135 52,5	16 54,2	316 19,1	14,0	12 12,0	10,0	180 22,3	39	208 08,7	N 12 03,3	
22	150 52,6	16 54,9	330 52,1	14,0	12 22,0	10,0	195 24,7	41	194 20,4	N 61 51,1	
23	165 52,6	16 55,6	345 25,1	13,9	12 32,0	9,9	210 27,2	42	182 57,7	N 14 40,3	
								43	173 35,6	S 63 00,2	

T 11.57 Unt. 0,7'   T --   UT1 4 12 20   T 9.00
HP 55,0' 54,9' 54,8'

UT1	VENUS		MARS		JUPITER		SATURN	
	Grw.Stw.	Abw.	Grw.Stw.	Abw.	Grw.Stw.	Abw.	Grw.Stw.	Abw.
0	221 23,4	S 0 13,6	43 24,8	N 1 12,3	12 11,5	S 11 31,6	27 52,6	S 4 07,1
1	236 23,3	0 12,6	58 27,4	1 12,3	27 14,3	11 31,5	42 55,2	4 07,0
2	251 23,1	0 11,6	73 30,1	1 12,3	42 17,0	11 31,4	57 57,8	4 07,0
3	266 23,0	0 10,6	88 32,7	1 12,2	57 19,8	11 31,3	73 00,4	4 06,9
4	281 22,8	0 09,6	103 35,4	1 12,2	72 22,5	11 31,2	88 03,0	4 06,9
5	296 22,7	S 0 08,6	118 38,0	N 1 12,2	87 25,3	S 11 31,1	103 05,7	S 4 06,8
6	311 22,5	0 07,6	133 40,7	1 12,1	102 28,1	11 31,0	118 08,3	4 06,7
7	326 22,4	0 06,6	148 43,3	1 12,1	117 30,8	11 30,9	133 10,9	4 06,7
8	341 22,2	0 05,6	163 45,9	1 12,0	132 33,6	11 30,8	148 13,5	4 06,6
9	356 22,1	0 04,6	178 48,6	1 12,0	147 36,3	11 30,7	163 16,1	4 06,6
10	11 21,9	S 0 03,6	193 51,2	N 1 11,9	162 39,1	S 11 30,6	178 18,7	S 4 06,5
11	26 21,8	0 02,6	208 53,8	1 11,9	177 41,9	11 30,5	193 21,3	4 06,5
12	41 21,6	0 01,6	223 56,5	1 11,9	192 44,6	11 30,4	208 23,9	4 06,4
13	56 21,5	S 0 00,6	238 59,1	1 11,8	207 47,4	11 30,3	223 26,5	4 06,4
14	71 21,3	N 0 00,4	254 01,7	1 11,8	222 50,1	11 30,2	238 29,1	4 06,3
15	86 21,2	N 0 01,4	269 04,4	N 1 11,7	237 52,9	S 11 30,1	253 31,7	S 4 06,3
16	101 21,0	0 02,4	284 07,0	1 11,7	252 55,7	11 30,0	268 34,4	4 06,2
17	116 20,9	0 03,4	299 09,6	1 11,6	267 58,4	11 29,9	283 37,0	4 06,2
18	131 20,7	0 04,5	314 12,2	1 11,6	283 01,2	11 29,8	298 39,6	4 06,1
19	146 20,6	0 05,5	329 14,9	1 11,5	298 03,9	11 29,7	313 42,2	4 06,1
20	161 20,4	N 0 06,5	344 17,5	N 1 11,5	313 06,7	S 11 29,6	328 44,8	S 4 06,0
21	176 20,3	0 07,5	359 20,1	1 11,4	328 09,4	11 29,5	343 47,4	4 06,0
22	191 20,1	0 08,5	14 22,7	1 11,4	343 12,2	11 29,4	358 50,0	4 05,9
23	206 19,9	0 09,5	29 25,4	1 11,3	358 15,0	11 29,3	13 52,6	4 05,8
Unt.	-0,2'	1,0'	2,6'	0,0'	2,8'	0,1'	2,6'	0,1'
	T 9.15	HP 0,2'	T 21.03	HP 0,2'	T 23.07	HP 0,0'	T 22.05	HP 0,0'
	Gr. -3,7		Gr. -0,6		Gr. -2,0		Gr. +0,7	

1982 MAI 8   Sonnabend

FIXSTERNE			128	SONNE r = 15,9'			MOND Alter 14,1 d				FRÜHLP.
Nr.	Sternwinkel	Abw.	UT1	Grw.Stw.	Abw.		Grw.Stw.	Unt.	Abw.	Unt.	Grw.Stw.
	° '	° '		° '	° '		° '	'	° '	'	° '
44	172 27,1	S 57 01,0	0	180 52,6	N 16 56,3		359 58,0	13,9	S 12 41,9	9,8	225 29,7
45	168 19,5	S 59 35,6	1	195 52,7	16 56,9		14 30,9	13,9	12 51,7	9,8	240 32,1
49	158 56,1	S 11 04,2	2	210 52,7	16 57,6		29 03,8	13,9	13 01,5	9,7	255 34,6
50	153 17,1	N 49 24,2	3	225 52,8	16 58,3		43 36,7	13,8	13 11,2	9,6	270 37,1
51	149 21,2	S 60 17,3	4	240 52,8	16 59,0		58 09,5	13,9	13 20,8	9,6	285 39,5
53	146 17,1	N 19 16,5	5	255 52,8	N 16 59,7		72 42,4	13,8	S 13 30,4	9,6	300 42,0
54	140 23,6	S 60 45,6	6	270 52,9	17 00,3		87 15,2	13,7	13 40,0	9,4	315 44,4
56	137 31,5	S 15 58,1	7	285 52,9	17 01,0		101 ˜47,9	13,8	13 49,4	9,4	330 46,9
57	137 17,8	N 74 13,8	8	300 53,0	17 01,7		116 20,7	13,7	13 58,8	9,4	345 49,4
60	124 09,0	N 6 28,8	9	315 53,0	17 02,4		130 53,4	13,7	14 08,2	9,3	0 51,8
61	112 55,1	S 26 23,6	10	330 53,0	N 17 03,1		145 26,1	13,6	S 14 17,5	9,2	15 54,3
62	108 17,9	S 68 59,7	11	345 53,1	17 03,8		159 58,7	13,7	14 26,7	9,1	30 56,8
64	96 53,9	S 37 05,4	12	0 53,1	17 04,4		174 31,4	13,6	14 35,8	9,1	45 59,2
65	96 28,3	N 12 34,3	13	15 53,1	17 05,1		189 04,0	13,6	14 44,9	9,0	61 01,7
66	95 59,3	S 42 59,2	14	30 53,2	17 05,8		203 36,6	13,5	14 53,9	8,9	76 04,2
67	90 56,8	N 51 29,3	15	45 53,2	N 17 06,5		218 09,1	13,6	S 15 02,8	8,9	91 06,6
68	84 15,1	S 34 23,6	16	60 53,2	17 07,1		232 41,7	13,5	15 11,7	8,8	106 09,1
69	80 54,8	N 38 45,8	17	75 53,3	17 07,8		247 14,2	13,5	15 20,5	8,8	121 11,6
71	62 31,3	N 8 49,1	18	90 53,3	17 08,5		261 46,7	13,4	15 29,3	8,6	136 14,0
72	53 56,4	S 56 47,4	19	105 53,4	17 09,2		276 19,1	13,4	15 37,9	8,6	151 16,5
73	49 47,6	N 45 12,7	20	120 53,4	N 17 09,8		290 51,5	13,4	S 15 46,5	8,5	166 18,9
75	34 10,5	N 9 47,4	21	135 53,4	17 10,5		305 23,9	13,4	15 55,0	8,5	181 21,4
76	28 13,6	S 47 02,7	22	150 53,5	17 11,2		319 56,3	13,3	16 03,5	8,3	196 23,9
77	19 36,3	S 46 58,6	23	165 53,5	17 11,9		334 28,6	13,3	16 11,8	8,3	211 26,3
78	15 50,3	S 29 43,0									
				T 11.56	Unt. 0,7'		T 0.00	UT1 4	12	20	T 8.57
								HP 54,7'	54,6'	54,5'	

	VENUS		MARS		JUPITER		SATURN	
UT1	Grw.Stw.	Abw.	Grw.Stw.	Abw.	Grw.Stw.	Abw.	Grw.Stw.	Abw.
	° '	° '	° '	° '	° '	° '	° '	° '
0	221 19,8	N 0 10,5	44 28,0	N 1 11,3	13 17,7	S 11 29,2	28 55,2	S 4 05,8
1	236 19,6	0 11,5	59 30,6	1 11,2	28 20,5	11 29,1	43 57,8	4 05,7
2	251 19,5	0 12,5	74 33,2	1 11,2	43 23,2	11 29,0	59 00,4	4 05,7
3	266 19,3	0 13,5	89 35,8	1 11,1	58 26,0	11 28,9	74 03,0	4 05,6
4	281 19,2	0 14,5	104 38,4	1 11,1	73 28,7	11 28,8	89 05,6	4 05,6
5	296 19,0	N 0 15,5	119 41,1	N 1 11,0	88 31,5	S 11 28,7	104 08,3	S 4 05,5
6	311 18,9	0 16,5	134 43,7	1 11,0	103 34,3	11 28,6	119 10,9	4 05,5
7	326 18,7	0 17,5	149 46,3	1 10,9	118 37,0	11 28,6	134 13,5	4 05,4
8	341 18,6	0 18,6	164 48,9	1 10,9	133 39,8	11 28,5	149 16,1	4 05,4
9	356 18,4	0 19,6	179 51,5	1 10,8	148 42,5	11 28,4	164 18,7	4 05,3
10	11 18,2	N 0 20,6	194 54,1	N 1 10,8	163 45,3	S 11 28,3	179 21,3	S 4 05,3
11	26 18,1	0 21,6	209 56,7	1 10,7	178 48,0	11 28,2	194 23,9	4 05,2
12	41 17,9	0 22,6	224 59,3	1 10,7	193 50,8	11 28,1	209 26,5	4 05,2
13	56 17,8	0 23,6	240 01,9	1 10,6	208 53,6	11 28,0	224 29,1	4 05,1
14	71 17,6	0 24,6	255 04,5	1 10,5	223 56,3	11 27,9	239 31,7	4 05,1
15	86 17,5	N 0 25,6	270 07,1	N 1 10,5	238 59,1	S 11 27,8	254 34,3	S 4 05,0
16	101 17,3	0 26,6	285 09,7	1 10,4	254 01,8	11 27,7	269 36,9	4 05,0
17	116 17,2	0 27,6	300 12,3	1 10,4	269 04,6	11 27,6	284 39,5	4 04,9
18	131 17,0	0 28,7	315 14,9	1 10,3	284 07,3	11 27,5	299 42,1	4 04,9
19	146 16,8	0 29,7	330 17,5	1 10,3	299 10,1	11 27,4	314 44,7	4 04,8
20	161 16,7	N 0 30,7	345 20,1	N 1 10,2	314 12,9	S 11 27,3	329 47,3	S 4 04,8
21	176 16,5	0 31,7	0 22,7	1 10,1	329 15,6	11 27,2	344 50,0	4 04,7
22	191 16,4	0 32,7	15 25,3	1 10,1	344 18,4	11 27,1	359 52,6	4 04,7
23	206 16,2	0 33,7	30 27,9	1 10,0	359 21,1	11 27,0	14 55,2	4 04,6
Unt.	-0,2'	1,0'	2,6'	0,1'	2,8'	0,1'	2,6'	0,1'
	T 9.15	HP 0,2'	T 20.58	HP 0,2'	T 23.03	HP 0,0'	T 22.00	HP 0,0'
		Gr. -3,6		Gr. -0,6		Gr. -2,0		Gr. +0,7

4.9 Berechnung der nautisch-astronomischen Ephemeriden

Die große Leistungsfähigkeit der modernen elektronischen Taschenrechner erlaubt es, die nautisch-astronomischen Ephemeriden der Sonne und der Fixsterne nach relativ einfachen Formeln selbst zu berechnen. Auch die komplizierten Berechnungen der Ephemeriden der Planeten und des Mondes lassen sich heute mit programmierten Taschenrechnern durchführen; siehe dazu letzten Absatz dieses Kapitels und Kap. 4.9.1.

Bei der Sonne und den Fixsternen sind die nach einer Veröffentlichung in „Der Seewart"[25] berechneten Ephemeriden für nautische Zwecke hinreichend genau. Mit den Formeln zur Berechnung der Sonnenephemeriden (siehe unten) oder mit den Jahresmittelwerten des Sternwinkels und der Deklination eines Fixsternes lassen sich z.B. für die beiden Aufgaben der Berechnung der Höhe und des Azimuts Programme formulieren, die man einem Taschenrechner je nach Fabrikat einspeist. Nach Eingabe der Tagesnummer, der UT1 und der geographischen Koordinaten des Koppelortes, bei Fixsternen zusätzlich des Sternwinkels und der Deklination, lassen sich dann Höhe und Azimut abrufen.

Die vereinfachten Formeln, nach denen man den Greenwicher Stundenwinkel und die Deklination der Sonne berechnen kann, lauten in der Schreibweise und Symbolgebung ihrer Veröffentlichung in „Der Seewart" (1976) Heft 4:

$$t_{\mathrm{Gr}\,\odot} = t_{\mathrm{Gr}\,\Upsilon} - \alpha_\odot \qquad\qquad \sin\delta_\odot = \sin L_\odot \sin\varepsilon$$

$$\tan\alpha_\odot = \tan L_\odot \cdot \cos\varepsilon \qquad (\delta_\odot \text{ hat gleiches Vorzeichen wie } \sin L_\odot)$$

$(\alpha_\odot$ im gleichen Quadranten wie $L_\odot)$

$L_\odot$ wird erhalten nach

$$L_\odot = L'_{\bar\odot} + \left(2 \cdot E \cdot \sin g + \frac{5}{4} \cdot E^2 \cdot \sin 2 \cdot g\right) \cdot \frac{180}{\pi} \cdot 1^\circ .$$

Die Argumente $t_{\mathrm{Gr}\,\Upsilon}$, $L'_{\bar\odot}$, g, E und ε werden jedes Jahr in Heft 6 „Der Seewart" für 2 Jahre im voraus veröffentlicht und lauten für die Jahre 1982 und 1983:

1982	*1983*
$L'_{\bar\odot} = 279{,}332\,03^\circ + 0{,}985\,647\,3^\circ \cdot d$	$L'_{\bar\odot} = 279{,}093\,21^\circ + 0{,}985\,647\,3^\circ \cdot d$
$g\ \ = 356{,}711\,53^\circ + 0{,}985\,600\,3^\circ \cdot d$	$g\ \ = 356{,}455\,63^\circ + 0{,}985\,600\,3^\circ \cdot d$
$E\ \ =\ \ \ 0{,}016\,716\,7$	$E\ \ =\ \ \ 0{,}016\,716\,3$
$\varepsilon\ \ =\ \ 23{,}441\,03^\circ$	$\varepsilon\ \ =\ \ 23{,}441\,75^\circ$
$t_{\mathrm{Gr}} = 099{,}331\,86^\circ$	$t_{\mathrm{Gr}\,\Upsilon} = 099{,}093\,05^\circ$
$\qquad + 0{,}985\,647\,3^\circ \cdot d + (\mathrm{UT1})^\circ$	$\qquad + 0{,}985\,647\,3^\circ \cdot d + (\mathrm{UT1})^\circ$

Die im vorstehenden Verzeichnis benutzte Tagesnummer d ist die Anzahl der seit 31. Dezember 0 Uhr des Vorjahres bis zum Beobachtungszeitpunkt vergangenen Tage mit Tagesbruchteilen. Will man den ganzzahligen Anteil von d nicht auszählen, so kann er im Nautischen Jahrbuch auf der jeweiligen Tagesseite in der Spalte für UT1 zur Beobachtungszeit direkt entnommen werden.

---

25 Gaida, K.-H.; Schrick, K.-W.: Nautische Ephemeriden, Höhe und Azimut von Sonne und Fixsternen mit Taschenrechnern. Der Seewart 37 (1976) H. 4.

Beispiel: Die Tagesnummer ist am 7. Mai 1982 zur Zeit 11.38.24 Uhr UT1 zu berechnen. Die seit Mitternacht vergangene Zeit ist gleich

$$11\ h\ 38\ min\ 24\ s = 11{,}64\ h\ .$$

Hiermit wird

$$d = 127 + \frac{11{,}64\ h}{24\ h} = 127{,}485\ .$$

Der ebenfalls im obigen Verzeichnis benutzte Zeitwinkel für UT1 in Gradmaß $(UT1)^{\circ}$ ist nach o. a. Beispiel

$$(UT1)^{\circ} = 11{,}64\ h \cdot 15^{\circ}/h = 174{,}6^{\circ}\ .$$

Beispiel für die Berechnung der Ephemeriden der Sonne: Der Greenwicher Stundenwinkel und die Deklination der Sonne sind für den 8. Mai 1982 um 16.22.48 Uhr UT1 zu berechnen.

Mit dem Taschenrechner erhält man nach den vorgenannten Formeln und mit den Parametern im obigen Verzeichnis für das Jahr 1982

$$
\begin{aligned}
d\ &= 128{,}682\ 5, &\qquad (UT1)^{\circ} &= 245{,}7^{\circ}, \\
L'_{\odot} &= 046{,}167\ 59, &\qquad g\ &= 123{,}541\ 04^{\circ}, \\
L_{\odot} &= 047{,}745\ 78^{\circ}, &\qquad \alpha_{\odot}\ &= 045{,}282\ 39^{\circ}.
\end{aligned}
$$

Mit diesen Daten berechnet man

$$t_{Gr\Upsilon} = 111{,}867\ 42^{\circ} = 111^{\circ}\ 52{,}0',$$

$$t_{Gr\odot} = 066{,}585\ 03^{\circ} = 066^{\circ}\ 35{,}1',$$

$$\delta_{\odot}\ = 17{,}124\ 13^{\circ}\ N = 17^{\circ}\ 07{,}4'\ N\ .$$

Laut Jahrbuch 1982 lauten die Ephemeriden für dieselbe Zeit

$$t_{Gr\odot} = 111^{\circ}\ 52{,}0',\quad t_{Gr\odot} = 066^{\circ}\ 35{,}2',\quad \delta_{\odot} = 17^{\circ}\ 07{,}4'\ N\ .$$

Da die Ephemeriden mit vereinfachten Formeln berechnet werden, ist ihre Genauigkeit geringer als die der im Jahrbuch verzeichneten Ephemeriden. Die mit diesen Ephemeriden ermittelte Sonnenhöhe kann maximal 0,6′ von der mit den Jahrbuchephemeriden berechneten Sonnenhöhe abweichen, bei den Fixsternen liegt wegen der benutzten Jahresmittelwerte der Fixsternephemeriden die Abweichung zwischen 0,5′ und 0,6′ (nur ausnahmsweise um 0,9′). Das Azimut wird trotz der geringeren Genauigkeit der Ephemeriden stets noch genauer erhalten, als es im allgemeinen in der Navigation angewendet werden kann.

Sollte für die Ephemeriden der Fixsterne eine höhere Genauigkeit verlangt werden, so können die dazu benötigten Formeln der schon vorher genannten Veröffentlichung entnommen werden.

Für unterschiedliche Ansprüche an die Genauigkeit (z. B. für Astronomen, Nautiker) wird vom Nautical Almanac Office, United States Naval Observatory, Washington D.C. 20390, jährlich der „Almanac for Computers" herausgegeben. In Frankreich erscheinen beim Service Hydrographique et Océanographique de la Marine, 29275 Brest Cedex, jährlich „Épiménides Nautiques" und „Épidécides Lunaires".

4.9.1 Kleinrechner für die astronomische Navigation

Im In- und Ausland sind vorprogrammierte Kleinrechner für die astronomische Navigation im Handel, die den Greenwicher Stundenwinkel und die Deklination vieler Gestirne zu jedem gewünschten Zeitpunkt über einen langen Zeitraum hinweg berechnen und viele Aufgaben der astronomischen Navigation automatisch lösen.

Der Kleinrechner NAVICOMP von C. Plath (Bild 4.23) enthält die Ephemeriden der Sonne, des Mondes, der Planeten Venus und Mars sowie von 58 Fixsternen beider Hemisphären für den 1. Januar 1950 um 0.00.00 UT1 gespeichert. Durch ein vorprogrammiertes Extrapolationsverfahren berechnet dieser Rechner Greenwicher Stundenwinkel und Deklination eines dieser Himmelskörper für einen beliebigen Zeitpunkt bis zum Jahre 2049. Der gewünschte Zeitpunkt kann entweder über die Tastatur eingegeben oder durch Knopfdruck von der im

Bild 4.23. Kleinrechner NAVICOMP von C. Plath, Hamburg

Rechner mitlaufenden Quarzuhr übernommen werden, z.B. bei Sextantenbeobachtungen im Beobachtungszeitpunkt. Bei Eingabe des Koppelortes und der Sextantenablesung der Gestirnsbeobachtung berechnet NAVICOMP automatisch das Azimut und die astronomische Höhendifferenz zwischen beobachteter und für den Koppelort berechneter Gestirnshöhe. Dabei werden eingegebene Indexberichtigung und Augeshöhe zusammen mit den im Rechner intern errechneten Werten für die Parallaxe, Refraktion und bei Sonne und Mond noch den scheinbaren Halbmesser als Gesamtbeschickung berücksichtigt. Mit zwei gemessenen und eingegebenen Gestirnen wird die Position in Länge und Breite ausgegeben. Es können noch weitere Daten der astronomischen Navigation abgerufen werden, z.B. Gestirnsephemeriden, Auf- und Untergangszeit sowie Zeit des Meridiandurchganges der Sonne, Uhrzeit in UT1, MOZ und Datum. Der Benutzer wird durch ein einfaches System von Kennziffern zur Eingabe der vom Rechner benötigten Daten veranlaßt; die Ausgabedaten werden ebenfalls durch Kennziffern identifiziert. Weiterhin können mit dem Kleinrechner wie bei jedem anderen elektronischen Rechner Rechnungen manuell ausgeführt werden.

4.10 Berechnung des Ortsstundenwinkels und der Zeit

4.10.1 Berechnung des Ortsstundenwinkels mit Hilfe des Nautischen Jahrbuches

Im Kapitel „Das Nautische Jahrbuch" (4.8) ist die Berechnung des Ortsstundenwinkels eines Gestirns zu einem vorgegebenen Zeitpunkt mit Hilfe der im Jahrbuch verzeichneten Ephemeriden bereits erläutert. Im folgenden werden dazu einige Beispiele gezeigt.

Beispiele: Es sind am 7. Mai 1982 für den Koppelort $\varphi_k = 34°\,30{,}5'\,$N, $\lambda_k = 063°\,28{,}0'\,$W der Ortsstundenwinkel des Frühlingspunktes zur Chr 5.28.16 ($\approx$ 1 Uhr BZ) sowie der Ortsstundenwinkel und die Deklination

der Sonne	zur Chr 19.48.24 ($\approx$ 15 Uhr BZ),
des Mondes	zur Chr 23.37.45 ($\approx$ 19 Uhr BZ),
des Planeten Jupiter	zur Chr 23.15.51 ($\approx$ 19 Uhr BZ) und
des Fixsternes Alphard	zur Chr 23.16.14 ($\approx$ 19 Uhr BZ)

zu berechnen; Std + DUT1 = + 04 min 28 s.

Frühlingspunkt

Chr	5.28.16		Grt γ	299° 42,8′ für 5.00.00 UT1
Std + DUT1	+04 28		Zw	8° 12,3′ für 32 44
UT1	5.32.44		Grt γ	307° 55,1′ für 5.32.44 UT1
(7. Mai 1982)			λ	−063° 28,0′
			t_γ	244° 27,1′

$$(t_E = 115°\,32{,}9')$$

Sonne

Chr	19.48.24		Grt $\odot$	105° 52,4′ für 19.00.00 UT1	$\Leftarrow$	$\delta_\odot$	16°52,8′N
Std + DUT1	+04 28		Zw	13° 13,0′ für 52 52		Vb	0,6′N
UT1	19.52.52		Grt $\odot$	119° 05,4′ für 19.52.52 UT1	$\Leftarrow$	$\delta_\odot$	16°53,4′N
(7. Mai 1982)			λ	−063° 28,0′			
			$t_\odot$	055° 37,4′		(Unt 0,7′ N)	

$$(t_W = 055°\,37{,}4')$$

Mond

Chr	23.37.45		Grt $\mathbb{C}$	345° 25,1′ für 23.00.00 UT1	$\Leftarrow$	$\delta_\mathbb{C}$	12°32,0′S
Std + DUT1	+04 28		Zw	10° 04,4′ für 42 13			
			Vb	9,8′		Vb	7,0′S
UT1	23.42.13		Grt $\mathbb{C}$	355° 39,3′ für 23.42.13 UT1	$\Leftarrow$	$\delta_\mathbb{C}$	12°39,0′S
(7. Mai 1982)			λ	−063° 28,0′			
			$t_\mathbb{C}$	292° 11,3′		(Unt 9,9′ S)	

$$(t_E = 067°\,48{,}7');\ (\text{Unt } 13{,}9')$$

Jupiter ($\mathrm{2\!\!\!\;\!+}$)

Chr	23.15.51		Grt $\mathrm{2\!\!\!\;\!+}$	358° 15,0′ für 23.00.00 UT1	$\Leftarrow$	$\delta_{\mathrm{2\!\!\!\;\!+}}$	11° 29,3′ S
Std + DUT1	+04 28		Zw	5° 04,8′ für 20 19			
			Vb	0,9′		Vb	0,0′
UT1	23.20.19		Grt $\mathrm{2\!\!\!\;\!+}$	363° 20,7′ für 23.20.19 UT1	$\Leftarrow$	$\delta_{\mathrm{2\!\!\!\;\!+}}$	11° 29,3′ S
(7. Mai 1982)			λ	−063° 28,0′			
			$t_{\mathrm{2\!\!\!\;\!+}}$	299° 52,7′		(Unt 0,1′ N)	

$$(t_E = 060°\,07{,}3');\ (\text{Unt } 2{,}8')$$

Stern Alphard ($*_{38}$)

Chr	23.16.14	Grt Υ	210° 27,2′ für 23.00.00 UT1	
Std + DUT1	+04 28	Zw	5° 11,4′ für 20 42	
		β	218° 19,5′	
UT1	23.20.42	Grt $*$	073° 58,1′ für 23.20.42 UT1	$\delta_* = 8° 35,0′$ S
(7. Mai 1982)		λ	− 063° 28,0′	
		t_*	010° 30,1′	

$$(t_{\mathrm{W}} = 010° 30,1′)$$

Mit Hilfe eines Taschenrechners kann der Ortsstundenwinkel eines Gestirns nach den Formeln

$$t_\odot/1° = (t^\bullet_{\mathrm{Gr}\,\odot} + \lambda)/1° + \Delta t/\mathrm{h} \cdot 15,$$

$$t_{\mathbb{C}}/1° = (t^\bullet_{\mathrm{Gr}\mathbb{C}} + \lambda)/1° + [\Delta t/\mathrm{h} \cdot (859 + d/1′)] : 60,$$

$$t_{\mathrm{Pl}}/1° = (t^\bullet_{\mathrm{GrPl}} + \lambda)/1° + [\Delta t/\mathrm{h} \cdot (900 + d/1′)] : 60 \text{ und}$$

$$t_*/1° = (t^\bullet_{\mathrm{Gr}\Upsilon} + \lambda + \beta_*)/1° + \Delta t/\mathrm{h} \cdot 15,041 \quad \text{für} \quad \Delta t = \mathrm{UT1_b} - \mathrm{UT1_{NJ}}$$

mit gleicher Genauigkeit wie nach den o. a. Rechnungen bestimmt werden.

In diesem Formeln bedeuten $\mathrm{UT1_b}$ die Beobachtungszeit in UT1, $\mathrm{UT1_{NJ}}$ die auf volle Stunden im Nautischen Jahrbuch tabulierte UT1 und t°_{Gr} den dort für diese UT1 verzeichneten Greenwicher Stundenwinkel; d ist das Formelzeichen für den dort zusätzlich verzeichneten Unterschied (Unt) des Greenw. Stundenwinkels von Mond und Planeten. Siehe Kap. 4.8 und 4.8.1.

4.10.2 Berechnung des Ortsstundenwinkels aus Breite, Deklination und Höhe — Zeitbestimmung

Der Ortsstundenwinkel eines Gestirns ist mit dem Taschenrechner am bequemsten nach der Gleichung

$$\cos t_{\mathrm{E,W}} = \frac{\sin h - \sin \varphi \cdot \sin \delta}{\cos \varphi \cdot \cos \delta}$$

zu berechnen, die man durch Umstellen der Formel (4) im Kap. 4.7 gewinnt.

Um den Fehler im Ortsstundenwinkel klein zu halten, sollten Breite und Länge des Beobachtungsortes so genau wie möglich bekannt sein, das beobachtete Gestirn im Ersten Vertikal oder in dessen Nähe stehen und die Gestirnshöhe unter einwandfreien Beobachtungsbedingungen aus einer Reihenmessung gewonnen werden; siehe Kap. 4.6.2 und die zutreffenden Fehlergleichungen im Kap. 4.18.

Früher mußten hin und wieder mit Hilfe des so berechneten Ortsstundenwinkels der Sonne oder eines anderen Gestirns die Zeit und/oder die Chronometerstandberichtigung festgestellt werden.

Beispiel: Am 8. Mai 1982 steht das Schiff eben nördlich von Madeira. Eine Kreuzpeilung ergibt $\varphi_b = 32° 50,6′$ N, $\lambda_b = 017° 10,8′$ W, eine Reihenmessung $\odot = 32° 46,2′$ ($\alpha_{\mathrm{Az}} \approx 270°$). Die Ortszeit schätzt man 16.00 MOZ. Ib − 0,5′, Ah 14 m, leichte NO-Brise, ruhige See, keine Dünung. Wie groß sind der Ortsstundenwinkel der Sonne, die WOZ, MOZ und UT1?

$\underline{\underline{\odot}}$	$32°46,2'$		$\approx$MOZ	16.00 Uhr
Ib	$-\ \ 0,5'$		$-\lambda$iZ	$+1\ 09$
$\odot$	$32°45,7'$		$\approx$UT1	17.09 Uhr $\Leftarrow \delta_\odot = 17°07,9'$ N
Gb	$+\ \ 7,8'$			
$h_\odot$	$32°53,5'$			

Mit φ, $\delta_\odot$ und $h_\odot$ liefert die Rechnung mit dem Taschenrechner nach vorstehender Formel den Ortsstundenwinkel der Sonne

$$t_\odot = 061°29,1' \quad (\alpha_{Az} = 270,0°)\,.$$

Der Zeitwinkel τ eines Gestirns wird nach $\tau = t + 180°$ gewonnen. Demnach ist der Zeitwinkel der Sonne $\tau_\odot = 241°29,1'$ groß. Der Zeitwinkel der Sonne in Zeitmaß ist die WOZ. Somit ist

WOZ	16.05.56	$(\triangleq 241°29,1')$
$-e$	$-\ 03\ 33$	
MOZ	16.02.23	
$-\lambda$iZ	$+1\ 08\ 43$	
UT1	17.11.06	

Die Beobachtung fand um 17.11.06 Uhr UT1 statt. Eine Wiederholung der Rechnung ist nicht nötig, da die Ortszeit genügend genau eingeschätzt wurde.

Da $t = t_{Gr} + \lambda$ ist (siehe Kap. 4.8), hätte man durch die algebraische Subtraktion $t_{Gr} = t - \lambda$ den Greenwicher Stundenwinkel bilden können und mit ihm auf der zutreffenden Tagesseite des Nautischen Jahrbuches die UT1 wie folgt feststellen können:

$t_\odot$	$061°29,1'$		
$-\lambda$	$+017°10,8'$		
Grt $\odot$	$078°39,3'$		
$-$ Grt $\odot$	$-075°53,3'$	für	17.00.00 UT1
Zw	$2°46,6'$	für	11 06
		17.11.06 UT1	(siehe auch oben)

Werden andere Gestirne als die Sonne beobachtet, so ermittelt man die Zeit am bequemsten nach dem letzteren Verfahren; bei den Fixsternen muß man, vom berechneten Ortsstundenwinkel des beobachteten Sterns ausgehend, nach $t_{Gr\Upsilon} = t_* - \beta - \lambda$ den Greenwicher Stundenwinkel des Frühlingspunktes bilden.

4.10.3   Sonderfälle der Berechnung des Ortsstundenwinkels

Werden im Kap. 4.7

in Formel (12) das Azimut sowie

in Formel (14) der parallaktische Winkel als rechte Winkel und

in Formel (4) die Gestirnshöhe Null

eingesetzt, so erhält man nach Umstellen der Formeln folgende drei einfache Beziehungen

für den *Ortsstundenwinkel des Gestirns im Ersten Vertikal*

$$\cos t_{E,W} = \frac{1}{\tan \varphi} \cdot \tan \delta, \tag{1}$$

für den *Ortsstundenwinkel des Gestirns bei der größten Ausweichung* [26]

$$\cos t_{\text{E,W}} = \tan \varphi \cdot \frac{1}{\tan \delta}, \tag{2}$$

für den *Ortsstundenwinkel des Gestirns beim wahren Auf- und Untergang*

$$\cos t_{\text{E,W}} = - \tan \varphi \cdot \tan \delta. \tag{3}$$

In den beiden Formeln (1) und (2) gilt t_{E} bei östlichem und t_{W} bei westlichem Azimut, in Formel (3) t_{E} beim wahren Aufgang und t_{W} beim wahren Untergang. Die Gleichung (3) liegt der Tafel 33 „Halber Tag- und Nachtbogen" der Nautischen Tafeln zugrunde; siehe auch Kap. 6.4.8 (Formelsammlung).

4.11 Berechnung der Durchgangszeiten der Gestirne durch den Meridian (Kulminationszeiten)

Der Durchgang eines Gestirns durch den höchsten Punkt seiner beobachteten Bahn nennt man *obere Kulmination*, den Durchgang durch den tiefsten Punkt *untere Kulmination*.

Die obere Kulmination eines Gestirns fällt der Höhe und der Zeit nach wegen der zeitabhängigen Deklinationsänderung und der fahrtabhängigen Breitenänderung infolge der Geschwindigkeitskomponente des Schiffes in Meridianrichtung nicht mit dem oberen Meridiandurchgang zusammen [27]. Das gleiche gilt für die untere Kulmination. In der nautischen Praxis wird im allgemeinen nicht zwischen Kulmination und Meridiandurchgang unterschieden, weil beide nahe beieinander liegen. Siehe auch „Meridianbreite" im Kap. 4.16.6.

Nach der Beziehung $t = t_{\text{Gr}} + \lambda$ für die „bewegten" Gestirne Sonne, Mond und Planeten und nach $t_* = t_{\text{Gr}} \Upsilon + \beta_* + \lambda$ für die Fixsterne können mit $t = 000°$ und $t = 180°$ die Durchgangszeiten der Gestirne durch den oberen und unteren Meridian auf allen Längen mit Hilfe des Nautischen Jahrbuches bestimmt werden. Da der Zeitwinkel der Sonne in Zeitmaß die WOZ angibt, werden hiermit am bequemsten MOZ, UT1 und ZZ des Meridiandurchganges der Sonne berechnet.

Beispiel: Es sind am 8. Mai 1982 der obere und untere Meridiandurchgang der Sonne auf $148° 14' E$ in MOZ, UT1 und ZZ zu bestimmen.

Oberer Meridiandurchgang				*Unterer* Meridiandurchgang		
8. Mai	$\tau_\odot$ = WOZ		12.00.00	8. Mai	$\tau_\odot$ = WOZ	24.00.00
	$- e$		$-$ 03 30		$- e$	$-$ 03 32
8. Mai	MOZ		11.56.30	8. Mai	MOZ	23.56.28
	$- \lambda$iZ		$-$ 9 52 56		$- \lambda$iZ	$-$ 9 52 56
8. Mai	UTC $\approx$ UT1		2.03.34	8. Mai	UTC $\approx$ UT1	14.03.32
	ZU		+ 10 00 00		ZU	+ 10 00 00
8. Mai	ZZ		12.03.34	9. Mai	ZZ	00.03.32

Der obere Meridiandurchgang der Sonne findet auf $\lambda = 148° 14' E$ am 8. Mai 1982 um 11.56.30 MOZ, 2.03.34 UT1 und 12.03.34 ZZ statt.

Der untere Meridiandurchgang der Sonne findet auf $\lambda = 148° 14' E$ am 8. Mai 1982 um 23.56.28 MOZ, 14.03.32 UT1 und am 9. Mai 1982 um 00.03.32 ZZ statt.

---

26 Winkel am Zenit zwischen Himmelsmeridian und dem Vertikalkreis, der den Deklinationsparallel berührt.

27 Terheyden, K.: Der Stundenwinkel der größten Höhe „bewegter" Gestirne und sein Einfluß auf die Meridianbreite. Der Seewart 16 (1955) H. 15.

Beispiele: Es sind am 8. Mai 1982 der obere Meridiandurchgang des Mondes auf der Länge 061° 30′ W und des Sterns Sirius (Nr 29) auf der Länge 022° 48′ E in UT1, MOZ und ZZ zu bestimmen.

Mond

$t_{\mathbb{C}}$	000° 00,0′		
$-\lambda$	+ 061° 30,0′		
Grt $\mathbb{C}$	061° 30,0′		
$-$ Grt $\mathbb{C}$	$-$ 058° 09,5′	für UT1	4.00.00
Zw + Vb	3° 20,5′		
$-$ Vb	$-$ 3,2′		
Zw $\mathbb{C}$	3° 17,3′	für	13 47
8. Mai		UT1	4.13.47
		λ iZ	$-$ 4 06 00
8. Mai		MOZ	0.07.47
8. Mai		UTC≈UT1	4.13.47
		ZU	$-$ 4 00 00
8. Mai		ZZ	0.13.47

Sirius (Nr 29)

t_*	360° 00,0′		
$-\lambda$	$-$ 022° 48,0′		
β_* + Grt Υ	337° 12,0′		
$-\beta_*$	$-$ 258° 54,9′		
Grt Υ	078° 17,1′		
$-$ Grt Υ	$-$ 076° 04,2′	für UT1	14.00.00
Zw Υ	2° 12,9′	für	08 50
8. Mai		UT1	14.08.50
		λ iZ	+ 1 31 12
8. Mai		MOZ	15.40.02
8. Mai		UTC≈UT1	14.08.50
		ZU	+ 2 00 00
8. Mai		ZZ	16.08.50

Die auf eine volle Minute gerundete Durchgangszeit in UT1 durch den oberen Meridian ist im Nautischen Jahrbuch für den *Nullmeridian* unter T für Sonne, Mond, Planeten und Frühlingspunkt verzeichnet. T ist für die nautische Praxis mit hinreichender Genauigkeit die MOZ des oberen Merdiandurchganges der Sonne auf beliebiger Länge. Mondtag, Planetentag und Sterntag stimmen nicht mit dem

Sonnentag überein; siehe auch Kap. 4.3 und 4.20. Bei diesen Gestirnen muß man T auf die MOZ des oberen Meridiandurchganges der geographischen Länge des Beobachters berichtigen. Diese Berichtigung (Br.) bekommt man durch einfaches Einschalten zwischen den T-Werten zweier aufeinander folgender Tage, und zwar

> *bei Ostlänge zum Vortage,*
> *bei Westlänge zum nächsten Tag*

hin, denn der obere Meridiandurchgang erfolgt auf Ostlänge früher, auf Westlänge später als auf dem Nullmeridian.

Bei den Fixsternen ist der Sternwinkel von T_Υ zu subtrahieren. Der erhaltene Wert ist für den Sternwinkel *und* die Länge zu verbessern, wobei die Verbesserung für den Sternwinkel immer negativ ist.

Für das gleiche Beispiel wie oben bekommt man MOZ, UT1 und ZZ des oberen Meridiandurchgangs des Mondes und des Fixsternes Sirius auf den vorgegebenen Breiten wie folgt:

Mond

8. Mai	$T_\mathbb{C}$	0.00 Uhr
9. Mai	$T_\mathbb{C}$	0.45 Uhr (Westlänge)
	Unt	45 min

$$\text{Br für } \lambda \Rightarrow 45 \text{ min} \cdot \frac{061{,}5°}{360°} \approx 08 \text{ min}$$

8. Mai	$T_\mathbb{C}$	0.00 Uhr	
	+ Br. für λ	+ 08	(Westlänge)
8. Mai	MOZ	0.08	für 061° 30′ W
	− λiZ	+ 4 06	
8. Mai	UTC ≈ UT1	4.14 Uhr	
	ZU	− 4 00	
8. Mai	ZZ	0.14 Uhr	

Sirius (Nr 29)

8. Mai	T_Υ	8.57 Uhr
7. Mai	T_Υ	9.00 Uhr (Ostlänge)
	Unt	− 03 min

$$\text{Br. für } \lambda \Rightarrow − 03 \text{ min} \cdot \frac{022{,}8°}{360°} \approx 0 \text{ min}$$

$$\text{Br. für } \beta \Rightarrow − 03 \text{ min} \cdot \frac{258{,}9°}{360°} \approx − 02 \text{ min}$$

$$\beta_* = 258°\,54{,}9′ \Rightarrow 17 \text{ h } 15 \text{ min } 40 \text{ s} = \beta\text{iZ}$$

8. Mai	T_Υ	8.57 Uhr
	− βiZ	−17 16
	T_*	15.41 Uhr
	+ Br. für λ	00
	+ Br. für β	− 02
8. Mai	MOZ	15.39 für 022° 48′ E
	− λiZ	− 1 31
8. Mai	UTC ≈ UT1	14.08 Uhr
	ZU	+ 2 00
8. Mai	ZZ	16.08 Uhr

Nach dem letzteren Verfahren erhält man die Ortszeit des unteren Meridiandurchganges durch Addition bzw. Subtraktion von 12 h zu bzw. von T; beim Mond, bei den Planeten und den Fixsternen muß man zusätzlich als Verbesserung die halbe Änderung von T zu dem vorhergehenden Tag hin anbringen, wenn der untere Meridiandurchgang am Beobachtungstage vor dem oberen stattfindet, im anderen Falle zum folgenden Tag hin.

Ein Mondtag ist im Mittel ungefähr 50 min länger als ein Sonnentag. Findet ein unterer Meridiandurchgang des Mondes nahe um Mittag statt, so findet der vorhergehende und nachfolgende obere Meridiandurchgang nicht mehr an diesem Tage statt; siehe z. B. am 7. Mai 1982 im Auszug des Nautischen Jahrbuches 1982 (Kap. 4.8.1); ebenso kann hin und wieder an einem Tage kein unterer Meridiandurchgang auftreten.

Der Sterntag ist immer und der Planetentag oft kürzer als der mittlere Sonnentag, so daß an einem Tage schon mal zwei obere oder zwei untere Meridiandurchgänge dieser Gestirne beobachtet werden können.

Die Tafel 35 der Nautischen Tafeln gibt die mittleren Durchgangszeiten der 25 hellsten Fixsterne in MOZ auf Zehntelstunden gerundet an. Für den Stern Sirius ergibt sich nach dieser Tafel

1. Mai	16.06 MOZ	(Tafelwert 16,1)
+ Br. für 8 Tage	− 0 30	(Tafelwert −0,5)
8. Mai	15.36 MOZ	(15.39 MOZ nach obigem Beispiel)

Mit Hilfe eines Taschenrechners lassen sich die Zonenzeiten (Bordzeiten) des oberen Meridiandurchgangs der Gestirne mit hinreichender Genauigkeit nach folgenden Formeln (siehe auch Kap. 6.4.7, Formelsammlung) berechnen:

Sonne $\quad$ $ZZ/h \approx (T_\odot + ZU)/h - \lambda/1° : 15$,

Mond $\quad$ $ZZ/h \approx (T_{\mathbb{C}} + ZU)/h - [60 \cdot \lambda/1° : (859 + d_{\mathbb{C}}/1')]$,

Planet $\quad$ $ZZ/h \approx (T_{Pl} + ZU)/h - [60 \cdot \lambda/1° : (900 + d_{Pl}/1')]$,

Fixstern $\quad$ $ZZ/h \approx (T_\Upsilon + ZU)/h - [(\lambda/1° + \beta_*/1° - 360) : 15{,}041]$.

Für die Bestimmung der oberen Meridiandurchgangzeit des Mondes sind bei **Ostlänge** die beiden zur UT1 von $T_{\mathbb{C}}$ gehörenden Unterschiede (Unt) des **Beobachtungstages** und des **Vortages,** bei **Westlänge** des **Beobachtungstages** und des **folgenden Tages** zu mitteln.

Nach diesen Formeln erhält man die Zonenzeit des oberen Meridiandurchgangs der Sonne, des Mondes und des Fixsterns Sirius gemäß den vorstehenden Beispielen:

Sonne	12.03 Uhr ZZ	(12.03.34 ZZ)	
Mond	00.14 Uhr ZZ	(00.13.47 ZZ)	Nach Rechnung mit Hilfe des Nautischen Jahrbuches; siehe Beispiele vorher.
Sirius	16.09 Uhr ZZ	(16.08.50 ZZ)	

4.11.1 Vorausberechnung der Meridiandurchgangszeiten von Fixsternen während der Dämmerung

Dazu berechnet man die beiden Sternwinkel β_1 und β_2, die jeweils bei Beginn und am Ende der bürgerlichen Dämmerung[29] so groß sind, daß Sterne mit $\beta_1 \leqq \beta \leqq \beta_2$ den oberen Meridian passieren. Den Sonnenaufgang oder -untergang sowie die Dauer der bürgerlichen Dämmerung (D) entnimmt man der Tafel für den Sonnenaufgang und -untergang im Nautischen Jahrbuch. Den Sternwinkel bestimmt man nach

$$\beta = t_* - \lambda - t_{Gr\Upsilon} \;.$$

Siehe Berechnung der Dämmerungszeiten im Kap. 4.12.2.

Beispiel: Welche Fixsterne passieren sichtbar am 7. Mai 1982 auf $\varphi = 65°\,00{,}5'\,$N, $\lambda = 009°\,15'\,$E während der bürgerlichen Abenddämmerung den oberen Meridian?

---

lt. Nautischem Jahrbuch, S. 25	MOZ	20.50 Uhr	(Sonnenuntergang)
	$-\lambda$iZ	$-$ 37	
	UT1	20.13 Uhr	(Sonnenuntergang)

lt. Nautischem Jahrbuch, S. 25 $D = 1$ h 28 min   (Dauer der bürgerlichen Dämmerung)

---

t_*	360° 00,0′			
$-\lambda$	$-$ 009° 15,0′			
	350° 45,0′			
$-$ Grt ♈	$-$ 165° 19,8′	für	UT1	20.00 Uhr
	185° 25,2′			
$-$ Zw ♈	$-$ 3° 15,5′	für		13
β_1	182° 09,7′	für	UT1	20.13 Uhr (Sonnenuntergang)
$-$ Zw ♈	$-$ 22° 03,6′	für	D	1 28 (Dauer der bürgerlichen Dämmerung)
β_2	160° 06,1′	für	UT1	21.41 Uhr (Ende der bürgerl. Dämmerung)

Am 7. Mai findet kein sichtbarer Durchgang von Fixsternen durch den oberen Meridian statt. Die Sterne Nr 43 bis Nr 45 weisen zwar zutreffende Sternwinkel auf, ihre Deklinationen sind aber ungleichnamig mit der Breite und die Absolutbeträge der Deklinationen größer als das Breitenkomplement, so daß die jeweiligen Kulminationen unter dem wahren Horizont erfolgen.

4.12   Berechnung des wahren Auf- und Untergangs der Gestirne

Der Stundenwinkel t_E des wahren Aufgangs und t_W des wahren Untergangs eines Gestirns sind gleich seinem *halben Tagbogen*, den man berechnet nach

$$\cos t_{E,W} = - \tan\varphi \cdot \tan\delta ,$$

siehe „Sonderfälle der Berechnung des Ortsstundenwinkels" im Kap. 4.10.3.

Die Sonne steht beim wahren Auf- und Untergang ihres Mittelpunktes über der Kimm, denn der Kimmabstand des Sonnenunterrandes ist bei einer Augeshöhe von 8 m, der mittleren Strahlenbrechung von 32,0′ und dem mittleren scheinbaren Sonnenradius von 16,0′ gleich der negativen Gesamtbeschickung

$$-\Sigma = 5{,}0' + 32{,}0' - 0{,}1' - 16{,}0' = 20{,}9' ,$$

siehe Kap. 4.6.2.

Mit dem halben Tagbogen der Sonne bestimmt man die WOZ ihres wahren Auf- und Untergangs.

Beispiel: Auf $\varphi = 55°\,15'\,$N, $\lambda = 007°\,48'\,$E sind am 7. Mai 1982 die MOZ und ZZ des wahren Auf- und Untergangs der Sonne zu berechnen.

Sonnenaufgang $\approx$ 3.40 Uhr UT1   Sonnenuntergang $\approx$ 19.10 Uhr UT1

$\delta_\odot = 16°\,42{,}3'\,$N $\delta_\odot = 16°\,52{,}9'\,$N

Nach vorstehender Formel erhält man

$$t_E = 115° \, 38{,}0' \qquad\qquad t_W = 115° \, 56{,}5'$$

	$\tau_\odot$	12.00.00			$\tau_\odot$	12.00.00
	− halber Tagbogen	−7 42 32 (115° 38,0′)			+ halber Tagbogen	+7 43 46 (115° 56,5′)
7. Mai	WOZ	4.17.28		7. Mai	WOZ	19.43.46
	− e	− 3 26			− e	− 3 30
7. Mai	MOZ	4.14.02		7. Mai	MOZ	19.40.16
	− λiZ	− 31 12			− λiZ	− 31 12
7. Mai	UTC ≈ UT1	3.42.50		7. Mai	UTC ≈ UT1	19.09.04
	ZU	+1 00 00			ZU	+1 00 00
7. Mai	ZZ	4.42.50		7. Mai	ZZ	20.09.04

Die Rechnung braucht nicht wiederholt zu werden, weil die Deklination der Sonne dem Jahrbuch genau genug entnommen worden ist. Berechnung des sichtbaren Auf- und Untergangs der Sonne und des Mondes siehe Kap. 4.12.1.

Beim Mond bestimmt man zunächst die MOZ seines oberen Meridiandurchgangs; siehe Kap. 4.11. Man muß zu seinem halben Tagbogen für jede Stunde 2 min addieren, da der Mondtag ungefähr 50 min länger als der Sonnentag ist; den genauen Wert bekommt man aus dem Nautischen Jahrbuch als den Betrag der Änderung von T☾ zum Vortag (Aufgang) und zum nächsten Tag hin (Untergang). Wegen der schnellen Änderung der Monddeklination ist die Berechnung der Auf- und Untergangszeit meist zu wiederholen.

Zur angenäherten Bestimmung der Zeit des Auf- und Untergangs der Gestirne dient die Tafel 32 „Halber Tag- und Nachtbogen" der Nautischen Tafeln. Sie ist nach vorstehender Formel berechnet. Für Gestirne, deren Deklination ungleichnamig mit der Breite ist, ist der halbe Nachtbogen angegeben; für sie findet man den halben Tagbogen, indem man den Tafelwert von 12 h subtrahiert.

Nur die Sonne steht beim wahren Auf- und Untergang über der Kimm. Beim Mond ist die Parallaxe so groß, daß sich sein Oberrand noch unter der Kimm befindet, wenn sein Mittelpunkt durch den wahren Horizont geht. Fixsterne und Planeten sind in der Nähe der Kimm nicht hell genug, um ihren Auf- oder Untergang zu beobachten.

4.12.1 Berechnung des sichtbaren Auf- und Untergangs der Sonne und des Mondes

Der *sichtbare Auf-* bzw. *Untergang* der Sonne, oft nur Auf- bzw. Untergang genannt, ist der Zeitpunkt in dem bei der Augeshöhe Null der Sonnenoberrand in der Kimm auftaucht bzw. verschwindet. Das gilt in gleicher Weise für den Auf- und Untergang des Mondes.

Die wahre Höhe beim Kimmabstand null, mittleren scheinbaren Sonnenradius $r = 16{,}0'$ und 0 m Augeshöhe ist

$$h_\odot = -35{,}4' + 0{,}1' - 16{,}0' = -51{,}3'.$$

Bei 0 m Augeshöhe, größt möglicher Horizontparallaxe $P_0 = 61{,}1'$ und größtem scheinbaren Mondradius $r = 16{,}7'$ ergibt sich die wahre Höhe für den Kimmabstand null

$$h_☾ = -35{,}4' + 61{,}5' - 16{,}8' = 9{,}3'.$$

Der sichtbare Sonnenaufgang ist deshalb etwas früher und der sichtbare Sonnen-untergang [28] später als der wahre Auf- bzw. Untergang. Der sichtbare Mondaufgang findet dagegen etwas später und der Monduntergang früher als der wahre Auf- bzw. Untergang statt.

Im Nautischen Jahrbuch geben die Tafeln auf S. 23 bis S. 25 von 5 zu 5 Tagen die mittleren Ortszeiten des Auf- und Untergangs der Sonne für den Nullmeridian und ausgewählte Breiten zwischen 50° S und 70° N. Sie entsprechen angenähert den mittleren Ortszeiten auf anderen Meridianen. Zusätzlich ist noch die Dauer der bürgerlichen Dämmerung verzeichnet.

In den Nautischen Tafeln gibt die Tafel 36 den „Unterschied des sichtbaren Auf- und Untergangs der Sonne gegen den wahren für eine Augeshöhe von 8 Metern in Minuten" [29]. Hiernach erhält man für vorstehendes Beispiel

wahrer Sonnen-aufgang lt. Beispiel	MOZ	4.14 Uhr		wahrer Sonnen-untergang lt. Beispiel	MOZ	19.40 Uhr
Unterschied zum sichtbaren Aufgang		− 07		Unterschied zum sichtbaren Untergang		+ 07
sichtbarer Sonnen-aufgang	MOZ	4.07 Uhr		sichtbarer Sonnen-untergang	MOZ	19.47 Uhr

(Nach den Tafeln im Nautischen Jahrbuch für den „Sonnenaufgang (A) und -untergang (U) in MOZ für 000° Länge" und Ah 0 m erhält man für den Aufgang 4.08 MOZ und für den Untergang 19.46 MOZ.)

Die mittleren Ortszeiten des Mondauf- und Untergangs geben die Tafeln auf S. 26 bis S. 37 im Nautischen Jahrbuch für den Nullmeridian und ausgewählte Breiten zwischen 50° S und 70° N. Für andere geographische Längen können die mittleren Ortszeiten mit Hilfe der dort angegebenen Änderungen für jeweils 10° Ostlänge (Westlänge entgegengesetztes Vorzeichen) bestimmt werden.

Beispiel: Wann geht am 8. Mai 1982 auf $\varphi = 35°\,36'$ S, $\lambda = 051°\,15'$ W der Mond in MOZ und ZZ sichtbar auf und unter?

Mondaufgang				*Monduntergang*		
für $\lambda = 000°$	MOZ	17.45 Uhr		für $\lambda = 000°$	MOZ	6.54 Uhr
Änderung für 051° 15′ W		+ 05		Änderung für 051° 15′ W		+ 08
	MOZ	17.50 Uhr			MOZ	7.02 Uhr

4.12.2 Berechnung der Dämmerungszeiten

Mit dem Auffinden der ersten Fixsterne wird man ohne Fernrohr bei der Sonnen-höhe von 6° unter dem Horizont rechnen können. Die Zeit vom Untertauchen der Sonne bis zum Moment, in dem der Sonnenmittelpunkt 6° unter dem Horizont steht, bezeichnet man als bürgerliche Dämmerung (D_b). Die Zeit vom Unter-tauchen der Sonne bis zum Eintreten der völligen Dunkelheit bei der Sonnenhöhe

---

28 Im Hafen wird die Nationalflagge um 8.00 Uhr morgens geheißt und beim sichtbaren Son-nenuntergang niedergeholt.

29 Berechnung siehe Vorbemerkungen zur Tafel 36 in den Nautischen Tafeln.

von 18° unter dem Horizont heißt astronomische Dämmerung (D_a). Beim Aufgang ist es entsprechend umgekehrt. Da die Sonne beim Untertauchen bzw. Auftauchen in $h \approx -35' - 16' = -51'$ (siehe Kap. 4.12.1) steht, können die beiden Dämmerungen für alle Beobachtungsorte und Jahrestage berechnet werden nach:

$$\cos t_{A,U} = \frac{\sin(-51') - \sin \varphi \cdot \sin \delta}{\cos \varphi \cdot \cos \delta},$$

$$\cos t_b = \frac{\sin(-6°) - \sin \varphi \cdot \sin \delta}{\cos \varphi \cdot \cos \delta},$$

$$\cos t_a = \frac{\sin(-18°) - \sin \varphi \cdot \sin \delta}{\cos \varphi \cdot \cos \delta},$$

wobei t_A bzw. t_U den Stundenwinkel des Auf- bzw. des Untertauchens, t_b den des bürgerlichen Dämmerungsanfanges und t_a den des astronomischen Dämmerungsanfanges der Sonne bedeuten. Es ist dann:

$$D_b = t_b - t_A \quad \text{bzw.} \quad D_b = t_b - t_U,$$

$$D_a = t_a - t_A \quad \text{bzw.} \quad D_a = t_a - t_U.$$

Beispiel: Es ist am 7. Mai 1982 auf $\varphi = 50°06'$ N und $\lambda = 42°15'$ W die Dauer der bürgerlichen und der astronomischen Abenddämmerung zu berechnen.

Laut Nautischem Jahrbuch, S. 25:

		MOZ	19.27 Uhr (Untergang)
		$-\lambda$iZ	+2 49
$\delta = 16°55,1'$ N (Unt 0,7' N)	$\Rightarrow$	UT1	22.16 Uhr

Mit dem Taschenrechner erhält man nach o. a. Formeln:

t_U	112,8276°
t_b	122,28391°
t_a	150,14954°
$t_b - t_U = D_b$	9,45631° $\cong$ 37 min 50 s ; (38 min lt. Nautischem Jahrbuch, S. 25)
$t_a - t_U = D_a$	37,31194° $\cong$ 2 h 29 min 17 s

4.13 Bestimmung des Namens eines unbekannten Sterns

Sind nur vereinzelt Sterne zu sehen, so kann man in der Dämmerung oder bei stark bewölktem Himmel ihre Namen nicht mit Hilfe der Sternbilder ausmachen. Zur Identifizierung mißt man den Kimmabstand des unbekannten Sterns und ermittelt durch Peilung das rw Azimut zur Zeit der Kimmabstandsmessung. Mit diesen Beobachtungswerten und der geographischen Breite berechnet man den Ortsstundenwinkel nach der Formel

$$\tan t_{E,W} = \frac{\sin Z}{\cos \varphi \cdot \tan h - \sin \varphi \cdot \cos Z},$$

die sich durch Umstellen der Formel (10) im Abschnitt 4.7 ergibt. Nach der Beziehung

$$\beta = t_* - \lambda - t_{Gr\Upsilon}$$

wird der Sternwinkel erhalten, mit dem man im Sternverzeichnis des Nautischen Jahrbuches den Namen des beobachteten Sterns findet. Die für die Beobachtungen in Frage kommenden Sterne 1. und 2. Größe stehen so vereinzelt am Himmel, daß eine Verwechslung wegen der Ungenauigkeiten durch die Verwendung des Koppelortes und des gepeilten Azimuts unwahrscheinlich ist.

Beispiel: Am 7. Mai 1982 beobachtet man im Südatlantik gegen 18.00 ZZ auf $\varphi_k =$ 15° 24′ S. $\lambda_k = 029°\,15'$ W bei stark bewölktem Himmel während der Dämmerung den Kimmabstand 41° 14,5′ und 3 min später den Kimmabstand 27° 32,0′ eines anderen unbekannten Sterns, Ah 14 m. Der zuerst beobachtete Stern wird im Azimut 211,5° rw gepeilt, der andere im Azimut 095°. Wie heißen die beiden Sterne?

Erste Beobachtung

*	41° 14,5′		ZZ	18.00 Uhr		*	27° 40,5′
Gb	− 7,8′		− ZU	+2 00		Gb	− 8,5′
h_*	41° 06,7′		UT1 $\approx$ UTC	20.00 Uhr		h_*	27° 32,0′

Zweite Beobachtung

Nach vorstehenden Formeln berechnet man mit dem Taschenrechner die beiden Ortsstundenwinkel und hiermit die beiden Sternwinkel

$t_{*\,W}$	040° 21,2′		$t_{*\,E}$	064° 18,0′	
t_*	400° 21,2′		t_*	295° 42,0′	
− λ	+ 029° 15,0′		− λ	+ 029° 15,0′	
Grt*	429° 36,2′		Grt*	324° 57,0′	20.00 Uhr UT1
− Grt ♈	− 165° 19,8′ für 20.00 Uhr UT1		− Grt ♈	− 165° 19,8′	
			− Zw	− 45,1′	03
β	264° 16,4′		β	158° 52,1′	20.03 Uhr UT1

Nach dem Sternverzeichnis im Nautischen Jahrbuch sind

<u>Canopus</u> (Nr 27)   und   <u>Spica</u> (Nr 49)

beobachtet worden. Laut Jahrbuch sind ihre Sternwinkel

$$\beta_{*\,27} = 264°\,06,9';\qquad \beta_{*\,49} = 158°\,56,1'.$$

In den allermeisten Fällen kann man diese Rechnung dadurch sparen, daß man den Ortsstundenwinkel des unbekannten Sterns schätzt[30]. Mit seiner Hilfe berechnet man, wie bereits gezeigt, den Sternwinkel. Er und die zusätzlich geschätzte Deklination des beobachteten unbekannten Sterns sind die Ephemeriden, durch die im Sternverzeichnis des Nautischen Jahrbuches der Stern identifiziert wird.

Man kann auch die ABC-Tafel der Nautischen Tafeln nach zyklischer Vertauschung der Argumente zur Bestimmung des Namens eines Unbekannten Sterns verwenden. An Stelle der *mit der Breite gleichnamigen Deklination* setzt man die Höhe und an Stelle des halbkreisig zählenden Stundenwinkels das mit dem oberen Pol gleichnamig und halbkreisig zählende Azimut. Der der C-Tafel an Stelle des Azimuts entnommene Winkel ist der gesuchte Ortsstundenwinkel, und zwar ist bei negativem C der Ortsstundenwinkel t_E (östliches Azimut) oder t_W (westliches Azimut) ein stumpfer Winkel.

---

30 Eine Handbreite entspricht bei ausgestrecktem Arm etwa 10°, eine Daumenbreite etwa 2°.

Nach der ABC-Tafel erhält man für vorstehendes Beispiel

$$A = -\,0{,}44 \qquad\qquad A = -\,0{,}03$$
$$B = +\,1{,}66 \qquad\qquad B = +\,0{,}52$$
$$A + B = C = +\,1{,}22 \qquad A + B = C = +\,0{,}49$$
$$t_{*\,W} = \underline{040{,}3°} \qquad\quad t_{*\,E} = \ =\underline{064{,}2°}$$

Tafeln, Nomogramme, Sterngloben[31] und andere Rechengeräte sind zur Bestimmung der Sternephemeriden β und δ zum Sternauffinden entwickelt worden, von denen viele nicht mehr vertrieben werden. Der „Starfinder and Identifier No. 2102-D"[32] und der „Starfinder and Identifier NP 323"[33] sind noch im Handel.

Mit Hilfe eines elektronischen Taschenrechners lassen sich Deklination und Sternwinkel eines unbekannten Sterns rasch aus beobachteter Höhe, gepeiltem Azimut und der Breite bestimmen; siehe unter 6.4.12 im Kap. 6 (Formelsammlung).

4.13.1   Identifizierung der Fixsterne und Planeten

Nach einer internationalen Vereinbarung ist seit 1925 die Himmelskugel in 88 genau abgegrenzte Gebiete aufgeteilt. Benachbarte und von der Erde mit bloßem Auge sichtbare Sterne, die ein markantes Bild ergeben, sind zu Sternbildern zusammengefaßt. Viele Sternbilder tragen Namen aus der griechischen Mythologie. Die einzelnen Sterne der Sternbilder sind in einem wissenschaftlichen Sternatlas mit griechischen Buchstaben unter Hinzufügung des lateinischen Sternbildnamens verzeichnet. Die abnehmende Helligkeit wird im allgemeinen durch die Buchstabenfolge angezeigt.

Für die Erkennung der Fixsterne leisten Sternkarten des nördlichen und südlichen Sternhimmels gute Dienste. In den beiden Sternkarten im Bild 4.4 und im Bild 4.5 (nördlicher und südlicher Sternhimmel) im Kap. 4.2 sind die meisten der im Nautischen Jahrbuch verzeichneten 80 Fixsterne mit Hilfe ihrer Koordinaten Deklination und Sternwinkel aufzufinden. Ihre Namen und Sternnummern lt. Jahrbuch oder nur die Sternnummern sind in den Karten angegeben. Vergleiche auch die Tabelle 4.3 „Voneinander abweichende Sternnamen" der Sternnamen im deutschen Nautischen Jahrbuch und in der Höhentafel No. 249 I (Selected Stars); siehe Kap. 4.17.6.

Man geht zur allgemeinen Orientierung am Sternhimmel von besonders auffälligen Sternbildern aus. Am nördlichen Sternhimmel ist das u.a. das Sternbild Großer Wagen oder Großer Bär. Der nördlich gelegene Stern der Hinterachse des Großen Wagens ist Dubhe (Nr. 41). Verlängert man die hintere Achse über Dubhe hinaus etwa um das fünffache des Achsenabstandes, so kommt man zum Nordstern (Nr 9) in der Nähe des Himmelsnordpols. Die Deichsel des Großen Wagens bilden die Sterne Alioth (Nr 46), Mizar (Nr 48) und Benetnasch (Nr 50). Die Fortsetzung der Deichsel über Benetnasch hinaus zeigt auf den rötlichgelben und hellen Stern Arcturus (Nr 53) im Sternbild Bootes. Die südliche Verlängerung der Vorderachse des Großen Wagens um etwa den neunfachen Achsenabstand führt zum Stern Regulus (Nr 39) im Sternbild Löwe. Der Stern Schedir (Nr 4) im W-förmigen Sternbild Cassiopeia liegt auf der Verbindungslinie von Alioth im Großen Wagen

---

31 Sternglobus „Sternfinder" nach Fr. Woerdemann, hergestellt von Steger jr. in Kiel.
32 Baker, Lyman & Co. Inc., Houston, TX 77002, USA.
33 Hydrographic Department, Ministry of Defence, Taunton, Somerset.

über den Himmelsnordpol hinaus etwa gleich weit entfernt wie Alioth. Die Merk-linie vom Nordstern über den hellen Außenstern der Cassiopeia (β Cassiopeiae oder Caph) geht nahe an Sirrah (Nr 1) und Algenib (Nr 2) vorbei durch den Frühlings-punkt auf den Himmelsäquator. Sirrah und Algenib sind zwei Eckpunkte des fast quadratischen Pegasus-Vierecks, dessen beide anderen Eckpunkte der Stern Scheat (Nr 79) und der südlich davon gelegene Stern Markab (Nr 80) bilden. Die von Scheat über Markab südlich gerichtete Suchlinie zeigt auf Fomalhaut (Nr 78) fast genau 30° südlich vom Himmelsäquator. Die andere Verlängerungslinie verläuft durch Sirrah und über Algenib hinaus durch den Stern Deneb Kaitos (Nr 5) im Sternbild Walfisch südlich des Himmelsäquators.

Der dem Himmelsnordpol näher gelegene Stern der Hinterachse des Kleinen Wagens (oder des Kleinen Bärs) ist der Stern Kochab (Nr 57).

Im Sommer, wenn sich die Sonne auf ihrer scheinbaren Bahn zwischen den Sternbildern Zwillinge und Stier bewegt, ist das nahezu gleichschenklige Stern-dreieck (Sommerdreieck) Wega (Nr 69) in der Leier, Deneb (Nr 73) im Schwan und Atair (Nr 71) im Sternbild des Adlers besonders auffällig. Wega wird von zwei wenig hellen Sternen flankiert und Stern Deneb bildet die nördliche Spitze des Sommerdreiecks.

Bei der scheinbaren Bewegung der Sonne durch die Sternbilder Schütze und Skorpion während des nördlichen Winterhalbjahres ist das besonders schöne und markante Sternbild Orion mit seinen Sternen nördlich und südlich des Himmels-äquators fast die ganze Nacht über gut sichtbar. Die beiden nördlichen Sterne dieses Sternbildes sind Beteigeuze (Nr 24) und die weniger helle Bellatrix (Nr 19). Die beiden südlich des Himmelsäquators gelegenen Fixsterne des Orion sind Rigel (Nr 17) und $\varkappa$ Orionis (Nr 23). Eine einprägsame Merklinie ist die Winterspirale, die von Beteigeuze, Bellatrix und Rigel über den bläulich funkelnden hellsten Stern am Himmel Sirius (Nr 29) im Großen Hund und Procyon (Nr 33) im Kleinen Hund, an Pollux (Nr 34) und Castor (Nr 32) im Sternbild der Zwillinge vorbei über Capella (Nr 18) im Sternbild Fuhrmann zu Alcyone (Nr 15) im Siebengestirn (Plejaden) führt.

Der Himmelsäquator geht durch den nördlichen Gürtelstern im Orion; der Mittelpunkt der Verbindungslinie Regulus und Spica (Nr 49) im Sternbild Jung-frau fällt fast mit dem Herbstpunkt auf dem Himmelsäquator zusammen.

Am südlichen Sternhimmel führt von γ Crucis (Nr 44) über α Crucis (Nr 43), die den Längsbalken des Kreuzes des Südens bilden, eine Linie über den Himmels-südpol in einer leichten Krümmung hinweg zum Stern Achernar (Nr 8) und in der Gegenrichtung zur Spica (Nr 49). Senkrecht zu dieser Merklinie läuft eine andere von Canopus (Nr 27) über den Himmelssüdpol zu dem Stern α Pavonis (Nr 72) südlich von Atair (Nr 71). Die beiden hellen Sterne α und β Centauri (Nr 54 und Nr 51) liegen vom Kreuz des Südens aus in Richtung Antares (Nr 61) im Skorpion.

Die vier im Nautischen Jahrbuch verzeichneten Planeten erkennt man an ihrem hellen und ruhigen (nicht funkelnden) Licht. Im Fernrohr des Sextanten erscheinen sie im Gegensatz zu den Fixsternen scheibenförmig. Die Planetenbahnen sind nur wenig gegen die Ekliptik geneigt, so daß sie immer in der Nähe der scheinbaren Bahnen der Sonne und des Mondes stehen. Die Venus bewegt sich von der Erde aus gesehen so, daß sie sich nicht weiter als 46° von der Sonne entfernt. Ist der Greenwicher Stundenwinkel der Venus kleiner als der der Sonne, so ist Venus in der Abenddämmerung, im anderen Fall in der Morgendämmerung sichtbar. Die Planeten Mars, Jupiter und Saturn können von der Erde aus gesehen alle Azimut-unterschiede zu der Sonne einnehmen, weil sie von der Sonne weiter als die Erde entfernt liegen. Die Tabelle „Sichtbarkeitszeiten der Planeten" im Nautischen Jahrbuch informiert über die Beobachtungsmöglichkeiten und -zeiten während der

Morgen- und Abenddämmerung (sowie in den beiden Nachthälften). Weiterhin sind in 4 Sternkarten des Nautischen Jahrbuches die Planetenbahnen im Laufe des Jahres dargestellt.

Die Helligkeit der im Jahrbuch verzeichneten Planeten ist je nach ihrer Stellung zur Sonne unterschiedlich. Mars, Jupiter und Saturn haben jeweils in ihren erdfernsten Punkten die geringste Helligkeit. Venus ist etwa 35 Tage vor und nach Erreichen ihres erdnächsten Bahnpunktes am hellsten; sie ist dann sogar am Tage sichtbar. Über Intensität des zur Erde gelangenden Lichtes vgl. Kap. 4.8.

4.14 Bestimmung des Azimuts eines Gestirns

Bei der astronomischen Ortsbestimmung bestimmt das Azimut die Richtung der aus der Gestirnsbeobachtung gewonnenen Höhenstandlinie. Azimut und Kompaßpeilung eines Gestirns werden bei der astronomischen Kompaßkontrolle verglichen. Die Berechnung des Gestirnsazimuts gehört daher zu den vornehmlichen Aufgaben der astronomischen Navigation; siehe auch Kap. 4.14.5 und 4.16.

Je nach den Argumenten, die der Azimutberechnung zugrunde liegen, unterscheidet man

- *Zeitazimut*, berechnet aus Breite, Deklination und **Ortsstundenwinkel,**
- *Höhenazimut*, berechnet aus Breite, Deklination und **Höhe,**
- *Höhenzeitazimut*, berechnet aus Breite, **Höhe** und **Ortsstundenwinkel,**
- *Azimut beim wahren Auf- und Untergang (Amplitude)* als Sonderfall des Höhenazimuts ($h = 0$).

4.14.1 Zeitazimut

Mit dem Taschenrechner berechnet man das Zeitazimut eines Gestirns nach der Beziehung

$$\tan Z = \frac{\sin t_{\mathrm{E,W}}}{\cos \varphi \cdot \tan \delta - \sin \varphi \cdot \cos t_{\mathrm{E,W}}}$$

oder vollkreisig für

$$y = - \sin t \quad \text{und} \quad x = \cos \varphi \cdot \tan \delta - \sin \varphi \cdot \cos t$$

mit Hilfe der Transformation REC $(x, y) \Rightarrow$ POL $(r, \alpha_{\mathrm{Az}})$ von kartesischen Koordinaten zu Polarkoordinaten; siehe Kap. 4.7 und Kap. 4.7.1.

In der nautischen Praxis bestimmte man bisher das Azimut meist mit Hilfe der ABC-Tafel der Nautischen Tafeln oder anderer Tafeln. Im allgemeinen geht man in diesen Tafeln mit der Breite, der Deklination und dem Ortsstundenwinkel des Gestirns zur Beobachtungszeit ein.

- Bei Benutzung der ABC-Tafel entnimmt man mit φ und t_{E} bzw. t_{W} den Wert A der Tafel A.
- Mit δ und t_{W} bzw. t_{E} findet man auf der Gegenseite den Tafelwert B in der Tafel B.
- Nach Bildung von $C = A + B$ wird mit φ und C das Azimut in viertelkreisiger Zählweise in der Tafel C auf etwa 0,5° genau aufgesucht.

Die Vorzeichenregeln stehen am Fuße der drei Tafeln.

Im Nautischen Jahrbuch kann das Zeitazimut des Nordsterns mit Hilfe des Ortsstundenwinkels des Frühlingspunktes und der Breite in der Tafel auf S. 18 aufgesucht werden.

Andere bekannte deutsche Zeitazimut-Tafeln sind die von Bortfeldt, Ebsen, Mathies, Randermann und die Tafeln von Fulst, die alle nicht mehr verlegt werden.

Das Zeitazimut kann auch den Azimutdiagrammen für alle „Breiten, Deklinationen und Stundenwinkel" von K. Schütte[34], den Azimutnomogrammen von Straßl[35] und denen von Terheyden[36] entnommen werden.

Die bekanntesten ausländischen Tafeln sind die „Sight Reduction Tables", mit deren Hilfe Höhe und Zeitazimut eines Gestirns zu bestimmen sind; siehe Näheres unter Höhentafeln im Kap. 4.15.2.

Beispiel: Man steht am 8. Mai 1982 westlich von Neuseeland auf $\varphi_k = 43° 14'$ S, $\lambda_k = 165° 06'$ E und will in der Dämmerung den Fixstern Sirius beobachten. In welchem Azimut wird gegen 17.10 ZZ (Dämmerung) Sirius sichtbar werden? Das berechnete Azimut ist mit Hilfe der ABC-Tafel zu überprüfen.

Sirius (Nr 29)

8. Mai	ZZ	17.10 Uhr		Grt Υ	315° 44,4′	für	6.00 Uhr UT1
	− ZU	− 11 00		Zw	+ 2° 30,4′	für	10
	UT1 ≈ UTC	6.10 Uhr		Grt Υ	318° 14,8′	für	6.10 Uhr UT1
				β_*	+ 258° 54,9′	($\delta_* = 16° 41,7'$ S)	

lt. ABC-Tafel

$$A = - 2,30$$
$$B = + 0,79$$

$$A + B = C = - 1,51$$
$$Z' = \text{N } 42° \text{ W}$$

Grt $*$	577° 09,7′
λ	+ 165° 06,0′
	742° 15,7′
	− 720°
$t_* = t_W$	022° 15,7′

Mit Hilfe des Taschenrechners erhält man nach vorstehender Formel $\alpha_{Az} = \underline{317,6°}$ und mit der ABC-Tafel $\alpha_{Az} = \underline{\underline{318°}}$.

4.14.2 Höhenazimut

Aus Breite, Höhe und Deklination läßt sich das Azimut eines Gestirns nach der Gleichung

$$\cos Z = \frac{\sin \delta - \sin h \cdot \sin \varphi}{\cos h \cdot \cos \varphi}$$

berechnen; siehe Formel (5) im Abschnitt 4.7. Z zählt halbkreisig vom Nordmeridian nach Ost, wenn das Gestirn steigt, nach West, wenn es fällt.

Bekannte Höhenazimut-Tafeln sind die von Johnson und die von Davis. Beide Tafeln sind nur noch in alten Auflagen vorhanden.

---

34 Veröffenticht unter D. 2206, Deutsche Seewarte 1941.

35 Näheres siehe H. Straßl: Azimut-Nomogramme für alle Stundenwinkel und Deklinationen im Bereich der geographischen Breiten von 80° S bis 80° N. Forschungsbericht Nr. 512 des Wirtsch.- und Verk.-Ministeriums Nordrh.-Westf. Köln, Opladen: Westdeutscher Verlag 1959.

36 Näheres siehe K. Terheyden: Nomogramme zur Lösung astronomischer Aufgaben. — Zur geographischen Ortsbestimmung und astronomischen Navigation. Zweite Folge, Veröffentlichungen der Universitäts-Sternwarte zu Bonn Nr. 38. Bonn: Ferd. Dümmler 1951.

Höhenazimute werden bis auf Azimute der Sonne beim wahren Auf- und Untergang (siehe Kap. 4.14.4) in der nautischen Praxis selten verwendet.

Beispiel: Am 7. Mai 1982 beobachtet man etwa eine Stunde nach Mondaufgang auf $\varphi_k = 55° 12'$ N, $\lambda_k = 006° 54'$ E um 19.10 ZZ bei 12 m Augeshöhe $\mathbb{C} = 04° 42,0'$. Es ist das Höhenazimut zur Zeit der Beobachtung zu berechnen.

Laut Nautischem	$\delta_\mathbb{C} = 11° 53,5'$ S	$\mathbb{C}$	04° 41,8'	53,6'
Jahrbuch	HP 55,0'			0,1'
		Gb	+ 53,1'	− 0,6'
		$h_\mathbb{C}$	05° 34,9'	53,1'

Nach vorstehender Formel erhält man mit Hilfe des Taschenrechners und bei Berücksichtigung der Vorzeichen von φ, δ und h

$$\alpha_{\mathrm{Az}} = 120,2° \qquad (Z = \mathrm{N}\ 120,2°\ \mathrm{E}).$$

4.14.3 Höhenzeitazimut

In Verbindung mit der Höhenrechnung eines Gestirns (siehe Kap. 4.15) kann man das Azimut nach der Beziehung

$$\sin Z = \cos \delta \cdot \frac{1}{\cos h} \cdot \sin t_{\mathrm{E,W}}$$

bestimmen; siehe Formel (1) im Kap. 4.7. Die Sinusfunktion des Winkels Z läßt nicht ohne weiteres erkennen, ob das mit dem oberen Pol gleichnamig und halbkreisig zählende Azimut ein spitzer oder ein stumpfer Winkel ist. Meistens kann man das schon nach Augenschein entscheiden. Steht ein Gestirn aber in der Nähe des Ersten Vertikals, so muß man zur Entscheidung den Stundenwinkel des Gestirns im Ersten Vertikal heranziehen, der nach der Formel

$$\cos t_{\mathrm{E,W}} = \frac{1}{\tan \varphi} \cdot \tan \delta$$

erhalten wird; siehe Kap. 4.10.3.

Z ist dann ein spitzer Winkel, wenn der östliche bzw. westliche Ortsstundenwinkel des Gestirns im Ersten Vertikal kleiner als der zur Beobachtungszeit ist, andernfalls ist Z ein stumpfer Winkel.

Man kann auch die Höhe des Gestirns im Ersten Vertikal als Entscheidungshilfe nutzen. Man erhält diese Höhe nach

$$\sin h = \frac{1}{\sin \varphi} \cdot \sin \delta,$$

siehe im Kap. 4.7 Formel (5) für das Azimut als rechten Winkel.

Z ist ein spitzer Winkel, wenn die Höhe des Gestirns im Ersten Vertikal größer als die zur Beobachtungszeit ist, andernfalls ist Z ein stumpfer Winkel.

Deutsche Höhenzeitazimut-Tafeln sind die „Kurze Azimut-Tafel für alle Deklinationen, Stundenwinkel und Höhen der Gestirne auf beliebiger Breite" von G. D. E. Weyer und die „Tafeln zur Bestimmung der Breite und des Azimuts" von P. Andresen. Beide Tafeln werden nicht mehr verlegt.

Beispiel: Man berechnet am 8. Mai 1982 für die Breite 43° 14' S den westlichen Ortsstundenwinkel 037° 18,2' sowie für die Deklination 16° 41,7' S die Höhe 48° 45,2' des Fixsternes Sirius ($*_{29}$). Wie groß ist um 18.15 ZZ (165° E) das Azimut des Sternes Sirius?

Nach vorstehender Formel für das Höhenzeitazimut erhält man mit Hilfe des Taschenrechners den Winkel 061,7°. Danach ergibt der Augenschein

$$Z = S\ 118{,}3°\ W, \text{ bzw. } \alpha_{Az} = 298{,}3°.$$

Zur Überprüfung bestimmt man nach vorstehender Formel den Ortsstundenwinkel des Gestirns im Ersten Vertikal $t_w = 071{,}4°$, der größer ist als $t_w = 037°\ 18{,}2'$ am Beobachtungsort. Nach vorstehender Regel muß Z ein stumpfer Winkel sein, so daß nach ihr

$$Z = S\ 118{,}3°\ W \text{ bzw. } \alpha_{Az} = 298{,}3°.$$

Die Höhe des Gestirns im Ersten Vertikal $h_r = 24{,}8°$ (siehe vorgenannte Formel und Kap. 4.15.1) ist kleiner als die Höhe zur Beobachtungszeit. Auch hiernach muß Z ein stumpfer Winkel sein.

4.14.4   Azimut eines Gestirns beim wahren Auf- und Untergang

Wie schon im Kap. 4.12 erläutert, ist nur die Sonne beim wahren Auf- und Untergang über der Kimm zu sehen. Für die Höhe 00° geht die Formel für das Höhenazimut (siehe Kap. 4.14.2) über in

$$\cos Z = \frac{1}{\cos \varphi} \cdot \sin \delta.$$

Das Azimut beim wahren Auf- und Untergang zählt bei Berücksichtigung des Vorzeichens von δ halbkreisig vom Nordmeridian nach E beim Aufgang, nach W beim Untergang.

In der Tafel 34 der Nautischen Tafeln ist das Azimut der Sonne beim wahren Auf- und Untergang tabuliert. Es zählt hier viertelkreisig von dem mit der Deklination gleichnamigen Meridian aus, und zwar vormittags nach E, nachmittags nach W.

Beim wahren Auf- und Untergang des Sonnenmittelpunktes sieht man bei 8 m Augeshöhe den Sonnenunterrand etwa 21′, also fast *zwei Drittel des scheinbaren Sonnendurchmessers über der Kimm.* Diese Regel kann man mit hinreichender Genauigkeit bei Augeshöhen zwischen 3 m und 16 m anwenden; siehe auch Kap. 4.12.

4.14.5   Astronomische Kompaßkontrolle

Das vom Nordmeridian aus über E, S und W nach N zählende Az eines Gestirns über der Kimm entspricht der rechtweisenden Peilung (rwP) des Gestirns am Beobachtungsort. Die Fehlweisung, mit der man die Richtungsangabe nach dem Magnetkompaß bzw. dem Kreiselkompaß auf die rechtweisende Richtungsangabe berichtigt, ist der Winkel zwischen dem Az und der Magnetkompaßpeilung (MgP) bzw. Kreiselkompaßpeilung (KrP). Die Fehlweisung beider Kompasse (MgFw bzw. KrFw) ist somit

$$MgFw_b = Az - MgP \text{ bzw. } KrFw_b = Az - KrP.$$

Die Magnetkompaßablenkung oder Magnetkompaßdeviation (Abl; δ_{Mg}) des bei der Peilung anliegenden Magnetkompaßkurses findet man, indem man von seiner MgFw die Mißweisung (Mw) algebraisch subtrahiert; die Mw am Schiffsort entnimmt man der Seekarte.

Von der KrFw des anliegenden Kreiselkompaßkurses (KrK) wird die Fahrtfehlerberichtigung, auch Kreiseldeviation (FF; δ_{Kr}) genannt, algebraisch subtrahiert. Den so erhaltenen Rest nennt man Kreisel-R (KrR); er ist die Berichtigung des jeweils beobachteten Anzeigefehlers des Kreiselkompasses, die Ff ausgenommen. Die Kontrolle beider Kompasse wird im allgemeinen verbunden; siehe das Beispiel im folgenden.

Fehler im berechneten Azimut und Peilfehler, die beim Peilen (das Peilgerät nicht festhalten und neigen) durch die Neigung des Peilgerätes gegen die Horizontalebene entstehen können (siehe Kap. 2.1.4), gehen mit ihrem vollen Betrag in die Fehlweisung über. Die aus der MgFw berechnete Abl enthält zusätzlich noch einen etwaigen Fehler der Mißweisung, das aus der KrFw bestimmte KrR einen etwaigen Fehler der Ff.

Gestirne, die zwischen Zenit und oberem Pol kulminieren, peilt man für die Kompaßkontrolle am günstigsten in der Nähe ihrer größten Ausweichung ($q = 90°$). Bei den anderen Gestirnen wirken sich kleine Fehler in den Argumenten der jeweiligen Gleichungen für das Zeit-, Höhen- und Höhenzeitazimut im berechneten Azimut des für die Kompaßkontrolle gepeilten Gestirns um so weniger aus, je niedriger das Gestirn über der Kimm steht; siehe auch „Fehlergleichungen" im Kap. 4.18. Weil auch Peilfehler infolge einer Neigung des Peilaufsatzes oder der Peilscheibe gegen die Horizontalebene bei der Höhe 00° verschwinden, sollten für die Kompaßkontrolle nur niedrig über der Kimm stehende Gestirne gepeilt werden; siehe auch Kap. 2.1.4.

Beim Peilen mit Seitenpeilscheiben muß man den Kurs im Augenblick der Peilung genau ablesen, weil jeder Fehler in der Kursangabe mit seinem vollen Betrag in die Fehlweisung übergeht.

Mit Rosenpeilungen erzielt man eine Peilgenauigkeit von etwa 0,5°. Daher genügt für die Fehlweisung eine Rechnung auf halbe Grade.

Beispiel: Man peilt am 7. Mai 1982 auf $\varphi_k = 56°06'$ N und $\lambda_k = 003°50'$ E um 20.00 ZZ den wahren Untergang der Sonne in der KrP 303° bei anliegendem KrK 057°. Mw lt. Seekarte $-5°$, Fahrt des Schiffes 16 kn, Ah 8 m und bei der Peilung anliegender MgK 066,5°. Es sind die Fw beider Kompasse, KrR des Kreiselkompasses und Abl des Magnetkompasses zu bestimmen.

Laut Nautischem Jahrbuch ist $\delta_\odot = 16°53,5'$ N für 20.00 Uhr UT1 und nach der Tafel 34 der Nautischen Tafeln erhält man das viertelkreisig zählende Azimut N 58,5° W ($\alpha_{Az} = 301,5°$). Siehe auch Kap. 2.1.3, 2.2.5 und 6.2.

$$KrFw_b = Az - KrP \qquad\qquad rwK = KrK + KrFw$$
$$KrR = KrFw_b - Ff \qquad\qquad MgFw = rwK - MgK$$
$$Abl = MgFw - Mw$$

Kreiselkompaß   Magnetkompaß

Az	301,5°		KrK	057,0°
− KrP	− 303,0°		+ KrFw	− 1,5°
KrFw$_b$	− 1,5° (KrK 057°)		rwK	055,5°
− Ff	+ 1,0° (lt. Tafel 7 der		− MgK	− 066,5°
KrR	− 0,5° Nautischen Tafeln)		MgFw	− 11,0° (MgK 066,5°)
			− Mw	+ 5,0°
			Abl	− 6,0°

4.15 Berechnung der Höhe eines Gestirns

In der nautischen Praxis hat sich die astronomische Ortsbestimmung nach dem Höhenverfahren durchgesetzt. Hiernach berechnet man die Höhe h_r eines Gestirns auf dem Koppelort (φ_k, λ_k) oder Rechenort (φ_r, λ_r) zur Beobachtungszeit und vergleicht sie zur Gewinnung der *astronomischen Höhendifferenz* mit der beobachteten Höhe h_b; siehe auch Ortsbestimmung nach dem Höhenverfahren im Kap. 4.17.2.
Dazu bestimmt man

- UT1 aus der Chronometerablesung (Chr),
- mit UT1 die Ephemeriden Ortsstundenwinkel (t) und Deklination (δ) des beobachteten Gestirns mit Hilfe des Nautischen Jahrbuches, wie bereits im Kap. 4.10.1 gezeigt, und
- mit φ_k oder φ_r, δ und t die Höhe h_r des Gestirns.

Nimmt man den Taschenrechner zu Hilfe, so berechnet man h_r am einfachsten nach der Formel

$$\sin h_r = \sin \varphi_{k,r} \cdot \sin \delta + \cos \varphi_{k,r} \cdot \cos \delta \cdot \cos t_{E,W}.$$

Die logarithmische Rechnung führt man am besten aus nach der Semiversus-Formel (siehe auch Kap. 4.7.1)

$$\operatorname{sem} z_r = \operatorname{sem} z_0 + \operatorname{sem} y, \qquad \text{wobei}$$

$$\operatorname{sem} y = \cos \varphi_{k,r} \cdot \cos \delta \cdot \operatorname{sem} t_{E,W}$$

mit Hilfe der „Tafel zur Berechnung der Höhe" der Nautischen Tafeln (Tafel 17); siehe auch Kap. 4.7.
Wenn auch die beobachteten wahren Höhen Unsicherheiten von etwa 1′ aufweisen, so sollte man bei der Berechnung der Höhe und der astronomischen Höhendifferenz zur Vermeidung größerer Fehler auf eine Zehntel Winkelminute gerundet einschalten und rechnen. Vergleiche auch die Kap. 1.7 (Fehlertheorie), 4.16.1 und 4.17.1.
Über die Auswirkung kleiner Fehler in φ, δ und t auf die berechnete Höhe siehe unter Fehlergleichungen im Kap. 4.18.
Beispiel 1: Wie groß ist am 7. Mai 1982 vormittags auf $\varphi_k = 33°\,20'$ S, $\lambda_k = 010°\,32'$ W die Höhe der Sonne zur Zeit der Chronometerablesung 10.40.05 und bei Std + DUT1 = + 02 min 10 s?

Chr	10.40.05			*Sonne*			
Std + DUT1	+ 02 10						
UT1	10.42.15	7. Mai					
Grt ☉	330° 52,1′	für	10.00.00 UT1	⇐ $\delta_☉$		16° 46,6′ N	
Zw	10° 33,7′	für	42 15	Vb		0,5′ N	(Unt 0,7′ N)
Grt ☉	341° 25,8′	für	10.42.15 UT1	⇐ $\delta_☉$		16° 47,1′ N	
λ	− 010° 32,0′						
$t_☉$	330° 53,8′						
t_E	029° 06,2′						

t_E	029° 06,2′	lg sem	8,80 022 − 10
φ_k	33° 20,0′ S	lg cos	9,92 194 − 10
$\delta_\odot$	16° 47,1′ N	lg cos	9,98 109 − 10
		lg sem	8,70 325 − 10
y		sem	0,05 050
$z_0 = \lvert \varphi_k - \delta \rvert$	50° 07,1′	sem	0,17 940
z_r	57° 18,2′	sem	0,22 990
$h_r = 90° - z_r$	32° 41,8′		

Beispiel 2: Wie groß ist am 8. Mai 1982 nachmittags auf $\varphi_k = 42° 14′$ N, $\lambda_k = 008° 15,5′$ E die Höhe des Mondes zur Zeit der Chronometerablesung 19.54.38 und bei Std + DUT1 = − 00 min 54 s?

Chr	19.54.38			*Mond*		
Std + DUT1	− 00 54					
UT1	19.53.44		8. Mai			
Grt ☾	276° 19,1′	für	19.00.00 UT1 ⇐ $\delta_☾$		15° 37,9′ S	
Zw	12° 49,3′		53 44			
Vb	12,0′	⇒	(Unt 13,4′)	Vb	7,7′ S	(Unt 8,6′ S)
Grt ☾	289° 20,4′	für	19.53.44 UT1 ⇐ $\delta_☾$		15° 45,6′ S	
λ	+ 008° 15,5′					
$t_☾$	297° 35,9′					
t_E	062° 24,1′					

t_E	062° 24,1′	lg sem	9,42 873 − 10
φ_k	42° 14,0′ N	lg cos	9,86 947 − 10
$\delta_☾$	15° 45,6′ S	lg cos	9,98 336 − 10
		lg sem	9,28 156 − 10
y		sem	0,19 123
$z_0 = \lvert \varphi_k - \delta \rvert$	57° 59,6′	sem	0,23 499
z_r	81° 30,9′	sem	0,42 622
$h_r = 90° - z_r$	08° 29,1′		

Beispiel 3: Wie groß ist am 7. Mai 1982 in der Abenddämmerung auf $\varphi_k = 43° 51' N$, $\lambda_k = 152° 41' W$ die Höhe des Sterns Regulus zur Zeit der Chronometerablesung 5.30.24 und bei Std + DUT1 = − 01 min 14 s?

Chr	5.30.24			*Regulus* (Nr 39)	
Std + DUT1	− 01.14				
UT1	5.29.10	*8. Mai 1982*			
Grt Υ	300° 42,0′	für	5.00.00 UT1	8. Mai	
Zw	7° 18,7′	für	29 10		
β_*	208° 08,7′				
Grt *	516° 09,4′	für	5.29.10 UT1	8. Mai ⇐ $\delta_* = 12° 03,3' N$	
λ	− 152° 41,0′				
t_*	003° 28,4′				
t_W	003° 28,4′				

t_W	003° 28,4′	lg sem	6,96 305 − 10
φ_k	43° 51,0′ N	lg cos	9,85 803 − 10
δ_*	12° 03,3′ N	lg cos	9,99 032 − 10
		lg sem	6,81 140 − 10
y		sem	0,00 065
$z_0 = |\varphi_k - \delta|$	31° 47,7′	sem	0,07 503
z_r	31° 56,2′	sem	0,07 568
$h_r = 90° - z_r$	58° 03,8′		

Die Rechnung mit Hilfe des Taschenrechners liefert für alle drei Beispiele die gleichen Ergebnisse.

4.15.1 Sonderfälle der Höhenberechnung

Höhe des Gestirns im oberen und unteren Meridian

Beim oberen Meridiandurchgang eines Gestirns ist sein Ortsstundenwinkel $t = 000°$ groß. Die Höhe beim oberen Meridiandurchgang wird mit h_o bezeichnet. Wenn φ und δ gemäß ihren Vorzeichen gesetzt werden, erhält man die Meridianzenitdistanz z_0 nach $z_0 = |\varphi - \delta|$. Ist $(\varphi - \delta) > 0°$, so wird die Meridianhöhe im Südmeridian $(h_o = h_{SM})$ und ist $(\varphi - \delta) < 0°$, so wird die Meridianhöhe im Nordmeridian $(h_o = h_{NM})$ beobachtet. Somit gilt für die Höhe im oberen Meridian

$$h_o = 90° - |\varphi - \delta| \quad \begin{cases} (\varphi - \delta) > 0° \;\Rightarrow\; h_o = h_{SM} \\ (\varphi - \delta) < 0° \;\Rightarrow\; h_o = h_{NM} \end{cases}.$$

Beim unteren Meridiandurchgang eines Gestirns ist sein Ortsstundenwinkel $t = 180°$ groß. Die Höhe beim unteren Meridiandurchgang wird mit h_u bezeichnet. Sie wird berechnet nach

$$h_u = |\varphi + \delta| - 90°$$

und kann sichtbar nur in dem mit der geographischen Breite gleichnamigen Meridian beobachtet werden. Siehe auch Meridianbreite im Kap. 4.16.6.

Zur Entnahme der Gestirnsdeklination von Sonne, Mond und Planeten aus dem Nautischen Jahrbuch bestimmt man die ungefähre Zeit ihrer oberen bzw. unteren Meridiandurchgänge in UT1; siehe Kap. 4.11 und 4.11.1.

Beispiele: Höhe eines Gestirns im oberen Meridian

φ δ	$+50° 10,5'$ (N) $+18° 14,3'$ (N)	$+24° 17,8'$ (N) $-27° 24,3'$ (S)	$-43° 45,6'$ (S) $+16° 24,9'$ (N)	$-32° 28,4'$ (S) $-43° 21,6'$ (S)
$\varphi - \delta$	$+31° 56,2'$	$+51° 42,1'$	$-60° 10,5'$	$+10° 53,2'$
$h_o = 90° - |\varphi - \delta|$	$58° 03,8'$ (SM)	$38° 17,9'$ (SM)	$29° 49,5'$ (NM)	$79° 06,8'$ (SM)

Beispiele: Höhe eines Gestirns im unteren Meridian

φ δ	$-59° 37,0'$ (S) $-63° 00,2'$ (S)	$+72° 41,5'$ (N) $+23° 05,6'$ (N)
$\varphi + \delta$	$-122° 37,2'$	$+95° 47,1'$
$h_u = |\varphi + \delta| - 90°$	$32° 37,2'$ (SM)	$05° 47,1'$ (NM)

Beim programmierten Rechner wendet man sinnvollerweise für die Berechnung von h_o und h_u sowie von α_{Az} im oberen Meridian ($t = 000°$) und im unteren Meridian ($t = 180°$) das für die normale Höhen- und Azimutberechnung gespeicherte Programm an. Siehe auch Kap. 4.7.1 und 6.4.12.

Nordsternhöhe

Mit den Tafeln auf S. 16 und S. 17 des Nautischen Jahrbuches kann man rasch und einfach die Höhe des Nordsterns finden. Die drei Tafeln geben die Berichtigung (Br.) an, die man algebraisch von der Breite subtrahieren muß, um die Höhe des Nordsterns zu bekommen. Die Tafeleingänge sind Ortsstundenwinkel des Frühlingspunktes, die angenäherte wahre Höhe des Nordsterns $h \approx \varphi - $ Br. 1 und der Beobachtungstag.

Beispiel: Es ist der Kimmabstand des Nordsterns in der Morgendämmerung am 7. Mai 1982 um 4.00 Uhr ZZ auf $55° 13,5'$ N und $008° 06'$ E bei einer Augeshöhe von 10 m zu bestimmen.

Nordstern (Nr 9)

ZZ	4.00 Uhr			φ	$55° 13,5'$ (N)
$-$ ZU	$- 1\ 00$			$-$ Br. 1	$- 21,3'$ ($h \approx 54° 52'$)
				$-$ Br. 2	$+ 0,1'$
UT1 $\approx$ UTC	3.00 Uhr			$-$ Br. 3	$- 0,3'$
Grt Υ	$269° 37,9'$	für 3.00 Uhr UT1		h_o	$54° 52,0'$
λ	$+ 008° 06,0'$			$-$ Gb	$+ 6,4'$
t_{Υ}	$277° 43,9'$			$*$	$54° 58,4'$

$\}$ (NM)

Höhe eines Gestirns im Sechsuhrstundenkreis, im Ersten Vertikal und in der größten Ausweichung

Setzt man in Formel (4) des Kap. 4.7 den Ortsstundenwinkel eines Gestirns im Sechsuhrstundenkreis, in Formel (5) das Azimut eines Gestirns im Ersten Vertikal und in Formel (6) den parallaktischen Winkel eines Gestirns in der größten Ausweichung als rechte Winkel ein, so erhält man die

- Höhe eines Gestirns im *Sechsuhrstundenkreis* nach

$$\sin h = \sin \varphi \cdot \sin \delta,$$

- Höhe eines Gestirns im *Ersten Vertikal* nach

$$\sin h = \frac{1}{\sin \varphi} \cdot \sin \delta,$$

- Höhe eines Gestirns in der *größten Ausweichung* nach

$$\sin h = \sin \varphi \cdot \frac{1}{\sin \delta}.$$

4.15.2 Tafeln und andere Hilfsmittel zur Berechnung der Höhe

Aus den deutschen Höhentafeln von H. Wedemeyer und den englischen Tafeln von Fr. Ball kann man die wahre Höhe eines Gestirns direkt entnehmen. Die beiden Tafeln haben einen beträchtlichen Umfang und bestehen aus mehreren Bänden. Deshalb wurden in Deutschland und im Ausland weniger umfangreiche Hilfstafeln geschaffen, die nicht unmittelbar, sondern durch Vermittlung anderer Tafelwerte die wahre Höhe eines Gestirns finden lassen. Solche deutsche Hilfstafeln sind die Höhentafeln von B. Soecken, , Hamburg 1914, und die F-Tafeln von H. C. Freiesleben, Hamburg 1944. Die bekanntesten ausländischen Hilfstafeln sind von: F. Soillagouet, Toulouse 1891; R. Delafon, Paris 1893; Ogura, Tokio 1920; Smart und Shearme, London 1922; Newton und Pinto, Lissabon 1924; Radler de Aquino, Annapolis 1927; Dreisonstok, Washington 1928; Gingrich, New York 1931; A. A. Ageton, Washington 1934; Lieuwen, Amsterdam 1937 und Rotterdam 1953; Myerscough and Hamilton, London 1939 und von anderen Herausgebern.

Eine Übersicht und kritische Betrachtung über die meisten dieser Tafeln und andere geben der „Index mathematischer Tafelwerke und Tabellen" von K. Schütte, München 1955, die Veröffentlichungen „American Practical Navigator — H.O. Pub. No. 9", Washington 1958 und „Admiralty Manual of Navigation, Volume III", London 1958.

Die vorgenannten Tafeln sind nur noch in alten Auflagen vorhanden und haben durch die Verwendung moderner elektronischer Taschenrechner an Bedeutung verloren.

Die Nebenmeridiantafel I und II der Nautischen Tafeln (Tafel 32) geben zwei Hilfswerte [37], mit denen man für Gestirne in der Nähe des Himmelsmeridians das Azimut und die wahre Höhe zur Beobachtungszeit berechnet; siehe Beispiel im Kapitel 4.16.6.

Sehr beliebt, weit verbreitet und besonders zeitsparend sind die amerikanischen „HO-Tafeln". Sie werden auf deutschen Schiffen so bezeichnet, weil die ersten Ausgaben unter einer Publikationsnummer des „U.S. Navy Hydrographic Office" wie z.B. „H.O. Pub. No. 211" erschienen. Die HO-Tafeln sind eine Weiterentwicklung der oben erwähnten Ageton-Tafel. Heute werden sie unter dem Namen „Sight Reduction Tables for Marine Navigation" und den Publikationsnummern

---

37 Berechnet nach

$$p = \cos \delta \cdot \frac{1}{\sin (\varphi - \delta)} \quad \text{und} \quad q/1' = 2 \cdot \operatorname{sem} t_{\mathrm{E,W}} \cdot \cos \varphi \cdot \frac{1}{\sin 1'}.$$

229[38] (Bd. 1 bis Bd. 6) und NP 401[39] (Bd. 1 bis Bd. 6) sowie unter dem Namen „Sight Reduction Tables for Air-Navigation" und der Publikationsnummer 249[40] (Bd. 1 bis Bd. 3) vertrieben.

Der Vorzug dieser Tafeln liegt darin, daß die Höhe und das Azimut der Gestirne für die ganzgradigen Eingänge der geographischen Breite und des Orts-stundenwinkels sowie die ganz- oder halbgradigen Eingänge der Deklination vorausberechnet und deshalb auch zu entnehmen sind. Dazu wählt man als Referenzort (φ_r, λ_r) die dem Koppelort nächstgelegene ganzgradige Breite φ_r und diejenige Länge λ_r (meistens nicht ganzgradig), die zusammen mit dem Green-wicher Stundenwinkel zur Beobachtungszeit einen Ortsstundenwinkel in ganzen Graden nach

$$t = t_{Gr} + \lambda_r$$

ergibt. Die entnommene Tafelhöhe muß man wegen der Minutenabweichung der auf $1°$ runden Eingangswerte der Deklination berichtigen. Das Azimut bedarf im allgemeinen keiner Verbesserung; bei gewünschter höherer Genauigkeit schaltet man nach Augenmaß zwischen den Zeilen der Deklination ein. Der Referenzort (φ_r, λ_r) aus ganzgradiger Breite und meistens nicht ganzgradiger Länge dient als Leitpunkt für die Standlinienkonstruktion nach dem Höhenverfahren (siehe Kap. 4.16.4) und unterscheidet sich für jede Beobachtung. Deshalb führt man die Standlinienkonstruktion am besten in der Seekarte, in Plotting Sheets oder Mercator-Leerkarten (siehe auch Kap. 3.1.2 in Bd. 1 A) aus; siehe Rechenbeispiele im Kap. 4.17.6.

Nach diesem Verfahren sind den Tafeln No. 229 Vol. 1 bis Vol. 6 oder NP 401 (1) bis (6) die Höhe und das Azimut zur Beobachtungszeit für einen Rechenort zu entnehmen. Die Tafeln sind immerwährend.

Mit Hilfe der Bände II und III der Pub. No. 249 sind auf allen Rechenorten die Höhe und das Azimut aller Gestirne mit Deklinationen zwischen $29°$ S und $29°$ N zu jeder Beobachtungszeit zu bestimmen. Die Bände II und III sind immer-während. Das Verfahren gleicht dem vorher beschriebenen.

Der Band I der Pub. No. 249 (Selected Stars) enthält von 41 hellen Sternen für die ganzgradigen Ortsstundenwinkel des Frühlingspunktes zwischen den Breiten $89°$ S und $89°$ N die Höhe und das Azimut. Der Band I erscheint alle 5 Jahre neu. Die Ausgabe 1977 ist mit den Mittelwerten der Sternwinkel und Deklinatio-nen zum Zeitpunkt 1. Januar 1980 (Epoche 1980) berechnet und in Verbindung mit der Zusatztafel 5 in Bd. I „Correction for Precession and Nutation" von 1977 bis 1985 zu verwenden. Für 1979 und 1980 gibt es keine Verbesserungswerte, weil sie für eine sinnvolle Beschickung noch zu klein sind. Das Rechenverfahren mit dieser Tafel deckt sich sonst mit dem vorher beschriebenen, läßt jedoch durch den schneller zu ermittelnden Eingangswert Grt ♈ eine noch raschere Auswertung

---

38 Pub. No. 229, Vol. 1, Latitudes $00° - 15°$, bis Pub. No. 229, Vol. 6, Latitudes $75° - 90°$ (Band 1 Ausgabe 1975, Band 2 Ausgabe 1978, Band 3 Ausgabe 1980, Band 4 Ausgabe 1974, Bände 5 und 6 Ausgaben 1970). Baker, Lyman & Co. Inc., Houston, TX 77002, USA.

39 NP 401 (1) Latitudes $00° - 15°$ bis NP 401 (6) Latitudes $75° - 90°$ (alle 6 Bände Ausgaben 1971). Hydrographic Department, Ministry of Defence, Taunton, Somerset.

40 Pub. No. 249, Vol. I (Selected Stars), Epoch 1980, Latitudes $89° S - 89° N$ (Ausgabe 1977); Pub. No. 249, Vol. II, Latitudes $00° - 40°$, Declinations $0° - 29°$ (Ausgabe 1978) und Pub. No. 249, Vol. III, Latitudes $40° - 89°$, Declinations $0° - 29°$ (Ausgabe 1975). Baker, Lyman & Co. Inc. Houston, TX 77002, USA.
Pub. No. 249, Vol. I (Selected Stars) der Epochen 1985, 1990 . . . erscheinen jeweils 3 Jahre vorher.

einer Gestirnsbeobachtung zu. Die Rundung der Tafelhöhe auf ganze Minuten und des Tafelazimuts auf ganze Grade in allen drei Bänden bringt allerdings zusätzliche Ungenauigkeiten; vgl. Rechenbeispiel im Kap. 4.17.6.

Im In- und Ausland wurden eine Reihe von „Meßkarten" herausgegeben, denen man die Gestirnshöhe leicht entnehmen kann. Die bekanntesten deutschen Meßkarten entwarfen E. Kohlschütter, H. Maurer, K. Schütte und F. Stück. Die von Schütte geschaffenen „Höhengleichendiagramme" fanden die weiteste Verbreitung; sie wurden von der Deutschen Seewarte, Hamburg 1941, herausgegeben.

Es hat auch viele mechanische Hilfsmittel zur Berechnung der Höhe und des Azimuts gegeben, wie z.B. in Deutschland der „Höhenrechenschieber HR I" und das „Astronomische Rechengerät ARG I", die Dennert & Pape in Hamburg sowie Carl Zeiss in Jena herstellten.

4.15.3 Angenäherte Berechnung der Gestirnshöhe

Auf See ist es in vielen Fällen erwünscht, die angenäherte Höhe eines Gestirns zu kennen. In der Morgen- und Abenddämmerung, also gerade während der besten Sternbeobachtungszeit, sind die Sterne oft so lichtschwach, daß sie sich kaum mit dem Sextanten auf die Kimm herunterholen lassen. Man kann sie aber oft gut. beobachten, wenn man die angenäherte Höhe des Sterns am Instrument einstellt und dann mit dem Sextanten die Kimm in dem ungefähren Azimut des Gestirns absucht. Es ist auf diese Weise noch möglich, Sterne zu beobachten, die man mit freiem Auge am Himmel kaum erkennt. Dies gilt besonders für Venus- und Jupiterbeobachtungen am Tage. Auch für die Sonne kann eine Kenntnis der zu erwartenden Höhe von Vorteil sein, wenn diese bei stark bewölktem Himmel nur immer für wenige Sekunden zwischen Wolkenlücken sichtbar wird und somit große Schnelligkeit der Beobachtung notwendig ist. Es empfiehlt sich in einem solchen Falle, die Höhe von etwa 10 min zu 10 min im voraus zu berechnen.

Alle Tafeln und graphischen Darstellungen, denen der sphärische Kosinusseitensatz zugrunde liegt, leisten für die angenäherte Höhenbestimmung gute Dienste, falls man die Argumente dieser Darstellungen so zyklisch austauscht, daß man mit ihnen die Höhe aus φ, δ und $t_{E,W}$ finden kann. Die im Kap. 4.13 und 4.14 erwähnten Tafeln, Diagramme und Nomogramme sowie sonstigen Geräte zur Bestimmung des Zeitazimuts eignen sich dazu.

Für die angenäherte Höhenberechnung kann man auch die ABC-Tafel der Nautischen Tafeln verwenden. Nachdem man mit ihr das Azimut bestimmt hat, setzt man es anstatt des Ortsstundenwinkels und diesen anstatt des Azimuts ein; wenn $t_{E,W}$ ein stumpfer Winkel ist, so rechnet man mit dem Supplement $180° - t_{E,W}$. Mit den so vertauschten Argumenten bestimmt man die Werte C und A mittels der C- und A-Tafel. Mit der Differenz $B = C - A$ findet man in der B-Tafel anstatt der Deklination die ungefähre wahre Höhe des Gestirns.

Nach dem Beispiel im Kap. 4.14.3 betrugen auf $\varphi \approx 43{,}2°$ S die Koordinaten des Fixsterns Sirius $\delta_* \approx 16{,}7°$ S und $t_W \approx 037{,}3°$. Mit Hilfe der ABC-Tafel erhält man

Azimut			*Höhe*		
A		$-1{,}23$	C		$+1{,}79$
B		$+0{,}50$	A		$-0{,}50$
$A + B = C$		$-0{,}73$	$C - A = B$		$+1{,}29$
$Z' \approx$ N 62° W			$h_* \approx \underline{\underline{49°}}$		
$\alpha_{Az} \approx 298°$					

Nach dem Beispiel im Kap. 4.14.3 betragen $\alpha_{Az} = 298{,}3°$ und $h_* = 48° 45{,}2'$; Z' steht für das Azimut in viertelkreisiger Zählweise.

4.16 Die astronomische Standlinie

Jede astronomische Standlinie beruht auf der Beobachtung der Höhe eines Gestirns. Sie wurde zuerst von dem amerikanischen Kapitän Th. H. Sumner erkannt, als er, von Amerika kommend, im Dezember 1837 bei schlechtem Wetter Irland ansteuerte und aus einer Sonnenbeobachtung mit verschiedenen Breiten verschiedene Längen berechnete. Dabei fand er, daß alle berechneten Punkte nahezu auf einer geraden Linie (Standlinie) lagen.

Alle Punkte auf der Erde, wo zur selben Zeit die gleiche Höhe eines Gestirns G beobachtet wird, liegen auf dem Kreis, dessen sphärischer Mittelpunkt das Gestirnsbild G′ und dessen sphärischer Halbmesser gleich der Zenitdistanz z des beobachteten Gestirns ist. Diesen Kreis nennt man *Höhengleiche*. Die Höhengleiche verläuft in jedem Punkt senkrecht zum Azimut des Gestirns zur Zeit der Beobachtung; siehe Bild 4.24. Das Gestirnsbild ist die Zentralprojektion des Gestirns auf der Erdoberfläche. Seine geographische Breite ist gleich der Deklination, seine geographische Länge gleich dem östlichen bzw. westlichen Greenwicher Stundenwinkel des Gestirns zur Beobachtungszeit.

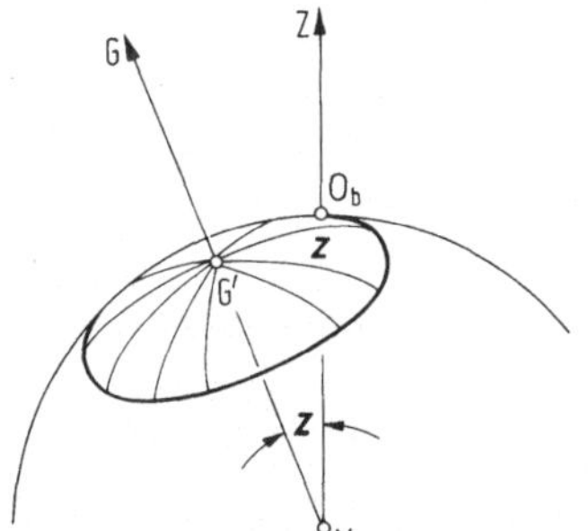

Bild 4.24. Höhengleiche

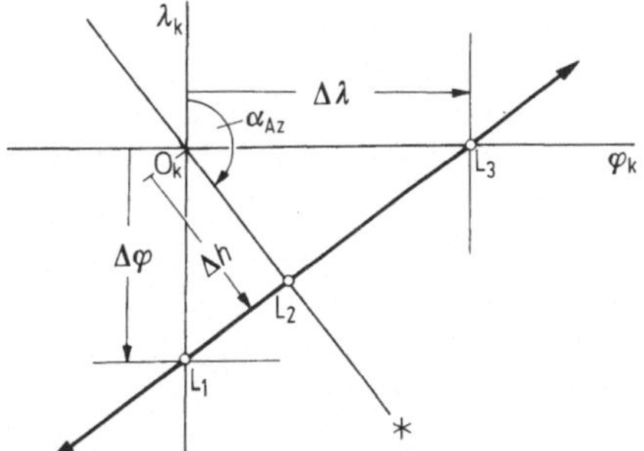

Bild 4.25. Leitpunkte der astronomischen Standlinie

Ein kleines Stück der Höhengleiche in der Nähe des Beobachtungsortes wird durch ihre Tangente (oder Sekante) ersetzt und heißt *astronomische Standlinie*.

Bild 4.25 zeigt den Koppelort O_k (φ_k, λ_k) und drei Leitpunkte Lt_1, Lt_2 und Lt_3 der astronomischen Standlinie. Man erhält Lt_1 durch die Berechnung der Breite $\varphi_1 = \varphi_k + \Delta\varphi$, Lt_2 durch die Berechnung der Höhendifferenz $\Delta h = h_b - h_r$ und Leitpunkt Lt_3 durch die Berechnung der Länge $\lambda_3 = \lambda_k + \Delta\lambda$. Diese drei Rechenverfahren zur Gewinnung der astronomischen Standlinie heißen *Breiten-*, *Höhen-* und *Längenverfahren*. Die Standlinie nach dem Breitenverfahren soll man nur bestimmen, wenn das beobachtete Gestirn in der Nähe des Himmelsmeridians, nach dem Längenverfahren, wenn das Gestirn in der Nähe des Ersten Vertikals steht; siehe auch Kap. 4.16.6 und 4.16.5. Das Höhenverfahren ist dagegen immer anwendbar. In der nautischen Praxis wird heute die astronomische Standlinie fast nur noch nach dem Höhenverfahren berechnet; siehe auch Kap. 4.17 bis Kap. 4.17.6.

An Stelle des Koppelortes wählt man bei speziellen Auswertungsverfahren die geographischen Koordinaten φ_r und λ_r eines Bezugsortes (Rechenortes); er soll jedoch nicht all zu weit vom Leitpunkt entfernt liegen; siehe Kap. 4.17.6.

Zur astronomischen Ortsbestimmung sind mindestens zwei Standlinien zweier verschiedener Gestirnsbeobachtungen notwendig.

4.16.1 Zuverlässigkeit der astronomischen Standlinie nach dem Höhenverfahren

Grobe Fehler sind vermeidbar. Sie entstehen lediglich durch falsches Verhalten bei der Beobachtung. Es sind bei den in der nautischen Praxis üblichen Meßmethoden und Auswertungsverfahren sonstige Fehler nicht zu vermeiden. Sie lassen sich aber durch geeignete und sorgfältige Meß- und Verfahrensausführungen in vertretbaren Grenzen halten. Diese unvermeidlichen kleinen Fehler weichen positiv und negativ von einem wahren Wert ab und besitzen eine Fehlergrenze. Deshalb muß man die Fehlerangabe mit beiden Vorzeichen versehen.

Folgende Fehler gehen in die astronomische Höhendifferenz Δh ein:

- Fehler in der beobachteten Höhe, wie Fehler des Sextanten, Unsicherheiten in der Kimmtiefe und Strahlenbrechung, Auffassungsfehler des Beobachters bei undeutlicher Kimm und bei der Einstellung des Sextanten.
- Fehler in der berechneten Höhe in Abhängigkeit von den benutzten Formeln, Tafeln oder sonstigen Hilfsmittel; siehe unter Fehlergleichungen im Kap. 4.18. Über die Genauigkeit der Tafeln oder sonstigen Hilfsmittel wird meistens in ihrer Beschreibung Näheres gesagt.
- Abrundungsfehler und Zeichenungenauigkeiten bei der Standlinienkonstruktion.
- Fehler in der Zeitbestimmung. Sie sind teils zufällige Ablesefehler, teils tatsächliche Fehler in der Chronometerstandberichtigung. Die ersteren liegen wohl immer unter $\pm 2\,\text{s}$, die letzteren sind bei regelmäßigem Abhören der Funkzeitsignale unerheblich. Zeitfehler haben eine Parallelverschiebung der Standlinie nach Ost oder West um den Betrag des Fehlers zur Folge.

Folgende Fehler gehen in das Azimut ein:

- Fehler in der Azimutberechnung in Abhängigkeit von den benutzten Formeln, Tafeln oder sonstigen Hilfsmitteln.
- Fehler durch die Krümmung des Azimutstrahls, der als gerade Linie statt als Großkreisbogen abgetragen wird.
- Fehler durch die Berechnung für den Koppelort statt für den Leitpunkt.
- Fehler durch die Krümmung der Höhengleiche, die durch ihre Tangente im Leitpunkt ersetzt wird. Dieser Fehler wächst mit der Entfernung des tatsächlichen Schiffsortes vom Leitpunkt. Der Abstand zwischen Tangente und Höhengleiche bleibt bei Breiten und Höhen unter $70°$ in 35 sm Entfernung vom Leitpunkt noch kleiner als 1 sm, so daß dieser Fehler auch bei der Auswertung mit Hilfe der HO-Tafeln (siehe auch Kap. 4.15.2) innerhalb vertretbarer Fehlergrenzen bleibt.
- Zeichenungenauigkeiten bei der Standlinienkonstruktion.

Weil all diese in eine Standlinienbestimmung eingegangenen Fehler voneinander unabhängig sind, kann aus ihnen nach der Fehlertheorie (siehe Kap. 1.7) der *mittlere Fehler* (Formelzeichen m) in der astronomischen Höhendifferenz und im Azimut berechnet werden. Er gibt eine wahrscheinliche Fehlergrenze von $\pm m$ an. Dabei liegen unter der Annahme einer kontinuierlichen Fehlerverteilung wahrscheinlich etwa 39% aller aufgrund von Höhenbeobachtungen gleicher Genauigkeit ermittelten astronomischen Höhendifferenzen und Azimute innerhalb der Grenzen von $\pm m/2$, etwa 68% innerhalb der Grenzen von $\pm m$, etwa 95% innerhalb der Grenzen von $\pm 2 \cdot m$, etwa 99,7% innerhalb der Grenzen von $\pm 3 \cdot m$. Der dreifache mittlere Fehler wird als *Maximal-* oder *Grenzfehler* bezeichnet. Der Begriff „mittlerer Fehler" wird immer mehr durch „Standardabweichung" (Formelzeichen σ) ersetzt.

Untersuchungen und Einzelrechnungen haben ergeben, daß nach der Fehlertheorie der mittlere Fehler in der astronomischen Höhendifferenz im günstigsten

Falle etwa $\pm\,1$ sm, im ungünstigsten Fall $\pm\,3$ sm (Maximalfehler) beträgt. Er liegt im Azimut zwischen $\pm\,0{,}7°$ und $\pm\,2°$ (Maximalfehler).

Diese Fehlergrenzen der astronomischen Höhendifferenz und des Azimuts bewirken, daß der Beobachtungsort im allgemeinen nicht auf der berechneten Standlinie liegt, sondern in einem Gebiet (siehe Bild 4.26), welches auf dem Azimutstrahl eine Breite von etwa 6 sm (doppelter Betrag des Maximalfehlers in Δh) hat und sich von hier entsprechend dem doppelten Betrag des Maximalfehlers im Azimut erweitert. Siehe auch Zuverlässigkeit der astronomischen Ortsbestimmung (Kap. 4.17.1).

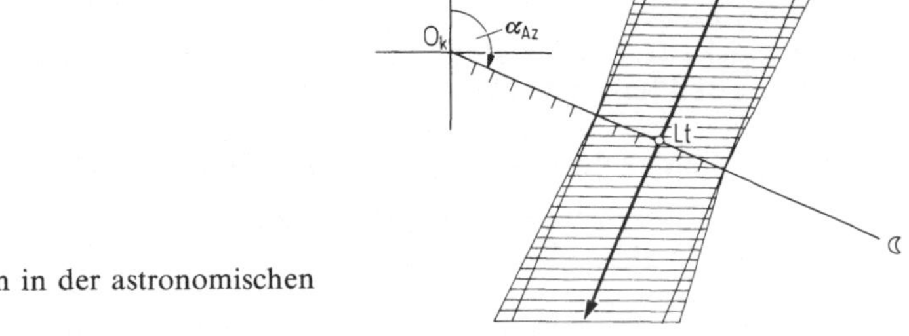

Bild 4.26. Unsicherheiten in der astronomischen Standlinie

4.16.2 Verwertung einer einzelnen astronomischen Standlinie

Auch eine einzelne astronomische Standlinie kann zur Sicherung der Navigation herangezogen werden, wenn ihre Zuverlässigkeit gewährleistet ist.

In Küstennähe erhält man durch sie folgende Navigationshilfen:

- Bei Ansteuerung von Land gibt eine Standlinie die auf die Küste zuläuft, den Punkt an, den das auf der Standlinie entlangsegelnde Schiff erreichen würde.
- Eine parallel der Küste verlaufende Standlinie gibt den Abstand, indem sich das Schiff von der Küste befindet. Führt die Standlinie frei von allen der Küste vorgelagerten Untiefen und gefährlichen Stellen, so kann man sie als Kurslinie wählen.
- In Verbindung mit einer Lotung (vor allem Reihenlotung) gibt eine astronomische Standlinie den wahren Schiffsort. Je rechtwinkliger einander die Standlinie und die Tiefenlinien schneiden, um so zuverlässiger ist die Ortsbestimmung.
- In Verbindung mit einer terrestrischen Standlinie, einem Radarabstand oder einer sonstigen Funkstandlinie ergibt die astronomische Standlinie ebenfalls den erreichten Schiffsort.

Auf hoher See verwendet man eine einzelne astronomische Standlinie wie folgt:

- Verläuft sie parallel zum Kurs über Grund, so zeigt sie eine seitliche Versetzung an und bietet die Möglichkeit, in die vorgesehene Kurslinie hineinzusteuern.
- Verläuft die Standlinie senkrecht zum gesteuerten Kurs, so kann man daraus ersehen, ob das Schiff gegenüber der Loggerechnung voraus oder zurück ist.
- Eine Standlinie aus einer Beobachtung, bei der das Gestirn im Ersten Vertikal oder in dessen Nähe stand, liefert eine gute Kontrolle der gekoppelten Länge.
- Eine Standlinie aus einer Beobachtung, bei der das Gestirn im Meridian oder dessen Nähe stand, liefert eine gute Kontrolle der gekoppelten Breite.

4.16.3 Verschiebung (Versegelung) der Standlinie

Auf See braucht man eine Standlinie häufig nicht nur für den Beobachtungszeitpunkt, sondern auch später oder manchmal früher. Im ersteren Fall hat man die

Standlinie parallel mit sich selbst um die zurückgelegte Distanz in Kursrichtung, im letzteren Falle in Gegenrichtung zu verschieben. Je kürzer die Versegelungsdauer ist, um so zuverlässiger ist die verschobene Standlinie, während bei längerer Versegelungsdauer infolge der unvermeidbaren Fehler in Kurs und Distanz (vgl. auch Kap. 4.17.1 und im Bd. 1A das Kap. 4.10.7) die verschobene Standlinie immer unzuverlässiger wird. Durch einen Fehler in der Chronometerstandberichtigung verschiebt sich die Standlinie parallel zu sich selbst in Richtung Ost bzw. West um die Anzahl Seemeilen, wie der Fehler in der Chronometerstandberichtigung, in Winkelminuten ausgedrückt, beträgt. Wurde die UT1 zu groß angenommen, so ist die Standlinie nach Westen, wurde sie zu klein angenommen, so ist sie nach Osten verschoben.

In der Seekarte oder in dem Zeichenpapier macht man versegelte Standlinien durch doppelte Pfeilspitzen kenntlich (vgl. Bild 4.34).

4.16.4 Berechnung der Standlinie nach dem Höhenverfahren

Das Höhenverfahren wurde von dem französischen Admiral A. Blond de Marco St. Hilaire unter „Calcul du point observé" in „Revue Maritime et Coloniale" im Juli 1875 veröffentlicht.

Die beiden Höhengleichen eines Gestirns durch den Koppelort (oder durch einen in der Nähe des Koppelortes liegenden Bezugsort) und durch den tatsächlichen Schiffsort sind für dieselbe Zeit konzentrische Kreise um das Gestirnsbild. Deshalb findet man die Höhenstandlinie, in dem man vom Koppelort aus die positive *astronomische Höhendifferenz* $\Delta h = h_{\mathrm{b}} - h_{\mathrm{r}}$ in Richtung des Azimutstrahls auf das Gestirnsbild hin, die negative in Gegenrichtung abträgt; siehe auch Bild 4.27.

Daraus ergibt sich folgendes Verfahren:

- Man berechnet für den Koppelort oder einen ihm nahe gelegenen Bezugsort die wahre Höhe h_{r} und das Azimut des Gestirns zur Zeit der Beobachtung; siehe Formeln (19) bis (21) im Kap. 4.7.1 (Taschenrechner) und unter 6.4.5 und 6.4.12 im Kap. 6 (Formelsammlung).
- Man beschickt den beobachteten Kimmabstand zur wahren Höhe h_{b}.
- Man bildet die astronomische Höhendifferenz $\Delta h = h_{\mathrm{b}} - h_{\mathrm{r}}$.
- Man zeichnet den Koppelort (Bezugsort) und den von ihm zum Gestirn zeigenden Azimutstrahl in die Seekarte (Plotting Sheet, Mercator-Leerkarte) oder beliebiges Papier ein und setzt von ihm aus auf den Azimutstrahl die astronomische Höhendifferenz zum Gestirn hin ab, wenn sie positiv ist, sonst in Gegenrichtung. Man zieht die Standlinie durch den auf diese Weise erhaltenen Leitpunkt senkrecht zum Azimutstrahl.

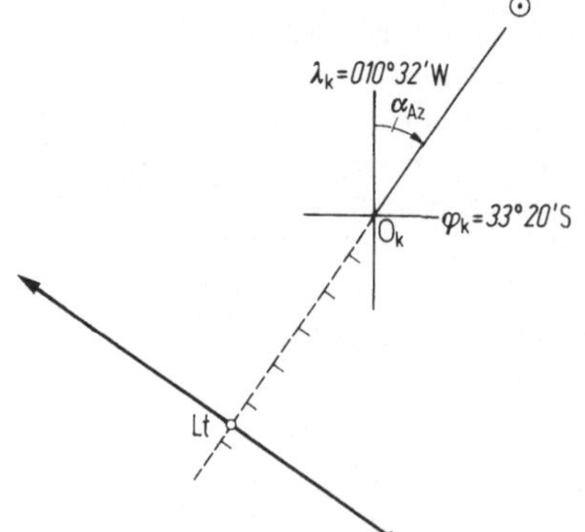

Bild 4.27. Standlinie nach dem Höhenverfahren

Folgende Beispiele beziehen sich auf die drei Beispiele im Kap. 4.15 (Berechnung der Höhe eines Gestirns).

Beispiel 1: Man beobachtet zu den sonstigen Angaben im Beispiel 1 (Kap. 4.15) $\bar{\odot}$ = 32° 59,8′, Ah 13 m. Nach diesem Beispiel betragen auf dem Koppelort φ_k = 33° 20,0′ S, λ_k = 010° 32,0′ W der Ortsstundenwinkel $t_\odot$ = 330° 53,8′ und $\delta_\odot$ = 16° 47,1′ N.
  Nach den Formeln (19) bis (21) im Kap. 4.7.1 erhält man aus der Sonnenbeobachtung

$$h_r = 32° 41,8′ \quad \text{und} \quad \alpha_{Az} = 033,6°.$$

Die astronomische Höhendifferenz berechnet man wie folgt:

$\bar{\odot}$	32° 59,8′		8,2′
Gb	− 23,6′		− 31,8′
h_b	32° 36,2′		− 23,6′
h_r	32° 41,8′		
$h_b - h_r = \Delta h$	−5,6′;	$\alpha_{Az} = 033,6°$	(Standlinienkonstruktion siehe Bild 4.27)

Beispiel 2: Man beobachtet zu den sonstigen Angaben im Beispiel 2 (Kap. 4.15) $\mathbb{C}$ = 07° 34,5′, Ah 16 m. Nach diesem Beispiel betragen am Koppelort φ_k = 42° 14′ N, λ_k = 008° 15,5′ E der Ortsstundenwinkel $t_\mathbb{C}$ = 297° 35,9′ und $\delta_\mathbb{C}$ = 15° 45,6′ S. Nach den Formeln (19) bis (21) im Kap. 4.7.1 erhält man aus der Mondbeobachtung

$$h_r = 08° 29,1′ \quad \text{und} \quad \alpha_{Az} = 120,4°.$$

Die astronomische Höhendifferenz berechnet man wie folgt:

HP 54,5′

			+ 55,7′
$\mathbb{C}$	07° 38,5′		+ 0,8′
Gb	+ 55,0′		− 1,5′
h_b	08° 33,5′		+ 55,0′
h_r	08° 29,1′		
$h_b - h_r = \Delta h$	+ 4,4′	$\alpha_{Az} = 120,4°$	

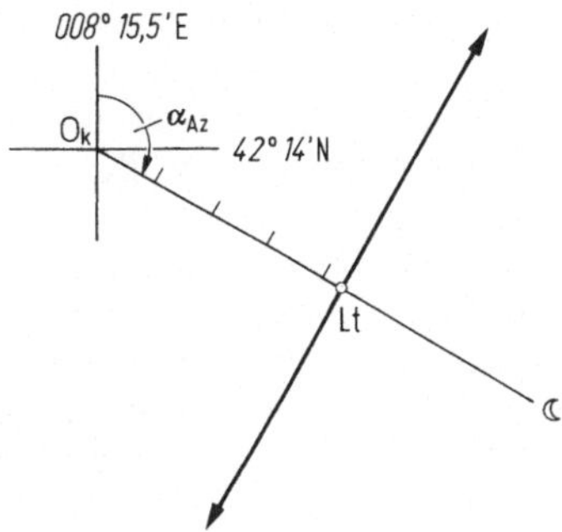

Bild 4.28

Beispiel 3: Man beobachtet zu den sonstigen Angaben in Beispiel 3 (Kap. 4.15). $-*- = 58°\,07{,}5'$ in der Ah 14,5 m (Regulus, Nr 39). Nach diesem Beispiel betragen auf dem Koppelort 43° 51′ N, 152° 41′ W der Ortsstundenwinkel $t_* = 003°\,28{,}4'$ und $\delta_* = 12°\,03{,}3'$ N. Nach den Formeln (19) bis (21) im Kap. 4.7.1 erhält man aus der Beobachtung des Fixsternes Regulus

$$h_r = 58°\,03{,}8' \quad \text{und} \quad \alpha_{Az} = 186{,}4°\,.$$

Die astronomische Höhendifferenz berechnet man wie folgt:

$*$	58° 07,5′	
Gb	− 7,4′	
h_b	58° 00,1′	
h_r	58° 03,8′	
$h_b - h_r = \Delta h$	− 3,7′	$\alpha_{Az} = 186{,}4°$

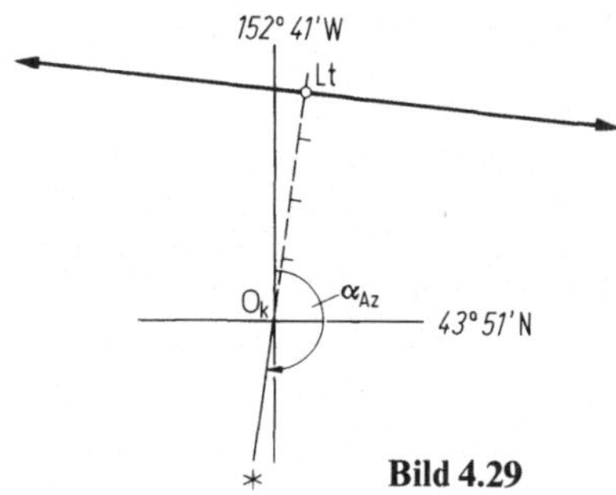

Bild 4.29

4.16.5 Berechnung der Standlinie nach dem Längenverfahren − Chronometerlänge

Das Verfahren ist nur brauchbar, wenn das beobachtete Gestirn nicht zu weit vom Ersten Vertikal entfernt steht. Es wurde früher häufig verwendet. Deshalb wird dieses Verfahren hier aus historischen Gründen erläutert, auch wenn heute die astronomische Standlinie fast nur noch nach dem Höhenverfahren berechnet wird.

Die *Chronometerlänge* ist die geographische Länge des Leitpunktes, in dem die Höhengleiche des beobachteten Gestirns den der Rechnung zugrunde liegenden Breitenparallel (Bezugsbreite, Koppelbreite) schneidet; siehe Lt_3 im Bild 4.25. Das Verfahren deckt sich mit dem Höhenverfahren, wenn das Gestirn im Ersten Vertikal steht. Nur in diesem Sonderfall ist die Chronometerlänge auch die astronomische Standlinie, weil das Azimut am Beobachtungsort nach E bzw. W weist.

Nach dem Längenverfahren wird die geographische Länge aus der Differenz des mit der Koppel- bzw. Bezugsbreite, der beobachteten Höhe und der Deklination berechneten Ortsstundenwinkels und des nach der Chronometerablesung bestimmten Greenwicher Stundenwinkels des Gestirns gewonnen. Diese Länge nennt man *Chronometerlänge*. Danach ergibt sich folgendes Verfahren:

• Man bestimmt nach dem Chronometer die UT1 zur Beobachtungszeit.

• Für diese Zeit entnimmt man dem Nautischen Jahrbuch die zu dem beobachteten Gestirn gehörigen Ephemeriden und berechnet Greenwicher Stundenwinkel und Deklination.

- Man beschickt den gemessenen Kimmabstand zur wahren Höhe.
- Aus der wahren Höhe, Breite des Koppelortes (Bezugsort) und Deklination berechnet man den Ortsstundenwinkel nach der Formel

$$\cos t_{E,W} = \frac{\sin h - \sin \varphi \cdot \sin \delta}{\cos \varphi \cdot \cos \delta}$$

(siehe Formel (4) im Kap. 4.7) oder bei logarithmischer Auswertung nach

$$\operatorname{sem} t_{E,W} = \sin \frac{z + z_0}{2} \cdot \sin \frac{z - z_0}{2} \cdot \frac{1}{\cos \varphi} \cdot \frac{1}{\cos \delta} \quad \text{für } z_0 = |\varphi - \delta|$$

(siehe Formel (17) im Kap. 4.7).

- Man bestimmt das Höhen- oder Zeitazimut; siehe Kap. 4.14.2 und 4.14.1.
- Man bildet die Differenz aus dem mit der beobachteten Höhe berechneten Ortsstundenwinkel t und dem nach UT1 bestimmten Greenwicher Stundenwinkel und erhält daraus die Chronometerlänge λ_{Ch}. Sie schneidet die Koppelbreite im Leitpunkt.
- Man zeichnet den Leitpunkt in die Seekarte (Plotting Sheet, Mercator-Leerkarte) oder einfaches Zeichenpapier und von ihm aus den Azimutstrahl ein.
- Man zieht durch den Leitpunkt senkrecht zum Azimutstrahl die Standlinie.

Tafeln zur Berechnung der Standlinie nach dem Längenverfahren sind die „Chronometer Tables or Hour Angles" von P. L. H. Davis. Aus ihnen kann mit den Eingängen Breite, Deklination und Höhe der Ortsstundenwinkel direkt entnommen werden.

Steht das Gestirn im Ersten Vertikal, so hat ein kleiner Fehler in der Breite keinen Einfluß auf die Chronometerlänge und somit auf die Standlinie nach dem Längenverfahren. Ein Einfluß wird jedoch bei einem beobachteten Gestirn in der Nähe des Himmelsmeridians immer stärker und wird darüber hinaus auch stärker mit wachsender Breite; siehe Fehlergleichungen im Kap. 4.18 und „Berichtigung nach Pagel" in diesem Kapitel. (Der französische Seeoffizier Pagel machte um 1860 als erster davon Gebrauch.)

Ein kleiner Fehler in der beobachteten Höhe geht mindestens mit seinem vollen Betrag in die Chronometerlänge ein. Die Chronometerlänge wird durch diesen Fehler um so mehr verfälscht, je mehr sich das Gestirn dem Nord- bzw. Südmeridian nähert und je mehr die Breite wächst. Ein kleiner Fehler in der Zeit geht mit seinem vollen Betrag in die berechnete Länge ein. Siehe auch Fehlergleichungen im Kap. 4.18.

Beispiel: Am 8. Mai 1982 auf $\varphi_k = 42°\,43'\,N$, $\lambda_k = 141°\,25'\,E$ beobachtet man gegen 17.40 Uhr ZZ die Chr 8.39.45, $\odot = 09°\,45{,}0'$, Std + DUT1 $= -00$ min 04 s, Ah 10 m. Es ist die Standlinie nach dem Längenverfahren zu berechnen.

$\odot$	$09°\,45{,}0'$	$+5{,}0'$
Gb	$+4{,}8'$	$-0{,}2'$
h_b	$09°\,49{,}8'$	$+4{,}8'$

Chr	8.39.45	
Std+DUT1	-00.04	
UT1	8.39.41	8. Mai

Grt ⊙	300° 53,0′	für	8.00.00 UT1	⇐	$\delta_\odot$	17° 01,7′ N	
Zw	9° 55,3′	für	39.41		Vb	0,5′ N	(Unt 0,7′ N)
Grt ⊙	310° 48,3′	für	8.39.41 UT1	⇐	$\delta_\odot$	17° 02,2′ N	

Mit Hilfe des Taschenrechners berechnet man nach den vorstehend angegebenen Formeln

$$t_W = t_\odot = \underline{\underline{092° 17,2′}} \quad \text{und} \quad \alpha_{Az} = \underline{\underline{284,1°}}.$$

$t_\odot$	092° 17,2′
	360°
$- \text{Grt} \odot$	452° 17,2′
	−310° 48,3′
λ_{Ch}	141° 28,9′
$- \lambda_k$	−141° 25,0′
$\Delta\lambda$	3,9′

$$l = + 3,9 \text{ sm}$$
$$a = + 2,9 \text{ sm}$$

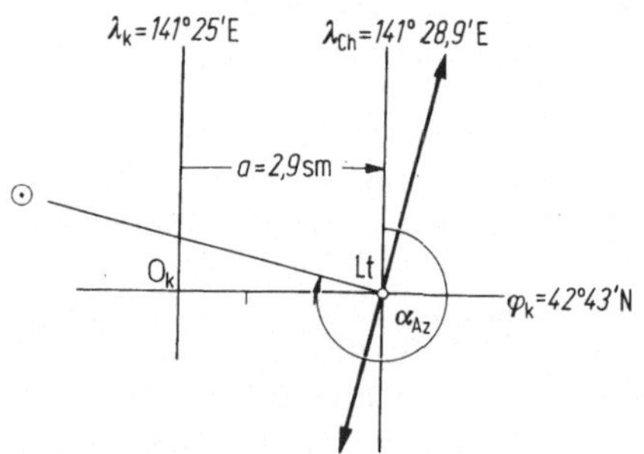

Bild 4.30. Astronomische Standlinie nach dem Längenverfahren

Pagelsche Berichtigung

Wurde nach Berechnung der Chronometerlänge die Breite des Schiffsortes bestimmt, so findet man mit dem Breitenunterschied $\Delta\varphi = \varphi_b - \varphi_k$ den Längenunterschied $\Delta\lambda = \lambda_b - \lambda_{Ch}$ (Pagelsche Berichtigung) bei vollkreisig zählendem Azimut (α_{Az}) nach

$$\Delta\lambda = - \Delta\varphi \cdot \frac{1}{\cos\varphi} \cdot \frac{1}{\tan\alpha_{Az}};$$

siehe Fehlergleichungen im Kap. 4.18.

Der absolute Betrag des Längenunterschieds kann auch mit C aus der ABC-Tafel nach

$$|\Delta\lambda| = |\Delta\varphi| \cdot |C|$$

erhalten werden.

Pagel fand das Zusatzzeichen von $\Delta\lambda$ nach folgender Regel: Man schreibt den Namen des Quadranten des Azimutstrahls hin und setzt den entgegengesetzten Quadranten darunter und findet, vom Zusatzzeichen des Breitenunterschiedes ausgehend, in der Diagonalen das Zusatzzeichen des Längenunterschiedes $\Delta\lambda$ (Längenberichtigung). Man bringt $\Delta\lambda$ an die bereits berechnete Chronometerlänge an und bekommt die beobachtete Länge λ_b; eine Standlinienkonstruktion (siehe Bild 4.30) erübrigt sich.

Beispiel: Nach Berechnung der Chronometerlänge (siehe Beispiel auf S. 193 f.) erhält man aus einer Beobachtung eines Gestirns im oberen Meridian die Schiffsbreite $\varphi_b = 42°\,32,5'$ N. Es ist die Länge λ_b des Schiffsortes zu berechnen

φ_b	$42°\,32,5'$ (N)
φ_k	$42°\,43,0'$ (N)
$\varphi_b - \varphi_k = \Delta\varphi$	$-\,10,5'$ (S)

Nach vorstehender Formel und obigem Beispiel berechnet man mit $\Delta\varphi = -\,10,5'$ und mit $\alpha_{Az} = 284,1°$ mittels Taschenrechner den Längenunterschied $\Delta\lambda = -\,3,6'$; $(3,6'\ \text{W})$.

λ_{Ch}	$141°\,28,9'$ (E)
$\Delta\lambda$	$-\,3,6'$ (W)
λ_b	$141°\,25,3'$ (E)

Mit Hilfe der ABC-Tafel findet man $C = +\,0,34$. Hiermit und mit $\Delta\varphi = -\,10,5'$ erhält man nach Pagel $|\Delta\lambda| = 3,6'$ und lt. Regel $\Delta\lambda = 3,6'$ W.

$$\begin{matrix} N & & W \\ & \nearrow & \\ S & & E \end{matrix} \quad \text{für } Z' = \text{N } 76°\ \text{W lt. ABC-Tafel.}$$

4.16.6 Berechnung der Standlinie nach dem Breitenverfahren

Dieses Verfahren sollte nur bei einer Gestirnsbeobachtung in der Nähe des Himmelsmeridians angewendet werden. Es deckt sich mit dem Höhenverfahren, wenn das Gestirn im Himmelsmeridian beobachtet wird.

Nach dem Breitenverfahren berechnet man die geographische Breite des Leitpunktes, in dem die Höhengleiche des beobachteten Gestirns den der Rechnung zugrunde liegenden Meridian (Bezugslänge bzw. Koppellänge) schneidet; siehe Lt_1 im Bild 4.25.

Das direkte Verfahren der Breitenbestimmung wird in der nautischen Praxis nur beim beobachteten Meridiandurchgang eines Gestirns angewendet, weil sich in diesem Sonderfall die Rechnung sehr vereinfacht. Diese Breite nennt man *Meridianbreite.*

Früher wurde öfter die astronomische Standlinie nach dem Breitenverfahren durch eine Näherungsrechnung aus einer ganz in der Nähe des Himmelsmeridians beobachteten Gestirnshöhe bestimmt. Die danach berechnete Breite heißt *Nebenmeridianbreite.*

Meridianbreite

Die aus der Meridianhöhe eines Gestirns berechnete Breite des Beobachtungsortes ist die in Breitenparallelrichtung liegende astronomische Standlinie, weil in diesem Sonderfall der Azimutstrahl nach Nord bzw. nach Süd zeigt. Diese Breite nennt man Meridianbreite und wird am einfachsten mit dem Taschenrechner nach einer Gestirnsbeobachtung im oberen Meridian (*Mittagsbreite*) nach

$$\varphi_b = 90° + \delta - h_{SM} \quad \text{bzw.} \quad \varphi_b = h_{NM} + \delta - 90°$$

berechnet, wobei der Augenschein sofort zeigt, ob die Meridianhöhe h_0 im Südmeridian (h_{SM}) oder im Nordmeridian (h_{NM}) beobachtet worden ist.

Beim unteren Meridiandurchgang erhält man die Meridianbreite (*Mitternachts-breite*) aus der beobachteten Gestirnshöhe h_u im unteren Meridian nach

$$\varphi_b = h_u + 90° - \delta \quad \text{für die Nordbreite} \quad \text{und}$$

$$\varphi_b = -(h_u + 90° + \delta) \quad \text{für die Südbreite.}$$

Vergleiche auch Kap. 4.15.1 (Höhe eines Gestirns im oberen und unteren Meridian).

Diese Formeln für die Mittags- und Mitternachtsbreite können nach der Formel (4) im Kap. 4.7 abgeleitet werden, wenn man $t_{E,W} = 000°$ (Mittagsbreite) und $t_{E,W} = 180°$ (Mitternachtsbreite) einsetzt.

In den o.a. Formeln sind die Nordbreite und die wahre Höhe über dem Horizont mit positivem Vorzeichen, die Südbreite und die wahre Höhe unter dem Horizont mit negativem Vorzeichen einzusetzen.

Man geht wie folgt vor:

- Zuerst wird nach der im Nautischen Jahrbuch verzeichneten Durchgangszeit T des Gestirns durch den Greenwicher Stundenkreis die ungefähre UT1 des Meridiandurchgangs am Beobachtungsort bestimmt und nach ihr dem Nautischen Jahrbuch die Gestirnsdeklination entnommen.
- Nach der Beobachtung des Gestirns beim oberen Meridiandurchgang im Süd- bzw. Nordmeridian wird der erhaltene Kimmabstand auf die wahre Höhe h_{SM} bzw. h_{NM} beschickt und die Rechnung nach den obigen Formeln durchgeführt.

Beispiel 1: Beobachtung im oberen Meridian. Am 8. Mai 1982 steht man beim Meridiandurchgang der Sonne auf $\varphi_k = 51°48'$ N, $\lambda_k = 021°16'$ W und beobachtet in der Ah 5 m im Südmeridian $\odot = 55°09'$. Auf welcher Breite steht das Schiff und wie groß ist die Breitenversetzung?

$T_\odot$	11.56 Uhr	(8. Mai 1982)
$-\lambda iZ$	$+ 1\ 25$	
UT1	13.21 Uhr	$\Leftarrow \quad \delta_\odot = 17°05,3'$ N (Unt 0,7' N)

$\odot$	$+ 55°09,0'$	(SM)
Gb	$+ 11,2'$	
h_{SM}	$+ 55°20,2'$	
	$90°00,0'$	
$90° - h_{SM}$	$+ 34°39,8'$	
δ	$+ 17°05,3'$	(N)
φ_b	$+ 51°45,1'$	(N)
φ_k	$+ 51°48,0'$	(N)
$\varphi_b - \varphi_k = \Delta\varphi$	$- 2,9'$	(S)

Beispiel 2: Beobachtung im unteren Meridian. Am 9. Mai steht ein Schiff gegen 0.15 ZZ westlich von Spitzbergen auf $\varphi_k = 77°34'$ N, $\lambda_k = 010°30'$ E. Man beobachtet in Ah 7,5 m im unteren Meridian $\odot = 04°40,5'$ (Nordmeridian). Auf welcher Mitternachtsbreite steht das Schiff und wie groß ist die Breitenversetzung?

8. Mai	$T_\odot$	11.56	$\Leftarrow$ oberer Meridiandurchgang
		+ 12.00	
8. Mai	MOZ	23.56	$\Leftarrow$ unterer Meridiandurchgang
	$-\lambda iZ$	− 42	
8. Mai	UT1	23.14	$\Leftarrow$ $\delta_\odot = 17°\,12{,}0'$ N (Unt 0,7′ N)

$\odot$	+ 04° 40,5′ (NM)
Gb	+ 00,5′
h_u	+ 04° 41,0′
	90° 00,0′
$h_u + 90°$	+ 94° 41,0′
$-\delta$	− 17° 12,0′
φ_b	+ 77° 29,0′ (N)
φ_k	+ 77° 34,0′ (N)
$\varphi_b - \varphi_k = \Delta\varphi$	− 05,0′ (S)

Der Breitenunterschied zweier Orte ist gleich der Differenz der Meridianhöhen eines Gestirns an den beiden Orten. Deshalb berechnet man in der Praxis meistens den zu erwartenden Kimmabstand beim Meridiandurchgang voraus und erhält die Breitenversetzung (Breitenunterschied) durch den Vergleich mit dem im Himmelsmeridian gemessenen Kimmabstand. Dieses Verfahren ist bei der Berechnung der Breite des Schiffsortes aus der Meridianhöhe eines Fixsterns oder Planeten in der hellen Dämmerung zweckmäßig. In diesem Falle findet man das Gestirn rascher und sicherer, wenn man den vorausberechneten Kimmabstand am Sextanten einstellt.

Beispiel 3: Vorausberechnung des zu erwartenden Kimmabstandes. Am 7. Mai 1982 will man in der Dämmerung gegen 17.30 ZZ auf $\varphi_k = 30°\,14{,}0'$ S und $\lambda_k = 075°\,16{,}0'$ E die Breite des Schiffsortes aus einer Meridianhöhe des Fixsterns Pollux berechnen. Welcher Kimmabstand ist zu erwarten und welche Breitenversetzung erhält man, wenn im Nordmeridian $-*- = 31°\,53{,}5'$ in der Ah 7 m beobachtet wird (Ib 0)?

Nach Umstellen der o.a. Formel für die im Nordmeridian beobachtete Höhe erfolgt die Rechnung nach

$$h_r = \varphi_k + 90° - \delta \quad \text{(Nordmeridian)}.$$

φ_k	− 30° 14,0′ (S)	*Pollux* (Nr 34)
	90° 00,0′	7. Mai $\delta = 28°\,04{,}3'$ N
$\varphi_k + 90°$	+ 59° 46,0′	
$-\delta$	− 28° 04,3′	
h_r	+ 31° 41,7′ (NM)	
− Gb	+ 06,3′	
Ka$_r$	+ 31° 48,0′	
Ka$_b$	+ 31° 53,5′	
Ka$_b$ − Ka$_r$ = $\Delta\varphi$	+ 05,5′	
+ φ_k	− 30° 14,0′ (S)	
φ_b	− 30° 08,5′ (S)	

Die Mittagsbreite und die Mitternachtsbreite wurden bisher meistens so berechnet, daß man beim oberen Meridiandurchgang ($t = 000°$) der Meridianzenitdistanz z_0 und beim unteren Meridiandurchgang ($t = 180°$) der Nadirdistanz n_u das Zusatzzeichen N bzw. S gab. Bei der Berechnung der Mittagsbreite fügte man zur Deklination des Gestirns die Meridianzenitdistanz $z_0 = 90° - h_0$ in Richtung vom Gestirn zum Zenit hinzu. Diese Richtung erhielt das Zusatzzeichen N, wenn das Gestirn im Südmeridian, das Zusatzzeichen S, wenn das Gestirn im Nordmeridian beobachtet worden ist. Es galt dann die Regel

$$\varphi_b = z_0 + \delta\,.$$

Siehe dazu die Beispiele auf S. 202 und S. 210.

Bei der Berechnung der Mitternachtsbreite gab man der Nadirdistanz beim unteren Meridiandurchgang $n_u = 90° + h_u$ stets das Zusatzzeichen der Hemisphäre, auf der man sich befand. Davon wurde algebraisch die Gestirnsdeklination subtrahiert, so daß

$$\varphi_b = (90° + h_u) - \delta;\ \text{siehe auch S. 196 oben.}$$

Beim sichtbaren unteren Meridiandurchgang sind, wie schon erwähnt, Breite und Deklination stets gleichnamig. Nach dem vorstehenden Beispiel 2 berechnet man die Mitternachtsbreite wie folgt:

$\odot$	$04° 40,5'$ (NM)		$\delta_\odot = 17° 12,0'$ N
Gb	$+ 00,5'$		
h_u	$04° 41,0'$		
	$90° 00,0'$		
$h_u + 90°$	$94° 41,0'$	N	
$- \delta$	$17° 12,0'$	S	(S, weil δ in diesem Falle das Zusatzzeichen N besitzt.)
φ_b	$77° 29,0'$	N	
φ_k	$77° 34,0'$	N	
$\varphi_b - \varphi_k = \Delta\varphi$	$\underline{05,0'}$	S	

Wegen der Definitionen nach DIN 13312 berechnet man besser die Mittags- und die Mitternachtsbreite nach den auf Seite 195 und Seite 196 genannten Formeln.

Größte Höhe und Stundenwinkel der größten Höhe eines Gestirns

Der Kimmabstand eines Gestirns wird häufig im Moment der oberen Kulmination gemessen, indem man mit dem Sextanten vor der oberen Kulmination das Steigen des Gestirns verfolgt und die Beobachtung abbricht, wenn das Gestirn nicht mehr steigt. Die aus dieser Messung gewonnene obere Kulminationshöhe des Gestirns (in der größten Höhe) entspricht im allgemeinen nicht seiner Höhe im oberen Meridian. Beide Höhen sind nur dann gleich, wenn weder eine zeitabhängige Breitenänderung $\Delta\varphi/\Delta t$ aufgrund der Geschwindigkeitskomponente des Schiffes in Nord- bzw. Südrichtung noch eine zeitabhängige Deklinationsänderung $\Delta\delta/\Delta t$ des beobachteten Gestirns vorliegen. Fährt man in Richtung des Gestirns, so findet die obere Kulmination erst nach dem Meridiandurchgang, auf Gegenkurs vor dem Meridiandurchgang statt. Im Fall zunehmenden Deklinationsbetrages findet die obere Kulmination nach dem Meridiandurchgang, bei abnehmendem Deklinationsbetrag vor dem Meridiandurchgang statt. Im jeweils ersteren Fall sind die beiden Änderungen positiv, im anderen Fall negativ. Beide Änderungen verursachen Höhenänderungen des Gestirns, die sich der durch die tägliche Achsendrehung der Erde bedingten Höhenänderung überlagern.

Die auf diese Weise verursachte Höhendifferenz zwischen Kulminationshöhe und Meridianhöhe geht voll auf die beobachtete Breite über, falls der Kimmabstand des Gestirns bei seiner größten Höhe in der oberen Kulmination gemessen wird. *Man mißt deshalb am besten den Kimmabstand im oberen Himmelsmeridian zur vorausberechneten Durchgangszeit T, vorausgesetzt, das Schiff steht in etwa auf der für die Berechnung der Meridiandurchgangszeit angenommenen geographischen Länge.*

Der Höhenunterschied $\Delta h = h_{Ku} - h_0$ zwischen der oberen Kulminationshöhe h_{Ku} und der Höhe h_0 im oberen Meridian ist immer positiv und wird berechnet nach

$$\Delta h/1' \approx \frac{1}{\pi} \cdot \frac{1}{150} \cdot \left(\frac{\Delta\varphi/1'}{\Delta t/\mathrm{h}} + \frac{\Delta\delta/1'}{\Delta t/\mathrm{h}}\right)^2 \cdot \left|(\tan\varphi - \tan\delta)\right|.$$

Den kleinen westlichen oder östlichen Stundenwinkel t_{Ku} der größten Gestirnshöhe (obere Kulminationshöhe) gewinnt man nach (siehe Fußnote 28 im Kap. 4)

$$t_{Ku}/1' \approx \frac{12}{\pi} \cdot \left(\frac{\Delta\varphi/1'}{\Delta t/\mathrm{h}} + \frac{\Delta\delta/1'}{\Delta t/\mathrm{h}}\right) \cdot \left|(\tan\varphi - \tan\delta)\right|.$$

Ist der kleine Stundenwinkel t_{Ku} positiv, so zählt er nach Westen, ist er negativ, so zählt er nach Osten.

Es fallen auch untere Kulmination und unterer Meridiandurchgang bei einer Breitenänderung aufgrund der Fahrt des Schiffes und bei einer Deklinationsänderung des beobachteten Gestirns nicht zusammen.

Die Tabelle 4.2 zeigt die Maximalbeträge von Δh und t_{Ku} für ausgesuchte Breiten zwischen 80° S und 80° N. Sie sind berechnet für die Breitenänderung $\pm$ 20'/h (20 kn Fahrt über Grund und KüG 000° bzw. 180°) und die Deklinationsänderungen $\pm$ 1'/h der Sonne und $\pm$ 18'/h des Mondes, die nur bei $\delta = 00°$ für beide Gestirne und beim Mond in dieser Größenordnung nur etwa alls 18 Jahre auftreten können.

Tabelle 4.2

$|\varphi|$	Sonne		Mond	
	$|\Delta h|$	$|t_{Ku}|$	$|\Delta h|$	$|t_{Ku}|$
00°	0,0'	0,0'	0,0'	0,0'
10°	0,2'	14,1'	0,5'	25,6'
20°	0,3'	29,2'	1,1'	52,8'
30°	0,5'	46,3'	1,8'	1°23,8'
40°	0,8'	1°07,3'	2,6'	2°01,8'
50°	1,1'	1°35,6'	3,7'	2°53,0'
60°	1,6'	2°18,9'	5,3'	4°11,4'
70°	2,6'	3°40,4'	16,7'	6°38,8'
80°	5,3'	7°34,9'	30,8'	13°43,2'

Nebenmeridianbreite

Ist der Himmel stark bewölkt, so daß man ein Gestirn nicht im Meridiandurchgang beobachten kann, so läßt sich öfter noch sein Kimmabstand in einer Wolkenlücke vor oder nach dem Meridiandurchgang messen. Wegen eines ungestörten Wachwechsels beobachtet man häufig die Sonne etwa 30 min vor oder nach 12.00 Uhr Bordzeit. In solchen Fällen kann die astronomische Standlinie nach dem Breitenverfahren bestimmt werden, indem man die Breite des Leitpunktes nach einem Näherungsverfahren berechnet. Die danach berechnete Breite heißt *Nebenmeridianbreite.*

In der Nähe des oberen Meridians kann der Höhenunterschied $\Delta h = h_0 - h_b$ mit hinreichender Genauigkeit nach

$$\sin \frac{\Delta h}{2} \approx \sin^2 \frac{t_{E,W}}{2} \cdot \cos \varphi \cdot \cos \delta \cdot \frac{1}{\cos h_b}$$

und das halbkreisig zählende Azimut Z nach

$$Z \approx - t_{E,W} \cdot \cos \delta \cdot \frac{1}{\sin (\varphi - \delta)}$$

berechnet werden.

Ist in vorstehender Formel Z positiv, so zählt das halbkreisige Azimut von dem Nordmeridian, im anderen Fall von dem Südmeridian aus. Bei Beobachtungen in der Nähe des unteren Meridians setzt man an Stelle des Stundenwinkels $t_{E,W}$ sein Supplement $180° - t_{E,W}$ ein.

Die beiden Gleichungen ergeben sich aus den Formeln (4) und (5) im Kap. 4.7 nach trigonometrischer Umformung und Einsetzen der Näherungen

$$\frac{z + z_0}{2} \approx z_0 = |\varphi - \delta| \approx 90° - h \, .$$

Das Verfahren der Standlinienberechnung führt man wie folgt durch:
- Man leitet aus der Chronometerablesung UT1 ab.
- Für diese Zeit entnimmt man dem Nautischen Jahrbuch die zu dem beobachteten Gestirn gehörigen Ephemeriden und berechnet den Ortsstundenwinkel und die Deklination.
- Man berechnet den Höhenunterschied $\Delta h = h_0 - h_b$ und das Azimut nach den beiden vorstehenden Näherungsgleichungen.
- Man addiert Δh (immer positiv) zu der aus der Messung gewonnenen Höhe h_b und bekommt die Meridianhöhe h_0.
- Aus dieser Meridianhöhe bestimmt man die Nebenmeridianbreite.
- Man zeichnet den Leitpunkt und Azimutstrahl in die Seekarte oder einfaches Zeichenpapier ein und zieht durch ihn senkrecht zum Azimutstrahl die Standlinie.

Hat man Zeit und Kimmabstand des Meridiandurchgangs eines Gestirns vorausberechnet, so bestimmt man den kleinen östlichen oder westlichen Stundenwinkel zur Zeit der Beobachtung nach der Borduhr und entnimmt den beiden Tafeln (Tafel 32) der Nautischen Tafeln die Hilfswerte p und q (s. Kap. 4.15.2) und erhält aus ihnen nach den einfachen Beziehungen

$$\Delta h = p \cdot q \quad \text{und} \quad Z' = t_{E,W} \cdot p;$$

wobei der Meridian, von dem aus das Azimut Z' viertelkreisig zählt, nach den in Tafel I (der Nautischen Tafel 32) angegebenen Regeln erhalten wird.

Diesen Höhenunterschied addiert man zum beobachteten Kimmabstand, ebenfalls den in der Zwischenzeit gutgemachten Breitenunterschied. Der Vergleich mit dem vorausberechneten Kimmabstand ergibt die Nebenmeridianbreite.

Wenn die Standlinie nur um einen kleinen Winkel von der Nebenmeridianbreite abweicht, kann die Nebenmeridianbreite in einer weiteren Näherung als Meridianbreite betrachtet werden.

Die sogenannte *Nordsternbreite* (siehe auch Kap. 4.15.1) ist eine Nebenmeridianbreite, denn der Nordstern ist weniger als 1° vom Nordpol entfernt. Man muß deshalb an seine Höhe noch eine Berichtigung anbringen, um die Polhöhe (geographische Breite) zu erhalten. Die Berichtigung entnimmt man der Tafel auf S. 16 und S. 17 des Nautischen Jahrbuches. Sie setzt sich aus drei Einzelberichtigungen zusammen. Bei Breiten unter 65° bleiben die zweite und dritte Berichtigung unter 1′ und man kann darauf verzichten, sie anzubringen.

Die Nordsternbreite bestimmt man wie folgt:

- Man entnimmt dem Nautischen Jahrbuch den Greenwicher Stundenwinkel des Frühlingspunktes und leitet daraus seinen Ortsstundenwinkel ab.
- Man beschickt den beobachteten Kimmabstand zur wahren Höhe.
- An die so erhaltene wahre Höhe des Nordsterns bringt man die drei Berichtigungen aus der Tafel für den Nordstern im Nautischen Jahrbuch an.

Da das vom Nordmeridian viertelkreisig zählende Azimut des Nordsterns auf den Breiten bis 70° N unter 2,5° und weniger bleibt, verzichtet man meist auf eine Standlinienkonstruktion und betrachtet die berechnete Nordsternbreite als Meridianbreite.

Andere deutsche Nebenmeridiantafeln sind die von H. Brunswig, von A. Mühleisen, von J. Randermann, von P. Andersen und W. Feldhusen. Bekannte ausländische Tafeln sind die „Ex-Meridian Tables" von P. L. H. Davis, die „Excelsior Tables" von H. S. Blackburne, „Bairnsons Exmeridian Tables" und das Ex-Meridian-Diagramm von F. A. L. Kitchin.

Bei der Berechnung der Nebenmeridianbreite nach den vorstehenden Formeln oder Nebenmeridiantafeln ist zu beachten, daß sich Δh nur angenähert ergibt, und daß der Fehler um so größer wird je weiter das Gestirn vom Himmelsmeridian entfernt ist. Er ist nach folgender Faustregel zu begrenzen: Die Beobachtung des Gestirns darf in Zeitminuten nicht früher oder später vor oder nach dem Meridiandurchgang erfolgen, als die beobachtete Zenitdistanz in Graden beträgt. Im übrigen hängt die Zuverlässigkeit der Nebenmeridianbreite von dem Einfluß kleiner unvermeidlicher Fehler in der beobachteten Höhe, dem Ortsstundenwinkel (Länge) und der Deklination ab. Ein kleiner Fehler in der Höhe geht voll auf die Nebenmeridianbreite über. Kleine Fehler in der Länge und Deklination wirken sich um so weniger aus, je näher das Gestirn dem Himmelsmeridian steht, sie wachsen aber mit größer werdendem Azimut rasch an; siehe auch Fehlergleichungen im Kap. 4.18.

Beispiel 1: Am 8. Mai beobachtet man kurz vor Mittag gegen 11.42 Uhr ZZ auf $\varphi_k = 49°57'$ N, $\lambda_k = 016°58'$ W in einer Wolkenlücke in der Nähe des Südmeridians $\odot = 56°38'$ in der Ah 11 m. Die Nebenmeridianbreite und die astronomische Standlinie sind zu bestimmen.

ZZ	11.42 Uhr
– ZU	+ 1 00
UT1 ≈ UTC	12.42 Uhr

Grt $\odot$	$000°\,53,1'$	für	12.00 UT1
Zw	$10°\,30,0'$	für	42
Grt $\odot$	$011°\,23,1'$	für	12.42 UT1 $\Leftarrow$ $\delta_\odot = 17°\,04,9'$ N (Unt $0,7'$ N)
λ	$-16°\,58,0'$		
$t_\odot$	$354°\,25,1'$		
t_E	$005°\,34,9'$		

Nach den vorstehenden beiden Formeln ergeben sich $\Delta h = +18,5'$ und $Z = \mathrm{S}\ 009,8°$ E ($\alpha_{Az} = 170,2°$).

$\underline{\odot}$ Gb	$56°\,38,0'$ (SM) $+\,9,4'$	
h_b Δh	$56°\,47,4'$ $+\,18,5'$	
h_0	$57°\,05,9'$	
$90° - h_0 = z_0$ $\delta_\odot$	$32°\,54,1'$ N $17°\,04,9'$ N	
φ_b	$\underline{\underline{49°\,59,0'\text{ N}}}$	(Nebenmeridianbreite)
φ_k	$49°\,57,0'$ N	
$\varphi_b - \varphi_k = \Delta\varphi$	$\underline{\underline{2,0'\text{ N}}}$	

(Die Auswertung nach der Höhenmethode liefert $\Delta\varphi = 1,7'$ N.)

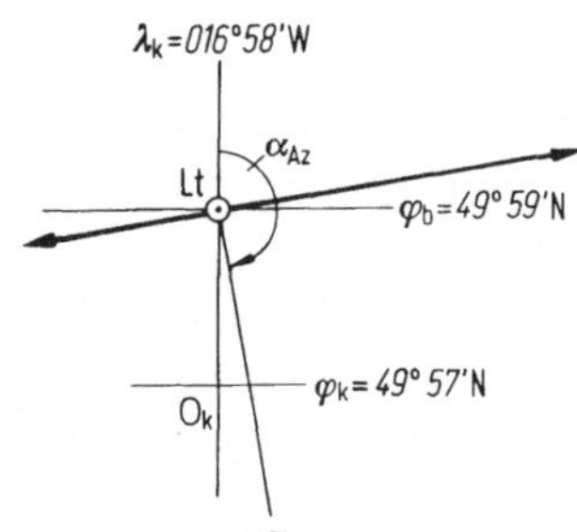

Bild 4.31. Astronomische Standlinie nach dem Breitenverfahren

Beispiel 2: Am 7. Mai 1982 auf $\varphi_k = 54°\,10'$ N, $\lambda_k = 003°\,49'$ E will man in der Dämmerung gegen 19.30 Uhr ZZ den Nordstern beobachten. Welchen ungefähren Kimmabstand hat man in der Ah 12 m (Ib 0) am Sextanten einzustellen und auf welcher Breite befindet sich das Schiff?

Nordstern (Nr 9)   (19.30 Uhr ZZ $\approx$ 19.30 Uhr UT1)

φ_k $-$ Br. 1	$54°\,10'$ N $-\,30'$	
$\approx h_*$ $-$ Gb	$53°\,40'$ N $+\,7'$	vorausberechnet
$\approx \mathrm{Ka_r}$	$53°\,47'$ (NM)	vorausberechnet

und $\alpha_{Az} = 359°$ lt. Tafel auf S. 18 im Nautischen Jahrbuch

Grt Υ	150° 17,3′	für	19.00 UT1
Zw	7° 31,2′	für	.30
Grt Υ	157° 48,5′	für	19.30 UT1
λ_k	+ 003° 49,0′	(E)	
$t\Upsilon$	161° 37,5′		

Man findet in der hellen Kimm den Nordstern und mißt:

—*—	53° 40,0′	(NM)
Gb	− 6,9′	
h_*	53° 33,1′	
Br. 1	+ 30,2′	
Br. 2	− 0,1′	
Br. 3	+ 0,8′	
φ_b	54° 04,0′ N	(Nordsternbreite)
φ_k	54° 10,0′ N	
$\varphi_b - \varphi_k = \Delta\varphi$	6,0′ S	

Beispiel 3: Man hat am 7. Mai 1982 auf $\varphi_k = 46° 00,5′$ N und $\lambda_k = 024° 15′$ W den Meridiandurchgang der Sonne für 11.34 Uhr ZZ und einen Kimmabstand $\odot = 60° 40,0′$ vorausberechnet. Um 11.15 Uhr ZZ beobachtet man $\odot = 60° 34,0′$ in der Nähe des Südmeridians. Die Fahrt des Schiffes beträgt 18 kn, der KüG 320°, die Ah 14 m. Es sind die Nebenmeridianbreite und die Standlinie zu bestimmen.

ZZ	11.34 Uhr	(Meridiandurchgang)
ZZ	11.15 Uhr	(Beobachtungszeit)
	19 min	vor dem Meridiandurchgang fand die Beobachtung statt.

In dieser Zwischenzeit machte das Schiff die Breitendistanz $b = +4,4$ sm gut, so daß der Kimmabstand um $\Delta h_1 = -4,4′$ berichtigt werden muß.

ZZ	11.34 Uhr
− ZU	+2 00
UT1 ≈ UTC	13.34 Uhr $\Leftarrow$ $\delta_\odot = 16° 49,1′$ N (Unt 0,7′ N)

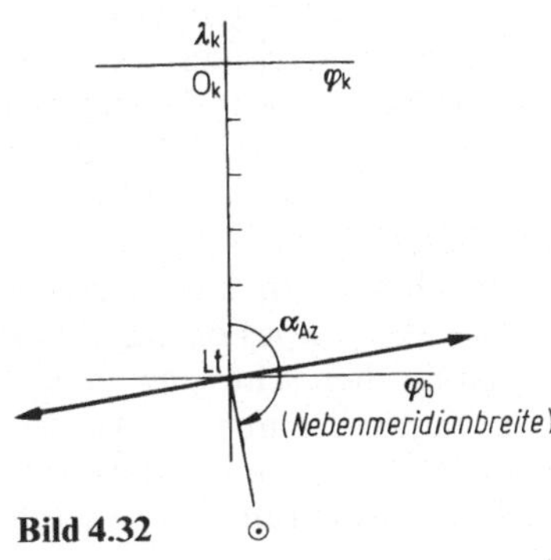

Bild 4.32 $\odot$

Da die Beobachtung 19 min vor der Kulmination stattfand, ist $t_E = 19\ \text{min} \cong 4{,}75°$ groß. Laut Tafel 32 der Nautischen Tafeln:

$$p = 1{,}96 \quad \text{und} \quad q = 8{,}20', \qquad \Delta h_2 = p \cdot q = +\,16{,}1',$$

$$Z' = t \cdot p = 4{,}75° \cdot 1{,}96 = \text{S } 09{,}3°\ \text{E}, \qquad \underline{(\alpha_{Az} = 170{,}7°)}$$

$\odot$	60° 34,0′	(beobachtet)
$\underline{\Delta h_1}$	− 4,4′	
Δh_2	+ 16,1′	
Ka_b	60° 45,7′ S	(Kulmination beobachtet)
Ka_r	60° 40,0′ S	(Kulmination berechnet)
$\text{Ka}_b - \text{Ka}_r = \Delta\varphi$	5,7′ S	
φ_k	46° 00,5′ N	
$\varphi_k + \Delta\varphi = \varphi_b$	45° 54,8′ N	(Nebenmeridianbreite; siehe Standlinienkonstruktion Bild 4.32)

4.17   Astronomische Ortsbestimmung

Der Schiffsort ergibt sich als Schnittpunkt von mindestens zwei Standlinien. Der Schnittwinkel zweier benachbarter Standlinien soll größer als 30° sein; siehe auch unter 4.17.1. Demnach sind zur astronomischen Ortsbestimmung mindestens zwei Gestirnsbeobachtungen von Azimutunterschieden zwischen 30° und 150° nötig.

Die Standlinien können nach jedem der im Kap. 4.16 erläuterten Verfahren bestimmt werden. Den astronomischen Schiffsort findet man nach Rechnung oder Zeichnung. Bei der Benutzung vorprogrammierter elektronischer Klein- oder Taschenrechner werden die Koordinaten des Schiffsortes nach Eingabe der Beobachtungs- und Gestirnsdaten meistens direkt abgerufen. Die zeichnerische Lösung bietet noch weitere Vorteile. Die Lage und Richtung aller zu einer astronomischen Ortsbestimmung verwendeten Standlinien geben oft zusätzliche Navigationshilfen und Auskunft über die Zuverlässigkeit des Schiffsortes; vgl. Kap. 4.16.2 und 4.16.1. Deshalb sollte bei genügend großem Maßstab die Standlinienkonstruktion zur Bestimmung des Schiffsortes sogleich in der Karte ausgeführt werden.

Die Bestimmung des Schiffsortes nach dem Höhenverfahren aus zwei oder mehreren Gestirnsbeobachtungen hat sich in der nautischen Praxis durchgesetzt. Die noch vor einigen Jahren öfter angewendete Ortsbestimmung durch die Berechnung einer Meridian- oder Nebenmeridianbreite und Chronometerlänge (siehe Kap. 4.16.5 und 4.16.6) wird aus historischen Gründen an einem Beispiel erläutert.

Die astronomische Ortsbestimmung aus zwei oder mehr Höhen ist das einzige immer anwendbare Verfahren, falls genügend Gestirne sichtbar sind. Folgerichtig durchgeführt, schaltet es viele, sonst notwendige mathematische Überlegungen, Vorzeichenregeln und andere Fehlerquellen aus. Auch sichert die ausschließliche Verwendung eines einzigen Verfahrens der astronomischen Ortsbestimmung alleine durch mechanische Gewöhnung die Schnelligkeit und Fehlerfreiheit des Rechnens. Der Nachteil durch die Verwendung der weniger einfachen Formeln oder weniger bequemen Tafeln ist heute durch die Verwendung des elektronischen Taschenrechners bedeutungslos geworden.

4.17.1 Zuverlässigkeit der astronomischen Ortsbestimmung nach dem Höhenverfahren

Der Schiffsort wird aus zwei fast gleichzeitigen Beobachtungen am zuverlässigsten, wenn beide Standlinien dieser Beobachtungen einen kleinen und ungefähr gleichen mittleren Fehler ($m_{\Delta h}$) in der astronomischen Höhendifferenz aufweisen und der Azimutunterschied der beobachteten Gestirne 90° beträgt. Den mittleren Fehler im Schiffsort erhält man nach

$$m_{O_b} = \pm \frac{m_{\Delta h} \cdot \sqrt{2}}{\sin(\alpha_{Az1} - \alpha_{Az2})} \,.$$

Im günstigsten Fall ($m_{\Delta h} = \pm 1'$) liegt demnach bei einem Azimutunterschied von 90° der Schiffsort innerhalb eines Fehlerkreises vom Radius 1,4 sm, im ungünstigsten Fall ($m_{\Delta h} = \pm 3'$) in einem Fehlerkreis von 4,2 sm; siehe auch Kap. 4.16.1 und Kap. 1.7. Der Fehlerkreisradius wächst bei einem kleiner werdenden Schnittwinkel rasch an und ist bei einem Azimutunterschied der beiden beobachteten Gestirne von 30° oder 150° schon doppelt so groß.

Schneiden sich die Standlinien aus drei oder mehr, fast gleichzeitigen Gestirnsbeobachtungen gleicher Genauigkeit ungefähr in einem Punkt, so ist die Zuverlässigkeit der Ortsbestimmung gut. Die Wahrscheinlichkeit, daß sich die unvermeidlichen Fehler in den den Standlinien zugrunde liegenden Beobachtungen zufällig einander aufheben und trotz dieser Fehler die Standlinien durch einen Punkt hindurchgehen, ist bei drei Beobachtungen sehr gering und bei mehr als drei Beobachtungen auszuschließen.

Für die astronomische Ortsbestimmung aus drei Höhen wählt man zum Beobachtungszeitpunkt drei Gestirne derart aus, daß ihr Azimutunterschied jeweils ungefähr 120° beträgt. In diesem Fall liegt der wahrscheinliche Schiffsort innerhalb des Fehlerdreiecks (vgl. Kap. 4.16.1), welches von den drei Standlinien gebildet wird. Will man zur weiteren Beurteilung noch den Fehlerkreisradius kennen, so messe man den Inkreisradius des Fehlerdreiecks. Ist der Radius größer als 2 sm, so sollte man wegen der großen Maximalabweichung von mehr als 6 sm die ganze Ortsbestimmung verwerfen. Werden mehr als drei Gestirne beobachtet, so sind die Gestirne so auszuwählen, daß die Azimutunterschiede zwischen den benachbarten Gestirnen nahezu gleich sind.

Die Zuverlässigkeit eines Schiffsortes aus zwei astronomischen Standlinien kann auch während seiner Versegelung aufgrund der Fahrtbedingungen mit Hilfe der Tab. 4.1 „Unsicherheiten im Koppelort" im Kap. 4.10.7 des Bd. 1 A beurteilt werden. Der der Tabelle entnommene Betrag der Unsicherheit ist der Fehlerkreisradius des versegelten Schiffsortes. Mit diesem Radius und dem Fehlerkreisradius des astronomischen Schiffsortes (siehe oben) kann der Fehlersektor, in dem überall das Schiff stehen kann, konstruiert werden (siehe dazu den letzten Absatz des Kap. 4.10.7, Bd. 1 A). Vergleiche auch Kap. 4.16.1.

4.17.2 Ort aus zwei Höhen ohne Versegelung

Man verfährt wie folgt:

- Wenn möglich, wählt man für die Schiffsortbestimmung zwei Gestirne aus, deren Azimutunterschied ungefähr 90° beträgt.
- Darauf mißt man die Kimmabstände so rasch wie möglich hintereinander und bestimmt dabei mit der Stoppuhr die Beobachtungszeiten.
- Man berechnet die astronomischen Höhendifferenzen und Azimute und zeichnet in der Seekarte die Standlinien ein, wie bereits im Kap. 4.16.4 beschrieben. Der Schnittpunkt beider Standlinien ist der beobachtete Schiffsort.

- Man entnimmt die geographischen Koordinaten des Schiffsortes und die Besteckversetzung (BV) direkt der Karte und trägt sie in das Schiffstagebuch ein.

Die Besteckversetzung ist der Vektor vom Koppelort zum beobachteten Ort. Seine Richtung wird auf rwN oder auf die Rechtvorausrichtung des Schiffes bezogen.

Wurde die Standlinienkonstruktion auf Zeichenpapier durchgeführt, so entnimmt man aus der Zeichnung Breitendistanz und Abweitung und berechnet aus ihnen die Unterschiede $\Delta\varphi = \varphi_b - \varphi_k$ und $\Delta\lambda = \lambda_b - \lambda_k$, $\Delta\varphi/1' = b/\mathrm{sm}$ und $\Delta\lambda/1' = a/\mathrm{sm} \cdot 1/\cos\varphi_b$; vgl. auch Kap. 4.10.3 des Bandes 1 A dieses Handbuches.

Beispiel: Auf $\varphi_k = 60°06'$ N, $\lambda_k = 175°45'$ E beobachtet man am 8. Mai 1982 gegen 21.17 Uhr ZZ in der Ah 12 m und Std + DUT1 = − 00 min 02 s den Fixstern Regulus und sogleich darauf den Mond kurz nach seinem Aufgang (Ib 0) und erhält Chr 9.16.12 und −*− = 37° 33,5′; Chr 9.16.32 und $\mathbb{C}$ = 04° 55,5′.

Regulus (Nr 39)

Chr	9.16.12		
Std + DUT1	− 00 02		
UT1	9.16.10	(8. Mai 1982)	
−*−	37° 33,5′		
Gb	− 7,4′		
h_b	37° 26,1′		
Grt ♈	000° 51,8′	für	9.00.00 UT1
Zw	4° 03,2′	für	16 10
β	208° 08,7′		
Grt ♈	213° 03,7′	für	9.16.10 UT1
λ_k	175° 45,0′		
t_*	028° 48,7′		

$\delta_* = 12° 03,3′$ N

Mond

Chr	9.16.32			
Std + DUT1	− 00 02			
UT1	9.16.30	(8. Mai 1982)		
$\mathbb{C}$	04° 55,5′		(HP 54,6′)	
			52,3′	
Gb	+ 53,0′		+ 1,3′	
			− 0,6′	
h_b	05° 48,5′		53,0′	
Grt $\mathbb{C}$	130° 53,4′	für	9.00.00 UT1	
Zw	3° 56,2′	für	16 30	
Vb	3,8′	(Unt 13,7′)		
Grt $\mathbb{C}$	134° 53,4′	für	9.16.30 UT1	
λ_k	175° 45,0′			
$t_{\mathbb{C}}$	310° 38,4′			
$(t_E$	049° 21,6′)			
$\delta_{\mathbb{C}}$	14° 08,2′ S			
Vb	2,6′ S	(Unt 9,3′ S)		
$\delta_{\mathbb{C}}$	14° 10,8′ S			

Mit Hilfe des Taschenrechners erhält man nach den Formeln (19) bis (21) im Kap. 4.7.1

h_r	37° 27,6′	$\alpha_{Az} = 216,4°$		h_r	05° 52,7′	$\alpha_{Az} = 132,3°$	
h_b	37° 26,1′			h_b	05° 48,5′		
$h_b - h_r = \Delta h$	− 1,5′			$h_b - h_r = \Delta h$	− 4,2′		

b = + 3,6 sm; a = − 2,4 sm; der Standlinienkonstruktion des Bildes 4.33

$\Delta\varphi =$ 3,6′ N $\Delta\lambda =$ 4,8′ W entnommen.

$\Delta\varphi \approx$ 04′ N $\Delta\lambda \approx$ 05′ W

φ_k = 60° 06′ N		λ_k = 175° 45′ E	
$\Delta\varphi =$ 04′ N		$\Delta\lambda$ 05′ W	
φ_b = 60° 10′ N		λ_b = 175° 40′ E	BV 326,5°, 4,3 sm

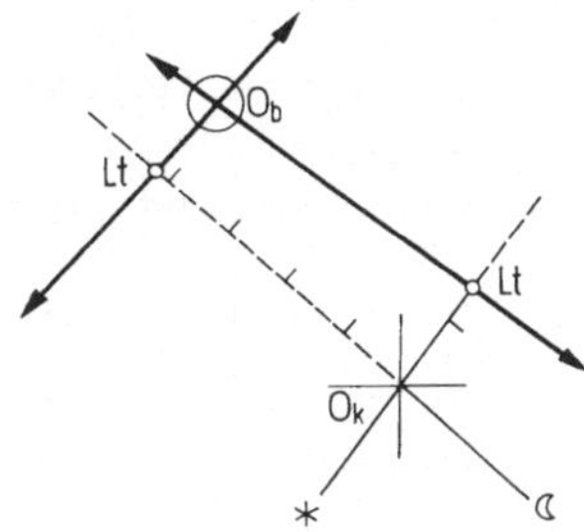

Bild 4.33. Ort aus zwei Höhen

Die Breitendifferenz und Abweitung können auch aus den beiden astronomischen Höhendifferenzen und Azimuten rechnerisch bestimmt werden nach

$$b/\mathrm{sm} = \frac{\Delta h_1/1' \cdot \sin \alpha_{\mathrm{Az2}} - \Delta h_2/1' \cdot \sin \alpha_{\mathrm{Az1}}}{\sin(\alpha_{\mathrm{Az2}} - \alpha_{\mathrm{Az1}})} \ ;$$

$$a/\mathrm{sm} = \frac{\Delta h_2/1' \cdot \cos \alpha_{\mathrm{Az1}} - \Delta h_1/1' \cdot \cos \alpha_{\mathrm{Az2}}}{\sin(\alpha_{\mathrm{Az2}} - \alpha_{\mathrm{Az1}})} \ .$$

Man erhält danach die gleichen Ergebnisse wie nach der Standlinienkonstruktion im Bild 4.33.

4.17.3 Ort aus zwei Höhen mit Versegelung — Mittagsbesteck

Wurden die beiden Gestirne nicht an demselben Ort beobachtet, so muß man die zu der ersten Beobachtung gehörige Standlinie um die in der Zwischenzeit erfolgte Versegelung parallel verschieben. Der Schnittpunkt mit der Standlinie der zweiten Beobachtung ist der beobachtete Schiffsort.

Die Bordzeit richtet sich heute fast ausschließlich nach Zonenzeit. Daher sollte man für den reibungslosen Ablauf des Bordbetriebes das Mittagsbesteck für 12.00 Uhr Bordzeit aufmachen. In diesem Falle beobachtet man die Sonne morgens und zum zweiten Male etwa 20 min vor oder nach 12.00 Uhr Bordzeit. Beide Standlinien verschiebt man dann jeweils um die in der Zeit zwischen der entsprechenden Beobachtung und 12.00 Uhr Bordzeit erfolgte Ortsveränderung.

Man kann demnach so verfahren:

- Man berechnet für den Koppelort der ersten Beobachtung die astronomische Höhendifferenz und das Azimut.
- Man berechnet den Koppelort für die Zeit der zweiten Beobachtung.
- Für diesen Koppelort berechnet man aus der zweiten Beobachtung die astronomische Höhendifferenz und das Azimut.
- Darauf trägt man die beiden Standlinien vom Koppelort der gewünschten Zeit — z.B. 12.00 Uhr — so ab, als ob beide Kimmabstände hintereinander zu dieser Zeit gemessen worden wären.

Das Mittagsbesteck erhält man aus zwei Sonnenbeobachtungen wie folgt:

- Man berechnet die Koppelorte für die Zeit der Morgenbeobachtung und für die Sonnenbeobachtung kurz vor oder nach 12.00 Uhr Bordzeit.
- Man berechnet für beide Koppelorte jeweils aus den Beobachtungen die astronomische Höhendifferenzen und die Azimute.
- Man berechnet den Koppelort für 12.00 Uhr Bordzeit.
- Man führt von diesem Koppelort aus die Standlinienkonstruktion in der Seekarte oder auf einfachem Zeichenpapier aus und erhält den Schiffsort für 12.00 Uhr Bordzeit als Schnittpunkt der beiden Standlinien.

- Man berechnet Gesamtkurs, Gesamtdistanz, Durchschnittsfahrt und Besteckversetzung des vergangenen Seetages von 12 Uhr bis 12 Uhr Bordzeit und trägt die Ergebnisse in das Schiffstagebuch ein.

Beispiel: Man stand am 7. Mai 1982 auf $\varphi_b = 08°\,14'$ S, $\lambda_b = 085°\,38'$ W und steuert den KüG 292° mit 17 kn Fahrt. Am 8. Mai beobachtet man um 8.00 Uhr ZZ die Chr 02.00.17, $\odot = 26°\,19{,}0'$ und um 11.41 ZZ wiederum den Kimmabstand der Sonne zu $\odot = 66°\,21{,}5'$ bei der Chr 05.41.20. Ah 15 m, Std + DUT1 $= -\,00$ min 14 s. Wo steht das Schiff um 12.00 Uhr ZZ und wie groß sind Gesamtkurs, Gesamtdistanz, Durchschnittsfahrt und Besteckversetzung?

7. Mai um	$\varphi_b = 08°\,14{,}0'$ S	$\lambda_b = 085°\,38{,}0'$ W	KüG 292°;	$d = 408$ sm
12.00 ZZ	$\Delta\varphi = 2°\,32{,}8'$ N	$\Delta\lambda = 06°\,21{,}1'$ W	$b = +\,152{,}8$ sm;	$l = -\,381{,}1$ sm
8. Mai um	$\varphi_k = 05°\,41{,}2'$ S	$\lambda_k = 091°\,59{,}1'$ W		$d = 68$ sm
12.00 ZZ	$\Delta\lambda = 25{,}5'$ S	$\Delta\lambda = 1°\,03{,}4'$ E	$b = -\,25{,}5$ sm;	$l = +\,63{,}4$ sm
8. Mai	$\varphi_k = 06°\,06{,}7'$ S	$\lambda_k = 090°\,55{,}7'$ W		$d = 62{,}6$ sm
um 8.00 ZZ	$\Delta\varphi = 23{,}5'$ N	$\Delta\lambda = 58{,}3'$ W	$b = +\,23{,}5$ sm;	$l = -\,58{,}3$ sm
8. Mai um	$\varphi_k = 05°\,43{,}2'$ S	$\lambda_k = 091°\,54{,}0'$ W		
11.41 ZZ				

1. Beobachtung	8. Mai 1982	*2. Beobachtung*
Chr	14.00.17	17.41.20
Std + DUT1	$-\,00\ 14$	$-\,00\ 14$
UT1	14.00.03	17.41.06
$\odot$	$26°\,19{,}0'$	$66°\,21{,}5'$
Gb	$+\,7{,}2'$	$+\,8{,}5'$
h_0	$26°\,26{,}2'$	$66°\,30{,}0'$
Grt $\odot$	$030°\,53{,}2'$	$075°\,53{,}3'$
Zw	$0{,}8'$	$10°\,16{,}5'$
Grt $\odot$	$030°\,54{,}0'$	$086°\,09{,}8'$
λ_k	$-\,090°\,55{,}7'$	$-\,091°\,54{,}0'$
$t_\odot$	$299°\,58{,}3'$	$354°\,15{,}8'$
$(t_E$	$060°\,01{,}7')$	$(005°\,44{,}2')$
$\delta_\odot$	$17°\,05{,}8'$ N $(0{,}7'$ N)	$17°\,07{,}8'$ N $(0{,}7'$ N)
Vb	$0{,}0'$	$0{,}5'$ N
$\delta_\odot$	$17°\,05{,}8'$ N	$17°\,08{,}3'$ N
φ_k	$06°\,06{,}7'$ S	$05°\,43{,}2'$ S
h_r	$26°\,19{,}6'$ $\alpha_{Az} = 67{,}5°$	$66°\,27{,}0'$ $\alpha_{Az} = 13{,}8°$
h_b	$26°\,26{,}2'$	$66°\,30{,}0'$
$h_b - h_r = \Delta h$	$+\,6{,}6'$	$+\,3{,}0'$

$b = +\,1{,}5$ sm; $\Delta\varphi = 1{,}5'$ N
$a = +\,6{,}5$ sm; $l = +\,6{,}6$ sm
$\Delta\lambda = 6{,}6'$ E

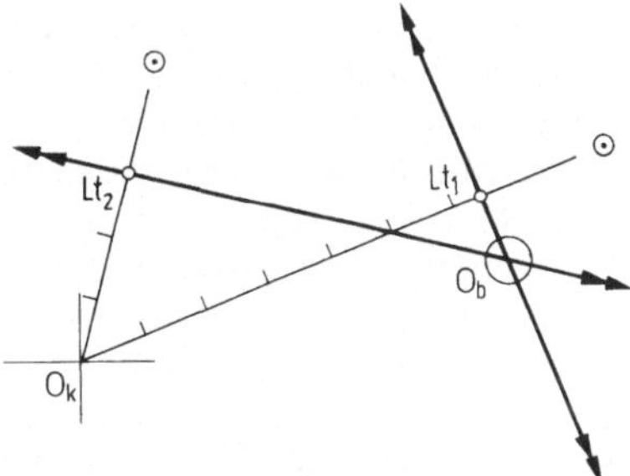

Bild 4.34. Standlinien des Mittagsbesteck

$$
\begin{array}{lll}
& \varphi_k = 05°\,41{,}2'\,S & \lambda_k = 091°\,59{,}1'\,W \\
& \Delta\varphi = \qquad 1{,}5'\,N & \Delta\lambda = \qquad 6{,}6'\,E \\
\end{array}
$$

8. Mai 12.00 ZZ	$\varphi_b = 05°\,39{,}7'\,S$	$\lambda_b = 091°\,52{,}5'\,W$
7. Mai 12.00 ZZ	$\varphi_b = 08°\,14{,}0'\,S$	$\lambda_b = 085°\,38{,}0'\,W$

vom 7. zum 8. Mai $\Delta\varphi = 2°\,34{,}3'\,N$ $\Delta\lambda = 6°\,14{,}5'\,W$

$b = +\,154{,}3\ \text{sm}$ $l = -\,374{,}5\ \text{sm};\quad a = -\,371{,}8\ \text{sm}$

Gesamtkurs 292,5°; Gesamtdistanz 402,5 sm; Durchschnittsfahrt 16,8 kn; BV 077°, 6,8 sm.

4.17.4   Ort aus Chronometerlänge und Meridianbreite — Mittagsbesteck

Früher wurde oft die Meridianbreite aus einer Meridianhöhe der Sonne am Mittag und die Chronometerlänge aus einer Sonnenhöhe am Vormittag oder, wenn vormittags der Himmel bedeckt war, am Nachmittag berechnet.

Wird die Sonne am Vormittag und beim Meridiandurchgang beobachtet, kann man den Mittagsort für das Mittagsbesteck wie folgt bestimmen:

- Aus der Koppelbreite berechnet man für die Zeit der Morgenbeobachtung der Sonne im oder in der Nähe des Ersten Vertikals die Chronometerlänge (vgl. Kap. 4.16.5) und hiermit den Längenunterschied zwischen Chronometerlänge und Koppellänge $\Delta\lambda_1$.
- Man berechnet den Koppelort für die Zeit der Mittagsbeobachtung der Sonne.
- Aus der beobachteten Meridianhöhe berechnet man die Mittagsbreite und hiermit den Breitenunterschied zwischen Mittagsbreite und Koppelbreite $\Delta\varphi$.
- Mit dem so erhaltenen Breitenunterschied berechnet man die Berichtigung $\Delta\lambda_2$ nach Pagel (vgl. Kap. 4.16.5).
- Man berechnet aus $\Delta\varphi$, $\Delta\lambda_1$ und $\Delta\lambda_2$ den Schiffsort am Mittag.

Erfolgt die zweite Sonnenbeobachtung erst am Nachmittag, geht man am besten nach folgendem Verfahren vor:

- Aus der Meridianhöhe berechnet man die Mittagsbreite.
- Aus der Mittagsbreite berechnet man mit dem zwischen beiden Beobachtungen zurückgelegten Weg die Breite für die Zeit der Nachmittagsbeobachtung der Sonne im oder in der Nähe des Ersten Vertikals.
- Mit dieser Breite berechnet man aus der Nachmittagsbeobachtung die Chronometerlänge. Die rechnerisch versegelte Mittagsbreite und die Chronometerlänge sind der beobachtete Schiffsort für die Zeit der Nachmittagsbeobachtung.
- Man koppelt diesen Schiffsort zurück bis Mittag.

Zur Vervollständigung des Mittagsbestecks berechnet man in beiden Fällen Gesamtkurs, Gesamtdistanz, Durchschnittsfahrt und Besteckversetzung des vergangenen Seetages von Mittag zu Mittag.

Anstelle der rechnerischen Lösung kann man aus der Morgen- bzw. Nachmittagsbeobachtung die Standlinie nach dem Längenverfahren (vgl. Kap. 4.16.5) ermitteln und um den bis Mittag zurückgelegten Weg versegeln. Ihr Schnittpunkt mit der Mittagsbreite ergibt den astronomischen Schiffsort.

Die Meridianbreite kann auch aus der Meridianhöhe irgendeines Gestirns, die Chronometerlänge aus der Höhe eines anderen Gestirns, das in der Nähe des Ersten Vertikals steht, berechnet werden.

Beispiel: Am 8. Mai 1982 auf $\varphi_k = 54°46'$ N, $\lambda_k = 006°30'$ E beobachtet man gegen 6.30 Uhr ZZ in der Ah 8 m wie folgt: Chr 06.29.32, $\odot = 22°12{,}5'$, Std + DUT1 $= -00$ min 24 s. Man steuert den KüG 210° mit 15,5 kn Fahrt und beobachtet gegen 11.34 Uhr ZZ $\odot = 53°25'$ im Südmeridian. Der Schiffsort beim Meridiandurchgang der Sonne (wahrer Mittag; 12.00 Uhr WOZ) ist zu berechnen.

Chr	06.29.32				
Std + DUT1	$-$ 00 24				
8. Mai UT1	06.29.08				
$\odot$	22° 12,5′				
Gb	+ 8,5′				
h_b	22° 21,0′				
Grt$\odot$	270° 52,9′	für	6.00.00 UT1	$\Leftarrow$ δ	17° 00,3′ N (Unt 0,7′ N)
Zw	7° 17,0′	für	29 08	$\Leftarrow$ Vb	0,3′ N
Grt$\odot$	278° 09,9′	für	6.29.08 UT1	$\Leftarrow$ δ	17° 00,6′ N
$t_\odot$	284° 50,5′	$\alpha_{Az} = 092{,}0°$		lt. Taschenrechner	
$t -$ Grt $= \lambda_{Ch}$	006° 40,6′ (E)				
λ_k	006° 30,0′ (E)				
$\lambda_{Ch} - \lambda_k = \Delta\lambda_1$	+ 10,6′ (E)				

6.30 Uhr ZZ $\quad \varphi_k = 54°46{,}0'$ N $\qquad \lambda_k = 006°30{,}0'$ E $\quad$ KüG 210°; $\quad d = 78{,}5$ sm
$\qquad\qquad\quad \Delta\varphi = 1°08{,}0'$ S $\qquad \Delta\lambda = 1°07{,}1'$ W $\quad b = -68$ sm; $a = -39{,}2$ sm
$\qquad\qquad\qquad\qquad\qquad\qquad\qquad\qquad\qquad\qquad\qquad\qquad l = -67{,}1$ sm

11.34 Uhr ZZ $\quad \varphi_k = 53°38{,}0'$ N $\qquad \varphi_k = 005°22{,}9'$ E

$\qquad\qquad\quad \Delta\varphi = 9{,}0'$ S $\qquad \Delta\lambda_1 = 10{,}6'$ E $\quad$ (siehe oben)
8. Mai $\qquad\qquad\qquad\qquad\qquad\qquad \Delta\lambda_2 = 0{,}5'$ W $\quad$ (siehe unten)
11.34 Uhr ZZ $\quad \varphi_b = 53°29{,}0'$ N $\qquad \lambda_b = 005°33{,}0'$ E $\quad$ BV 146,5°, $\quad$ 10,8 sm

$\odot$	53° 25,0′ SM				
Gb	+ 10,1′				
h_0	53° 35,1′				
z_0	36° 24,9′ N		T$_\odot$	11.56	8. Mai 1982
			λiZ	.22	
$\delta_\odot$	17° 04,1′ N	$\Rightarrow$	UT1	11.34	
φ_b	53° 29,0′ N				
φ_k	53° 38,0′ N	$\alpha_{Az} = 092{,}0°$		$(Z' = $ S 88° E; $C = -0{,}06$	
				lt. C-Tafel der NT 19)	
$\varphi_b - \varphi_k = \Delta\varphi$	9,0′ S				

Nach Pagel erhält man für $\Delta\varphi = -9'$ und $C = -0{,}06$ den Wert $|\Delta\lambda_2| = 0{,}5'$ und danach lt. Regel $\Delta\lambda_2 = 0{,}5'$ W.

4.17.5 Ort aus drei und mehr Beobachtungen – Vorbereitung der Morgen- und Abendbeobachtung

Wenn drei oder mehr Höhen beobachtet werden, wird die Zuverlässigkeit der Ortsbestimmung erhöht. Die beobachteten Gestirne müssen so gleichmäßig am Himmel verteilt sein, daß die Azimutunterschiede jeweils zweier benachbarter Gestirne nicht allzu weit voneinander abweichen. Die Kimmabstände sind so rasch hintereinander zu messen, daß die Ortsveränderung des Schiffes zwischen den Beobachtungen gering ist. Für eine solche Beobachtung kommen deshalb nur Fixsterne und Planeten der späten Morgen- und frühen Abenddämmerung in Frage, damit die Kimm noch klar und scharf erkennbar ist; siehe Berechnung der Dämmerungszeiten im Kap. 4.12.2. Fixsterne und Planeten werden wegen der Absorption ihre Lichtes in der Erdatmosphäre im allgemeinen erst bei Höhen von etwa 10° über der Kimm sichtbar. Zum raschen Auffinden der Sterne müssen ihre ungefähren Kimmabstände und Azimute bekannt sein. Siehe auch Zuverlässigkeit der Ortsbestimmung (Kap. 4.17.1) und Identifizierung der Sterne und Planeten (Kap. 4.13.1).

Aus all diesen Gründen muß eine Ortsbestimmung aus drei und mehr Höhen sorgfältig vorbereitet werden. Am besten nimmt man eine Vorausberechnung vor und verfährt dabei wie folgt:

- Die mittlere Ortzeit des sichtbaren Auf- und Unterganges der Sonne und die Dauer der bürgerlichen Dämmerung entnimmt man der Tafel im Nautischen Jahrbuch (S. 23 bis S. 25). Damit legt man den günstigsten Beobachtungszeitpunkt fest, indem man von oder zu der Auf- oder Untergangszeit etwa ein Drittel der Dauer der bürgerlichen Dämmerung subtrahiert oder addiert. Man kann auch den sichtbaren Auf- oder Untergang der Sonne berechnen (vgl. Kap. 4.12.1) oder mit Hilfe der Tafel 33 und 36 der Nautischen Tafeln bestimmen.
- Für den so festgelegten Beobachtungszeitpunkt berechnet man den Koppelort.
- Man wählt die für die Ortsbestimmung günstig stehenden Planeten und Fixsterne aus. Im Nautischen Jahrbuch geben die Sternkarten einen guten Hinweis; siehe auch Bilder 4.4 und 4.5.
- Die Kimmabstände und Azimute berechnet man für den vorausberechneten Koppelort und für die festgelegte Beobachtungszeit.
- Mit dem auf den vorausberechneten Kimmabstand eingestellten Sextanten sucht man den Himmel im vorausberechneten Azimut ab und mißt den Kimmabstand des aufgefundenen Sterns und stellt die Chronometerablesung für die Beobachtungszeit fest.
- Man ermittelt die Differenz (Δt) zwischen den Zeiten der Beobachtung und Vorausberechnung und berechnet die Änderung der Höhe aufgrund der Zeitverschiebung Δh_Z nach

$$\Delta h_Z / 1' \approx 15 \cdot \Delta t / \min \cdot \sin \alpha_{Az} \cdot \cos \varphi_k \, ;$$

$$\Delta t = UT1_b - UT1_r \approx BZ_b - BZ_r$$

(siehe auch Fehlergleichungen im Kap. 4.18).

- Ist wegen dieses Zeitunterschiedes eine Versegelung (V) zu berücksichtigen, so berechnet man die durch die Ortsveränderung verursachte Änderung in der Gestirnshöhe (Δh_V) nach

$$\Delta h_V / 1' = \frac{1}{60} \cdot \Delta t / \min \cdot v / kn \cdot \cos(\alpha_{Az} - \alpha_G) \, ; \qquad \Delta t = BZ_b - BZ_r$$

(BZ Abkürzung für Bordzeit; siehe auch Fehlergleichungen im Kap. 4.18).

- Diese beiden Höhenänderungen addiert man algebraisch zum vorausberechneten Kimmabstand.
- Man bildet die astronomische Höhendifferenz zwischen beobachtetem und vorausberechnetem Kimmabstand.
- Mit der so bestimmten astronomischen Höhendifferenz und dem vorausberechneten Azimut aller Einzelbeobachtungen der Ortsbestimmung führt man in der Seekarte, Mercator-Leerkarte (Plotting Sheet) oder auf dem Zeichenpapier die Standlinienkonstruktion aus.

Nach diesem Verfahren liegt im allgemeinen die Zeitdifferenz zwischen den Chronometerablesungen und der Vorausberechnung etwa zwischen fünf bis zehn Minuten, so daß auf eine Berichtigung der vorausberechneten Azimute verzichtet werden kann.

Oft wird noch der aus der Standlinienkonstruktion ermittelte Schiffsort auf die der vorausberechneten Beobachtungszeit am nächsten liegende volle Stunde versegelt.

Beispiel: Man steht am 6. Mai 1982 gegen 18.50 Uhr ZZ auf $\varphi_k = 47° 16' N$, $\lambda_k = 150° 10' W$ und steuert den KüG 152° mit 18 kn Fahrt und will eine Abendbeobachtung vorbereiten. Dazu legt man die Beobachtungszeit für 19.30 Bordzeit (ZZ für 150° W) fest und beabsichtigt als günstig stehende Sterne Capella, Regulus und Eltanin zu beobachten. Stimmt die gewählte Beobachtungszeit ungefähr mit der günstigsten Beobachtungszeit überein?

Welche Kimmabstände und Azimute haben für 19.30 Uhr BZ die ausgewählten Sterne?

Der kurz vorher aufgegangene Vollmond wird von einer Wolke verdeckt. Man beobachtet mit dem jeweils auf die Sterne eingestellten Sextanten in der Ah 16 m bei Std + DUT1 = + 00 min 18 s und der Ib 0'

Capella	Chr 5.26.34	und	$-*- = 39° 13,5'$
Regulus	Chr 5.33.16	und	$-*- = 54° 35,5'$
Eltanin	Chr 5.35.14	und	$-*- = 25° 20,5'$

Der Schiffsort um 19.30 BZ und die BV sind zu berechnen.

	geographische Breite	45° N	47,1° N	50° N
Laut Jahrbuch 7. Mai	Sonnenuntergang	19.12 MOZ		19.27 MOZ
	Dämmerungsdauer	33 min		38 min
	Sonnenaufgang		19.18 MOZ	
	Dämmerungsdauer		35 min	

voraussichtliche Beobachtungszeit $19.18 \text{ Uhr} + \dfrac{35 \text{ min}}{3} \approx 19.30 \text{ Uhr MOZ}$

18.50 BZ	$\varphi_k = 47° 16,0' N$	$\lambda_k = 150° 10,0' W$	KüG 152°;	$d = 12$ sm
0.40 min	$\Delta\varphi = 10,6' S$	$\Delta\lambda = 08,3' E$	$b = -10,6$ sm;	$a = + 5,6$ sm
				$l = + 8,3$ sm
19.30 BZ	$\varphi_k = 47° 05,4' N$	$\lambda_k = 150° 01,7' W$		

6. Mai	MOZ	19.30 Uhr
	$- \lambda iZ$	+ 10 00
7. Mai	UT1	05.30 Uhr

		Capella (Nr 18)		Regulus (Nr 39)	Eltanin (Nr 67)
7. Mai	Grt Υ	299° 42,8′ für 05.00 UT1		299° 42,8′	299° 42,8′
	Zw	7° 31,2′	30	7° 31,2′	7° 31,2′
	β	281° 10,1′		208° 08,7′	090° 56,8′
	Grt $*$	588° 24,1′ für 05.30 UT1		515° 22,7′	398° 10,8′
	λ_k	−150° 01,7′		−150° 01,7′	−150° 01,7′
	t_*	078° 22,4′		005° 21,0′	248° 09,1′
					(t_E = 111° 50,9′)
	δ_*	45° 58,9′ N		12° 03,3′ N	51° 29,3′ N
	φ_k		47° 05,4′ N		
	h_r	38° 27,9′		54° 40,6′	24° 32,4′
	α_{Az}	299,6°		189,1°	039,5°
	Chr	5.26.34		5.33.16	5.35.14
	Std+DUT1	+ 00 18		+ 00 18	+ 00 18
7. Mai	UT1$_b$	5.26.52		5.33.34	5.35.32
	UT1$_r$	5.30.00		5.30.00	5.30.00
UT1$_b$ −UT1$_r$ = Δt		− 03 08		+ 03 34	+ 05 32
	h_r	38° 27,9′		54° 40,6′	24° 32,4′
	− Gb	+ 08,4′		+ 07,8′	+ 09,3′
berechnet	Ka$_r$	38° 36,3′		54° 48,4′	24° 41,7′
	Δh_Z	+ 27,8′		− 05,8′	+ 35,9′
	Δh_V	+ 00,8′		+ 00,9′	− 00,6′
berechnet	Ka$_r$	39° 04,9′		54° 43,5′	25° 17,0′
beobachtet	Ka$_b$	39° 13,5′		54° 35,5′	25° 20,5′
Ka$_b$ − Ka$_r$ = Δh		+ 08,6′		− 08,0′	+ 03,5′

φ_k = 47° 05,4′ N λ_k = 150° 01,7′ W

$\Delta\varphi$ =   8,9′ N $\Delta\lambda$ =   7,7′ W $b = + 8,9$ sm; $a = − 5,2$ sm $l = − 7,7$ sm

φ_b = 47° 14,3′ N λ_b = 150° 09,4′ W   BV 330°, 10,3 sm

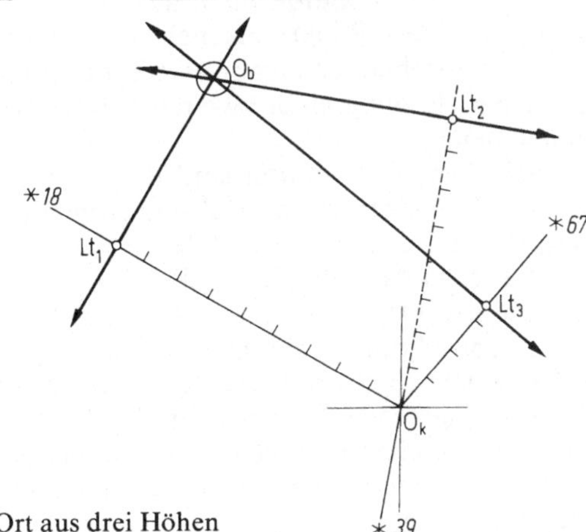

Bild 4.35. Ort aus drei Höhen

4.17.6   Ortsbestimmung mit Hilfe der „Sight Reduction Tables No. 229 and 249"

Benutzt man die „Sight Reduction Tables for Marine Navigation" (No. 229) oder die „Sight Reduction Tables for Air Navigation" (No. 249, Bd. II und Bd. III), so hat man nach den Erläuterungen im Kap. 4.15.2 mit der ganzgradigen Breite (Abkürzung aL in den Tafeln) und dem ganzgradigen Stundenwinkel (Abkürzung L.H.A.) sowie mit der ganzgradigen Deklination (Abkürzung Dec.) des beobachteten Gestirns der Höhentafel die Höhe (Abkürzung Tab. Hc) und die Höhendifferenz (Abkürzung d) für die Deklinationsänderung von 1° und das halbkreisig zählende Azimut (Abkürzung Z und Formelzeichen Z) zu entnehmen.

Das Azimut bedarf im allgemeinen keiner Verbesserung; bei gewünschter höherer Genauigkeit schaltet man bei der Entnahme von Z nach Augenmaß zwischen den Zeilen der Deklination ein.

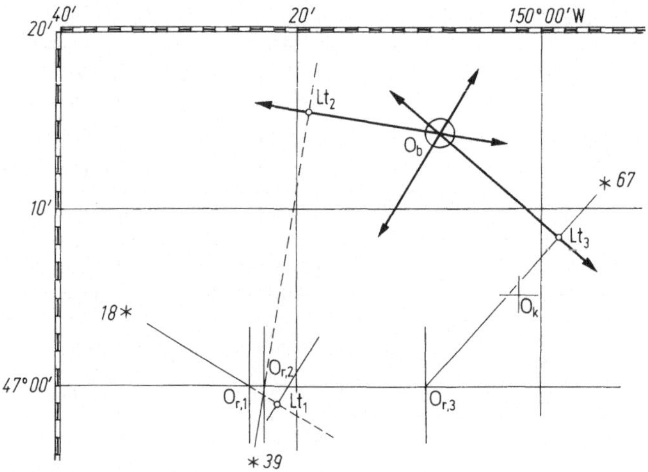

Bild 4.36. Ort aus drei Höhen nach Höhentafel No. 229

Die Höhenberichtigung (Abkürzung Corr.) erhält man für die tatsächliche Deklination aus der Höhendifferenz d mit Hilfe der Interpolationstafel in diesen Höhentafeln oder durch einfache lineare Interpolation. Bei Höhen über 60° kann die lineare Interpolation nicht ausreichend sein. In diesem Falle ist der Tafelwert für d mit einem Punkt versehen und man muß die nachstehende Höhendifferenz von der vorstehenden algebraisch subtrahieren. Mit dem so erhaltenen Wert ist die Zusatzberichtigung einer zweiten Schalttafel „Double Second Diff. and Corr." zu entnehmen.

Nach diesem Verfahren sind die geographischen Koordinaten des Rechenortes die der Koppelbreite am nächsten liegende vollgradige Breite (aL) und die Länge (aλ), die so gewählt wird, daß sie der Koppelbreite möglichst nahe kommt und von Greenwicher Stundenwinkel (G.H.A.) des beobachteten Gestirns zu einem vollgradigen Ortsstundenwinkel (L.H.A.) des Gestirns führt. Demnach ist für jede Einzelbeobachtung einer Ortsbestimmung die berechnete astronomische Höhendifferenz von einem anderen Rechenort abzutragen.

Das vorstehende Beispiel für die Ortsbestimmung aus drei Höhen wurde im folgenden Rechenbeispiel mit der Höhentafel No. 229 (Bd. 4) ausgewertet, wobei in dem Rechenschema die in dieser Tafel verwendeten Abkürzungen zusätzlich aufgeführt sind.

		Capella (Nr 18)	*Regulus* (Nr 39)	*Eltanin* (Nr 67)
G.H.A. *	Grt *	228° 24,1′	155° 22,7′	398° 10,8′
aλ	λ_r	− 150° 24,1′ (W)	− 150° 22,7′ (W)	− 150° 10,8′ (W)
L.H.A. *	t_*	078° 00,0′	005° 00,0′	248° 00,0′
aL	φ_r	⇐ 47° 00,0′ N ⇒		
Dec.	δ_*	45° 00,0′	12° 00,0′	51° 00,0′
Dec. Inc.		58,9′	03,3′	29,3′
	Unt/Vb	− / −	− / −	− / −
	δ_*	45° 58,9′ N	12° 03,3′ N	51° 29,3′ N
Tab. Hc		38° 07,6′	54° 44,8′	24° 03,2′
d/Corr.		31,5′ / 30,9′	55,7′ / 03,3′	43,4′ / 21,1′
Hc	h_r	38° 38,5′	54° 48,1′	24° 24,3′
	− Gb	+ 08,4′	+ 07,8′	+ 09,3′
	Ka_r	38° 46,9′	54° 55,9′	24° 33,6′
	Δh_Z	+ 27,9′	− 05,4′	+ 36,2′
	Δh_V	+ 00,8′	+ 00,9′	− 00,6′
	Ka_r	39° 15,6′	54° 51,4′	25° 09,2′
	Ka_b	39° 13,5′	54° 35,5′	25° 20,5′
$Ka_b - Ka_r = \Delta h$		− 02,1′	− 15,9′	+ 11,3′
Z	Z	060,5°	171,5°	039,8°
Zn	α_{Az}	299,5°	188,5°	039,8°

$$\varphi_r = 47° 00,0′ \text{ N} \qquad \lambda_r = 150° 24,1′ \text{ W}$$
$$\Delta\varphi = 14,3′ \text{ N} \qquad \Delta\lambda = 15,7′ \text{ E}$$
$$\varphi_b = 47° 14,3′ \text{ N} \qquad \lambda_b = 150° 08,4′ \text{ W} \qquad \text{BV } 330°, 10,3 \text{ sm}$$

Noch vorteilhafter läßt sich die Auswertung und Vorbereitung der Ortsbestimmung aus drei und mehr Höhen mit den „Sight Reduction Tables No. 249, Vol. I" (Selected Stars) ausführen; siehe auch Kap. 4.15.2.

Dazu berechnet man für die voraussichtliche Beobachtungszeit und für eine der Koppellänge am nächsten gelegene angenommene Rechenlänge den vollgradigen Ortsstundenwinkel des Frühlingspunktes. Mit diesem kann für alle vollgradigen geographischen Breiten zwischen 89° S und 89° N aus der Höhentafel No. 249 I die Höhe und das Azimut von jeweils 7 Fixsternen entnommen werden. Von ihnen sind die drei Fixsterne mit dem Symbol ♦ versehen, die für eine zuverlässige Ortsbestimmung besonders günstig sind; siehe auch Kap. 4.17.1. Den Zusatztafeln 1 und 2 vorne in dieser Höhentafel sind die Höhenberichtigungen für die Zeit (Δh_Z) und für die Ortsveränderung (Δh_V) zu entnehmen. Man erhält sie rascher nach den im Kap. 4.17.5 angegebenen beiden Formeln.

Der Zusatztafel 5 „Correction for Precession and Nutation" hinten in der Höhentafel No. 249 I sind für die Eingangswerte Greenwicher Stundenwinkel des Frühlingspunktes und geographische Breite die Versegelungsdistanz d_V und die rechtweisende Versegelungsrichtung α_V der drei aus den Beobachtungen erhaltenen Standlinien zu entnehmen. Die Versegelung der Standlinien ist notwendig, weil die Tafel Nr. 249 I mit den Mittelwerten der Sternwinkel und Deklinationen der 41 in ihr verzeichneten Fixsterne für den Zeitpunkt 1. Januar 1980 (Epoche 1980) berechnet wurden. Statt der zeichnerischen Standlinienversegelung bringt man besser an ihre astronomische Höhendifferenz die Beschickung

$$\varepsilon/1' = d_V/\mathrm{sm} \cdot \cos(\alpha_{Az} - \alpha_V)$$

an.

Trotz der Rundungen der Tafelhöhen auf volle Minuten und der Tafelazimute auf volle Grade sind beide für die nautische Praxis hinreichend genau. Deshalb genügt es auch, die Gesamtbeschickung und die drei oben genannten Beschickungen auf volle Minuten gerundet anzubringen. Weil die drei Tafelhöhen und Azimute für einen einzigen Rechenort der Höhentafel No. 249 I entnommen wurden, sind die drei Standlinien aller drei Beobachtungen von diesem Rechenort abzutragen.

Einige Namen der in dieser Höhentafel verzeichneten 41 Fixsterne weichen von denen im Nautischen Jahrbuch genannten Namen ab. Die unterschiedlichen Namen sind in alphabetischer Reihenfolge in nachstehender Tabelle 4.3 genannt.

Tabelle 4.3. Voneinander abweichende Sternnamen

Sight Reduction Tables No. 249 I, Epoche 1980	Nautisches Jahrbuch 1982
Acamar	fehlt — (ϑ Eridani)
Alkaid	Benetnasch, Nr 50
Alphecca	Gemma, Nr 59
Alpheratz	Sirrah, Nr 1
Altair	Atair, Nr 71
Diphda	Deneb Kaitos, Nr 5
Gienah	fehlt — (γ Corvi)
Hamal	Hamel, Nr 11
Miaplacidus	β Carinae, Nr 37
Mirfak	Algenib, Nr 14
Nunki	σ Sagittarii, Nr 70
Peacock	α Pavonis, Nr 72
Rigil Kent.	α Centauri, Nr 54
Schedar	Schedir, Nr 4
Shaula	λ Scorpii, Nr 64 (Lefath)
Suhail	λ Velorum, Nr 36

Beispiel: Auswertung nach Höhentafel No. 249 I. Am 7. Mai 1982 steht das Schiff kurz vor Beginn der Morgendämmerung und kurz nach Monduntergang um 5.30 Uhr BZ (ZZ von 075° E) auf $\varphi_k = 15°\,01'$ S, $\lambda_k = 074°\,49'$ E. Man steuert den KüG 097° mit 16 kn Fahrt. Man will in der Morgendämmerung gegen 6.00 Uhr BZ einen Ort aus drei Höhen bestimmen.

Der Ortsstundenwinkel des Frühlingspunktes als Eingangswert in Tafel 249 I und die Kimmabstände und Azimute der am besten geeigneten drei Sterne sind zu bestimmen.

5.30 BZ	$\varphi_k = 15°01'\,S$	$\varphi_k = 074°49'\,E$	KüG 97°; $d = 8$ sm
	$\Delta\varphi = \quad 01'\,S$	$\Delta\lambda = \quad 08'\,E$	$b = -1$ sm; $a = +7,9$ sm
6.00 BZ	$\varphi_k = 15°02'\,S$	$\lambda_k = 074°57'\,E$	$l = +8,2$ sm

7. Mai 1.00 UT1

	BZ	6.00 Uhr		G.H.A.Υ	Grt Υ	239° 33,0′
	ZU	− 5 00		$a\lambda_E$	λ_r	+ 75° 27,0′
UT1 $\approx$ UTC		1.00 Uhr		L.H.A.Υ	t_Υ	315° 00,0′
				aL	φ_r	15° 00,0′ S
				$a\lambda$	λ_r	075° 27,0′ E

Bezugsort

		Diphda (Deneb Kaitos, Nr 5)	Antares (Nr 61)	Deneb (Nr 73)
Hc	h_r	36° 46′	26° 05′	29° 38′
Zn	α_{Az}	102°	248°	356°

Man beobachtet in der Ah 16 m und Std + DUT1 = − 00 min 24 s und Ib 0

	Diphda	Antares	Deneb
Chr	1.00.30	1.01.54	1.02.44
−*−	36° 44′	25° 56′	30° 00′

Der Schiffsort und die Besteckversetzung sind zu bestimmen.

		Diphda	Antares	Deneb
Chr		1.00.30	1.01.54	1.02.46
Std + DUT1		−00 24	−00 24	−00 24
$UT1_b$		1.00.06	1.01.30	1.02.22
$UT1_r$		1.00.00	1.00.00	1.00.00
$UT1_b - UT1_r = \Delta t$		+ 06	+01 30	+02 22
Hc	h_r	36° 46′	26° 05′	29° 38′
	− Gb	+ 08′	+ 09′	+ 09′
	Ka_r	36° 54′	26° 14′	29° 47′
	Δh_Z	+ 01′	− 20′	− 02′
	Δh_V	00′	00′	00′
	Ka_r	36° 55′	25° 54′	29° 45′
	Ka_b	36° 44′	25° 56′	30° 00′
$Ka_b - Ka_r = \Delta h$		− 11′	+ 02′	+ 15′
	ε	+ 02′	− 02′	+ 01′
	Δh	− 09′	00′	+ 16′
Zn	α_{Az}	102°	248°	356°

$\varphi_r = 15°00'\,S$	$\lambda_r = 075°27'\,E$	$b = +15,2\ \text{sm};\ a = -5,9\ \text{sm}$
$\Delta\varphi = 15'\,N$	$\Delta\lambda = 06'\,W$	$l = -6,0\ \text{sm}$
$\varphi_b = 14°45'\,S$	$\lambda_b = 075°21'\,E$	
$\varphi_k = 15°02'\,S$	$\lambda_k = 074°57'\,E$	
$\Delta\varphi = 17'\,N$	$\Delta\lambda = 24'\,E$	
$b = +17\ \text{sm}$	$a = +23,2\ \text{sm}$	$BV\ 054°,\ 29\ \text{sm}$

(Standlinienzeichnung siehe Bild 4.37)

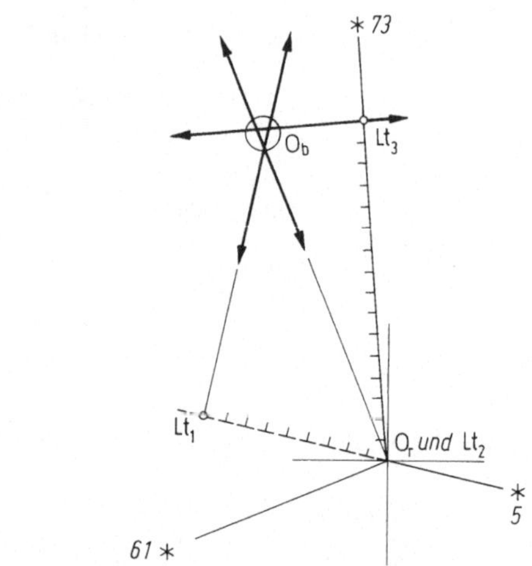

Bild 4.37. Ort aus drei Höhen nach Tafel No. 249 I

4.18   Fehlergleichungen aus der nautischen Astronomie

Fehlergleichungen zeigen den Einfluß eines kleinen Fehlers oder einer Änderung der gegebenen Größe auf die gesuchte Größe an. Die Gleichungen der nachstehenden Sammlung sind am einfachsten mit Hilfe der Infinitesimalrechnung aus den Formeln (1) bis (15) der nautischen Astronomie im Kap. 4.7 abzuleiten. Siehe auch Kap. 4.16.1, 4.17.1 und Fehlertheorie im Kap. 1.7.

Wird für die Rechnungen nach diesen Fehlergleichungen ein Taschenrechner benutzt, so ersetzt man die Sekans-, Kosekans- und Kotangensfunktion eines Winkels durch die zugehörige Umkehrfunktion, z.B. $\sec\alpha = 1/\cos\alpha$, $\operatorname{cosec}\alpha = 1/\sin\alpha$ und $\cot\alpha = 1/\tan\alpha$.

Zeit- und Längenbestimmung

$\Delta t \approx \Delta h \cdot \sec\varphi \cdot \operatorname{cosec} Z$ (NT 28)

$\Delta t \approx \Delta h \cdot \sec\delta \cdot \operatorname{cosec} q$

$\Delta t \approx \Delta\varphi \cdot \sec\varphi \cdot \cot Z$ (NT 19)

$\Delta t \approx \Delta\varphi \cdot \sec\delta \cdot \cos Z \cdot \operatorname{cosec} q$

$\Delta t \approx \Delta\delta \cdot \sec\delta \cdot \cot q$

$\Delta t \approx \Delta\delta \cdot \sec\varphi \cdot \operatorname{cosec} Z \cdot \cos q$

$\Delta t \approx \Delta Z \cdot \tan t_{E,W} \cdot \cot Z$

$\Delta t \approx \Delta Z \cdot \cos h \cdot \sec\delta \cdot \sec q$

Nebenmeridianbreiten

$\Delta\varphi \approx \Delta t \cdot \cos\varphi \cdot \tan Z$ (NT 30)

$\Delta\varphi \approx \Delta h \cdot \sec Z$ (NT 29)

$\Delta\varphi \approx \Delta t \cdot \cos\delta \cdot \sec Z \cdot \sin q$

$\Delta\varphi \approx \Delta\delta \cdot \sec Z \cdot \cos q$

$\Delta\varphi \approx \Delta Z \cdot \cos\varphi \cdot \tan t_{E,W}$

$\Delta\varphi \approx \Delta Z \cdot \cos h \cdot \sec t_{E,W} \cdot \sin q$

Höhenberechnung

$\Delta h \approx \Delta\varphi \cdot \cos Z$

$\Delta h \approx \Delta t \cdot \cos \varphi \cdot \sin Z$ (NT 27)

$\Delta h \approx \Delta t \cdot \cos \delta \cdot \sin q$

$\Delta h \approx \Delta\delta \cdot \cos q$

$\Delta h \approx \Delta Z \cdot \cot \varphi \cdot \operatorname{cosec} Z$

$\Delta h \approx \Delta Z \cdot \cot h \cdot \cot Z$

$\Delta h \approx \Delta Z \cdot \cos h \cdot \tan q$

Zeitazimut

$\Delta Z \approx \Delta t \cdot \cos \delta \cdot \sec h \cdot \cos q$

$\Delta Z \approx \Delta\varphi \cdot \tan h \cdot \sin Z$

$\Delta Z \approx \Delta\delta \cdot \sec h \cdot \sin q$

$\Delta Z \approx \Delta\delta \cdot \sec \varphi \cdot \operatorname{cosec} t_{E,W}$

Höhenazimut

$\Delta Z \approx \Delta t \cdot \cot t_{E,W} \cdot \tan Z$

$\Delta Z \approx \Delta h \cdot \tan h \cdot \tan Z$

Höhenzeitazimut

$\Delta Z \approx \Delta h \cdot \sec h \cdot \cot q$

$\Delta Z \approx \Delta\varphi \cdot \sec \varphi \cdot \cot t_{E,W}$

$\Delta Z \approx \Delta\varphi \cdot \sec h \cdot \cos t_{E,W} \cdot \operatorname{cosec} q$

$\Delta Z \approx \Delta h \cdot \tan \varphi \cdot \sin Z$

Anwendung

Aus der Formel $\Delta h \approx \Delta t \cdot \cos \varphi \cdot \sin Z$ ergibt sich z. B., daß eine kleine Unsicherheit im Stundenwinkel eine um so größere Unsicherheit in der Höhe hervorruft, je kleiner φ und je größer Z ist. Wenn $\Delta t = 40\,\mathrm{s} \cong 10'$, $\varphi = 15°$, $Z = 080°$, dann ist $\Delta h \approx 10' \cdot 0,97 \cdot 0,98 \approx 9,5'$. Wenn $\Delta t = 10'$, $\varphi = 65°$, $Z = 020°$, dann ist $\Delta h \approx 10' \cdot 0,42 \cdot 0,34 \approx 1,4'$.

4.19   Einige Größen von Erde, Sonne, Mond und Planeten

Erde (gerundete Zahlenwerte)

(Näheres über die Gestalt der Erde siehe Kap. 2
in Bd. 1 A dieses Handbuches.)

Halbe Polachse (Referenzellipsoid nach Bessel)	6356,1 km
Äquatorhalbmesser (Referenzellipsoid nach Bessel)	6377,4 km
Mittlere Bogenlänge eines Meridiangrads (Referenzellipsoid nach Bessel)	111,1 km
Bogenlänge eines Äquatorgrads (Referenzellipsoid nach Bessel)	111,3 km
Mittlerer Halbmesser der Erdkugel (Kugelvolumen gleich Volumen des Referenzellipsoids nach Bessel)	6370,3 km
Mittlerer Äquatorumfang (Kugelvolumen gleich Volumen des Referenzellipsoids nach Bessel)	40 025,7 km
Mittlere Oberfläche der Erdkugel (Kugelvolumen gleich Volumen des Referenzellipsoids nach Bessel)	$50\,999,5 \cdot 10^4\,\mathrm{km}^2$
Mittleres Volumen der Erdkugel (Kugelvolumen gleich Volumen des Referenzellipsoids nach Bessel)	$10\,828,4 \cdot 10^8\,\mathrm{km}^3$
Großkreisumfang der Erdkugel von $360 \cdot 60$ sm	21 600 sm 40 003,2 km

Halbmesser der Erdkugel vom Großkreis-	3 437,7 sm
umfang 21 600 sm	6 366,7 km
Masse der Erde (m_E)	$5{,}97 \cdot 10^{24}$ kg
Mittlerer Erdabstand von der Sonne (siehe Kap. 4.20)	1 AE $\approx 149{,}6 \cdot 10^6$ km
Mittlerer Mondabstand von der Erde	$384{,}4 \cdot 10^3$ km

(Bei elliptischen Bahnen versteht man unter dem „mittleren Abstand" das Mittel aus dem größten Abstand $a \cdot (1 + \varepsilon)$ und dem kleinsten $a \cdot (1 - \varepsilon)$. Die lineare Exzentrizität e, die große Halbachse a und die numerische Exzentrizität $\varepsilon = (e/a) < 1$ sind charakteristische Größen der Ellipse.)

Sonne und Mond

Sonnendurchmesser	$1392{,}0 \cdot 10^3$ km
Masse der Sonne (m_S)	$3{,}334 \cdot 10^5 \cdot m_E$
Monddurchmesser	3476,0 km
Masse des Mondes (m_M)	$1{,}23 \cdot 10^{-2} \cdot m_E$

Fallbeschleunigung an der Oberfläche der Planeten, der Sonne und des Mondes

	g m/s^2		g m/s^2		g m/s^2
Merkur	3,62	Saturn	11,1	Sonne	274
Venus	8,49	Uranus	9,40	Mond	1,62
Erde	9,81	Neptun	14,7		
Mars	3,75	Pluto	7,9		
Jupiter	26,0				

Größen der Planeten

Planet	Mittlere Sonnen-entfernung in Gm	Umlaufzeit in Jahren	Numerische Exzentrizität	Masse im Verhältnis zur Masse der Erde
Merkur	58	0,24	0,21	0,053
Venus	108	0,62	0,01	0,814
Erde	150	1,00	0,02	1,000
Mars	228	1,88	0,09	0,107
Jupiter	778	11,86	0,05	318,00
Saturn	1428	29,46	0,06	95,22
Uranus	2872	84,02	0,05	14,55
Neptun	4498	164,78	0,01	17,23
Pluto	5910	248,4	0,25	0,9

4.20   Einige astronomische Größen und Einheiten

Die *Lichtgeschwindigkeit* (Formelzeichen c) ist eine universelle Konstante und von der Frequenz der Strahlung unabhängig. In allen Medien ist die Lichtgeschwindigkeit kleiner als im Vakuum.

Lichtgeschwindigkeit im Vakuum $c = (299\,792\,458 \pm 1{,}2)$ m/s

Lichtgeschwindigkeit gerundet $c \approx 300\,000$ km/s

Die *Astronomische Einheit* (Einheitenzeichen AE) ist der mittlere Abstand der Erde von der Sonne. Sie dient als Einheit für Berechnungen innerhalb des Sonnensystems. (Einheit außerhalb des SI mit beschränktem Anwendungsbereich.) 1 AE = $1{,}495\,978\,7 \cdot 10^{11}$ m. Die *Lichtzeit* (Formelzeichen τ) für die astronomische Einheit (Zeit, in der das Licht 1 AE zurücklegt) beträgt $\tau = 499{,}004782$ s. Siehe auch Kap. 4.19.

Das *Parsec* — die parallaktische Sekunde — (Einheitenzeichen pc) gibt die Entfernung an, in der die große Halbachse der elliptischen Erdbahn um die Sonne unter einer Winkelsekunde erscheint. (Einheit außerhalb des SI mit beschränktem Anwendungsbereich.) 1 pc = $206{,}2648 \cdot 10^3$ AE = $3{,}0857 \cdot 10^{16}$ m. Das Parsec wird als Entfernungseinheit bei astronomischen Messungen im Milchstraßensystem benutzt; für Entfernungen jenseits des Milchstraßensystems ist die Entfernungseinheit Megaparsec (1 Mpc = 10^6 pc) in Gebrauch.

Das *Lichtjahr* (Einheitenzeichen lj) ist die Strecke, die das Licht in einem Jahr zurücklegt. (Einheit außerhalb des SI mit beschränktem Anwendungsbereich.) 1 lj = $63\,329{,}52$ AE = $9{,}46053 \cdot 10^{15}$ m.

Das *siderische Jahr* ist das Zeitintervall zwischen zwei aufeinanderfolgenden Durchgängen der wahren Sonne durch denselben Punkt der Ekliptik. Das siderische Jahr hat 365,2564 mittlere Sonnentage.

Das *tropische Jahr* ist definiert als die Zeitspanne zwischen zwei Durchgängen der mittleren Sonne durch den Frühlingspunkt. Es hat 365,2422 mittlere Sonnentage.

Das *anomalistische Jahr* ist die Zeitspanne der wahren Sonne von einer Sonnennähe zur nächstfolgenden. Das anomalistische Jahr hat 365,2596 mittlere Sonnentage.

Das *bürgerliche Jahr* wurde durch die Gregorianische Kalenderreform zu 365,2425 mittleren Sonnentagen festgesetzt.

Der *Sterntag* ist die Zeitspanne zwischen zwei aufeinanderfolgenden oberen Meridiandurchgängen des Frühlingspunktes. Ein Sterntag besitzt 0,99727 mittlere Sonnentage. Der *mittlere Sonnentag* hat demnach 1,00274 Sterntage.

Der *siderische Monat* ist das Zeitintervall zwischen zwei aufeinanderfolgenden Durchgängen des Mondes durch denselben Punkt seiner Bahn. Er hat 27,322 mittlere Sonnentage.

Der *synodische Monat* ist die Zeitspanne zwischen zwei aufeinanderfolgenden Neumonden. Der synodische Monat hat 29,531 mittlere Sonnentage.

Siehe auch Bewegung der Weltkörper, Kap. 4.3.

5 Gezeitenkunde

5.1 Begriffsbestimmungen, Benennungen und Abkürzungen

Gezeiten heißen die Wasserstandsänderungen, die bei den Bahnbewegungen von Erde, Mond und Sonne durch Massenanziehung und Fliehkraft in Verbindung mit der Erdrotation entstehen. Die Gezeiten am Ort nennt man Gezeit. Siehe auch Kap. 5.2.

Flut ist das Steigen des Wassers von einem Niedrigwasser bis zum folgenden Hochwasser, *Ebbe* das Fallen des Wassers von einem Hochwasser bis zum folgenden Niedrigwasser.

Hochwasser nennt man den Eintritt des höchsten Wasserstandes beim Übergang vom Steigen zum Fallen, *Niedrigwasser* den Eintritt des niedrigsten Wasserstandes beim Übergang vom Fallen zum Steigen.

Wasserstand wird der Abstand der Wasseroberfläche von einer festen Marke genannt; der Wasserstand ist positiv, wenn die Wasseroberfläche oberhalb dieser Marke liegt.

Wassertiefe (WT) ist der Abstand zwischen Wasserspiegel und Grund. Bei der Echolotung: Summe aus Tiefe des Echolotwandlers und Echolotung.

Echolotung (EL) heißt der Abstand des Echolotwandlers vom Grund.

Tiefe des Echolotwandlers (T_{El}) ist der Abstand des Echolotwandlers von der Wasseroberfläche.

Kartennull (KN) heißt die Bezugsfläche für die Tiefenangaben einer Seekarte.

Kartentiefe (KT) ist die Wassertiefe abzüglich Höhe der Gezeit.

Höhe der Gezeit (H) nennt man den auf das örtliche Kartennull bezogenen Wasserstand.

Hochwasserhöhe (HWH) wird die Höhe der Gezeit bei Hochwasser, *Niedrigwasserhöhe* (NWH) die Höhe der Gezeit bei Niedrigwasser genannt.

Tidenstieg (TS) ist der Unterschied zwischen einer Niedrigwasserhöhe und der folgenden Hochwasserhöhe, *Tidenfall* (TF) der Unterschied zwischen einer Hochwasserhöhe und der folgenden Niedrigwasserhöhe.

Tidenhub (TH) ist das arithmetische Mittel aus Tidenstieg und Tidenfall einer Tide.

Höhenunterschied der Gezeit (HUG) heißt der Unterschied zwischen Hochwasserhöhe (Niedrigwasserhöhe) am Anschlußort und Hochwasserhöhe (Niedrigwasserhöhe) am Bezugsort.

Hochwasserzeit (HWZ) nennt man die Zeit (Tag und Uhrzeit) des Hochwassereintritts, *Niedrigwasserzeit* (NWZ) die Zeit (Tag und Uhrzeit) des Niedrigwassereintritts.

Steigdauer (SD) heißt die Zeitspanne zwischen einer Niedrigwasserzeit und der folgenden Hochwasserzeit, *Falldauer* (FD) die Zeitspanne zwischen einer Hochwasserzeit und der folgenden Niedrigwasserzeit.

Zeitunterschied der Gezeit (ZUG) nennt man den Unterschied zwischen Hochwasserzeit (Niedrigwasserzeit) am Anschlußort und Hochwasserzeit (Niedrigwasserzeit) am Bezugsort.

Mondphasen sind Vollmond (VM), Neumond (NM), erstes Viertel (EV) und letztes Viertel (LV).

Halbmonatliche Ungleichheit (bei halbtägiger Gezeitenform) ist der Teil der gesamten Ungleichheit in Zeit oder Höhe, der von der Phase des Mondes abhängt; siehe Kap. 5.2.

Springzeit (SpZ) wird die Zeit (Tag und Uhrzeit) genannt, zu der die halbmonatliche Ungleichheit der Hochwasserhöhen ihren größten Wert, *Nippzeit* (NpZ) die Zeit (Tag und Uhrzeit), zu der die halbmonatliche Ungleichheit der Hochwasserhöhen ihren kleinsten Wert annehmen.

Tide ist eine einzelne Gezeit, die von einem Niedrigwasser bis zum folgenden Niedrigwasser reicht; siehe Bild 5.1.

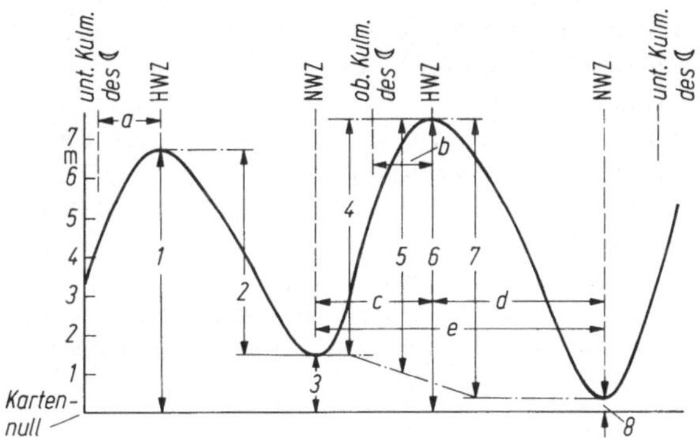

Bild 5.1. Graphische Darstellung zweier Tidenkurven.
1 und *6* Hochwasserhöhe (HWH); *2* und *7* Tidenfall (TF); *3* und *8* Niedrigwasserhöhe (NWH); *4* Tidenstieg (TS); *5* Tidenhub (TH) gleich ½ · (*4* + *7*). *a* und *b* Hochwasserintervall; *c* Steigdauer (SD); *d* Falldauer (FD); *e* Tidendauer gleich *c* + *d*

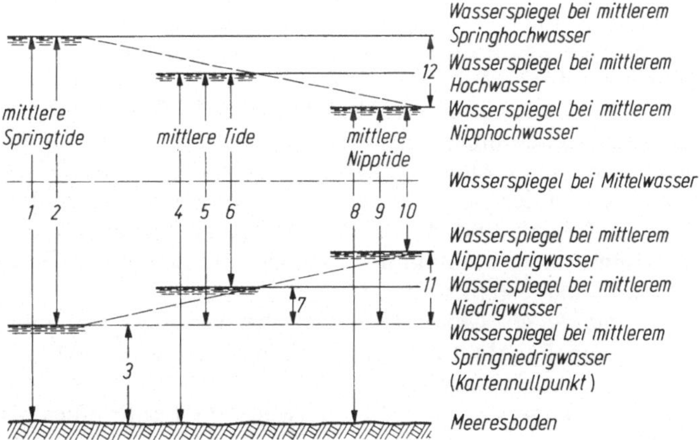

Bild 5.2. Graphische Darstellung der Gezeitenerscheinungen.
1 Wassertiefe bei Springhochwasser; *2* mittlere Springhochwasserhöhe; *3* Kartentiefe gleich Wassertiefe bei mittlerem Springniedrigwasser; *4* Wassertiefe bei mittlerem Hochwasser; *5* mittlere Hochwasserhöhe; *6* mittlerer Tidenhub; *7* mittlere Niedrigwasserhöhe; *8* Wassertiefe bei mittlerem Nipphochwasser; *9* mittlere Nipphochwasserhöhe; *10* mittlerer Nipptidenhub; *11* mittlere Nippniedrigwasserhöhe; *12* Unterschied zwischen mittlerer Springhochwasserhöhe und mittlerer Nipphochwasserhöhe

Tidenkurve ist eine zeichnerische Darstellung des Verlaufs einer Tide.

Gezeitenkurve gibt die Schwankungen des Wasserstandes für eine ganze Reihe von Tiden wieder; siehe Bilder 5.3 bis 5.5.

Hochwasserintervall ist der Zeitunterschied zwischen dem oberen oder unteren Meridiandurchgang des Mondes und dem nächstfolgenden Hochwasser.

Springverspätung ist bei halbtägiger Gezeitenform der Zeitunterschied zwischen dem Eintritt des Voll- oder Neumondes und der Springzeit. Die Springtiden treten z. B. in der Nordsee 1 bis 3 Tage später als Voll- und Neumond ein.

Nippverspätung ist bei halbtägiger Gezeitenform der Zeitunterschied zwischen dem Eintritt des ersten oder letzten Mondviertels und der Nippzeit. Auch die Nipptiden treten in der Nordsee 1 bis 3 Tage später nach dem ersten und letzten Mondviertel ein.

Mittzeit ist die in der Mitte zwischen Spring- und Nippzeit liegende Zeit. Während eines halben Mondumlaufs von 14 Tagen rechnet man im allgemeinen nach Voll- bzw. Neumond plus Springverspätung: 2 Tage Springzeit, 3 Tage Mittzeit, 4 Tage Nippzeit, 3 Tage Mittzeit und 2 Tage Springzeit.

Mittelwasser ist das arithmetische Mittel aus der Hochwasserhöhe und Niedrigwasserhöhe; siehe Bild 5.2.

Mittlerer Wasserstand (Z_0) ist das arithmetische Mittel aus allen stündlichen oder halbstündlichen Wasserständen über Kartennull für eine längere Beobachtungszeit (Monat oder Jahr).

Hafenzeit ist das Hochwasserintervall bei Voll- und Neumond. Die deutschen Gezeitentafeln führen diesen Begriff nicht mehr, in ausländischen Veröffentlichungen wird er noch benutzt.

5.2 Gezeiten

Bei den Bahnbewegungen von Erde und Mond wirken an jedem Punkt der Erde Massenanziehung und Fliehkraft. Im Erdmittelpunkt heben sich beide Kräfte auf, in jedem anderen Punkt der Erde verbleibt eine Restkraft, die gezeitenerzeugende Kraft. Auch bei der Bahnbewegung von Erde und Sonne treten gezeitenerzeugende Kräfte auf, die aber nur etwa halb so groß sind. Bei Voll- und Neumond unterstützen sich beide Gezeitenkräfte, beim ersten und letzten Viertel heben sie sich teilweise auf.

Die gezeitenerzeugenden Kräfte rufen in Verbindung mit der Erdrotation die Gezeitenerscheinungen hervor. Das Steigen und Fallen der Wasseroberfläche nennt man die Gezeiten, das Hin- und Herströmen des Wassers die Gezeitenströme.

Die Art, in der sich die Gezeitenschwingungen ausbilden, hängt wesentlich auch von der Gestalt und der Tiefe der Meeresbecken ab. Es gibt drei verschiedene Gezeitenformen: halbtägige, eintägige und gemischte Gezeiten, die in den Bildern 5.3 bis 5.5 dargestellt sind.

Die *halbtägige Gezeit* (Bild 5.3) herrscht fast allgemein an den europäischen Küsten vor. Bei ihr treten im Verlauf eines Tages (Mondtages) zwei Hochwasser und zwei Niedrigwasser ein.

Die *eintägige Gezeit* (Bild 5.4) weist im Laufe eines Tages (Sterntages) nur je ein Hochwasser und Niedrigwasser auf.

Bei der *gemischten Gezeit* (Bild 5.5) weichen die im Laufe eines Tages auftretenden Hoch- und Niedrigwasser sowohl in Zeit als auch in Höhe stark voneinander ab.

Das Hochwasserintervall (siehe unter 5.1) schwankt. Diese Schwankungen nennt man *Ungleichheiten in Zeit*. Die Abweichungen der einzelnen HWH von der mittleren Hochwasserhöhe (MHWH) heißen *Ungleichheiten in Höhe*.

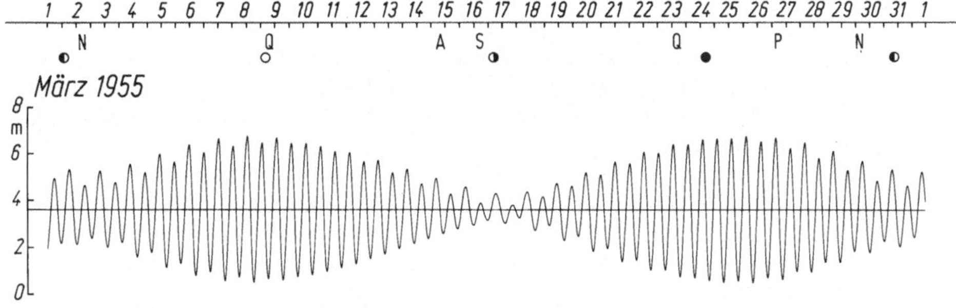

Bild 5.3. Gezeitenkurve für Puerto Montt (Chile)

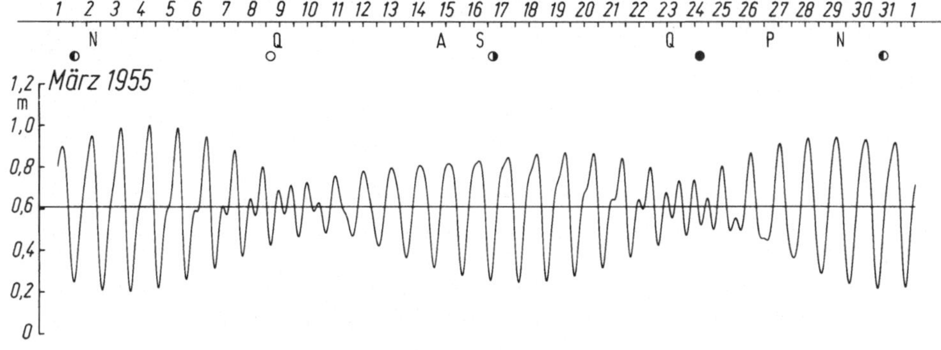

Bild 5.4. Gezeitenkurve für Tandjung Priok (Java)

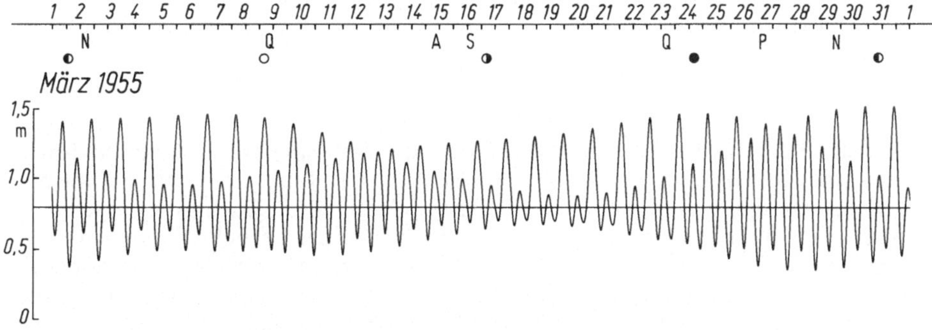

Bild 5.5. Gezeitenkurve für Buenos Aires

Die waagerechten Geraden der Bilder 5.3 bis 5.5 bezeichnen die Höhe des mittleren Wasserstandes Z_0 (Jahresmittel).

Zeichen für die Stellungen des Mondes

- ● Neumond
- ◑ Erstes Viertel
- ○ Vollmond
- ◐ Letztes Viertel
- P Erdnähe (Perigäum)
- A Erdferne (Apogäum)

- N Größte nördliche Deklination (Abweichung)
- Q Äquatordurchgang
- S Größte südliche Deklination (Abweichung)

5.2.1 Normalnull

Normalnull (NN) ist der Ausgangswert für alle von den Landesvermessungsbehörden bekanntgegebenen Höhenzahlen. Für die preußische Landesaufnahme diente der Nullpunkt des Amsterdamer Pegels. Dieser preußische Normalhöhenpunkt, der jetzt für ganz Deutschland gilt, ist 1912 durch ein an der Straße von Berlin nach Müncheberg liegendes System von 5 unterirdischen Festpunkten festgelegt worden. Der mittlere Punkt ist der neue Normalhöhenpunkt, die übrigen 4 dienen als Kontrollpunkte. NN liegt 37,00 m unter diesem Normalhöhenpunkt. Die durch NN hindurchgehende Niveaufläche bildet den *Landeshorizont* und ist als ideelle, waagerechte Fläche anzusehen.

5.2.2 Pegel

Pegel sind Vorrichtungen zum Messen und Anzeigen des Wasserstandes in Wasserläufen, Meeresbuchten oder in der offenen See. Man unterscheidet der Bauart nach Lattenpegel und Schreibpegel. Die letzteren enthalten ein Uhrwerk und eine Schreibfeder, welche die Auf- und Niederbewegung eines auf der Wasseroberfläche schwimmenden Körpers selbsttätig aufzeichnet. Die *Betriebspegel* dienen dem Schleusenbetrieb, dem Baggerbetrieb, der Hafenschiffahrt usw. Sie werden von den sie benutzenden Behörden je nach Bedarf aufgestellt, und ihr Nullpunkt wird den entsprechenden Zwecken gemäß gewählt. Ablesungen an diesen Pegeln geben also nicht die Wasserhöhe über Kartennull, sondern sind auf einen anderen Nullpunkt bezogen.

Im Gegensatz zu den Betriebspegeln dienen *Schiffahrtspegel*, die stets als solche bezeichnet sind, vornehmlich der Schiffahrt. Der Nullpunkt dieser Pegel fällt immer mit dem Seekartennull zusammen, so daß

Wassertiefe gleich Kartentiefe plus Pegelangabe (Höhe der Gezeit).

Über Schiffahrtspegel siehe z. B. Lfv. Teil III A, Verzeichnis der Signalstellen.

An Schleuseneinfahrten befinden sich zuweilen Pegel, die den Wasserstand über der Schleusenschwelle anzeigen.

5.2.3 Kartennull

Kartennull (KN) ist die Nullebene, auf die die Tiefenangaben in der Seekarte bezogen sind. KN liegt in der Deutschen Bucht in der Höhe des mittleren Springniedrigwassers. Da wegen der verschiedenen Größe des Tidenhubes auch das mittlere Springniedrigwasser an den einzelnen Orten eines Seegebietes verschieden tief liegt, verläuft die KN-Fläche gewellt. Jedoch ist ihre jeweilige Neigung so gering, daß sie für die Schiffahrt nicht in Erscheinung tritt. In der Ostsee, die keine eigentlichen Gezeiten kennt, fallen KN und NN ungefähr zusammen.

Das Kartennull wurde bis jetzt von jedem Staat verschieden festgesetzt. Das britische, französische und spanische KN ist das niedrigstmögliche Niedrigwasser, das niederländische KN liegt etwa in der Höhe des mittleren niedrigeren Springniedrigwassers, das amerikanische KN ist das mittlere Niedrigwasser (siehe auch in den Gezeitentafeln unter „Erläuterungen und Begriffsbestimmungen".

Die deutschen Seekarten ausländischer Seegebiete übernehmen das dort eingeführte KN. Alle in einer Seekarte angegebenen Tiefenzahlen beziehen sich auf das jeweils eingeführte KN. Um die Kartentiefen einer Seekarte richtig beurteilen und verwerten zu können, muß man deshalb immer wissen, auf was für ein KN sie sich beziehen. Beim Anbringen der in den Gezeitentafeln gefundenen Höhen an die Tiefenangaben der Seekarte ist es aber gleichgültig, ob deutsche oder ausländische Seekarten benutzt werden.

5.3 Berechnung der Gezeiten

5.3.1 Berechnung der Gezeiten für Bezugsorte nach den Gezeitentafeln des DHI

Die Gezeitentafeln erscheinen in zwei Bänden. Band I „Europäische Gewässer"
enthält die vorausberechneten Eintrittszeiten und Höhen für 12 deutsche und 26
außerdeutsche Bezugsorte sowie verschiedene sonstige Unterlagen. Band II „Atlan-
tischer und Indischer Ozean, Westküste Südamerika" verzeichnet die Angaben für
55 außereuropäische Bezugsorte. Außerdem gibt das DHI jährlich den „Tiden-
kalender" heraus, einen kleinen Kalender, der etwa für 200 Orte „Hoch- und
Niedrigwasserzeiten für die Deutsche Bucht und deren Flußgebiete" angibt.

Die Zeit, in der die Hoch- und Niedrigwasserzeiten ausgedrückt sind, ist am
Fuß jeder Seite der aufgeführten Bezugsorte angegeben.

In den Gezeitentafeln des DHI werden entsprechend DIN 13 312 (Navigation)
ab 1984 einige neue Abkürzungen und Formelzeichen an Stelle der bisher verwendeten eingeführt.

Beispiel: Wann und wie hoch treten am 12. Februar 1982 bei Cuxhaven das Nachmittag-
hochwasser und das folgende Niedrigwasser ein? Welchen Wasserstand über KN kann man
um 17.30 Uhr MEZ erwarten? (Siehe Tafel 5.1 bis Tafel 5.4 im Kap. 5.9.)

Der Tafel 5.1 (Ausführliche Gezeitenvorausberechnungen für Cuxhaven) entnimmt man

HWZ 16.11 MEZ   HWH   2,9 m
NWZ 22.45 MEZ   NWH −0,3 m

Nach Tafel 5.4 (Mondphasen) ist am 8. Februar Vollmond, nach Tafel 5.3 (Gezeitengrundwerte) beträgt für Cuxhaven die Springverspätung 3 Tage; bei Cuxhaven ist also am
11. Februar Springzeit. Da man die Dauer eines halben Mondumlaufs, beginnend mit einer
Springzeit, in 2 Tage Springzeit plus 3 Tage Mittzeit plus 4 Tage Nippzeit plus 3 Tage
Mittzeit plus 2 Tage Springzeit einteilt, ist am 12. Februar Springzeit. Die Zeit 17.30 Uhr, für
die der Wasserstand gesucht wird, liegt 17.30 Uhr − 16.11 Uhr = 1 h 19 min nach Hochwasser.
Nach Tafel 5.2 (Mittlere Tidenkurven für Cuxhaven) fällt zur Springzeit das Wasser
1 h 19 min nach Hochwasser um 0,4 m. Dieser Betrag ist von der HWH abzuziehen. Der
Wasserstand über KN um 17.30 Uhr ergibt sich hiernach zu 2,9 m − 0,4 m = 2,5 m.

5.3.2 Berechnung der Gezeiten für Anschlußorte nach den Gezeitentafeln
(Differenzenverfahren)

Die wichtigsten europäischen (Bd. I) und außereuropäischen (Bd. II) Häfen und
Orte, die für die Navigation von Bedeutung sind, sind an die Bezugsorte in der
Weise angeschlossen, daß an die jeweiligen Angaben des Bezugsortes der Zeitunterschied (ZUG) für die Hoch- und Niedrigwasserzeit und der Höhenunterschied (HUG) für die Hoch- und Niedrigwasserhöhe bei Spring- und Nippzeit
angebracht werden.

Die Berechnung des jeweiligen Wasserstandes der Anschlußorte erfolgt in derselben Weise, wie bei den Bezugsorten, entweder nach der Tidenkurve des Bezugsortes oder der Tafel 2 der Gezeitentafeln.

Unterschiede der Zonen- oder Ortszeit und des KN zwischen Bezugs- und Anschlußort sind bereits in den ZUG berücksichtigt. Man erhält also die Hoch- und
Niedrigwasserzeiten für den Anschlußort ausgedrückt in der Zonen- oder Ortszeit,
wie sie bei den ZUG für den Anschlußort angegeben ist.

Beispiel: Wann ist bei Glückstadt am 17. Februar 1982 Hoch- und Niedrigwasser? Welchen Wasserstand über KN kann man um 18.45 Uhr MEZ erwarten? (Siehe die Tafeln im
Kap. 5.9.)

In Tafel 5.5 (Gezeitenunterschiede) findet man für Glückstadt ZUG und HUG unter Nr.
695 und den Bezugsort Cuxhaven in Tafel 5.1. Am 8. Februar ist Vollmond (Tafel 5.4),

für Cuxhaven beträgt die Springverspätung 3 Tage (Tafel 5.3), daher ist am 11. Februar Springzeit und am 17. Februar, 6 Tage später, Nippzeit.

17. Februar 1982	1. Niedrigwasser		1. Hochwasser		2. Niedrigwasser		2. Hochwasser	
	Zeit	Höhe m	Zeit	Höhe m	Zeit	Höhe m	Zeit	Höhe m
Bezugsort Cuxhaven	0.54	0,0	6.53	2,7	13.21	0,1	19.25	2,5
ZUG und HUG Nr. 695	+2 22	−0,2	+2 07	−0,3	+2 22	−0,2	+2 07	−0,3
Anschlußort Glückstadt	3.16	−0,2	9.00	2,4	15.43	−0,1	21.32	2,2

Da für den Anschlußort Glückstadt keine mittlere Tidenkurve zur Verfügung steht, muß die Höhe der Gezeit zeichnerisch oder rechnerisch gelöst werden. Weicht die Tidenkurve des Bezugsortes deutlich von einer Kosinuskurve ab, so ist eine mittlere Tidenkurve für den Anschlußort zu konstruieren. Für die Berechnung von Höhen zwischen Hoch- und Niedrigwasser kann die Tafel 2 der Gezeitentafeln oder die Formel

$$H = (HWH - NWH) \cdot \cos^2\left(90° \cdot \frac{GZ - HWZ}{NWZ - HWZ}\right) + NWH$$

benutzt werden.

Nach der Formel ergibt sich für die Höhe der Gezeit um 18.45 Uhr

$$HWH - NWH = 2,2 \text{ m} - (- 0,1 \text{ m}) = 2,3 \text{ m};$$
$$GZ - HWZ = 18.45 \text{ Uhr} - 21.32 \text{ Uhr} = - 2 \text{ h } 47 \text{ min} = - 2,78 \text{ h};$$
$$NWZ - HWZ = 15.43 \text{ Uhr} - 21.32 \text{ Uhr} = - 5 \text{ h } 49 \text{ min} = - 5,82 \text{ h};$$
$$H = 2,3 \text{ m} \cdot \cos^2\left(90° \cdot \frac{- 2,78 \text{ h}}{- 5,82 \text{ h}}\right) + (- 0,1 \text{ m}) = \underline{\underline{1,1 \text{ m}.}}$$

Siehe auch Kap. 6.3 in der Formelsammlung.

Besonders entwickelte Gezeitenverhältnisse herrschen nördlich der Isle of Wight. Zur Berechnung der Höhen siehe Beispiel 12 in der „Anleitung zum Gebrauch der Gezeitentafeln mit Beispielen".

5.3.3   Das harmonische Verfahren zur Berechnung der Gezeiten

Nach diesem Verfahren werden die Gezeiten durch Zusammensetzen aus einer Anzahl harmonischer Teiltiden, auch kurz Tiden genannt, von der Form $A \cdot \cos U$ berechnet. In jeder Teiltide ist der Winkel U von der Form $P + T + i \cdot t$ mit festen Werten P, T und i. Der Tageswert T und die Winkelgeschwindigkeit i ergeben sich aus der Bewegung von Erde, Mond und Sonne; sie sind für alle Orte der Erde die gleichen. Die Amplituden A und die Phasen P der einzelnen Tiden sind dagegen im allgemeinen von Ort zu Ort verschieden und kennzeichnen den verschiedenartigen Verlauf der Gezeiten an den einzelnen Orten; sie müssen für jeden Ort aus längeren Wasserstandsbeobachtungen bestimmt werden.

Soweit die ausführlichen Gezeitenvorausberechnungen in den Gezeitentafeln nach dem harmonischen Verfahren angefertigt sind, werden bei ihnen weit mehr als zehn, teilweise bis zu etwa 60 harmonische Teiltiden berücksichtigt. Berechnungen mit nur zehn Tiden, auf die sich der Nautiker beschränken muß, erreichen daher nicht die Genauigkeit der ausführlichen Vorausberechnungen. In allen Fällen jedoch, in denen das Verfahren der Gezeitenunterschiede versagt, ist das harmonische Verfahren auch bei Berücksichtigung von nur zehn Teiltiden unentbehrlich; siehe auch Gezeitentafeln, Anleitung zum Teil II.

Zur Berechnung der Höhe der Gezeit nach dem harmonischen Verfahren für eine gegebene Zeit muß man zu der Höhe des mittleren Wasserstandes Z_0 die Größen hinzufügen, um welche die einzelnen harmonischen Teiltiden zu dieser Zeit vom mittleren Wasserstand abweichen. In jeder dieser Abweichungen $A \cdot \cos U$ ist der Winkel $U = P + T + S$. Die Phase P hängt nur vom Ort und der Zeitzone, der Tageswert T nur vom Datum und der Stundenwert S nur von der Uhrzeit ab.

Beispiel: Wie groß ist die Höhe der Gezeit bei Al Basrah am 15. Oktober 1982 um 20.10 Uhr? (Siehe Tafeln 5.6 bis 5.9 im Kap. 5.9.)

Al Basrah   15. 10. 1982   20.10 Uhr   UTC + 3 h 00 min

	0	1	2	3	4	5	6	7	8	9	10	
I	105	33	10	7	4	3	21	12	5	4	3	
II		276	194	307	208	180	332	009	001	268	189	
III		061	000	352	029	124	284	141	066	122	061	
IV		225	245	214	247	204	303	281	302	089	110	
V		562	439	873	484	508	919	431	369	479	360	
VI		360	360	720	360	360	720	360	360	360	360	
VII		202	079	153	124	148	199	071	009	119	000	
VIII	105		+2					+4	+5		+3	= +119
IX		−31		−6	−2	−3	−20			−2		= − 64

Höhe der Gezeit in cm   + 55

Bei Benutzung eines Taschenrechners entfallen die Zeilen VI und VII.

Man schreibt zunächst die Amplituden A mit den Nummern 0 bis 10 und die Phasen P mit den Nummern 11 bis 20 in zwei Zeilen I und II untereinander so ab, wie sie die Tafel 5.6 (Harmonische Gezeitenkonstanten) für die Nr. 2727 angibt. Die Höhe des mittleren Wasserstandes Z_0 bei Al Basrah hängt von der Jahreszeit ab; sie beträgt nach Tafel 5.7 (Höhen des mittleren Wasserstandes Z_0 für den 15. Oktober 105 cm. Als Zeile III folgen die Tageswerte 21 bis 30 (Tafel 5.8) und als Zeile IV die Stundenwerte 31 bis 40 (Tafel 5.9) für 20.10 Uhr. Die in den Zeilen II, III und IV untereinanderstehenden Werte ergeben summiert die Zeile V und, um Vielfache von 360° vermindert, die Winkel U in Zeile VII. Für die Berechnung der Produkte $A \cdot \cos U$ benutzt man entweder einen elektronischen Taschenrechner oder die Gradtafel in den NT. Je nachdem, ob das Produkt positiv oder negativ ist, schreibt man es in die Zeilen VIII bzw. IX. Die Summe der Zeile IX wird von der Summe der Zeile VIII (einschließlich Z_0 abgezogen. Diese Differenz ist die gesuchte Höhe zu der gegebenen Uhrzeit.

Ausführliche Angaben findet man in der „Anleitung zum Gebrauch der Gezeitentafeln mit Beispielen" für den Teil III, Band II.

5.4 Beschickung der geloteten Wassertiefe auf Kartentiefe

Um eine gelotete Wassertiefe mit den Angaben der Seekarte vergleichen zu können, muß die Lotung auf KN beschickt werden. Findet die Lotung in Bezugshäfen oder Anschlußorten in deren Nähe statt, so ist als Lotbeschickung der Wasserstand über KN nach den Beispielen der Kap. 5.3.1 und 5.3.2.

Lotungen in der Nordsee, in den britischen Gewässern und im Englischen Kanal werden mit den Gezeitenkarten im Anhang des Bandes I der Gezeitentafeln beschickt; siehe Beispiel 16 in der „Anleitung zum Gebrauch der Gezeitentafeln mit Beispielen".

5.5 Einfluß des Windes auf die Gezeitenerscheinungen

Wie stark Stürme die Wasserstände beeinflussen können, soll folgendes Beispiel zeigen:

Cuxhaven

a) normales Wetter:

    mittlere Springhochwasserhöhe ...   + 3,2 m
    mittlere Springniedrigwasserhöhe ...   − 0,1 m

b) Schwerer NW-Sturm, Windstärke 10
    HWH ...   + 6,5 m
    NWH ...   + 3,5 m

c) Schwerer SO-Sturm, Windstärke 10
    HWH ...   + 0,8 m
    NWH ...   − 2,0 m

An die Möglichkeit solcher Störungen der *normalen Wasserstände* und damit auch der *normalen Stromverhältnisse* muß der Nautiker denken!

Lang anhaltende Winde und Stürme aus einer Richtung können die Tiden auch im Englischen Kanal und in der südlichen Nordsee stark beeinflussen. Man beachte Tafel 1 b in den Gezeitentafeln mit den beobachteten höchsten und niedrigsten HWH und NWH an der deutschen Nordseeküste. Solche starken Abweichungen von den Normalwerten sind allerdings weniger durch örtliche Winde als durch die Gesamtwetterlage entstanden.

5.6 Wasserstandsvorhersage

Von großer Wichtigkeit ist der Wasserstandsvorhersage- und Sturmflutwarndienst, der fortlaufend den zusätzlichen Einfluß des Wetters auf die HWH und NWH für die deutsche Nordseeküste und ihre Reviere bekanntgibt. Der Rundfunk verbreitet regelmäßig zweimal täglich Vorhersagen für die HW. Bei Gefahr außerordentlich niedriger Wasserstände werden Warnungen an die Schiffahrt, bei Gefahr außergewöhnlich hoher Hochwasser (Sturmfluten) besondere Sturmflutwarnungen ausgegeben. Außerdem erhalten die Radarleitzentralen an der Elbe, Weser und Ems Vorhersagen für die jeweils kommenden Hoch- und Niedrigwasser; siehe Sonderangaben und Verbreitungszeiten im NF.

5.7 Seiches

Außer den Gezeiten gibt es noch freie oder Eigenschwingungen der Wassermassen, Seiches genannt. Sie gleichen einer stehenden Welle und sind an den Küsten am periodischen Steigen und Fallen des Wasserspiegels zu erkennen. Sie spielen bei solchen Gewässern eine Rolle, die praktisch nicht den Gezeiten unterliegen, wie z. B. in der Ostsee. Die Schwingungsperiode hängt von der Größe und Tiefe des Wasserbeckens ab. Der Meeresspiegel hebt sich dabei z. B. an der deutschen Ostseeküste um 0,30 m, kann aber in Buchten (Leningrader Bucht) um mehr als 1 m steigen. Ausgelöst werden diese Schwingungen durch starke Luftdruckschwankungen im Zusammenwirken mit starken Winden. Je flacher das Seebecken ist, desto größer ist der Einfluß der Winde.

5.8 Bestimmung des Gezeitenstromes

Überall da, wo die Flutwelle keine oder nur geringe Hindernisse findet, wechselt der Gezeitenstrom (fortschreitende Welle) halbwegs zwischen Hoch- und Niedrigwasser seine Richtung, so daß der Flutstrom ungefähr von 3 h vor bis 3 h nach Hochwasser läuft, der Ebbstrom von 3 h vor bis 3 h nach Niedrigwasser und beide ihre größte Stärke bei Hoch- bzw. Niedrigwasser erreichen. Setzen sich aber dem Fortschreiten der Flutwelle Hindernisse (z. B. ansteigender Meeresboden, Verengung des Strombettes, Küsten usw.) entgegen, so daß eine Reflexion der Welle in entgegengesetzter Richtung erfolgt (eine stehende Welle entsteht), so kann eine Annäherung des Stromwechsels an die Hoch- und Niedrigwasserzeit erfolgen, die bis zum Zusammenfallen beider sich steigern kann, so daß dann die Regel gilt: Solange das Wasser steigt, läuft Flutstrom, solange das Wasser fällt, Ebbstrom.

Daraus ergibt sich, daß aus der Kenntnis der HWZ allein noch nichts über die Stromverhältnisse gefolgert werden kann. Je nach dem Grade der Behinderung der Fortpflanzung der Flutwelle wird man alle möglichen Zwischenzeiten zwischen Hochwasser und Niedrigwasser einerseits und dem Stromwechsel andererseits erwarten können. Man muß sich nur vor der falschen Anschauung hüten, daß das Steigen des Wassers *immer* gleichbedeutend mit Flutstrom und das Fallen des Wassers *immer* gleichbedeutend mit Ebbstrom sei. Das Fortschreiten des Wellenberges ist eben nur eine Verschiebung der Gestalt des Wasserspiegels.

In den Segelhandbüchern (Shb.) findet man Gezeitenstromkarten und -beschreibungen, aus denen man den jeweiligen Strom entnehmen kann. Für das Gebiet der Nordsee, des Kanals und der Britischen Gewässer ist von dem DHI ein „Atlas der Gezeitenströme" (Ausgabe 1963) herausgegeben, der in Verbindung mit den Gezeitentafeln benutzt wird. Er enthält eine „Übersichtskarte der Zeiten des Strombeginns und der Richtung und Geschwindigkeit der Gezeitenströme zur Zeit ihrer größten Stärke" für Orte in Küstennähe. Für den praktischen Gebrauch auf der Brücke sehr geeignet sind die ebenfalls in dem Atlas befindlichen Gezeitenstromkarten für 6 h vor bis 6 h nach Meridiandurchgang des Mondes in Greenwich, denen man die Gezeitenströme unmittelbar entnehmen kann. Die Richtungen werden darin durch Pfeile dargestellt, die Geschwindigkeiten durch Ziffern neben den Pfeilen, auf 0,1 kn gerundet. Außerdem enthält der Atlas Gezeitenstromtabellen für 494 Anschlußorte, deren Nummern einer „Weiserkarte" entnommen werden können. Die Tabellen geben Stromrichtung und -stärke für 6 h vor bis 6 h nach Hochwasser des Bezugsortes an, ferner Zeit und Richtung sowie Wert der größten Geschwindigkeit und die Zeit des Stillwassers oder des schwächsten Stroms.

Beispiel: Welcher Gezeitenstrom herrscht in der Elbmündung zwischen Scharhörn und Großer Vogelsand am 4. April 1982 gegen 14.00 Uhr MEZ?

Bei einem so dicht unter Land liegenden Ort sollte man in der „Weiserkarte" des Gezeitenstromatlas nachsehen, ob die Gezeitenstromtabelle eines nahegelegenen Anschlußortes für die Vorhersage benutzt werden kann. Die Nebenkarte 7 der „Weiserkarte" läßt den Punkt 63 ($54° 00'$ N und $008° 25'$ E) als geeignet erscheinen. Die dazugehörige Gezeitenstromtabelle Nr. 63 ist auf das HW Cuxhaven bezogen. Nach Tafel 5.1 (siehe Kap. 5.9) ist in Cuxhaven am 4. April 1982 die HWZ 09.40 Uhr MEZ. Die Beobachtungszeit 14.00 Uhr MEZ ist also 4 h 20 min nach Hochwasser Cuxhaven. Gemäß Tabelle 63 im Gezeitenstromatlas setzt der Gezeitenstrom 4 h nach Hochwasser Cuxhaven (Spalte 14) und 5 h nach Hochwasser Cuxhaven (Spalte 15) in Richtung $295°$. Die Geschwindigkeit des Stroms ist jeweils für Spring- und Nippzeit mit 3,8 und 2,5 bzw. 3,1 und 2,1 sm/h angegeben. Entsprechend der Mondphase kann man unter Berücksichtigung der Springverspätung zwischen beiden Werten einschalten. Besser ist jedoch, die Stromgeschwindigkeit nach dem Hub der betreffenden Tide abzuschätzen. Die Höhe des Hochwassers in Cuxhaven um 09.40 Uhr MEZ ist mit 2,7 m vorausberechnet, die Höhen des vorhergehenden und des folgenden Niedrigwassers sind in Tafel 5.1 (siehe Kap. 5.9) mit − 0,1 m und + 0,1 m angegeben. Der Tidenhub beträgt demnach 2,7 m und steht zum mittleren Springtidenhub von 3,3 m in Cuxhaven (Tafel 5.3 im Kap. 5.9) im Verhältnis 2,7 : 3,3 = 0,8. Am 4. April 1982 ist dementsprechend für den WNW-wärts gerichteten Gezeitenstrom zwischen Scharhörn und Großer Vogelsand gegen 13.40 Uhr MEZ eine Geschwindigkeit von $0,8 \cdot 3,8 = 3,0$ sm/h und gegen 14.40 Uhr MEZ von $0,8 \cdot 3,1 = 2,5$ sm/h anzunehmen. — Nach Spalte 18 der Tabelle 63 ist dort übrigens der auslaufende Gezeitenstrom gegen 13.25 Uhr MEZ (HWZ Cuxhaven + 3 h 45 min) am stärksten gewesen.

Die Angaben in der Übersichtskarte und die 13 Hauptkarten im **„Atlas der Gezeitenströme"** beziehen sich auf die Zeit des Durchgangs des Mondes durch den Meridian von Greenwich. Die Gezeitenströme weisen aber wie die Gezeiten Ungleichheiten auf, deren Vernachlässigung zu so großen Zeitfehlern führen kann, daß möglicherweise eine um 1 h zu früh oder zu spät liegende Karte benutzt wird. Daher sollte man die Hauptkarten entsprechend den darauf zusätzlich angegebenen Zeitunterschieden gegen die Hochwasserzeit eines nahegelegenen Bezugsortes auswählen. Ebenso ist es besser, die Zeiten des Strombeginns, die in der Übersichtskarte (Tafel 1) stehen, statt auf den Meridiandurchgang des Mondes auf die HWZ des nächstgelegenen Bezugsortes zu beziehen.

Beispiel: Wann setzt in der SW-lichen Nordsee auf etwa $52°25'$ N, $002°45'$ E am 12. Juli 1982 abends der nordwärts gerichtete Gezeitenstrom ein?

Nach der Übersichtskarte im Gezeitenstromatlas beginnt dort der Strom in N-Richtung 40 min vor Durchgang des Mondes durch den Meridian von Greenwich. In Tafel 3 b der Gezeitentafeln, Band I, ist für den 12. Juli 1982 der Durchgang des Mondes durch den Nullmeridian mit 16.55 Uhr UTC (17.55 Uhr MEZ) angegeben. Demnach ist ab ungefähr 17.55 Uhr − 0 h 40 min = 17.15 Uhr MEZ mit nordwärts gerichtetem Gezeitenstrom zu rechnen. Von den Bezugsorten in der Tabelle unter den Beispielen im Gezeitenstromatlas ist Vlissingen der nächstgelegene. Ein Zeitunterschied von − 40 min gegen den Durchgang des Mondes durch den Meridian von Greenwich ist nach dieser Tabelle gleich einem Zeitunterschied von − 1 h 20 min gegen die HWZ in Vlissingen, das laut Gezeitentafeln am 12. Juli 1982 um 17.58 Uhr MEZ eintritt. Danach beginnt der nordwärts setzende Strom um 17.58 Uhr − 1 h 20 min = 16.38 Uhr MEZ. Diese Zeit weicht um 37 min von der oben errechneten ab, muß aber als richtiger angesehen werden, weil in der Vorausberechnung der HWZ für Vlissingen Ungleichheiten der Gezeit berücksichtigt sind.

Um abzuschätzen, wie der Gezeitenstrom im Verlauf der Weiterfahrt zur Straße von Dover sein wird, ordnet man Tafel 8 im Gezeitenstromatlas den Zeitpunkt 17.18 Uhr MEZ (HWZ Vlissingen − 0 h 40 min) und Tafel 9 (Gezeitenstromatlas) dem Zeitpunkt 18.18 Uhr MEZ (HWZ Vlissingen + 0 h 20 min) zu. Bezogen auf den Durchgang des Mondes durch den Nullmeridian würde aber Tafel 9 erst für den Zeitpunkt 18.55 Uhr MEZ (17.55 Uhr + 1 h) gelten. Man sollte aber mit dem Schiffsort von 18.18 Uhr MEZ in diese Karte eingehen, um den zu erwartenden Gezeitenstrom zu entnehmen, weil dadurch die zeitliche Ungleichheit der Gezeit am 12. Juli 1982 berücksichtigt wird. Um die für die Springzeit eingezeichneten

Stromgeschwindigkeiten zu reduzieren, ermittelt man wieder den Tidenhub aus HWH sowie vorangehender und folgender NWH in Vlissingen: 4,4 m − (0,9 m + 0,5 m)/2 = 3,7 m. Er steht zum mittleren Springtidenhub in Vlissingen, der in Klammern hinter dem Zeitunterschied steht, im Verhältnis 3,7:4,3 = 0,9. Die neben den Pfeilen angegebenen Beträge müssen also mit 0,9 multipliziert werden, um die am 12. Juli 1982 abends in der SW-lichen Nordsee zu erwartenden Geschwindigkeiten des Gezeitenstroms zu erhalten.

Eine zusätzliche, ausführliche Darstellung der Gezeitenstromverhältnisse in der südöstlichen Nordsee liefert der **„Atlas der Gezeitenströme in der Deutschen Bucht"** (1983 vom DHI herausgegeben). Um von vornherein Ungleichheiten in der Eintrittszeit zu berücksichtigen, beziehen sich die darin enthaltenen Karten auf die Hochwasserzeit bei Helgoland, und zur einfacheren Handhabung sind nur die Springverhältnisse dargestellt. Bei Nippzeit verringern sich die Geschwindigkeiten auf etwa 80% der eingezeichneten Werte.

Alle Gezeitenstromkarten beschreiben immer nur den Verlauf des Gezeitenstroms unter normalen Wetterbedingungen. Starker Wind oder andere Einflüsse können zusätzliche Strömungen verursachen, die die dargestellten Geschwindigkeiten und Richtungen erheblich verändern.

5.9 Tafeln und Tabellen

Die nachstehenden Tafeln und Tabellen 5.1 bis 5.9 sind den Gezeitentafeln für das Jahr 1982 des DHI entnommen. Die Tafelnummern der Gezeitentafeln sind in Klammern hinter dem Tafelnamen verzeichnet.

Tafel 5.1. Ausführliche Gezeitenvorausberechnungen für Cuxhaven

Cuxhaven 1982

Breite: 53° 52' N, Länge: 8° 43' E.

Januar

Tag	Zeit	Höhe m	Tag	Zeit	Höhe m
1	0418	3,2	16	0524	3,2
	1112	0,0		1219	-0,1
Fr	1649	2,8	Sa	1758	2,7
	2318	0,1			
2	0501	3,1	17	0022	0,0
	1156	0,0		0607	3,0
Sa	1736	2,8	So	1255	-0,1
				1841	2,6
3	0003	0,1	18	0102	0,0
	0548	3,1		0654	2,9
So	1240	0,0	Mo	1337	0,0
	1827	2,8		1930	2,5
4	0054	0,2	19	0154	0,1
	0642	3,1		0753	2,7
Mo	1333	0,1	Di	1433	0,1
	1926	2,8		2033	2,6
5	0158	0,3	20	0304	0,2
	0747	3,1		0904	2,7
Di	1440	0,2	Mi	1545	0,2
	2034	2,9		2145	2,7
6	0314	0,3	21	0424	0,2
	0902	3,1		1018	2,8
Mi	1550	0,2	Do	1659	0,2
	2147	3,0		2252	2,8
7	0435	0,2	22	0537	0,2
	1016	3,1		1122	2,9
Do	1714	0,1	Fr	1803	0,1
	2257	3,1		2346	2,9
8	0550	0,1	23	0633	0,0
	1124	3,2		1212	2,9
Fr	1821	0,0	Sa	1852	0,0
	2359	3,1			
9	0654	0,0	24	0030	3,0
	1225	3,2		0717	0,0
Sa	1918	0,0	So	1253	2,9
				1933	0,0
10	0052	3,2	25	0108	3,1
	0749	-0,1		0757	-0,1
So	1320	3,2	Mo	1331	3,0
	2008	0,0		2012	-0,1
11	0139	3,3	26	0145	3,1
	0839	-0,1		0835	-0,1
Mo	1411	3,2	Di	1410	3,0
	2056	0,0		2049	-0,1
12	0227	3,4	27	0221	3,2
	0929	-0,2		0912	-0,2
Di	1502	3,1	Mi	1447	3,0
	2145	0,0		2123	-0,1
13	0315	3,4	28	0255	3,2
	1019	-0,1		0947	-0,2
Mi	1551	3,1	Do	1520	2,9
	2229	0,0		2156	-0,1
14	0400	3,4	29	0329	3,2
	1104	-0,1		1023	-0,2
Do	1635	3,0	Fr	1556	2,9
	2308	0,0		2231	-0,2
15	0442	3,3	30	0407	3,2
	1143	-0,1		1103	-0,2
Fr	1717	2,9	Sa	1637	2,8
	2345	0,0		2311	-0,1
			31	0449	3,1
				1145	-0,2
			So	1720	2,8
				2351	-0,1

Februar

Tag	Zeit	Höhe m	Tag	Zeit	Höhe m
1	0531	3,1	16	0016	-0,1
	1222	-0,1		0605	2,8
Mo	1802	2,9	Di	1237	0,0
				1829	2,6
2	0031	0,0	17	0054	0,0
	0614	3,1		0653	2,7
Di	1301	0,0	Mi	1321	0,1
	1848	2,8		1925	2,5
3	0121	0,2	18	0156	0,1
	0711	3,0		0801	2,6
Mi	1358	0,2	Do	1432	0,2
	1951	2,8		2041	2,6
4	0234	0,2	19	0322	0,2
	0827	3,0		0924	2,6
Do	1518	0,2	Fr	1600	0,2
	2110	2,8		2203	2,7
5	0404	0,1	20	0450	0,2
	0953	3,0		1042	2,7
Fr	1647	0,1	Sa	1721	0,2
	2233	2,9		2311	2,8
6	0531	0,0	21	0601	0,0
	1112	3,0		1145	2,8
Sa	1805	0,0	So	1823	0,0
	2345	3,1			
7	0644	-0,2	22	0003	3,0
	1219	3,0		0653	-0,1
So	1908	-0,1	Mo	1232	2,9
				1911	0,0
8	0042	3,2	23	0046	3,1
	0742	-0,3		0736	-0,2
Mo	1315	3,0	Di	1312	3,0
	2001	-0,2		1953	-0,1
9	0130	3,2	24	0125	3,1
	0831	-0,3		0816	-0,2
Di	1403	3,0	Mi	1351	3,0
	2047	-0,2		2033	-0,2
10	0215	3,3	25	0202	3,1
	0917	-0,3		0854	-0,3
Mi	1448	3,0	Do	1428	2,9
	2130	-0,3		2108	-0,3
11	0259	3,3	26	0237	3,1
	1001	-0,3		0930	-0,4
Do	1531	2,9	Fr	1503	2,9
	2210	-0,3		2142	-0,3
12	0340	3,3	27	0314	3,2
	1040	-0,3		1007	-0,4
Fr	1611	2,9	Sa	1540	2,9
	2245	-0,3		2218	-0,3
13	0418	3,2	28	0352	3,2
	1115	-0,3		1047	-0,3
Sa	1646	2,8	So	1619	2,9
	2317	-0,2		2258	-0,3
14	0454	3,1			
	1145	-0,2			
So	1720	2,7			
	2347	-0,2			
15	0529	3,0			
	1210	-0,2			
Mo	1752	2,6			

März

Tag	Zeit	Höhe m	Tag	Zeit	Höhe m
1	0433	3,2	16	0454	2,9
	1127	-0,2		1129	-0,1
Mo	1659	2,9	Di	1708	2,8
	2335	-0,2		2339	-0,1
2	0513	3,1	17	0524	2,8
	1201	-0,1		1149	0,0
Di	1736	2,9	Mi	1740	2,7
3	0011	-0,1	18	0009	0,0
	0554	3,0		0603	2,6
Mi	1235	0,0	Do	1222	0,2
	1819	2,8		1828	2,6
4	0057	0,0	19	0100	0,1
	0650	2,9		0705	2,5
Do	1329	0,1	Fr	1327	0,3
	1923	2,8		1941	2,6
5	0211	0,1	20	0223	0,2
	0810	2,8		0829	2,5
Fr	1453	0,2	Sa	1459	0,3
	2050	2,8		2109	2,7
6	0348	0,0	21	0359	0,2
	0944	2,8		0957	2,6
Sa	1631	0,1	So	1633	0,2
	2220	2,9		2228	2,8
7	0523	-0,1	22	0521	0,0
	1109	2,8		1110	2,8
So	1755	0,0	Mo	1748	0,1
	2335	3,0		2328	3,0
8	0637	-0,3	23	0621	-0,1
	1214	2,9		1203	2,9
Mo	1858	-0,2	Di	1842	0,0
9	0031	3,1	24	0016	3,1
	0731	-0,4		0708	-0,2
Di	1306	2,9	Mi	1246	3,0
	1948	-0,3		1927	-0,2
10	0117	3,1	25	0058	3,1
	0816	-0,4		0751	-0,3
Mi	1349	2,9	Do	1326	3,0
	2031	-0,3		2009	-0,3
11	0159	3,2	26	0137	3,1
	0857	-0,4		0830	-0,4
Do	1428	2,9	Fr	1404	3,0
	2110	-0,4		2046	-0,4
12	0239	3,1	27	0214	3,2
	0935	-0,4		0907	-0,4
Fr	1506	2,9	Sa	1441	3,0
	2145	-0,4		2122	-0,4
13	0316	3,1	28	0253	3,2
	1009	-0,4		0946	-0,4
Sa	1541	2,9	So	1518	3,0
	2217	-0,4		2200	-0,4
14	0350	3,1	29	0333	3,2
	1040	-0,3		1025	-0,3
So	1612	2,9	Mo	1557	3,0
	2247	-0,3		2240	-0,3
15	0423	3,1	30	0414	3,2
	1108	-0,2		1104	-0,2
Mo	1641	2,8	Di	1636	3,0
	2314	-0,2		2319	-0,3
			31	0457	3,1
				1139	-0,2
			Mi	1716	2,9
				2358	-0,2

April

Tag	Zeit	Höhe m	Tag	Zeit	Höhe m
1	0545	2,9	16	0529	2,7
	1219	0,0		1145	0,2
Do	1804	2,9	Fr	1748	2,8
2	0050	-0,1	17	0025	0,1
	0645	2,8		0623	2,6
Fr	1317	0,1	Sa	1241	0,3
	1913	2,8		1853	2,7
3	0206	0,0	18	0136	0,2
	0807	2,7		0741	2,5
Sa	1442	0,2	So	1406	0,3
	2041	2,8		2015	2,7
4	0343	-0,1	19	0307	0,1
	0940	2,7		0908	2,6
So	1620	0,1	Mo	1541	0,2
	2211	2,9		2138	2,8
5	0515	-0,2	20	0433	0,0
	1102	2,8		1026	2,7
Mo	1742	-0,1	Di	1702	0,1
	2322	3,0		2245	3,0
6	0622	-0,3	21	0540	-0,1
	1201	2,8		1126	2,9
Di	1840	-0,2	Mi	1803	0,0
				2339	3,1
7	0013	3,1	22	0633	-0,3
	0709	-0,4		1214	3,0
Mi	1246	2,9	Do	1854	-0,2
	1925	-0,3			
8	0056	3,1	23	0025	3,2
	0751	-0,4		0719	-0,3
Do	1326	2,9	Fr	1256	3,0
	2007	-0,3		1939	-0,3
9	0138	3,1	24	0108	3,2
	0831	-0,4		0801	-0,4
Fr	1404	2,9	Sa	1336	3,1
	2046	-0,4		2020	-0,3
10	0217	3,1	25	0147	3,2
	0907	-0,4		0840	-0,4
Sa	1438	3,0	So	1414	3,1
	2118	-0,4		2058	-0,3
11	0251	3,1	26	0229	3,3
	0936	-0,3		0920	-0,3
So	1509	3,0	Mo	1454	3,2
	2148	-0,3		2140	-0,3
12	0322	3,1	27	0313	3,3
	1004	-0,2		1002	-0,2
Mo	1538	3,0	Di	1535	3,2
	2216	-0,2		2224	-0,3
13	0352	3,0	28	0359	3,2
	1031	-0,1		1043	-0,2
Di	1606	3,0	Mi	1618	3,1
	2244	-0,2		2308	-0,3
14	0423	3,0	29	0448	3,0
	1054	0,0		1124	-0,1
Mi	1634	2,9	Do	1705	3,1
	2311	-0,1		2355	-0,2
15	0453	2,8	30	0543	2,9
	1115	0,1		1212	0,0
Do	1705	2,9	Fr	1800	3,0
	2341	0,0			

U T C + 1 h 00 min (M E Z)

Tafel 5.2. Mittlere Tidenkurve für Cuxhaven

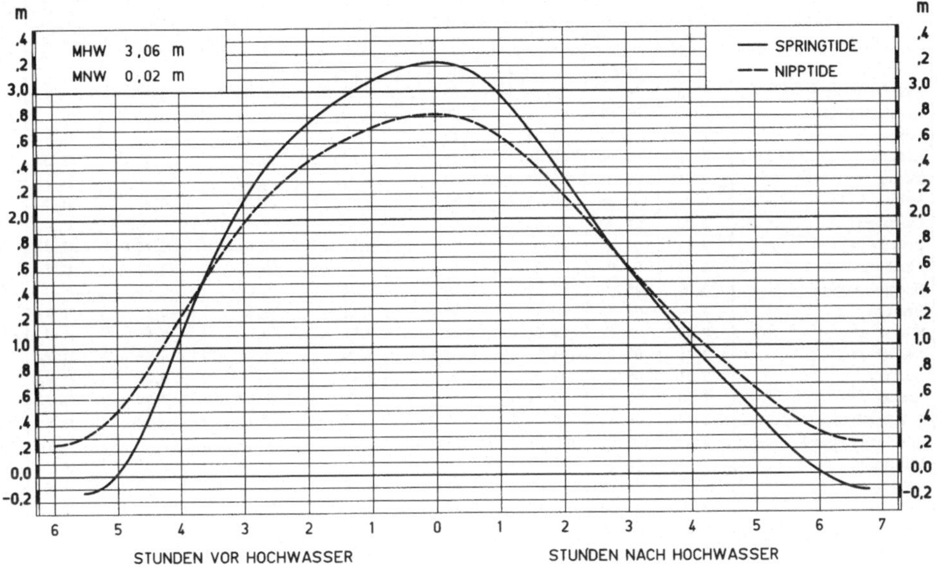

Tafel 5.3. Gezeitengrundwerte für europäische Bezugsorte. (1 a)

Bezugsort	Spring-ver-spätung	Mittlere Steig-dauer	Mittlere Fall-dauer	M Sp H W	M Np H W	M Sp N W	M Np N W	Art der Voraus-berechnung	Voraus-berechnet durch
	d h	h min	h min	m	m	m	m		
Ekaterininskaja . .	1 19	06 05	06 20	3,65	2,97	0,65	1,33	H. V.	D. H.
Narvik	2 02	06 06	06 19	3,07	2,39	0,52	1,20	H. V.	N. S.
Bergen	2 02	06 14	06 11	1,40	1,08	0,20	0,52	H. V.	N. S.
Helgoland	2 22	05 39	06 46	2,69	2,33	0,00	0,39	H. U.	D. H.
Husum	3 00	05 58	06 27	3,82	3,41	0,00	0,46	D. V.	D. H.
Büsum	3 01	06 13	06 12	3,70	3,26	0,00	0,47	H. U.	D. H.
Cuxhaven	3 00	05 42	06 43	3,23	2,82	−0,13	0,25	H. U.	D. H.
Brunsbüttel . . .	3 01	05 21	07 04	2,99	2,63	−0,07	0,18	H. U.	D. H.
Hamburg	3 04	05 00	07 25	3,15	2,83	−0,35	−0,29	H. U.	D. H.
Bremerhaven . . .	3 00	06 04	06 21	3,88	3,45	−0,20	0,25	H. U.	D. H.
Bremen	3 03	05 13	07 12	4,07	3,62	−0,33	−0,17	H. U.	D. H.
Wilhelmshaven . . .	3 00	06 17	06 08	4,22	3,75	0,00	0,57	H. U.	D. H.
Norderney	2 22	06 01	06 24	2,79	2,42	0,00	0,41	D. V.	D. H.
Borkum	2 21	06 07	06 18	2,65	2,35	0,00	0,37	D. V.	D. H.
Emden	2 23	06 06	06 19	3,47	3,13	0,00	0,39	H. U.	D. H.
Terschelling . . .	2 14	06 19	06 06	2,23	1,93	0,13	0,52	N. V.	R. G.
Hoek van Holland . .	2 04	06 47	05 38	2,29	1,75	0,44	0,28	N. V.	R. G.
Vlissingen . . .	2 03	05 56	06 29	4,87	3,97	0,46	1,03	N. V.	R. G.
Le Havre	1 23	05 37	06 48	7,80	6,50	1,15	2,85	N. V.	H. P.
St. Malo	2 02	05 30	06 55	12,25	9,25	1,50	4,40	N. V.	H. P.
Brest	1 15	06 03	06 22	7,50	5,90	1,40	3,00	N. V.	H. P.
Devonport	1 18	06 11	06 14	5,55	4,39	0,76	2,16	H. V.	H. D.
Southampton . . .	1 21	06 45	05 40	4,54	3,75	0,46	1,77	H. C.	I. B.
Portsmouth . . .	2 02	07 08	05 17	4,69	3,81	0,61	1,77	H. C.	I. B.
Dover	2 03	05 07	07 18	6,68	5,33	0,76	1,98	H. C.	I. B.
London Bridge . . .	2 17	05 56	06 29	7,10	5,79	0,46	1,55	H. C.	I. B.
Immingham . . .	2 00	06 04	06 21	7,25	5,76	0,85	2,56	H. V.	I. B.
Leith	1 15	06 29	05 56	5,58	4,54	0,79	2,13	H. C.	I. B.
Aberdeen	1 13	06 18	06 07	4,27	3,41	0,64	1,65	H. V.	I. B.
Ullapool	1 09	06 06	06 19	5,18	3,90	0,73	2,10	H. V.	H. D.
Oban	1 11	06 10	06 15	3,99	2,93	0,73	1,77	H. V.	H. D.
Greenock	2 16	06 41	05 44	3,44	2,90	0,37	1,01	H. C.	I. B.
Liverpool	1 20	05 37	06 48	9,33	7,44	0,94	2,87	H. C.	I. B.
Avonmouth . . .	2 10	05 36	06 49	13,23	10,00	0,94	3,54	H. C.	I. B.
Cobh	1 20	05 56	06 29	4,11	3,26	0,49	1,28	H. V.	I. B.
Pointe de Grave . .	1 10	06 28	05 57	5,30	4,30	1,05	2,10	D. V.	H. P.
Lissabon Marinewerft .	1 03	06 42	05 43	3,81	2,99	0,49	1,40	H. V.	H. D.
Gibraltar	1 05	06 34	05 51	0,98	0,73	0,09	0,34	H. V.	H. D.

Tafel 5.4. Mondphasen 1982. UTC. (3 a)

		Tag	Uhr		Tag	Uhr		Tag	Uhr		Tag	Uhr
Erstes Viertel	Januar	3	4.45	April	1	5.08	Juni	28	5.56	September	25	4.07
Vollmond		9	19.53		8	10.18	Juli	6	7.32	Oktober	3	1.08
Letztes Viertel		16	23.58		16	12.42		14	3.47		9	23.26
Neumond		25	4.56		23	20.29		20	18.57		17	0.04
Erstes Viertel	Februar	1	14.28		30	12.07		27	18.22		25	0.08
Vollmond		8	7.57	Mai	8	0.45	August	4	22.34	November	1	12.57
Letztes Viertel		15	20.21		16	5.11		12	11.08		8	6.38
Neumond		23	21.13		23	4.40		19	2.45		15	15.10
Erstes Viertel	März	2	22.15		29	20.07		26	9.49		23	20.05
Vollmond		9	20.45	Juni	6	15.59	September	3	12.28	Dezember	1	0.21
Letztes Viertel		17	17.15		14	18.06		10	17.19		7	15.53
Neumond		25	10.17		21	11.52		17	12.09		15	9.18
Erstes Viertel	April	1	5.08		28	5.56		25	4.07		23	14.17
Vollmond		8	10.18	Juli	6	7.32	Oktober	3	1.08		30	11.33

Tafel 5.5. Gezeitenunterschiede

Nr.	Ort	Geogr. Lage:		HW	NW	Mittlere Höhen des Bezugsortes			
		Breite	Länge						
		° ′	° ′	h min	h min	m	m	m	m
	Bezugsort:					SpHW	NpHW	SpNW	NpNW
	BÜSUM (Seite 20-22)					3,7	3,3	0,0	0,5
				Zeitunterschiede		Höhenunterschiede			
	U T C + 1 h 00 min	N	E						
	Eider								
663	Nordfeld	54 20	9 08	+ 2 14		-0,9	-0,8		
664	Eidersperrwerk, Außenpegel	54 16	8 51	+ 0 16	+ 1 08	-0,2	-0,2	0,0	-0,1
	Norderpiep								
665	Ansteuerungstonne	54 12	8 28	- 0 33					
666	Blauort	54 10	8 41	- 0 17	+ 0 02	-0,3	-0,3	0,0	0,0
667	Hedwigenkoog	54 10	8 50	- 0 03		-0,1	0,0		
	Meldorfer Bucht								
667b	Speicherkoog - Nord	54 06	8 57	+ 0 06	+ 0 07	0,0	0,0	0,0	0,0
669	Deichsiel	54 02	8 58	+ 0 06	+ 0 03	+0,1	+0,1	0,0	0,0
	Süderpiep								
670	Ansteuerungstonne	54 08	8 19	- 0 45					
671	Tertius	54 07	8 39	- 0 21	- 0 06	-0,3	-0,3	0,0	0,0
	Norderelbe								
672	Ansteuerungstonne	54 04	8 26	- 0 38					
673	Trischen (Westseite)	54 03	8 40	- 0 11	+ 0 16	-0,2	-0,2	0,0	0,0
675	Friedrichskoog, Hafen	54 00	8 53	+ 0 25		-0,2	-0,2		
						SpHW	NpHW	SpNW	NpNW
	CUXHAVEN (Seite 23-25)					3,2	2,8	-0,1	0,2
	Elbegebiet								
676a	Großer - Vogelsand - Leuchtturm	54 00	8 29	- 0 46	- 0 58	+0,1	+0,1	+0,1	+0,2
677	Scharhörn	53 58	8 28	- 0 47	- 1 00	+0,1	+0,1	+0,1	+0,2
679	Altenbruch	53 51	8 46	+ 0 11	+ 0 15	0,0	0,0	0,0	0,0
681	Otterndorf	53 50	8 52	+ 0 27	+ 0 26	-0,1	-0,1	0,0	0,0
682	Osteriff	53 51	9 02	+ 0 42	+ 0 53	-0,2	-0,2	0,0	-0,1
	Oste								
683	Belum	53 49	9 02	+ 0 52	+ 1 11	-0,3	-0,2	0,0	-0,1
684	Osten	53 42	9 11	+ 1 55	+ 2 46	-0,7	-0,6	+0,1	-0,2
685	Hechthausen	53 39	9 15	+ 2 43	+ 3 49	-1,1	-0,9	+0,1	-0,2
686	Niederochtenhausen	53 33	9 10	+ 4 07	+ 5 19	-1,6	-1,5	+0,2	-0,3
687	Bremervörde	53 29	9 09	+ 4 43	+ 6 12	-1,7	-1,5	+0,2	-0,3
688	Brokdorf	53 52	9 19	+ 1 33	+ 1 53	-0,3	-0,3	0,0	-0,1
	Stör								
690	Mündung	53 49	9 23	+ 1 47	+ 2 09	-0,3	-0,3	0,0	-0,2
691	Beidenfleth	53 53	9 25	+ 2 25	+ 3 00	-0,6	-0,5	0,0	-0,3
692	Itzehoe	53 56	9 30	+ 3 05	+ 4 06	-0,8	-0,7	+0,1	-0,2
693	Breitenberg	53 56	9 38	+ 3 57	+ 5 03	-1,4	-1,3	+0,1	-0,4
694	Grönhude	53 56	9 42	+ 4 20	+ 5 44	-1,8	-1,6	+0,1	-0,4
695	Glückstadt	53 47	9 25	+ 2 07	+ 2 22	-0,4	-0,3	0,0	-0,2
697	Krautsand	53 45	9 24	+ 2 10	+ 2 26	-0,4	-0,3	0,0	-0,3
698	Kollmar (Kamperreihe)	53 44	9 28	+ 2 23	+ 2 36	-0,4	-0,3	0,0	-0,2
	Krückau								
700	Sperrwerk	53 43	9 32	+ 2 31	+ 2 51	-0,4	-0,3	0,0	-0,2
701	Kronsnest	53 43	9 34	+ 2 35		-0,4	-0,3		
702	Elmshorn	53 45	9 39	+ 3 02	+ 4 59	-1,4	-1,3		
703	Grauerort	53 41	9 30	+ 2 32	+ 2 49	-0,3	-0,2	0,0	-0,3
	Pinnau								
704	Sperrwerk	53 40	9 34	+ 2 41	+ 3 06	-0,3	-0,3	-0,1	-0,3
705	Neuendeich	53 40	9 36	+ 2 46	+ 3 25	-0,5	-0,5	0,0	-0,3

Tafel 5.6. Harmonische Gezeitenkonstanten

1982

Nr.	Ort	A P	Z_0 0	M_2 1/11	S_2 2/12	N_2 3/13	K_2 4/14	μ_2 5/15	K_1 6/16	O_1 7/17	P_1 8/18	M_4 9/19	MS_4 10/20
	UTC + 3 h 00 min												
	Musay'id												
2705	Außeneinfahrt	A	x	29	11	8	2	1	42	19	12	2	2
	25° 02' N, 51° 39' E	P		208	176	224	191	284	236	289	246	191	130
2706	Hafen	A	x	27	11	8	3	2	45	20	12	1	1
	24° 57' N, 51° 35' E	P		186	157	197	165	247	222	272	233	085	023
2707	Al Wakrah	A	91	27	6	6	2		36	15	12	3	1
	25° 10' N, 51° 37' E	P		207	168	224	168		234	292	234	177	249
2708	Ad Dawhah	A	88	32	11	9	3	1	36	16	10	5	3
	25° 18' N, 51° 34' E	P		222	189	245	200	306	243	291	249	194	134
2709	Jabal al Fuwayrit	A	90	43	13	11	4		20	9	7	2	1
	26° 03' N, 51° 22' E	P		229	182	257	182		261	318	260	244	166
2716	Al Jubayl	A	100	47	17				19	13			
	27° 04' N, 49° 39' E	P		241	176				043	086			
2717	Dawhat Abu Ali	A	95	44	16	9	4	4	17	14	6	1	1
	27° 13' N, 49° 43' E	P		236	163	270	163	147	042	091	042	232	065
2717a	Jazirat Abu Ali	A	120	31	11				29	12			
	27° 17' N, 49° 27' E	P		213	143				024	052			
2718	Dawhat Manifah	A	x	22	8	4	3	1	31	21	9	5	3
	27° 35' N, 48° 54' E	P		260	193	297	203	155	044	093	052	307	242
2719	Ras as Saffaniyah	A	x	25	7	6	3	2	38	25	11	4	3
	28° 00' N, 48° 46' E	P		345	284	026	296	178	049	097	055	331	264
2720	Al Farisiyah	A	93	22	10				27	20			
	28° 00' N, 50° 10' E	P		214	160				055	100			
2721	Bandar Mishab	A	98	26	9	7	3		38	22	14	4	
	28° 07' N, 48° 37' E	P		355	289	034	291		055	094	064	341	
	Nordostseite												
	Irak												
	Shatt al Arab												
2725	Al Faw	A	x	83	25	17	10	6	43	25	11	6	4
	29° 58' N, 48° 29' E	P		023	321	057	333	273	044	092	048	102	034
2727	Al Basrah	A	x	33	10	7	4	3	21	12	5	4	3
	30° 31' N, 47° 51' E	P		276	194	307	208	180	332	009	001	268	189
	UTC + 3 h 30 min												
	Iran												
2739	Jazirat Sirri	A	106	39	14				24	18			
	25° 54' N, 54° 33' E	P		010	321				222	273			
	ARABISCHES MEER												
	UTC + 5 h 30 min												
	Indien												
2826	Tellicherry	A	102	40	6	8	1		24	7	8		
	11° 45' N, 75° 29' E	P		040	289	260	288		289	331	289		
2827	Calicut	A	96	32	10	6	3		16	10	5	2	
	11° 15' N, 75° 46' E	P		037	339	064	338		311	301	312	005	

Amplitude A in cm, Phase P in Graden,   x: Zo siehe Seite 308.

Tafel 5.7. Höhen des mittleren Wasserstandes Z_0 einiger Orte für die Mitte jedes Monats

Nr.	O r t	Jan	Feb	Mrz	Apr	Mai	Jun	Jul	Aug	Sep	Okt	Nov	Dez
2619	Assab	37	37	37	39	40	37	28	18	13	16	25	33
2625	Port Sudan	34	25	25	34	37	23	−4	−25	−25	−4	23	37
2626	Muhammad Kol	55	46	46	55	58	44	17	−4	−4	17	44	58
2652	Djiddah	65	58	59	67	68	54	30	12	16	38	61	71
2669	Bandar Rayzut	137	137	137	139	140	137	128	118	113	116	125	133
2705	Außeneinfahrt	110	107	108	114	123	130	132	129	124	119	116	114
2706	Hafen	116	116	118	123	129	135	138	137	133	127	122	119
2718	Dawhat Manifah	78	73	70	73	82	92	98	97	92	87	84	81
2719	Ras as Saffaniyah	90	84	81	84	94	105	111	111	107	102	99	95
2725	Al Faw	176	174	177	187	199	206	204	197	189	185	183	180
2727	Al Basrah	115	126	156	196	223	216	180	136	109	105	111	115
3237	Geranium Harbour	139	144	151	154	149	137	125	120	123	130	135	137
3276	Geraldton	70	72	80	90	98	98	93	86	82	79	76	72
3278	Fremantle	70	73	79	88	93	91	82	71	65	64	67	69
3280	Bunbury	52	47	50	62	75	80	74	63	56	56	59	58
3285	Albany	60	62	69	79	86	86	79	70	64	62	62	61
3300	Stenhouse Bay	52	58	59	59	63	70	72	66	53	40	37	42
3302	Kingscote	94	84	84	95	105	101	84	68	66	79	95	101
3303	American River	84	78	80	87	96	100	97	93	90	92	93	90
3304	Backstairs Strait, Hog Bay	72	74	77	80	84	88	90	88	81	75	70	70
3313	Lacepede Bay, Kingston	61	58	59	66	77	85	83	73	63	58	60	62
3455	Albany Pass, Frederick Point	256	255	250	245	240	234	227	219	218	225	237	250
3460	Red Island	201	200	195	190	185	179	172	164	163	170	182	195
3461	Packe Island	201	200	195	190	185	179	172	164	163	170	182	195
3465	Beresford Strait, Twin Island	170	169	164	159	154	148	141	133	132	139	151	164
3468	Wednesday Island	170	169	164	159	154	148	141	133	132	139	151	164
3478	Port Langdon	82	93	91	75	55	41	36	36	37	39	47	63
4180	Quequén	106	106	105	105	104	100	91	83	80	85	95	103
4583	Port Eads	8	3	6	13	18	19	19	23	28	32	28	18
4608	St. Petersburg	24	23	26	31	35	38	42	47	49	47	40	30

Tafel 5.8. Tageswerte 21 bis 30. 1982. (4)

Tag		M_2	S_2	N_2	K_2	μ_2	K_1	O_1	P_1	M_4	MS_4
		21	22	23	24	25	26	27	28	29	30
Oktober	1	042°	000°	156°	001°	087°	271°	136°	080°	085°	042°
	2	018	000	119	003	038	272	110	079	036	018
	3	353	000	081	005	349	273	085	078	347	354
	4	329	000	044	007	300	274	060	077	298	329
	5	305	000	006	009	252	275	034	076	249	305
	6	280	000	329	011	203	276	009	075	201	280
	7	256	000	292	013	154	277	343	074	152	256
	8	232	000	254	015	105	277	318	073	103	232
	9	207	000	217	017	056	278	293	072	054	207
	10	183	000	179	019	008	279	267	071	006	183
	11	158	000	142	021	319	280	242	070	317	159
	12	134	000	104	023	270	281	217	069	268	134
	13	110	000	067	025	221	282	191	068	219	110
	14	085	000	029	027	173	283	166	067	171	085
	15	061	000	352	029	124	284	141	066	122	061
	16	037	000	315	031	075	285	115	065	073	037
	17	012	000	277	033	026	286	090	064	024	012
	18	348	000	240	035	338	287	064	063	336	348
	19	323	000	202	037	289	288	039	062	287	324
	20	299	000	165	039	240	289	014	061	238	299
	21	275	000	127	041	191	290	348	060	189	275
	22	250	000	090	043	143	291	323	059	140	250
	23	226	000	052	045	094	292	298	058	092	226
	24	201	000	015	047	045	293	272	057	043	202
	25	177	000	338	049	356	294	247	056	354	177
	26	153	000	300	051	307	295	222	055	305	153
	27	128	000	263	053	259	296	196	054	257	128
	28	104	000	225	055	210	297	171	053	208	104
	29	080	000	188	056	161	298	145	052	159	080
	30	055	000	150	058	112	299	120	051	110	055
	31	031	000	113	060	064	300	095	050	062	031
November	1	006	000	075	062	015	301	069	049	013	007
	2	342	000	038	064	326	302	044	048	324	342
	3	318	000	001	066	277	303	019	047	275	318
	4	293	000	323	068	229	304	353	046	227	293
	5	269	000	286	070	180	305	328	045	178	269
	6	245	000	248	072	131	306	302	044	129	245
	7	220	000	211	074	082	307	277	043	080	220
	8	196	000	173	076	034	308	252	043	032	196
	9	171	000	136	078	345	309	226	042	343	172
	10	147	000	098	080	296	310	201	041	294	147
	11	123	000	061	082	247	311	176	040	245	123
	12	098	000	024	084	199	312	150	039	196	098
	13	074	000	346	086	150	313	125	038	148	074
	14	049	000	309	088	101	314	100	037	099	050
	15	025	000	271	090	052	315	074	036	050	025

Tafel 5.9. Stundenwerte 31 bis 40. (5)

Tagesstunde	M$_2$	S$_2$	N$_2$	K$_2$	μ_2	K$_1$	O$_1$	P$_1$	M$_4$	MS$_4$
	31	32	33	34	35	36	37	38	39	40
16.00	104°	120°	095°	121°	087°	241°	223°	239°	207°	224°
16.10	109	125	100	126	092	243	225	242	217	234
16.20	113	130	105	131	097	246	228	244	227	243
16.30	118	135	109	136	101	248	230	247	236	253
16.40	123	140	114	141	106	251	232	249	246	263
16.50	128	145	119	146	111	253	235	252	256	273
17.00	133	150	123	151	115	256	237	254	265	283
17.10	138	155	128	156	120	258	239	257	275	293
17.20	142	160	133	161	125	261	242	259	285	302
17.30	147	165	138	166	129	263	244	262	294	312
17.40	152	170	142	171	134	266	246	264	304	322
17.50	157	175	147	176	139	268	249	267	314	332
18.00	162	180	152	181	143	271	251	269	323	342
18.10	167	185	157	186	148	273	253	272	333	352
18.20	171	190	161	192	153	276	256	274	343	001
18.30	176	195	166	197	157	278	258	277	352	011
18.40	181	200	171	202	162	281	260	279	002	021
18.50	186	205	176	207	167	283	263	282	012	031
19.00	191	210	180	212	171	286	265	284	021	041
19.10	196	215	185	217	176	288	267	287	031	051
19.20	200	220	190	222	181	291	270	289	041	060
19.30	205	225	195	227	185	293	272	292	050	070
19.40	210	230	199	232	190	296	274	294	060	080
19.50	215	235	204	237	195	298	277	297	070	090
20.00	220	240	209	242	199	301	279	299	079	100
20.10	225	245	214	247	204	303	281	302	089	110
20.20	229	250	218	252	209	306	284	304	099	119
20.30	234	255	223	257	213	308	286	307	108	129
20.40	239	260	228	262	218	311	288	309	118	139
20.50	244	265	232	267	223	313	290	312	128	149
21.00	249	270	237	272	227	316	293	314	137	159
21.10	253	275	242	277	232	318	295	317	147	168
21.20	258	280	247	282	237	321	297	319	157	178
21.30	263	285	251	287	241	323	300	322	166	188
21.40	268	290	256	292	246	326	302	324	176	198
21.50	273	295	261	297	251	328	304	327	186	208
22.00	278	300	266	302	255	331	307	329	195	218
22.10	282	305	270	307	260	333	309	332	205	227
22.20	287	310	275	312	265	336	311	334	215	237
22.30	292	315	280	317	269	338	314	337	224	247
22.40	297	320	285	322	274	341	316	339	234	257
22.50	302	325	289	327	279	343	318	342	244	267
23.00	307	330	294	332	283	346	321	344	253	277
23.10	311	335	299	337	288	348	323	347	263	286
23.20	316	340	304	342	293	351	325	349	273	296
23.30	321	345	308	347	297	353	328	352	282	306
23.40	326	350	313	352	302	356	330	354	292	316
23.50	331	355	318	357	307	358	332	357	302	326

6 Formelsammlung[1] für die Kompaßkunde, Gezeitenkunde und astronomische Navigation

6.1 Allgemeine Erläuterungen

6.1.1 Anwendung der Formeln

Die Schreibweise der Formeln wurde so gewählt, daß die Rechnung nach ihnen mit einem handelsüblichen elektronischen Taschenrechner erleichtert wird; bei mehrfachen Divisionen enthalten die Formeln Klammern, die im allgemeinen bei den elektronischen Taschenrechnern nicht berücksichtigt zu werden brauchen. Es werden die Formelzeichen, Indizes und vereinzelt Abkürzungen nach DIN 13312 — Navigation — verwendet.

Gleichungen sollen keine Abkürzungen, sondern nur Formelzeichen enthalten, die durch Indizes spezifiziert werden können; vgl. auch DIN 1304 — Allgemeine Formelzeichen. Abweichend von dieser Norm wurden bisher in Fach- und Lehrbüchern für die Navigation und in der Praxis vor allem bei den Kurs- und Peilungsumwandlungen in den Formeln Abkürzungen verwendet. Diese Gepflogenheit ist in dieser Sammlung dann beibehalten worden, wenn für eine Größe noch kein Formelzeichen angegeben ist; in diesem Falle sind sie durch Abkürzungen ausgedrückt, wenn solche in DIN 13312 — Navigation — verzeichnet sind.

Formeln, die den Rechentafeln in den Nautischen Tafeln[2] (NT) zugrunde liegen, sind mit der betreffenden Nummer der NT versehen, z.B. **NT 3** (Gradtafel).

In dieser Formelsammlung sind die geographische Breite und Länge sowie die Deklination der Gestirne nach ihrem Namen vorzeichengerecht (N und E positiv, S und W negativ) einzusetzen.

Bei Anwendung der Koordinatentransformation zwischen Polar- und kartesischen Koordinaten gilt folgende Zuordnung und Schreibweise:

$$\mathrm{POL}\,(r;\,\Theta) \;\Leftrightarrow\; \mathrm{REC}\,(x;\,y)$$

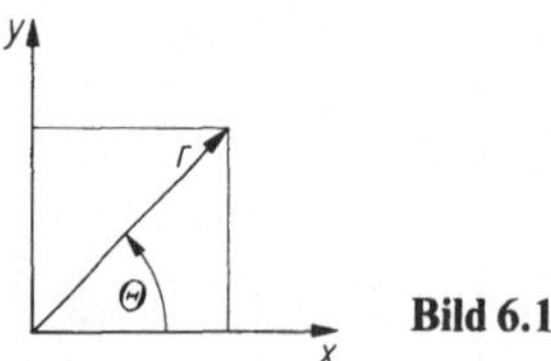

Bild 6.1

Es sind auch andere Schreibweisen gebräuchlich. Die Reihenfolge der Ein- und Ausgabe der Koordinaten ist bei verschiedenen elektronischen Taschenrechnern unterschiedlich und muß berücksichtigt werden.

---

1 Zusammengestellt von H. Cepok und K. Terheyden.
2 Fulst: Nautische Tafeln, 25. Aufl. Bremen: Arthur Geist Verlag 1981.

Läßt eine Formel nicht sofort erkennen, welche Einheiten für die verwendeten Größen einzusetzen sind, so ist das Einheitenzeichen direkt am Formelzeichen unter einem schrägen Bruchstrich angegeben, z.B. stehen v/kn für Geschwindigkeit in Knoten und $\alpha/1'$ für einen Winkel in Winkelminuten; vgl. auch Größengleichung, zugeschnittene Größengleichung und Zahlenwertgleichung im Kap. 5 (Physik) des Bandes 1 C dieses Handbuches.

Die Formelsammlungen in den Teilen A und C des Bandes 1 enthalten wegen des einfacheren Aufsuchens Wiederholungen aus dieser Formelsammlung.

6.1.2 Alphabetisches Verzeichnis der in der Formelsammlung verwendeten Formelzeichen, Abkürzungen und Indizes

Die Formelzeichen sind *kursiv* und die Abkürzungen steil gesetzt, die Indizes sind mit einem vorangesetzten Schrägstrich kenntlich gemacht, z.B. bezeichnet \b bei φ_b die beobachtete geographische Breite (vgl. auch DIN 13312).

a	Abweitung (+/−)
a	Induktionskonstante
\A oder A	Abfahrtsort
A	Ablenkungskoeffizient
Abl oder δ_{Mg}	Magnetkompaßablenkung (-deviation)
\Az, Az oder α_{Az}	vollkreisig zählendes Azimut (von N über E, S und W)
α oder ..K	Kurs oder Richtung, im allgemeinen vollkreisig
α_{AzGl}	vollkreisig zählende Richtung der Azimutgleiche in einem Leitpunkt
α_G oder KüG	Kurs über Grund
α_{Kr} oder KrK	Kreiselkompaßkurs
α_{Lox}	loxodromischer Kurs
α_{Mg} oder MgK	Magnetkompaßkurs
α_{rw} oder rwK	rechtsweisender Kurs
b	Breitendistanz (+/−)
b	Induktionskonstante
\b	beobachtet
B	Ablenkungskoeffizient
$\boldsymbol{B}$	magnetische Flußdichte am Kompaßort
\B oder B	Bestimmungsort
B_1, B_2, B_3	definierte Anteile des Ablenkungskoeffizienten B
β oder BWS	Beschickung für Wind und Strom (+/−)
β	Sternwinkel
c	Induktionskonstante
C	Ablenkungskoeffizient
C_1, C_2, C_3	definierte Anteile des Ablenkungskoeffizienten C
Chr	Chronometerablesung
d	Distanz in Seemeilen
d oder Unt	Unterschied bei Deklination oder Stundenwinkel
d	Induktionskonstante
D	Ablenkungskoeffizient
DUT1	an der koordinierten Weltzeit vorzunehmende Korrektur
δ oder $\backslash\delta$	Deklination
δ_E	Magnetkompaßablenkung auf MgK 090° (East)
δ_K	Änderung der Magnetkompaßablenkung aufgrund der Krängung des Schiffes
δ_{Kr} oder Ff	Fahrtfehlerberichtigung (Kreiselkompaßdeviation)
δ_{Mg} oder Abl	Magnetkompaßablenkung (-deviation)
δ'_{Mg}	Magnetkompaßablenkung auf gekrängtem Schiff
δ_N	Magnetkompaßablenkung auf MgK 000° (Nord)
δ_{NW}	Magnetkompaßablenkung auf MgK 315° (Nordwest)

δ_S	Magnetkompaßablenkung auf MgK 180° (Süd)
δ_{SE}	Magnetkompaßablenkung auf MgK 135° (Südost)
δ_{SW}	Magnetkompaßablenkung auf MgK 225° (Südwest)
δ_W	Magnetkompaßablenkung auf MgK 270° (West)
$\Delta\delta$	Deklinationsunterschied
Δh	astronomische Höhendifferenz bzw. Höhenunterschied
Δh_V	Berichtigung der Höhe für die Versegelung
Δh_Z	Berichtigung der Höhe für den Unterschied in der Zeit
$\Delta\lambda$	Längenunterschied
$\Delta\varphi$	Breitenunterschied
Δt	Zeitunterschied
e	Zeitgleichung
e	Induktionskonstante
E	Ablenkungskoeffizient
\E oder E	East bzw. Osten, auch Kompaßkurs 090° (Ost), auch Erde oder Erdkugel
EL	Echolotung
f	Funkbeschickung, Funkdeviation (+/−)
f	Induktionskonstante
F	Flußdichte des durch den Fahrzeugkörper verursachten magnetischen Feldes am Kompaßort
Ff oder δ_{Kr}	Fahrtfehlerberichtigung, Kreiselkompaßdeviation (+/−)
FüG oder v_G	Fahrt über Grund
..Fw	Fehlweisung (+/−)
\G	über Grund
\Gr	Greenwich
GZ	Gesetzliche Zeit
h	wahre Höhe eines Gestirns
h_A	Augeshöhe
h_o	Höhe im oberen Meridian
h_s	scheinbare Höhe eines Gestirns
h_u	Höhe im unteren Meridian
h'	Höhe über dem scheinbaren Horizont
H	Höhe der Gezeit
H	Horizontalkomponente der Flußdichte des erdmagnetischen Feldes am Kompaßort
H'	Horizontalkomponente der Flußdichte B am Kompaßort, die nach magnetisch Nord weist
HWH	Hochwasserhöhe
HWZ	Hochwasserzeit
i	Krängungswinkel des Schiffes, nach Stb positiv
I	Inklination
k oder Kt	Kimmtiefe
k	Induktionskonstante
\k	gekoppelt
..K oder α	Kurs
K	Krängungsfaktor
K_1, K_2, K_3	definierte Anteile des Krängungsfaktors K
Ka	Kimmabstand
\Kr oder Kr..	Kreiselkompaß
KrA	Kreisel-A (+/−), Mittelwert des Kreisel-R (zur Vorausberechnung der KrFw)
KrR	Kreisel-R (+/−); (beoba ..te KrFw abzüglich Ff)
KT	Kartentiefe
KüG oder α_G	Kurs über Grund
l	Äquatormeridiandistanz (+/−)
\Lox	Loxodrome, loxodromisch
λ oder \λ	geographische Länge (+/−)

λ	Verhältnis aus der mittleren nach magnetisch Nord weisenden horizontalen Flußdichte am Kompaßort und der Flußdichte der Horizontalkomponente des erdmagnetischen Feldes am Kompaßort
λiZ	Länge in Zeit
m	(Amperesches) magnetisches Moment
\m	mittlere, Mittel-
M	Drehmoment (der Magnetkompaßrose)
Mg..	Magnetkompaß..
MOZ	Mittlere Ortszeit
Mw	Mißweisung
\N	Nord, auch Magnetkompaßkurs 000° (Nord)
\NJ	Nautisches Jahrbuch
\NE	Nordost, auch Magnetkompaßkurs 045° (Nordost)
\NW	Nordwest, auch Magnetkompaßkurs 315° (Nordwest)
NWH	Niedrigwasserhöhe
NWZ	Niedrigwasserzeit
\o	obere, oberer, im oberen Meridian
$\overset{\bullet}{p}$	beschickte Funkseitenpeilung
.. P oder α	Peilung
P	Höhenparallaxe
P	Horizontalkomponente von S in Rechtvorausrichtung (P_1 der vom festen Schiffsmagnetismus verursachte Anteil von P)
P_0	Horizontparallaxe
\Pl	Planet
POL (…)	Rechnerein- oder -ausgabe in **Pol**arkoordinaten
q	abgelesene Funkseitenpeilung
Q	Horizontalkomponente von S quer zur Rechtvorausrichtung (Q_1 der vom festen Schiffsmagnetismus verursachte Anteil von Q)
r	scheinbarer Gestirnsradius
\r	rechnerisch, Referenzort; (schließt ggf. \k ein)
\rw oder rw..	rechtweisend
rwFuP	rechtweisende Funkpeilung, auch Funkazimut (FuAz) genannt
R	Refraktion
R	Vertikalkomponente von F, positiv in Nadirrichtung (R_1 der vom festen Schiffsmagnetismus verursachte Anteil von R)
REC	Rechnerein- oder -ausgabe in **rech**twinkligen Koordinaten
\RC	Kreisfunkfeuer (Radiophare circulaire)
\RG	Funkpeilstelle (Radio gonio)
S	Horizontalkomponente von F
\S	Süden, auch Magnetkompaßkurs 180° (Süd)
\SE	Südost, auch Magnetkompaßkurs 135° (Südost)
\SM	Südmeridian
SP	Seitenpeilung
\SW	Südwest, auch Magnetkompaßkurs 225° (Südwest)
Std	Chronometerstandberichtigung
Σ (oder Gb)	Gesamtberichtigung
t	vom oberen Meridian vollkreisig nach Westen zählender Ortsstundenwinkel
$t_{E,W}$	vom oberen Meridian halbkreisig nach Osten oder nach Westen zählender Ortsstundenwinkel
$t_{Gr}^{\bullet}$	im Nautischen Jahrbuch für volle Stunden tabulierter Greenwicher Stundenwinkel
T	Meridiandurchgangszeit
T	Flußdichte des erdmagnetischen Feldes am Kompaßort
T_B	Schwingungsdauer einer Magnetkompaßrose am Bordkompaßort
T_{El}	Tiefe des Echolotwandlers

T_0	Schwingungsdauer einer Magnetkompaßrose im ungestörten erdmagnetischen Feld am Kompaßort bzw. in der Nähe des Kompaßortes
u	Loxodrombeschickung
\u	untere, unterer, im unteren Meridian
UT1	Universal Time One, Weltzeit eins
$UT1_{NJ}$	auf volle Stunde im Nautischen Jahrbuch tabulierte UT1
UTC	Universal Time Coordinated, koordinierte Weltzeit
v oder .. F	Fahrt, Geschwindigkeit des Schiffes
\V	Versegelung
Vb	Verbesserung (+/−)
\W	Westen, auch Kompaßkurs 270° (West)
WOZ	wahre Ortszeit
WT	Wassertiefe
φ oder \φ	geographische Breite (+/−)
z oder α_{Mg}	Magnetkompaßkurs
z' oder mwK	mißweisender Kurs
Z	Halbkreisazimut, hier auf den Nordmeridian bezogen
\Z	Zeit
ZU	Zeitunterschied
Zw	Zuwachs
ZZ	Zonenzeit
*	Symbol für einen Fixstern
☾	Symbol für den Mond
☉	Symbol für die Sonne
♈	Symbol für den Frühlingspunkt (Widderpunkt)

6.2 Formeln der Kompaßkunde

6.2.1 Kursbeschickungen

$$\alpha_G = \alpha_{rw} + \beta \qquad\qquad (\text{KüG} = \text{rwK} + \text{BWS})$$

Magnetkompaß

$$\alpha_{rw} = \alpha_{Mg} + \text{MgFw} \qquad (\text{rwK} = \text{MgK} + \text{MgFw})$$

$$\text{MgFw} = \delta_{Mg} + \text{Mw} \qquad (\text{MgFw} = \text{Abl} + \text{Mw})$$

Kreiselkompaß

$$\alpha_{rw} = \alpha_{Kr} + \text{KrFw} \qquad (\text{rwK} = \text{KrK} + \text{KrFw})$$

$$\text{KrFw}_r = \delta_{Kr} + \text{KrA} \qquad (\text{KrFw}_r = \text{Ff} + \text{KrA})$$

$$\text{KrR} = \text{KrFw}_b - \delta_{Kr} \qquad (\text{KrR} = \text{KrFw}_b - \text{Ff})$$

$$\text{KrA} = \overline{\text{KrR}} \ (\text{Mittelwert})$$

Fahrtfehlerberichtigung (Kreiselkompaßdeviation) des Kreiselkompasses

für den Kreiselkompaßkurs (α_{Kr})

$$\sin \delta_{Kr} = -[v_G/\text{kn} \cdot (\cos \alpha_{Kr}) : 902{,}46] : \cos \varphi \qquad \textbf{(NT 7)}$$

für den Kurs über Grund (α_G)

$$\tan \delta_{Kr} = - v_G/kn \cdot (\cos \alpha_G) : (902{,}46 \cdot \cos \varphi + v_G/kn \cdot \sin \alpha_G) \quad \textbf{(NT S. XI)}$$

als Näherungsformel

$$\delta_{Kr}/1° \approx - [v_G/kn \cdot (\cos \alpha) : 15{,}8] : \cos \varphi; \quad \alpha \text{ steht für } \alpha_{Kr} \text{ oder } \alpha_G$$

6.2.2   Peilungsbeschickungen

Kompaßpeilung

Magnetkompaß   Kreiselkompaß

$$rwP = MgP + MgFw \qquad\qquad rwP = KrP + KrFw$$

Seitenpeilung

$$rwP = \alpha_{rw} + SP_b \qquad\qquad (rwP = rwK + SP_b)$$

$$SP_b = SP_r + \beta \qquad\qquad (SP_b + SP_r + BWS)$$

Funkpeilung

$$p = q + f$$

$$rwFuP = p + \alpha_{rw}$$

Funkeigenpeilung   Funkfremdpeilung

$$\alpha_{Lox} = rwFuP + u \qquad\qquad \alpha_{Lox} = rwFuP - u$$

$$\alpha_{AzGl} = \alpha_{Lox} + u \qquad\qquad \alpha_{GK} = \alpha_{Lox} - u$$

$$u \approx (\Delta\lambda : 2) \cdot \sin \varphi_m \quad \textbf{(NT 8)}$$

$$\Delta\lambda = \lambda_{RC} - \lambda_r \qquad\qquad \Delta\lambda = \lambda_{RG} - \lambda_r$$

$$\varphi_m = (\varphi_{RC} + \varphi_r) : 2 \qquad\qquad \varphi_m = (\varphi_{RG} + \varphi_r) : 2$$

6.2.3   Erd- und schiffsmagnetisches Feld

Erdmagnetisches Feld am Kompaßort

$$T = H + Z \quad \textbf{(NT 39)}$$

$$\tan I = Z : H \quad \textbf{(NT 40)}$$

Schiffsmagnetisches Feld am Kompaßort

$$F = R + S$$

$$P = S \cdot \cos \gamma; \qquad \gamma \text{ Winkel zwischen Rechtvorausrichtung und } S$$

$$Q = S \cdot \sin \gamma$$

$$S = P + Q$$

Überlagerung des erd- und schiffsmagnetischen Feldes am Kompaßort

$$B = T + F$$

$$H' = H + S$$

$$M = m \times H'; \qquad M = m \cdot H' \cdot \sin(m, H')$$

$$T_B = 2\pi \cdot \sqrt{J_{Mg} : (m \cdot H')}$$

$m \cdot H'$ Richtmoment der Magnetkompaßrose

J_{Mg} Trägheitsmoment der Magnetkompaßrose

δ_{Mg} Winkel zwischen H und H'

6.2.4 Magnetkompaßablenkung

$$\delta_{Mg} = z' - z \qquad\qquad (Abl = mwk - MgK)$$

$$\delta_{Mg} = A + B \cdot \sin z + C \cdot \cos z + D \cdot \sin 2z + E \cdot \cos 2z$$

6.2.5 Ablenkungskoeffizienten [3]

$$A = (\delta_N + \delta_S + \delta_E + \delta_W) : 4 = (\delta_{NE} + \delta_{SE} + \delta_{SW} + \delta_{NW}) : 4$$

$$A = 57,3° \cdot (d - b) : (2 \cdot \lambda)$$

$$\lambda = T_0^2 - T_B^2$$

$$\lambda = 1 + (a + e) : 2$$

$$B = (\delta_E - \delta_W) : 2 \qquad\qquad B_1 = 57,3° \cdot P_1 : (\lambda \cdot H)$$

$$B = B_1 + B_2 + B_3 \qquad\qquad B_2 = (57,3° \cdot c \cdot \tan I) : \lambda$$

B_3 ist der vom halbfesten Magnetismus verursachte Anteil von B.

$$C = (\delta_N - \delta_S) : 2 \qquad\qquad C_1 = 57,3° \cdot Q_1 : (\lambda \cdot H)$$

$$C = C_1 + C_2 + C_3 \qquad\qquad C_2 = (57,3° \cdot f \cdot \tan I) : \lambda; \quad \text{häufig ist } f \approx 0$$

C_3 ist der vom halbfesten Magnetismus verursachte Anteil von C.

$$D = (\delta_{NE} - \delta_{SE} + \delta_{SW} - \delta_{NW}) : 4 \qquad D = 57,3° \cdot (a - e) : (2\lambda)$$

$$E = (\delta_N - \delta_E + \delta_S - \delta_W) : 4 \qquad E = 57,3° \cdot (d + b) : (2\lambda)$$

---

3 Koeffizient nennt man in der Mathematik den konstanten Faktor einer veränderlichen Größe. In Wortzusammensetzungen bezeichnet Faktor eine Zahl, die das Verhältnis einer Größe zu einer Ausgangsgröße gleicher Art kennzeichnet; vgl. DIN 5485.

6.2.6   Trennung von *B* und *C*

(* kennzeichnet die jeweilige Größe am neuen Schiffsort.)

$$B = B_1 + B_2$$

$$B^* = B_1 \cdot H : H^* + (B_2 \cdot \tan I^*) : \tan I$$

$$C = C_1 + C_2$$

$$C^* = C_1 \cdot H : H^* + (C_2 \cdot \tan I^*) : \tan I; \quad \text{häufig ist } C_2 \approx 0$$

6.2.7   Verbesserung der Ablenkungstafel

(* kennzeichnet die jeweilige Größe am neuen Schiffsort.)

$$\Delta B = B^* - B$$

$$\Delta C = C^* - C$$

$$\delta_{Mg}^* = \delta_{Mg} + \Delta B \cdot \sin z + \Delta C \cdot \cos z$$

6.2.8   Krängungsfaktor [3]

$$K = (\delta_S' - \delta_S) : i = - (\delta_N' - \delta_N) : i$$

$$K = K_1 + K_2 + K_3 \qquad\qquad K_1 = R_1 : (\lambda \cdot H)$$

$$K_2 = [(k - e) \cdot \tan I] : \lambda$$

K_3 ist der vom halbfesten Magnetismus verursachte Anteil von K.

6.2.9   Krängungsablenkung

$$\delta_K = - K \cdot i \cdot \cos z$$

$$\delta_{Mg}' = \delta_{Mg} + \delta_K$$

6.3   Formeln für die Gezeitenrechnung

Höhe der Gezeit zur gesetzlichen Zeit

$$H \approx (HWH - NWH) \cdot \cos^2[90° \cdot (GZ - HWZ) : (NWZ - HWZ)] + NWH$$

Gesetzliche Zeit

$$GZ \approx HWZ + [\text{arc cos} \sqrt{(H - NWH) : (HWH - NWH)}] \cdot (NWZ - HWZ) : 90°$$

Wassertiefe und Kartentiefe

$$WT = KT + H; \qquad WT = EL + T_{EL}$$

Die beiden o.a. Näherungsformeln für die Höhe der Gezeit und für die gesetzliche Zeit sind nur anzuwenden, wenn die Tidenkurve angenähert durch eine Kosinuskurve dargestellt werden kann.

6.4 Formeln für die astronomische Navigation

6.4.1 Besteckrechnung nach Mittelbreite

Radius der Erdkugel

$$r_E = 10\,800\ \text{sm} : \pi = 3437{,}747\ \text{sm}$$

Kurs und Distanz, Abweitung und Breitendistanz

$$a = d \cdot \sin \alpha; \quad b = d \cdot \cos \alpha; \quad \tan \alpha = a : b$$

$$d = |b : \cos \alpha| \quad \text{oder} \quad d = |a : \sin \alpha|$$

(NT 3) Die Tafel NT 3 gibt nur den Kurs quadrantal und die absoluten Werte für a und b an.

oder mit Hilfe der Koordinatentransformation

$$\text{POL}\,(d; \alpha) \;\Leftrightarrow\; \text{REC}\,(b; a)$$

$$\alpha = \alpha_{\text{Lox}} = \alpha_G$$

Äquatormeridiandistanz

$$l \approx a : \cos \varphi_m; \quad a \approx l \cdot \cos \varphi_m \qquad\qquad \textbf{(NT 4)}$$

Breiten- und Längenunterschied

$$\Delta\varphi = \varphi_B - \varphi_A; \quad \Delta\varphi/1^\circ = b/\text{sm} : 60$$

$$\Delta\lambda = \lambda_B - \lambda_A; \quad \Delta\lambda/1^\circ = l/\text{sm} : 60$$

6.4.2 Verwandeln der Zeiten

$$\text{UTC} = \text{Chr} + \text{Std}$$

$$\text{UT1} = \text{UTC} + \text{DUT1} = \text{Chr} + \text{Std} + \text{DUT1}$$

$$\text{ZZ} = \text{UTC} + \text{ZU} = \text{Chr} + \text{Std} + \text{ZU}$$

$$\text{MOZ} = \text{UT1} + \lambda\text{iZ}; \quad \lambda\text{iZ/h} = \lambda/1^\circ : 15$$

$$\text{WOZ} = \text{MOZ} + e$$

Winkelmaß	λiZ
15°	1 h
1°	4 min
$15' = 0{,}25^\circ$	1 min
$1'$	4 s
$15'' = 0{,}25'$	1 s

6.4.3 Stundenwinkel

$000^\circ \leqq t \leqq 360^\circ$ gezählt vom oberen Meridian über W im Sinne der scheinbaren Drehung der Himmelskugel

$t_E = 360^\circ - t$ halbkreisiger Ortsstundenwinkel, gezählt vom oberen Meridian nach E von 000° bis 180°

$t_W = t$ halbkreisiger Ortsstundenwinkel, gezählt vom oberen Meridian nach W von 000° bis 180°

allgemein   lt. Nautischem Jahrbuch

$t_{Gr}^{\bullet}$ ist der im Nautischen Jahrbuch für volle Stunden tabulierte Greenwicher Stundenwinkel.

$t = t_{Gr} + \lambda$ $t_{\odot} = t_{Gr\,\odot}^{\bullet} + Zw + \lambda$

$t = t_{Gr\,\Upsilon} + \beta + \lambda$ $t_{\mathbb{C},Pl} = t_{Gr\mathbb{C},Pl}^{\bullet} + Zw + Vb + \lambda$

$\qquad\qquad\qquad\qquad t_* = t_{Gr\,\Upsilon}^{\bullet} + Zw + \beta_* + \lambda$

lt. Taschenrechner

$$t_{\odot}/1° = (t_{Gr\,\odot}^{\bullet} + \lambda)/1° + \Delta t/h \cdot 15$$

$$t_{\mathbb{C}}/1° = (t_{Gr\mathbb{C}}^{\bullet} + \lambda)/1° + [\Delta t/h \cdot (859 + d/1')] : 60$$

$$t_{Pl}/1° = (t_{GrPl}^{\bullet} + \lambda)/1° + [\Delta t/h \cdot (900 + d/1')] : 60$$

$$t_*/1° = (t_{Gr\,\Upsilon}^{\bullet} + \lambda + \beta_*)/1° + \Delta t/h \cdot 15{,}041$$

6.4.4 Gesamtbeschickung

$\Sigma = -k - R + P \pm r$ (**NT 20** bis **NT 24**) $\left\{ \begin{array}{l} + r \text{ bei Unterrandbeobachtung} \\ - r \text{ bei Oberrandbeobachtung} \end{array} \right.$

$k/1' = 1{,}779 \cdot \sqrt{h_A/m}$ (**NT 26**)

$R/1' = 0{,}955 : \tan (h_s + 2{,}5° : h_s/1°)$ $h_s > 3°$ (**NT 25**)

$P = P_0 \cdot \cos h'$

$r_{\odot}$ lt. NJ $(15{,}8' \leqq r_{\odot} \leqq 16{,}3')$ oder $r_{\odot} \approx 16'$

$r_{\mathbb{C}}$ lt. NJ Seite 44 und Seite 45 oder nach $r_{\mathbb{C}} \approx 0{,}273 \cdot P_{0\mathbb{C}}$

$h_s = Ka - k; \qquad h' = h_s - R; \qquad h = Ka + \Sigma$

6.4.5 Höhe und Azimut

$$\sin h = \sin\varphi \cdot \sin \delta + \cos \varphi \cdot \cos \delta \cdot \cos t$$

.Höhenazimut

$\cos Z = [(\sin \delta - \sin \varphi \cdot \sin h) : \cos \varphi] : \cos h$ $\begin{array}{l} 000° \leqq t \leqq 180° \Rightarrow \alpha_{Az} = 360° - Z \\ 180° \leqq t \leqq 360° \Rightarrow \alpha_{Az} = Z \end{array}$

Zeitazimut

mit Hilfe der Koordinatentransformation

$$y = \sin (-t) = -\sin t; \qquad x = \cos \varphi \cdot \tan \delta - \sin \varphi \cdot \cos t$$

$REC\,(x;y) \;\Rightarrow\; POL\,(r; \alpha_{Az})$ $\alpha_{Az} < 000° \Rightarrow 360° + \alpha_{Az}$

r ist hier ohne Bedeutung.

6.4.6 Unbekannter Stern

Siehe unter 6.4.12.

6.4.7 Meridiandurchgang

Meridiandurchgangszeit (oberer Meridian)

Sonne $ZZ/h \approx (T_\odot + ZU)/h - \lambda/1° : 15$

Mond $ZZ/h \approx (T_\mathrm{C} + ZU)/h - [\lambda/1° \cdot 60 : (859 + d/1')]$

Bei Ostlänge sind die beiden zur UT1 von $T_\mathrm{C,Pl}$ gehörenden Unterschiede (d) des Beobachtungstages und des Vortages, bei Westlänge des Beobachtungstages und des folgenden Tages zu mitteln.

Planet $ZZ/h \approx (T_\mathrm{Pl} + ZU)/h - [\lambda/1° \cdot 60 : (900 + d/1')]$

Fixstern $ZZ/h \approx (T_\Upsilon + ZU)/h - [(\lambda/1° + \beta*/1° - 360) : 15{,}041]$

Höhe im oberen Meridian (h_o)

$$h_\mathrm{o} = 90° - |\varphi - \delta|\;; \quad \begin{cases} (\varphi - \delta) > 0° \;\Rightarrow\; h_\mathrm{o} = h_\mathrm{SM} \\ (\varphi - \delta) < 0° \;\Rightarrow\; h_\mathrm{o} = h_\mathrm{NM} \end{cases} \quad \left| \begin{array}{l} \text{Höhe im unteren Meridian } (h_\mathrm{u}) \\ h_\mathrm{u} = |\varphi + \delta| - 90° \end{array} \right.$$

Beim programmierten Rechner erhält man h_o im oberen Meridian ($t = 000°$) und h_u im unteren Meridian ($t = 180°$) sowie das jeweils zugehörige α_Az schneller und einfacher mit dem für die normale Höhen- und Azimutrechnung gespeicherten Programm.

Breite beim oberen Meridiandurchgang

$\varphi_\mathrm{b} = 90° + \delta - h_\mathrm{SM}$ oder $\varphi_\mathrm{b} = h_\mathrm{NM} + \delta - 90°$

Breite beim unteren Meridiandurchgang

auf Nordbreite   auf Südbreite

$\varphi_\mathrm{b} = h_\mathrm{u} + 90° - \delta$ $\varphi_\mathrm{b} = -(h_\mathrm{u} + 90° + \delta)$

6.4.8 Auf- und Untergang der Gestirne

halber Tagbogen

$\cos t_\mathrm{E,W} = -\tan \varphi \cdot \tan \delta$ **(NT 33)** t_E bzw. t_W einzusetzen in →

wahrer Auf- und Untergang der **Sonne**

$ZZ_\mathrm{Aufg}/h \approx (T_\odot + ZU)/h - [(t_\mathrm{E} + \lambda)/1° : 15]$

$ZZ_\mathrm{Untg}/h \approx (T_\odot + ZU)/h + [(t_\mathrm{W} - \lambda)/1° : 15]$

Zeitunterschied zwischen wahrem und sichtbarem Auf- und Untergang der Sonne

$\Delta t/\mathrm{min} \approx -(3{,}75 : \sin \alpha_\mathrm{Az}) : \cos \varphi$ **(NT 36;** siehe Erläuterungen dazu in der 24. und 25. Aufl.)

$\Delta t/\mathrm{min} \approx -[(3{,}75 : \cos \delta) : \cos \varphi] : \sin t$

Zur Zeit des wahren Aufgangs bzw. des wahren Untergangs algebraisch zu addieren.

Azimut beim wahren Auf- und Untergang

$$\cos Z = \sin \delta : \cos \varphi \quad \text{Aufgang} \quad \Rightarrow \quad \alpha_{\text{Az}} = Z$$
$$\text{Untergang} \quad \Rightarrow \quad \alpha_{\text{Az}} = 360° - Z \quad \textbf{(NT 34)}$$

6.4.9   Berichtigung der berechneten Höhe

für den Unterschied der Zeit

$$\Delta h_Z/1' \approx 900 \cdot (\text{UT1}_b - \text{UT1}_r)/h \cdot \sin \alpha_{\text{Az}} \cdot \cos \varphi_r \quad \textbf{(NT 27)}$$

für die Versegelung

$$\Delta h_V/1' = (\text{BZ}_b - \text{BZ}_r)/h \cdot v/\text{kn} \cdot \cos (\alpha_{\text{Az}} - \alpha_G)$$

für den Deklinationsunterschied $\Delta\delta = \delta_b - \delta_r$

$$\Delta h/1' \approx [60 \cdot \Delta\delta/1° \cdot (\sin \varphi_r - \sin h_r \cdot \sin \delta_r) : \cos h_r] : \cos \delta_r; \quad \Delta\delta < |1°|$$

für den Längenunterschied $\Delta\lambda = \lambda_b - \lambda_r$

$$\Delta h/1' \approx 60 \cdot \Delta\lambda/1° \cdot \cos \varphi_r \cdot \sin \alpha_{\text{Az}}$$

für den Breitenunterschied $\Delta\varphi = \varphi_b - \varphi_r$

$$\Delta h/1' \approx 60 \cdot \Delta\varphi/1° \cdot \cos \alpha_{\text{Az}}$$

6.4.10   Sonstige Berichtigungen

der Breite bei dem Höhenunterschied (astron. Höhendifferenz) $\Delta h = h_b - h_r$

$$\Delta\varphi \approx \Delta h : \cos \alpha_{\text{Az}} \qquad \textbf{(NT 29)}$$

der Länge bei dem Höhenunterschied (astron. Höhendifferenz) $\Delta h = h_b - h_r$

$$\Delta\lambda \approx (\Delta h : \sin \alpha_{\text{Az}}) : \cos \varphi_r \quad \textbf{(NT 28)}$$

der Breite bei dem Längenunterschied $\Delta\lambda = \lambda_b - \lambda_r$

$$\Delta\varphi \approx \Delta\lambda \cdot \tan \alpha_{\text{Az}} \cdot \cos \varphi_r \quad \textbf{(NT 30)}$$

der Länge bei dem Breitenunterschied $\Delta\varphi = \varphi_b - \varphi_r$

$$\Delta\lambda \approx (\Delta\varphi : \tan \alpha_{\text{Az}}) : \cos \varphi \quad \textbf{(NT 30)}$$

6.4.11   Ort aus zwei Höhen

$$b/\text{sm} = (\Delta h_1/1' \cdot \sin \alpha_{\text{Az2}} - \Delta h_2/1' \cdot \sin \alpha_{\text{Az1}}) : \sin (\alpha_{\text{Az2}} - \alpha_{\text{Az1}})$$

$$a/\text{sm} = (\Delta h_2/1' \cdot \cos \alpha_{\text{Az1}} - \Delta h_1/1' \cdot \cos \alpha_{\text{Az2}}) : \sin (\alpha_{\text{Az2}} - \alpha_{\text{Az1}})$$

6.4.12 Rechnungen im nautischen Grunddreieck mit Hilfe der Koordinatentransformation für die Programmierung eines elektronischen Taschenrechners

Höhe und Azimut

$$\text{POL}\,(1;\delta) \;\Rightarrow\; \text{REC}\,(x_1;y_1) \;\rightarrow\; \text{POL}\,(x_1;-t) \;\Rightarrow\; \text{REC}\,(x_2;y_2) \;\rightarrow$$

$$\text{REC}\,(y_1;x_2) \Rightarrow \text{POL}\,(r_1;\Theta_1) \;\rightarrow\; \text{POL}\,(r_1;\Theta_1+\varphi_r) \Rightarrow \text{REC}\,(x_3;y_3) \;\rightarrow$$

$$\text{REC}\,(x_3;y_2) \Rightarrow \text{POL}\,(r_2;\alpha_{Az}) \;\rightarrow\; \text{REC}\,(r_2;y_3) \;\;\;\;\Rightarrow \text{POL}\,(1;h_r)$$

Unbekannter Stern

  In vorstehenden Transformationsformeln ist zu substituieren

Eingabe	Ergebnis
h_b statt δ	t_* statt α_{Az}
α_{Az} statt $-t$	δ_* statt h_r
$\varphi_r = \varphi_r$	$\beta_* = t_* - \lambda_r - t_{Gr}\Upsilon$

6.4.13 Berechnung der nautisch-astronomischen Ephemeriden

Siehe dazu die vereinfachten Formeln im Kap. 4.9.

Sachverzeichnis